디지털 스테레오스코피

Digital Stereoscopy

Benoit Michel 저

이승현 · 권순철 · 김지현 역

JINSAEM 진샘미디어

La Stéréoscopie numérique

Preface

불어판 서문

현재의 스테레오스코피 르네상스의 효과가 지속될까? 질문이 쇄도한다. Avatar와 같은 영화의 흥행 성공 이후, 현재 약간의 담보 상태(퇴보)가 목격되고 있다. 원인은 무엇일까? 대중의 변덕? 조악한 영화와 촬영으로 인한 실망? 감상을 위한 도구에 대한 추가 비용? 3D 안경의 불편함이나 무게? 촬영, 후편집 도구 또는 방송 장비의 미완성? 잘못되거나 형편없이 보정된 데이터스트림으로 인한 두뇌의 피로감? 기술자와 영화 제작사의 스테레오스코픽 제작 경험 부족에서 나타나는 매끄럽지 못한 점들?

관련된 경험의 다양성을 입증하는 긴 질문 목록이다. 이러한 질문들은 발생하는 오류의 요인 또는 불가피한 학습 단계로 볼 수 있다. 이 책에서는 스테레오스코픽 영화 기법을 숙달하는데 있어서 장비 제조업체와 연구소가 기여한 바를 상세하게 설명하고 있다. 방법과 도구는 크게 증가하고 있으며 서로 경쟁하고 있다. 보는 사람의 편안함을 개선하는 것이 이러한 모든 노력의 핵심이다. 또한 그러한 개선은 필수적이다.

스테레오스코픽 기법 숙달 이외의 주된 사안은 예술적 우수성, 새로운 언어의 발명, 그리고 결국엔, 다르긴 하지만 옛것에 가까울 뿐 아니라 대체할 이유가 없는 새로운 영화 기술에 관한 것이다.

이 책에서는 제작자와 영화사가 적합한 촬영 기술 또는 영화, 촬영, 다른 시청각 창작품을 위한 워크플로우 선택에 대한 다양한 방법을 고려할 수 있도록 구성하였다. 스테레오스코픽 프로젝트를 준비하기 위한 얼마 안 되는 필수 장서로써 책장에 꽂일 수 있기를 바란다. 또한 이 책을 통해 모든 연구의 핵심이자 목표인 예술적 창의성에 필요한 경험을 구축하는데 기여할 수 있기를 바란다.

요즘과 같이 발명품이 넘쳐나는 시대에 살 고 있는 행운을 가지고 있는 우리에게 이 책은 또한 많은 흥미를 유발하는 기술을 가르쳐주고 있다. 이 책에서 알려주고자 하는 기술에 숙달하게 되면 스테레오스코피가 새로운 예술 형태로 존재할 수 있는 실질적인 가능성을 가지고 있다는 것을 알게 될 것이다. 이것은 놓쳐서는 안 되는 아주 드문 기회이다.

Yves Pupulin

Yves Pupulin은 스테레오그래퍼이며 Binocle 설립자 중 한 명이다.

서론

우리는 3차원 세계에서 살면서 여기저기 움직이며 상호 작용하고 있다. 우리가 효율적으로 행동할 수 있도록 뇌는 끊임없이 이 3차원 세계의 내부적인 표상 체계를 만들어내고 있다. 표상 체계를 만들어 내기 위해서 뇌는 오감을 사용하며 주로 시각을 사용한다. 우리의 눈이 보는 이미지는 끊임없이 분석되고 정신의 데이터베이스로 공급된다. 모든 지상 포식 동물들처럼 인간은 시야가 겹쳐지는 2개의 눈을 가지고 있다. 자연 세계에 대한 두 시야 간의 차이를 무의식적으로 분석하면서 뇌는 고도의 정확성을 가지고 주변 물체의 거리를 추정한다. 이것을 "스테레오스코피(stereoscopy)"라고 한다. 그러나 양안시(binocular vision)가 주변 세계에 대한 유일한 깊이 정보의 근원이 아니라는 것을 지적하고자 한다. 우리는 중첩(다른 물체를 가리는 한 물체는 필연적으로 다른 물체 앞에 위치한다)과 같은 다른 시각적 단서로부터 또한 3차원 세계의 정신적 표상 체계를 구축한다.

특정 시각적 단서가 부족한 경우에도, 인간의 뇌는 여전히 거의 언제나 주변 세계에 대한 정확한 표상 체계를 생성한다. 그러나 이러한 스테레오스코피 영상이 만드는 현실감은 확실히 좋지가 않다. 예를 들어, 번잡한 장면의 흑백 스냅 사진을 볼 때가 그러하다. 세계에 대한 표상 체계에 기여하는 시각적 실마리의 개수가 많을수록 현실감 있는 장면이 연출된다. 움직이는 영상에 스테레오스코픽 시각을 추가하면 스크린에 보이는 사실주의적 착각이 상당히 강화된다. 이상적인 조건 하에서 이것은 "액션(action)에 대한 몰입"이라고 불리는 것으로 이어진다. 최적의 조건에서 투사된 3D 영화를 관람한지 몇 분 후, 관객은 보이고 있는 가상 세계의 일부에 진정으로 몰입된다. 이것은 "불신의 유예"가 진가를 발휘하는 경우이다. 외부 관찰자에서 액션의 참여자로의 역할 전환은 더 큰 만족감을 불러일으키고 눈에 보이는 액션에 대한 더 나은 기억을 유도한다. 관객들은 단순히 현실을 지켜보았다기보다는 실제 경험을 했다는 느낌을 가지고 극장을 떠난다. 그것이 3D 영화의 성공이 무엇인지를 설명하는 것이다!

근본 기술은 분명히 복잡하며 완벽한 이미지를 갖는 것은 성공적인 몰입 경험을 위한 필수 조건이다. 지금까지, 이러한 완벽함은 3D 이미지 역사상 달성된 적이 없었다. 기술적인 결함은 관객의 관심을 약화시켰고, 심지어 그들을 등 돌리게 만들었다. 그러나 디지털 영화의 등장과 함께 이루어지고 있는 일정한 품질의 3D 영상은 게임의 판도를 완전히 바꾼 상업적 현실이 되었다.

왜 디지털이 판도를 바꾸고 있는가

영상에 대한 약간의 기술적 결함은 참을만하다. 모든 영화팬은 각각의 릴이 바뀔 때 위에서 아래쪽으로 스크린을 지나가는 비가 오는 듯 한 일련의 수직선을 본적이 있을 것이다. 필름 릴의 기계 조작은 결국 셀룰로이드를 긁게 되며, 매번 상영을 하면서 아주 약간의 긁힌 자국이나 영상에 묻은 소량의 먼지가 남게 된다. 그러한 문제점들의 축적은 셀룰로이드에 인쇄된 필름이 100번 이상 상영될 수 없다는 것을 의미한다. 그러나 현재 디지털 필름이 등장하면서 각 프레임은 상영을 반복해도 완벽한 상태를 유지하며, 영화를 제작한 스튜디오에서 상영할 때처럼 좋은 상태를 유지한다.

우리는 이 책에서 상당히 많은 요인들이 스테레오스코픽 3D 영상을 소비에 부적합한 것으로 만들 수 있다는 것을 보게 될 것이다. 그러나 이러한 모든 문제들이 방지되거나 수정되고 영상이 품질 관리 승인을 받으면, 영상은 매번 새것 같은 상태로 스튜디오에서 가장 멀리 떨어진 관객들에게 전달될 수 있을 것이다. 셀룰로이드 3D 영화의 전성기에는 극장 영사용 릴을 만드는데 가장 큰 공을 들였다. 그러나 영사 기사의 경험 부족, 영사기의 기계적 복잡성, 그리고 릴이 처한 피할 수 없는 화학적, 광학적, 기술적 변동으로 인해 균형은 불리한 쪽으로 기울어졌다. 그 결과, 릴을 처음 몇 번 영사한 후 액션에 대한 몰입을 보장하기에 적합한 품질은 제공될 수 없었다. 당시 스테레오스코픽 영화의 성공은 그 시대의 영화 산업이 정신없는 속도로 영화를 제작하도록 만들었다. 이것은 매번 품질 저하로 이어졌고 이 과정에서 관객들이 모든 흥미를 잃게 되면서 궁극적으로 막다른 지경에 처하게 되었다.

디지털 혁명은 이미지 제작과 수정의 용이함 그리고 천 번, 심지어 그 이상의 영화 상영에 이르는 일련의 제작 과정 전반에 걸친 완벽한 품질이라는 두 가지의 중요한 혜택을 제공한다!

누구를 위한 책인가?

이 책은 스테레오스코픽 영상에 관여하기를 원하거나 이미 3D로 작업하고 있지만 자신의 기술을 좀 더 연마하고자 하는 사람들을 위한 것이다. 방송을 공부하는 학생들도 포함된다. 처음 몇 단원들은 3D 영상을 깨닫는데 필요한 기본 원칙을 제공하며, 그 다음 장들은 기본 원칙들을 실행하기 위해 필요한 실제적인 정보를 포함하고 있다.

독자의 주안점이 사진술, 아마추어 비디오, 전문 영화제작이던 간에 그리고 학생, 크리에이터, 최종 소비자이건 간에 이 책은 여러분의 첫 번째 스테레오스코픽 이미지를 만드는데 필요한 기반을 제공할 것이다. 또한 여러분이 이미 3D 영상에 대한 첫걸음을 떼었다면, 이 책에서 더 복잡한 프로젝트를 해결하기 위해 필요한 정보를 찾을 수 있을 것이다.

말하자면, 이 책은 완전 초심자용이 아니다. 독자는 사진을 찍거나 비디오 촬영의 기본을 알고 있는 것으로 간주된다. 책이 지향하는 바도 기술적인 것이다. 따라서 촬영과 사진술의 창의적이고 예술적인 측면은 심도 깊게 다루어지지 않을 것이다. 그러나 3D를 스틸이나 영화의 구도에 도입하는 것은 새로운 영상의 기초 원리가 요구되기 때문에 이러한 측면에서의 예술적인 측면은 당연히 간단히 언급될 것이다.

보충 웹 페이지

이 책에 관련된 정보와 삽화는 www.stereoscopynews.com/digital-stereoscopy.html의 저자 웹사이트에서 온라인으로 제공된다. 아래 QR 코드를 스캔해서 직접 웹사이트에 접속할 수 있다.

옮긴이 서문

3D 영상은 마치 영상이 제작되고 있는 장소에 있는 것 같은 생동감 및 현실감을 느낄 수 있다. 눈앞에 펼쳐진 3D 영상을 잡으려고 손을 내밀거나 다가오는 영상을 엉겁결에 피하거나 할 만큼 일반적인 2D 영상과는 전혀 다른 효과를 가지고 있는 것이다. 여기서, 3D는 카메라로 촬영된 실사 및 CG(컴퓨터그래픽)로 제작된 콘텐츠를 포함한다. 이와 같이 실감나는 3D 영상을 이용한 응용 산업이 아직 활성화되지 않은 것은 3D 콘텐츠가 많이 보급되지 않았기 때문이라고 말한다. 다시 말하면 하드웨어인 3D 디스플레이가 완성되지 않았으므로 3D 콘텐츠가 제작되지 않았다는 결론을 내릴 수도 있다.

이제 3D 영상은 거부할 수 없는 시대적 흐름이라 생각되고 있다. 더욱이 디지털 시대로 접어든 지금 3D는 꽃을 피울 만반의 준비가 되어있고 '아바타'를 통해 그 가능성을 보여주었다. 일견 3D 영상은 제작하기 쉬워 보이지만 모두가 만족할 만한 좋은 품질의 3D 영상을 얻기는 어렵다. 스테레오스코피의 원리에 근거하여 자연의 세계를 화면 안의 공간에서 표현해야 하기 때문에 많은 제약이 따르는 것이다.

많은 사람들은 2D 영상을 볼 때 우리가 이전에는 깊이와 차원을 해석하지 않았으며, 3D가 그것을 변화시켰다는 가정을 하는 실수를 범한다. 그러나 실제로 카메라맨들은 2D 프레임을 통해 깊이 차원의 시야를 강화시켜주는 원근법과 기술을 오랫동안 다루어 왔다. 3D로의 새로운 모험은 그것이 스토리텔링, 구성, 조명이나 촬영이던 간에 2D에서 성공적인 작업을 해왔던 전문가들의 성장을 보여주고 있다. 그리고 3D 매체에서의 작업을 위한 추가적인 혜택에 대해 현재 배우고 있다. 3D에서 우리가 배워야 하는 것이 거의 완전히 새로운 언어는 아니다. 나는 3D가 단지 아티스트의 작품을 관객에게 전달하기 위한 더 나은 방법이라고 생각한다.

물론, 2D와 3D 사이에는 많은 차이점이 있다. 2D에서 간단한 렌즈 변경으로 해결되는 것이 3D에서는 미러 장치, 사이드-바이-사이드 장치, 양안 거리, 그리고 기타 등등이 연계된 전체적인 구성이 변경된다. 구성의 복잡성과 다양성은 3D에서 훨씬 더 크며, 제작의 특정 요구에 도움을 제공하는 더 많은 다양한 구성이 필요하다. 3D에서는 기술, 예술, 과학이라는 세 가지 지적 도전이 완벽한 조화를 이루어야 고품질의 영상을 창조할 수 있다.

이 책은 3D 영상의 제작 기획 단계에서부터 배급에 이르기까지 전 분야를 상세히 설명하고 있다. 이를 통해 스테레오스코픽 영상에 관심이 있거나 이미 3D로 작업하고 있지만 자신의 기술을 좀 더 발전시키고자 하는 사람들을 위한 정보를 제공할 수 있을 것이다. 방송을 공부하는 학생들도 포함된다. 아무쪼록 이 책을 통해 모두가 필요했던 정보를 얻고, 국내에서도 완성도가 높은 3D 영상이 많이 제작될 수 있기를 바란다.

2014년 2월

역자

Contents

CHAPTER 1

스테레오스코피의 역사

- 스테레오스코픽 3D는 사진술보다 먼저 시작되었는가?
- 첫 번째 3D 영상은 언제 제작되었는가?
- 왜 3D 영화는 몇 번의 침체기를 겪어야 했는가?
- 언제쯤 안경이 필요 없는 3D 영화를 기대할 수 있는가?

16세기와 17세기

스테레오스코피와 양안적인 깊이 지각의 발상은 사진술 발명 이전에 발달하기 시작했다. 3D 영상 연구의 첫 번째 흔적은 기원전 300년까지 거슬러 올라간다. 유클리드는 광학에 관한 그의 논문에서 두 눈의 시야로 들어오는 동일한 대상에 대한 2개의 서로 다른 이미지를 깊이감으로 정의했다. 그리고 역사가들은 조반니 바티스타 델라 포르타(Giovanni Battista della Porta, 1935년-1615년경)와 자코포 다 엠폴리(Jacopo da Empoli, 1551년-1640년)로 불리는 자코포 치멘티(Jacopo Chimenti)의 쌍안경 스케치를 발견했다. 이것은 일부 16세기 및 17세기 학자들이 양안시(binocular vision)와 시차(parallax)의 개념을 이해하고 있었다는 것을 보여준다.

1613년 예수회의 프랑소와 다길론(Jesuit Francois d'Aguilon, 1567년-1617년)은 광학에 대한 논문을 발표하였고 거기에서 "스테레오스코픽(stereoscopic)"이라는 단어를 만들었다. 그는 또한 일련의 지점들이 하나로 인식되는 장소를 설명하기 위해 "호롭터(horopter)"라는 단어를 만들어 냈다. 오늘날 호롭터는 0점(zero parallax)을 가진 점들의 집합이라고 말할 수 있다.

이와 같이 스테레오스코피의 개념은 알려져 있었지만 일반적으로 대중의 관심을 끌지는 못했다. 이것은 결정적인 요소, 즉 약간 다른 시점의 동일한 장면을 묘사하는 2개의 이미지로부터 3D 영상을 재현하는 방법이 부족했기 때문이다. 광학 분야의 발견이 이러한 발명으로 이어지기까지 또 다른 2세기가 흘러간다.

19세기: 첫 번째 물결

새로운 발견들

1838년 2명의 영국인 찰스 휘트스톤(Charles Wheatstone)과 데이비드 브루스터(David Brewster)는 개별적으로 그러나 거의 동시에 2개의 이미지에서 3차원 영상을 재현하는 방법을 발견했다. 그러나 찰스 휘트스톤이 맨 먼저 이러한 발견을 공개적으로 알렸다. 그는 1838년 6월 스코틀랜드 왕립인문학협회 회의에서 양안시에 대한 그의 이론을 발표했다. 그는 망막 부동(망막 시차)(retinal disparity)에 의해 특징지어진 2개의 서로 다른 시야가 어떻게 깊이감을 만들어내는지를 설명했다. 다른 모든 깊이 단서를 모호하게 만든 그림을 활용하여 그는 뇌가 전적으로 이러한 망막 시차에 기반하여 장면의 깊이감을 재구성할 수 있다는 것을 보여주었다. 이것을 증명하기 위해 그는 2개의 그림을 거울 장치(6년 전인 1832년에 설계)에 설치하였다. 거울 장치는 각각의 눈에 서로 다른 이미지를 보여주었고 그렇게 함으로써 3차원 입체 시야를 재창조했다. 그는 이 장치를 "스테레오스코프(stereoscope)"라고 불렀으며 특허를 제출했다. 휘트스톤 이전에는 그 누구도 다른 시점에서 본 이미지의 이러한 사소한 차이가 뇌에 깊이 정보를 제공한다는 것을 이해하지 못했다.

첫 번째 스테레오스코프

휘트스톤의 최초의 스테레오스코프는 아직도 존재한다. 그것은 런던 과학박물관에 전시되어 있다. 찰스 휘트스톤은 다양한 발명품을 만들어 냈다. 스테레오스코프 이외에도 전기 기술자들에게 잘 알려져 있는 유명한 휘트스톤 브리지를 발명했고, 여러 종류의 전신기 모델에 대한 특허를 받았다.

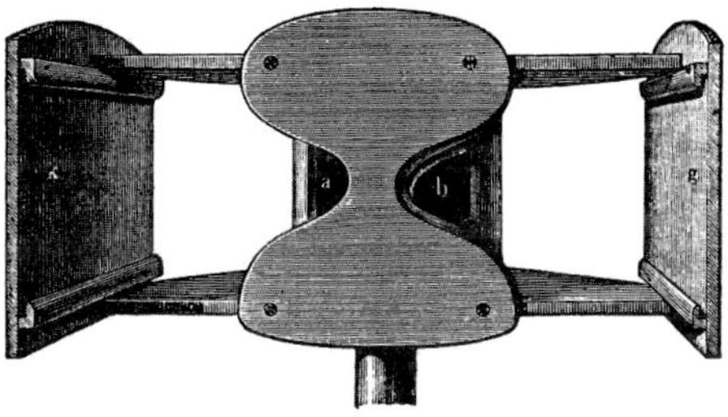

그림 01-01 휘트스톤의 스테레오스코프: 거울이 10야드 폭의 나무 장치에 설치되어 있다.
© Popular Science 1882년

사진술은 몇 달 후인 1839년 또 다시 개별적으로 프랑스의 니엡스(Niepce)와 다게르(Daguerre) 그리고 영국의 탤벗(Talbot)에 의해 발명되었다. 휘트스톤은 탤벗과 이미 1840년에 만났으며 그에게 자신의 스테레오스코프에서 사진을 볼 수 있도록 스테레오스코픽 사진을 찍어줄 것을 요청했었다.

브루스터는 1844년 휘트스톤의 것보다 더 작고 사용하기 쉬운 렌즈가 장착된 스테레오스코프를 발명했다. 그는 그것을 1849년 에든버러 왕립협회에 제출했다. 그의 장치를 이용하면 인쇄되거나 투명한 2개의 스테레오스코픽 쌍의 사진은 한 장의 카드에 부착되어 추가적인 조정 없이 매우 쉽게 장치에 삽입할 수 있었다. 그러고 나서 사람들은 확대경처럼 확대되는 한 쌍의 프리즘를 통해 사진을 보았다. 널리 보급된 View-Master™을 포함하여 그 후에 발명된 모든 스테레오스코프들은 이 최초의 디자인을 크게 벗어나지 않는다.

그림 01-02 브루스터와 뒤보스크(Duboscq)의 스테레오스코프 - 렌즈가 장착된 휴대용 장치. 스테레오스코픽 카드는 뒤쪽 투입구를 통해 옆으로 삽입한다. 상단 해치는 사진을 환하게 만들기 위해 빛을 통과시킨다.

그림 01-03 1891년 스테레오스코픽 카드

또한 1849년 브루스터는 첫 번째 스테레오스코픽 카메라의 모형을 그렸다. 다음 해 대중은 브루스터가 프랑스 광학업자 쥘 뒤보스크(Jules Duboscq)를 통해 만들게 한 렌티큘러 스테레오스코프 덕분에 첫 번째 3D 사진을 기대할 수 있었다. 스테레오스코피의 개척자에는 1853년 스테레오스코프 특허를 여러 개 제출한 앙투안 끌로데(Antoine Claudet)도 포함된다. 그의 스테레오스코프 모델 중 하나는 접을 수 있었으며 한 쌍의 은판 사진(daguerreotypes)을 보기 위한 것이었다. 또 다른 것은 폭을 조절할 수 있어서 보는 사람의 미간 거리에 맞추어 완벽하게 조절을 할 수 있었다. 마지막으로, 세 번째 것은 100쌍의 사진을 담을 수 있는 회전 박스를 집어넣은 캐비닛이었다.

그 당시 카메라는 가구공에 의해 주문 제작되었다. 보편적이지 않았던 스테레오스코픽 카메라는 동일한 원칙에 따라 제작되었지만 두 개의 공간과 하나 대신 2개의 렌즈 받침대를 갖고 있었다. 사진사는 스스로 빛에 민감한 감광유제를 판 위에 준비해야 했고 카메라는 셔터가 열릴 때 판의 두 부분을 동시에 노출시켰다. 판은 일반적으로 직경 8 cm 이었으며, 이것은 또한 두 시야 간의 거리였다. 따라서 3D 효과는 이와 같이 약간은 너무 큰 축간 거리에 의해 과장되었다. 8 cm 카드와 판은 채택된 표준이 없음에도 불구하고 대부분의 기성 스테레오스코프의 치수와 일치했다.

19세기 후반에 개발된 대부분의 스테레오스코프는 나무로 만들어졌으며 렌즈를 조정할 수 있었다. 글로테의 것과 같이 스테레오스코프의 일부는 카드에 사이드-바이-사이드로 고정된 100쌍 정도의 스테레오스코픽 사진을 포함하는 캐비닛이었다.

특히 1851년 크리스털 궁전에서 열린 전시 기간 동안 빅토리아 여왕이 3D 사진에 매료되었다고 언론이 보도하면서 스테레오스코프의 인기는 말 그대로 급상승했다. 브루스터는 여왕에게 스테레오스코프를 선물로 주었고 대중들은 그것을 따라했다. 5년도 안 돼 영국에는 50만개의 스테레오스코프가 판매되었다. 그 당시의 스테레오스코피 대유행은 처음 몇 년 간의 텔레비전의 대유행에 비유할 수 있다. 영화는 아직 발명되지 않았지만, 대중들은 역사상 처음으로 월등한 사실성을 갖춘 역사 및 최근 사건의 위대한 장소를 마치 그들이 그곳에 있는 것처럼 볼 수 있었다. 가장 인기 있는 스테레오스코픽 카드는 이집트와 같은 먼 지역뿐만 아니라 뉴욕, 파리, 샌프란시스코와 같은 세계의 주요 도시를 묘사했다. 또한 판매의 상당 부분은 국제 엑스포, 존스타운 홍수, 샌프란시스코 지진 등과 같은 당시의 자연 재해와 사건이 포함되었다.

스테레오스코픽 카드와 스테레오스코프 사업은 1854년 새로운 차원을 띠게 된다. 당시 영국에서는 약 백만 가구가 스테레오스코프를 갖고 있었다. 조지 스완 노티지(George Swann Nottage)는 1854년 1만개의 3D 사진 카탈로그를 갖춘 London Stereoscopic and Photographic Company를 설립했다. 4년 후, 회사 카탈로그에는 10만개가 넘는 사진이 있었다. 회사의 공인 목표는 영국의 모든 가정에 스테레오스코프를 설치하는 것이었으며, 회사는 사실상 단 2년 만에 50만 개의 스테레오스코프를 팔았다. 이러한 대유행의 정점이었던 1862년 한 해에 1백만 개 이상의 스테레오스코픽 카드가 팔렸으며 3개들이 한 팩의 평균 가격은 2.5실링(half a crown)이었다. 스테레오스코프와 카드의 성공에 힘입어 재산을 모은 노티지는 1884년 런던 시장이 되었다. London Stereoscopic and Photographic Company는 1920년까지 존속했다.

가장 인기 있는 스테레오스코프의 하나는 1860년 미국인 올리버 웬들 홈스가 발명한 것이었다. 그의 스테레오스코프는 사용의 용이성 때문에 성공할 수 있었다. 단순히 카니발 가면처럼 손잡이가 달린 스테레오스코프를 눈앞에 들고 있는다. 그리고 단순한 한 쌍의 슬라이드는 관찰자의 시야를 상당히 쉽게 변화시킨다.

그림 01-04 홈스의 스테레오스코프(1860년)

© B. Michel

그림 01-05 고몽의 25개 풍경화 바스켓 스테레오스코프, 1910년

© www.antiq-photo.com

스테레오스코피는 싱징을 강타했고 19세기 말 많은 "팬클럽"들이 생겼다. 가장 유명한 팬클럽인 Stereoscopic Society는 1893년 런던에서 만들어졌고 수십만 명의 3D 이미지 팬들이 계속 모이고 있다(www.stereoscopicsociety.org.uk 참조). 프랑스의 첫 번째 클럽인 Stéréo-Club français는 1903년에 만들어졌다. 이 클럽 또한 아직도 존재한다(www.stereo club.fr 참조).

더 많은 발견들

애너글리프(Anaglyph)

역시 1858년, 샤를 달메이다는 2개의 영사기 렌즈에 붉은 색과 푸른 색 필터를 사용하고, 이미지를 스크린에 중첩시키고, 동일한 필터를 가진 안경을 통해 이미지를 보자고 제안했다. 1891년 컬러 사진술의 선구자 중 한 명인 프랑스 사진작가 루이 뒤코 뒤 오롱은 2색 이미지를 동일한 사진 용지에 인화하는 방법을 발명했다. 이로 인해 유일한 액세서리인 컬러 안경을 가지고 3D 이미지를 직접 보는 것이 가능해졌다. 이러한 발명품의 상업화는 1920년 경 시작되었다. 발명품은 1921년 영화관에서 처음 사용되었다.

편광

니콜의 프리즘은 이미 1852년 빛을 편광시키는 것으로 알려져 있었고, 그 때 영국의 윌리엄 버드 히어패스는 편광 시트를 발견했다. "herepatite"라고 불리는 이 물질은 무채색을 띤다. 작은 길쭉한 크리스털은 주문대로 자를 수 있는 시트 위에 놓을 수 있었다. 그로 인한 필름의 품질과 투명성은 출력의 재현성을 제한했으며 사용할 수 있는 시트의 크기는 상용 제품으로 매력을 갖기에는 너무 작았다. 거의 40년 후인 1891년, 영국인 존 앤더튼은 스테레오스코픽 투사에 대한 편광 사용을 다루는 특허를 제출했다. 그러나 그는 실험실 밖에서 사용할 수 있는 편광 필터의 부족으로 인해 시장용 응용 제품은 개발하지 않았다. 따라서 세기 말까지 가장 인기 있는 스테레오스코픽 디스플레이 방법 중 하나에 대한 모든 기본 요소들이 이미 존재하고 있었다.

동영상 스테레오스코피

많은 과학자들은 휘트스톤과 브루스터의 발견을 계기로 3D 영상에 관심을 가졌고, 스테레오스코프의 많은 변형들이 등장하면서 움직임의 환영(illusion of movement)을 주는 일련의 이미지를 보는 것이 가능해졌다. 일반적인 원리는 실린더 벽에 위치한 연속적인 감상용 이미지를 제공하는 것이었다. 장치의 또 다른 움직이는 부분에 있는 슬릿(slit)은 이미지가 올바른 위치에 있을 때만 각각의 눈에 서로 다른 이미지를 보여줄 수 있도록 셔터의 역할을 했다. 우리는 여기에서 영화 영사기 구조의 기초를 볼 수 있다.

아직 모션 픽쳐 자체에 대해서는 이야기할 수 없었다. 하지만 빠르게 연속적으로 약간 다른 이미지를 보여주는 발명품들이 모습을 드러내는데 5년이 안 걸렸다. 스테레오포로스코프(stereophoroscope)(쩨르마크, 1855년), 스테레오트로프(stereotrope), 바이오스코프(bioscope), 스테레오판타스코프(stereophantascope), 키네마토그래프(kinematoscope)(셀러스, 1861년), 그리고 기타 다수의 이국적인 이름을 가진 많은 장치들이 제작되었다. 그 장치들은 모두 풀 스텝(full step: 댄스 동작) 장면, 장애물 넘기, 공을 던지는 곡예사 등과 같이 아주 짧은 움직이는 장면을 볼 수 있게 해준다. 사이클의 길이는 실린더나 디스크에 삽입될 수 있는 사진의 수에 의해 결정되었고, 실린더나 디스크의 회전은 움직이는 느낌을 주었다. 셀러스의 키네마토스코프는 자동 피아노 롤(구멍을 뚫은 악보)과 같이 감상 실린더의 앞쪽을 지나가는 일련의 사진판 또는 스테레오스코픽 쌍들을 사용하였다. 이것은 장치의 크기를 너무 많이 늘리지 않고도 사용될 수 있는 사진의 수를 증가시켰다. 3D 애니메이션은 영화가 발명되기 30년 전에 존재했었다!

스테레오스코픽 카메라

스테레오스코피와 사진술은 1년 차이로 발견되었다. 1888년 에디슨의 첫 번째 영화 카메라 발명과 1889년 영국인 윌리엄 프리즈 그린의 스테레오스코픽 카메라 발명 간에는 많은 시간이 필요하지 않았다. 장치는 기술적 결함으로 가득했고 따라서 결코 상업적으로 개발되지 않았다. 그러나 에디슨과 그의 특허 제작소는 카메라 모델의 특허 출원 기회를 놓치지 않았다. 첫 번째 특허 출원은 아무 성과를 못 봤지만, 두 번째 특허는 당시 에디슨의 조수였던 딕슨에 의해 1893년 영국에서 제출되었다. 에디슨은 "키네마토그래픽 카메라(Kinematographic Camera)"라고 칭한 필름 카메라를 발명했고 3D 촬영을 위해 2개의 렌즈에 변형을 주는 것을 생각하고 있었다. 그러나 영사기가 없어서, 한

번에 겨우 한 명의 관객만이 키네토스코프(활동사진 영사기)라는 별명이 붙은 스테레오스코프의 변형을 사용하여 필름을 볼 수 있었다. 1895년이 되어서야 그리고 뤼미에르 형제가 영화를 상영하고 나서야 현실이 되었고, 첫 번째 3D 영화 영사가 이루어지기 전에 훨씬 더 많은 시간이 경과했다.

첫 번째 몰락

스테레오스코피에 대한 대중의 관심은 기술적 발전에도 불구하고 사진술로 수반되는 이동과 더불어 1860년부터 세기 말까지 점진적으로 감소하였다. 사진술은 모든 사람이 기술적으로 더 다가갈 수 있는 범위 내에 있었고, 무엇보다도 사회화의 대상으로 인식되었다. 사실, 스테레오스코프의 주요 결함은 한 번에 한 사람만이 사용할 수 있는 점인 반면, 사진 앨범은 한 집단의 사람이 넘겨 볼 수 있으며 대화의 주제가 될 수 있다는 점이었다.

이러한 첫 번째 "3D 물결"의 막바지에 3D 이미지에 대한 일부 대중의 관심 부족은 대부분의 스테레오스코픽 인쇄물의 조악한 품질에서 비롯된 것이었다. 사실상 훌륭한 3D 사진보다 조악한 3D 사진을 만드는 것이 오늘날보다 19세기에 훨씬 더 빈번했고 많았다. 두 인쇄물 간의 밝기 차이, 수직 편이, 그리고 기타 조정 불량은 오늘날보다 당시가 수정이 더 어려웠으며 스테레오스코픽 카드 대량 생산에서의 품질 안정성은 현대 디지털 프린터에 의해 얻은 것과는 현저한 차이가 있었다.

20세기

3D 사진술

바로 사용할 수 있는 산업용 사진 건판의 가용성과 적정한 크기의 카메라의 대량 생산으로 인해 사진술은 20세기 초부터 사회 전반에 확산되었다. 1902년 *The Amateur Photographer*는 2개의 사진 간에 카메라의 위치를 측면으로 이동시켜서 하나의 카메라를 가지고 스테레오스코픽 카드를 만드는 방법을 설명하는 기사를 내놨다.

산업 제조업체들은 세계 2차 대전까지 자신의 표준 범위를 바탕으로 다양한 스테레오스코픽 카메라를 제안했다. 포맷은 인기 있는 6 x 6 cm 포맷으로 표준화되는 경향이 있었다. 스테레오스코피의 경우는 6 x 13 cm 이중 판이었다. 유리판은 필름에 의해 조금씩 대체되었고 필름은 1930년 말에 시장의 대부분을 차지했다. 이러한 타입의 카메라 품질은 1930년 롤라이도스코프(Rolleidoscop)로 절정에 이르렀다. 롤라이도스코프는 6 x 13 cm 필름 프레임에 2개의 이미지를 제공했다. 이 카메라는 렌즈가 3개였다. 2개의 측면 렌즈는 사진을 찍고 중앙 반사 렌즈는 사진의 초점을 맞춘다.

그림 01-06 1931년형 롤라이도스코프
© Henri Peyre

애너글리프 영화

위에서 살펴본 것처럼, 유색 필터는 19세기 말에 발명되었지만 20세기가 시작될 때까지 상업적으로 사용되지 않았다. 1897년 프랑스인 클로드 그리볼라스는 필터를 통해 2개의 필름 릴을 노출한 영화 카메라에 유색 필터 사용 기술을 적용했다. 그렇게 해서 나온 이미지는 스크린에 동시에 투사되었고 적녹 안경을 통해 볼 수 있었다. 3D 영화를 만드는 첫 번째 방법이 형태를 잡아가고 논의의 주제가 되고 있었다. 유일하게 누락된 것은 대중이 기술에 다가갈 수 있도록 하는 단순화 단계였다.

뜻밖이겠지만, 애너글리프를 활용한 첫 번째 대중 상영은 영화관에서가 아니라 그림자 인형극을 하는 동안 이루어졌다. 이것은 1918년 미국에서 시작되었다. 순회 무용단은 빨간색과 녹색 조명을 비춘 반투평 스크린 뒤에서 공연했다. 관객들은 애너글리프 안경을 통해 무용수들의 빨간색과 녹색 그림자를 지켜보았고, 어찌된 일인지 스크린 앞쪽에서, 즉 바로 자신의 코앞에서 춤추고 있는 무용수를 보았다.

Jim the Penman

이 스테레오스코픽 영화(에드윈 포터의 Jim the Penman, Paramount Picture Corporation 제작) 의 첫 대중 상영은 이 기술을 활용하여 1915년 6월 뉴욕의 Astor Theater에서 이루어졌다.

대중 상영의 첫 번째 물결은 제작자 제이콥 레벤탈의 후원으로 1920년대에 펼쳐졌다. 첫 번째 상업 3D 영화인 해리 페어올의 *The power of Love*는 1922년 9월 로스앤젤레스에서 상영되었다. 그 후 1923년 단편 영화 Plastigrams, 그리고 1925년 스테레오스코픽(stereoscopiks) 시리즈에서 4편의 영화, 즉 A Runaway Taxi, Zowie, Ouch, Luna-cy가 뒤를 이었다. 이러한 첫 번째 시도에서 2편의 흑백 영화는 2대의 기계적으로 동기화된 영사기를 통해 영사되어야 했고, 각 영사기는 각각 서로 다른 유색 필터를 장착했다. 1922년 12월 윌리엄 반 도렌 켈리는 양면에 하나씩, 2개의 유색 감광유제가 덮인 애너글리프 필름을 발명했다. 플라스티콘(Plasticon)이라고 명명한 이 필름으로 인해 하나의 영사기로 3D 영화를 영사하는 것이 가능해졌다! 이러한 공정을 활용하여 윌리엄 반 도렌 켈리는 뉴욕에서 2편의 영화를 상영했으며, 그 중 하나가 단편 영화 Movies of the Future였다.

바로 몇 년 후, 정확히는 1927년 프랑스의 아벨 강스는 "폴리비전(Polyvision)"으로 불리는 광폭 포맷으로 유명한 *Napoléon*을 촬영했다. 사실, 영사기 동기화의 복잡성으로 인한 마지막 릴만 와이드 포맷(wide format) 작품 이었다. 이 포맷은 4:1의 총 화변비율을 주기 위해 나란히 장착된 3대의 영화 카메라를 사용해야 한다. 이 시네라마(Cinerama)의 원형은 영사실에 설치하기에는 너무 고가였기 때문에 파리나 런던과 같은 대도시에서 만이 와이드 포맷이 사용되었다. 나머지 국가에서 관객들은 영화의 중앙 패널만을 즐겼다. 일부 장면들은 3D로 촬영되었으며 비공개 영사에서 애너글리프 포맷으로 보여 졌다. 같은 해에 막 상영되기 시작한 발성 영화와의 경쟁을 고려할 때 아마 무성 영화의 박스 오피스 성공은 더 이상 보장되지 않았기 때문에 불행히도 3D 부분은 최종 영화 버전에서 삭제되었다.

시간이 흘러도 두 사진 간의 밝기 차이 그리고 진짜 색깔을 보여주는 것이 불가능하다는 점과 같은 애너글리프 영화의 단점을 제거하기에는 너무 미숙했다. 일부 관객들이 심도를 감지하는 데서 갖는 문제점과 더 많은 관객들이 경험한 눈의 피로와 두통은 1920년대 3D 영화의 상업적 성공을 제한하였다. 어느 정도 3D 영화에 대한 관심의 일화적인 물결이 있었지만 대중적인 심취는 없었다고 말할 수 있다.

애너글리프 공정은 레벤탈에게 첫 번째 3D 영화를 주문한 MGM 덕분에 1935년부터 새로운 인기를 얻었다. *Audioscopiks*로 불리는 그 영화는 3D 효과를 보여주는 연속적인 짧은 발성 영화였다.

애너글리프 영화 열풍은 1940년에 동일한 레벤탈이 제작한 영화 *Third Dimensional Murder*로 끝났다. 루이 뤼미에르는 같은 해 애너글리프를 만지작거렸지만, 그러한 방향으로 어떠한 상업적 활동도 시작하지 않았다. 1932년 편광 영사의 발견은 애너글리프 영화의 운명을 결정지었다. 이러한 모든 것에도 불구하고, 이 기술은 자체만으로 일반 종이에 3D 이미지를 인쇄할 수 있기 때문에 현재 인쇄용으로 존속하고 있다.

능동형 안경 3D 시네마

일부 사람들은 동일한 스크린에 빠른 속도로 영사된 왼쪽 눈과 오른쪽 눈 이미지로 구성된 영화를 볼 수 있게 해주는 능동형 안경(active glasses)이 디지털 시대에 속한다고 생각할 수 있다. 이것은 사실과 전혀 다르다. 교차 영사 시스템은 1903년 프랑스인 C. 드퀴에 의해 발명되었다. 드퀴는 이미 50년 동안 크로스 페이드(cross-fade)를 활용하거나 슬라이드 쇼를 차츰 밝게 하기 위해 사용되고 있는 이중 영사기의 견본을 만들었다.

이 시스템은 "텔레뷰(Teleview)"라는 이름하에 1932년 뉴욕 Selwyn Theater의 로렌스 해먼드와 윌리엄 캐시디에 의해 처음 상업적으로 사용되었다. 2대의 개별 54mm 카메라를 사용하여 2개의 필름이 촬영되었다. 그리고 필름은 영사기 간에 반 프레임이 이동한 2대의 전기로 동기화된 영사기에 의해 영사되었다. 따라서 왼쪽 눈과 오른쪽 눈을 위한 이미지는 교대로 스크린에 투영되었다. 차례로 각각의 눈을 위한 것이 아닌 사진을 숨기기 위해, 관객들은 "회전 차단 셔터"가 있는 일종의 나무 덮개인 텔레뷰어(Televiewer) 뒤에 앉았다. 2개의 각 좌석용 셔터는 초당 25회전 하는 동기 전동기에 의해 작동되었고 영사기와 동일한 교류에 의해 동력을 공급받았다. 이렇게 하여, 3D 감상이 가능할 뿐 아니라 매우 설득력 있는 것으로 간주되었다. 이 시스템은 "Eclipse" 라는 상호로 특허를 받았다(1922년에 첫 번째, 1924년에 두 번째, 그리고 1928년을 마지막으로 세 개의 특허를 냄).

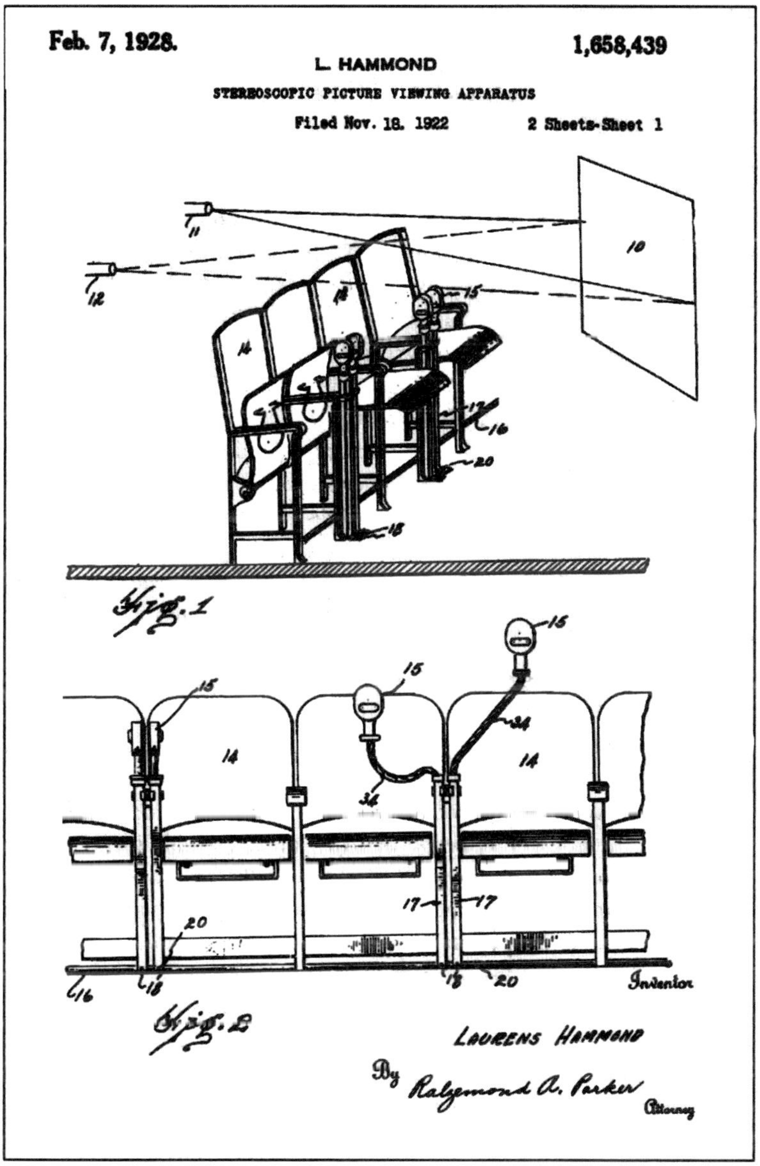

그림 01-07 L. 해먼드의 Eclipse 시스템. 1928년

두 발명가에게는 불행하게도, 이 시스템은 엄청난 설치비용으로 인해 채산이 맞지 않았다. 게다가 시스템의 장점에도 불구하고 Eclipse 시스템은 여전히 중요한 결함을 갖고 있었다. 시스템의 25Hz 전환 속도는 성가신 깜박거림을 제거하기에는 너무 느렸다. 마지막으로, 이미지는 동시에 촬영되었지만 반 프레임 이동하여 영사되기 때문에 관객은 시차로써 빠른 수평 움직임을 목격했다. 이것은 물체의 거리에서 바람직하지 않은 변형을 양산했고 이 변형은 당시 비평가들이 재빨리 포착해 낸 "젤리 같은 매체"의 인상을 주었다.

게다가, 첫 번째 상영의 비평으로써 *The Man from Mars*는 조악한 스크립트 품질로 인해 형편없었다는 것이었다. 사실, 영화의 유일한 장점은 "스테레오스코픽 기분 전화 거리"로 상영된 전 세계 두 번째 영화라는 점이었다. 더 시장성이 있는 형태의 능동형 안경 개념이 다시 나타나기까지 60년 이상이 지나게 된다.

오토스테레오스코피(Autostereoscopy)

양 세계 대전 사이의 기간은 러시아에서 많은 기술적 발전이 이루어진 기간 중 하나였다. 3D 영화는 이러한 생기가 넘치는 분야 중 하나였다. 동기화 셔터, 애너글리프 영사, 편광에 관한 다양한 기사가 게재되었다. 하지만 러시아 연구를 표면화한 것은 스테

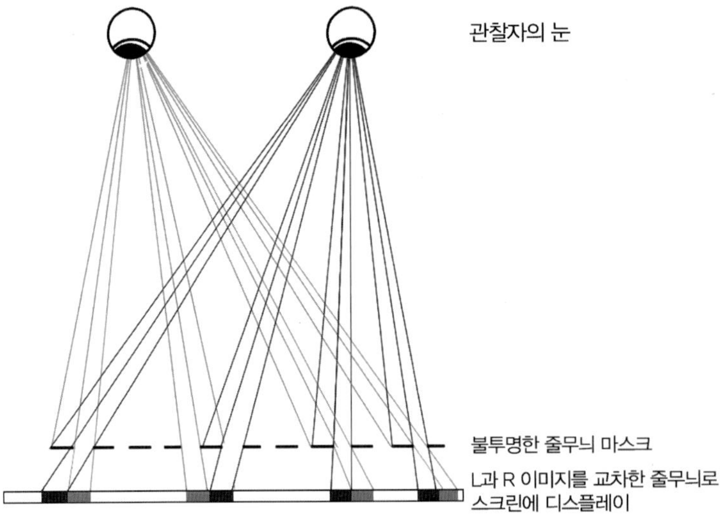

그림 01-08 베르띠에의 선형망 3D 사진술 원리. 1896년

레오스코피 분야의 성과였다. 3차원 촬영과 "패럴랙스 스테레오그램(parallax stereogram)"으로 불리는 표현 방법이 1896년 프랑스에서 베르띠에에 의해 개발되었지만, 연구 단계를 넘어 실제적으로 상용화되지는 않았다.

패럴랙스 스테레오그램

패럴랙스 스테레오그램(parallax stereogram)은 왼쪽 렌즈를 통해 필름이 보일 때 필름 표면의 일부를 숨기고 오른쪽 렌즈를 통해 필름이 보일 때 또 다른 부분을 숨기기 위해 2개의 렌즈를 장착한 카메라의 사진 필름 표면 몇 밀리미터 앞쪽에 있는 유리판의 좁은 수직 경사 또는 홈으로 이루어진 스크린을 넣어서 제작된다. 따라서 노출이후, 필름은 2개 (또는 그 이상)의 스테레오스코픽 이미지에 속하는 좁은 교차 줄무늬로 뒤덮인다. 사진을 3차원으로 보기 위해서는 촬영에 사용된 것과 유사한 선 격자판을 통해 사진을 봐야 한다. 특별한 장치가 필요 없으며 안경이나 스테레오스코프도 필요 없다. 반면, 눈이 이미지와 이미지의 격자무늬 맞은편의 매우 정확한 위치에 있을 때에만 심도 효과를 볼 수 있다.

먼저 1902년에 작업을 한 미국인 프레드릭 이브와 그 다음 1908년 프랑스인 유진 이스타나브는 절차의 다양한 변형을 실험했다. 이스타나브의 오토스테레오스코픽 판은 한 쪽 면에는 사진 감광유제 그리고 다른 한 쪽 면에는 격자무늬를 갖고 있었기 때문에 둘 간의 정확한 공간적 일치를 보장했다. 3D 이미지 외에, 이느타나브는 자신이 "images changeantes", 즉 변화하는 사진이라고 부르는 것을 제작하기 위해 동일한 방법을 사용하였다. 변화하는 사진에서 두 개의 시야는 스테레오스코픽 쌍이 아니고 동일한 이미지의 변형이다. 이 이미지에서, 그는 시점을 약간 변경함으로써 인물이 자신의 눈을 뜨고 감을 수 있게 했다. 1912년 루이 쉐롱은 밝기를 희생하고 이미지의 수가 크게 증가하는 공정에 대한 특허를 출원했다.

Relièphographie

계속해서 프랑스에서, 발명가 모리스 보네는 개념을 더 수정하였고 1934년 11개 렌즈가 있는 카메라를 만들고 그 다음 1937년 33개의 렌즈 버전을 만들었다. 그 카메라들이 제작한 이미지는 즉시 이미지를 보호하고 균일한 밝기를 제공하는 라이트 박스(light box)의 일부로 판매되었다. 그는 자신의 발명품을 "Relièphographie"로 명명하였다.

렌티큘러 사진술(Lenticular photography)

1940년 보네는 렌티큘러 망, 즉 교차하는 불투명하고 투명한 선을 대체하는 세로 렌즈로 구성된 플라스틱 필름을 발명했다. 가능한 시야의 수와 이미지의 밝기는 크게 증가하였다. 렌티큘러 사진이 태어났고 상업화할 수 있게 되었다. 실제로 1942년 보네는 상업 스튜디오를 샹젤리제에 열었고 크게 성공하였다.

3D 사진술

모리스 보네의 정의는 다음과 같다:

3D 사진은 광셀렉터(optical selector)와 기록된 이미지라는 2개의 부분으로 이루어진다. 광셀렉터는 투명판의 형태를 취하며 판의 한쪽 표면은 작은 렌즈의 역할을 하는 미세한 수직 홈이 있다. 사진 필름이나 판은 광셀렉터의 표면과 접촉하여 놓는다. 조리개가 장착된 렌즈는 셀렉터에 대상의 이미지를 투사하고, 셀렉터는 이미지를 홈의 폭보다 더 미세한 선형 이미지로 나눈다. 이로 인해 사진을 찍는 렌즈를 움직여서 서로 다른 앵글에서 본 동일한 대상의 수많은 이미지를 기록할 수 있다.

이러한 방식으로 기록된 사진을 볼 때, 오른쪽 눈과 왼쪽 눈은 2개의 서로 다른 시점에 부합하면서, 따로 하지만 동시에 동일한 대상의 2개의 측면을 보게 된다. 이것은 심도감을 준다. 게다가, 사진 앞으로 이동하면, 촬영된 대상 주위를 걷고 있는 인상을 받는다.

오토스테레오스코픽 영화

한편, 러시아의 다양한 연구자들은 움직이는 사진에 이 기술을 적용하려고 굉장히 노력했다. 그들 중 한 명이 니콜라이 벨리어스(Valyus)였다. 러시아 엔지니어 세묜 파블로비치 이바노프는 개념을 완성했고 1935년에 그에 대한 특허를 제기했다. 그는 1937년 자신의 스테레오키노(Stereokino) 시스템을 최초로 공개 시연했다.

1940년 그는 모스크바에 있는 Moskva 영화관에서 4 x 6 미터 영사 필름 앞에 150 킬로미터 이상의 철사 망을 설치했다. 필름은 동일한 필름에 나란히 2개의 사진을 노출시켜 촬영하였다. 영사기의 수직 철사 망은 뒤에서 스크린으로 투사된 2개의 이미지를 분리하였다. 스크린 앞에 설치된 두 번째 철사 망은 200명의 관객 각자가 2개의 분리된 이미지를 볼 수 있게 해주었다. 극장의 모든 지점에서 3D 관람이 가능한 것이기 아니기 때문에 좌석은 매우 신중하게 계획되었다. 게다가, 관객은 3D로 보기 위한 알맞은 지점을 찾아야 했고 3D 효과를 잃지 않기 위해 머리를 움직이지 않아야 했다.

2편의 영화 *Concerto* (1940년)와 *A Day in Moscow* (1941년)는 이 극장에서 촬영되고 상영되었다. 전쟁 이후 (정확히 1947년), 이 기술을 활용한 또 다른 영화인 *Robinson Kruzo (Robinson Crusoe)*는 모스크바의 Vostok 영화관에서 3미터 폭의 스크린에서 상영되었다. 스테레오키노 기술은 조금씩 확산되었다. 1955년까지 소련에는 스테레오키노를 장치한 극장이 12개가 있었고 그 기술을 사용한 많은 영화가 촬영되었다.

러시아를 제외하고, 1940년부터 1950년까지 프랑수아 사보이가 개발한 싸이클로스테레오스코프(Cyclostereoscope) 덕분에 프랑스에서 오토스테레오스코픽 영화에 대한 어느 정도의 경험이 발생했다. 대형 싸이클로스테레오스코프의 스크린은 폭이 7미터였으며 1953년 파리의 Clichy-Palace 극장에 설치되었다. 이 스크린으로 인해 200명의 관객들은 안경 없이 3D로 액션을 볼 수 있었다. 내부가 스크린으로 되어 있는 빠르게 회전하는 실린더 주변부에 망을 설치하는 시스템이 발명되었다. 스크린 앞을 통과하는 덧판들이 관객의 왼쪽 또는 오른쪽 시야를 차단하는 것과 동시에 회전하는 덧판들은 스크린 뒤로 통과했고 영사기들의 광선을 가로막았다. 언제나처럼 선형망 기술에 있어 관객의 위치가 중요했다. 관객이 3D 효과가 존재하는 지점을 발견하면 그 사람은 자신의 머리를 완벽하게 고정해야 했다. 몇 mm만 움직여도 효과는 사라졌다!

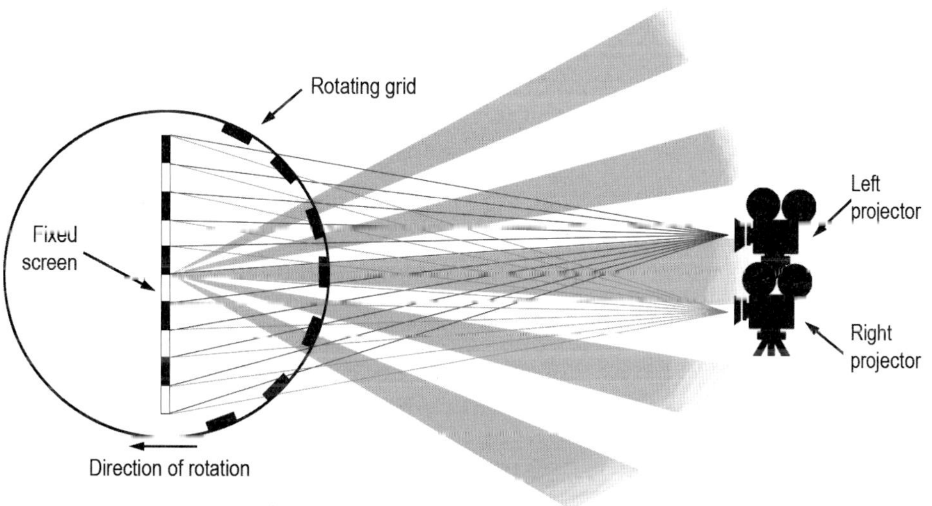

그림 01-09 프랑수아 사보이의 싸이클로스테레오스코프 다이어그램. 1940년.

복잡성과 무엇보다도 영상 허용 지점을 찾는데 있어 모든 큰 어려움으로 인해 선형망의 존재는 버림받았다. 그러나 이러한 한계에도 불구하고, 이 3D 효과 탐구 분야는 궁지에 놓이지 않았다. 이 분야는 엽서와 포스터에 인쇄된 렌티큘러 필름 기술의 기초뿐만 아니라, 1987년에 첫 번째 원형을 선보였던 프랑스인 피에르 알리오가 개척한 오토스테레오스코픽 텔레비전의 기초를 세웠다. Alioscopy 회사는 이 유망한 분야에 계속 투자하고 있다. 사실, 렌티큘러 필름을 바탕으로 하는 안경이 필요 없는 3D 텔레비전은 어쩌면 가정 3D 시청의 미래이다!

뷰-마스터(View-Master)

디스크에 장착된 7쌍의 투명한 스테레오스코픽 이미지를 보여주는 뷰-마스터는 1939년 뉴욕 엑스포 기간에 시장에 출시되었다. 첫 번째 Model A 뷰어는 아마추어 사진작가인 그루버와 엽서를 제작했던 그레이브스라는 2명의 미국인이 1940년에 특허를 냈다. 그들의 목표는 엽서 시장을 점령하고 관광객 기념품으로써 엽서를 자신의 3D 이미지로 대체하는 것이었다. 그러나 미군은 즉시 군대를 훈련시키는데 있어 뷰-마스터의 가능성을 알아차렸고 같은 해 10만개의 제품을 주문했다. 불과 5년 만에 군대는 또 다시 2명의 발명가로부터 6백만개의 디스크를 구매했다. 전쟁 이후, 1950년 뷰-마스터는 첫 번째 자체 공장을 세웠다. 그런 다음 회사는 1951년 Disney Studio로부터 스테레오

그림 01-10 뷰-마스터 그리고 7개의 스테레오스코픽 사진이 있는 디스크
© www.3dimages.co.uk

스코픽 이미지를 유포할 수 있는 권리를 사들였다. 뷰-마스터는 일반 대중에게 스테레오스코피를 대중화하고 이를 둘러싼 미스터리를 해소하는데 많은 일을 했다. 회사의 소유권은 수없이 바뀌었고, 뷰-마스터는 현재 거대 완구 회사 Fisher-Price's 기업 포트폴리오의 일부이다. 지금까지, 뷰-마스터는 25가지의 서로 다른 버전으로 제작되었고 15억 개 이상의 디스크가 판매되었다.

편광 영화

이미지 투사에서의 편광 응용에 대한 연구는 두 차례의 세계 대전 사이에 지속되었다. 유럽에서는, Zeiss-Ikon 회사에서 일하는 뵈너가 편광 필터 그리고 모든 비동기화의 위험을 피하기 위해 2개의 이미지를 나란히 노출시킨 단일 필름에서 3D 영화를 촬영하는 공정을 개발했다. 편광 필터 시스템을 갖춘 첫 번째 영사는 1936년 말 이탈리아에서 이루어졌다. 영화는 Gaultiero Gaulterotti의 *Nozze Vagabonde*였으며, 뵈너의 것과 아주 유사하며 Gauleterotti가 개발한 영화 카메라로 촬영한 흑백영화였다.

최초의 컬러 사진 필름은 1935년(Agfa가 2색 필름을 발명함)으로 거슬러 올라가며, 그로 인해 3D로 그리고 유색으로 영화를 제작하는 것이 가능해졌다. 3D 컬러 영화의 첫 번째 영사는 1936년 6월 베를린의 *Haus der Teknik*에서 열렸고 1937년 12월에 역시 베를린에서 첫 번째 상업적 상영이 뒤를 이었다. 영화는 *Zum Greifen Nah*("Close Enough to Touch")이었으며 전람회장에서 촬영되었다.

그 사이, 미국에서 미국인 에드윈 H. 랜드와 그의 회사인, 미래의 Polaroid Corporation은 헤라패스의 작업을 이어나갔고 1928년 Zeiss가 개발한 것보다 더 효과적이고 저렴하며 제작이 용이한 편광 필터에 대한 특허를 냈다. 방법은 모두 서로 평행으로 정렬하며 헤라파타이트(herapathite) 결정의 얇은 막을 투명 필름 또는 유리판에 쌓는 것이었다. 이러한 필름/판은 영사기용 편광 필터와 안경용 렌즈로 만들 수 있다.

그러나 랜드는 1935년까지 자신의 발명품을 공개 시연하지 않았다. 그렇지만 그는 편광을 3D 영화 영사보다는 안경, 자동차 헤드라이트, 반사방지 창유리에 적용하는데 더 많은 초점을 두었다. 미국에서 개최된 편광 안경 시스템을 활용한 최초의 상업 스테레오스코픽 3D 영화 상영은 1939년 뉴욕 세계 박람회 기간 동안 열렸다. 영화 *Motor*

*Rhythm*은 Chrysler 조립 라인 다큐멘터리였다(Chrysler가 영화 자금을 제공했다). 촬영과 영사는 표준 장비, 즉 카메라와 영사기를 나란히 배치하는 방식을 활용했다. 단순히 영사기 앞에 각각 Polaroid 필터와 관객용 해당 Polaroid 안경을 추가함으로써 영사 시스템을 마무리 지었다. 1941년 말까지 3백만 명 이상의 미국인들이 전시회 및 다양한 다른 공공 행사 기간 동안 3D 영화 상영에 참석했다.

그러나 첫 번째 3D 영화관은 전쟁이 끝난 후에야 개장을 했다. 그 극장은 편광 시스템을 사용하는 첫 번째 스테레오스코픽 영화관인 Telecinima였으며 1951년 런던에서 문을 열었다.

벡터그래프

에드윈 H. 랜드의 벡터그래프(vectograph)는 판매된 적이 없다는 사실에도 불구하고 1940년대의 또 다른 흥미로운 발명품이었다. 벡터그래프는 영화 영사기를 수정해야 할 필요성을 일소했다. 편광 안경만 있으면 됐다. 발명품은 다음과 같이 작동했다. 보통 필름은 양면 필름으로 대체되었고, 각 스테레오스코픽 쌍의 2개의 이미지 중 하나는 각각의 면에 있었다. 이미지는 물론 2개의 이미지에 대해 수직 방향으로 불투명한 감광유제보다는 어느 정도 편광 감광유제의 형태로 증착되었다. 이러한 방법으로 영사의 광도는 거울, 필터, 그리고 다소 복잡한 액세서리에 의해 감소되지 않았다. 필터 자체가 편광 필터의 역할을 했다. 게다가 이미지는 단일 운송 장치의 양쪽 면에 있기 때문에 2개 이미지의 동기화가 보장되었다.

최초의 흑백 벡터그래프는 미 육군의 요구에 의해 개발되었고 미군은 그것을 2차 세계대전 중 항공 정찰 사진용으로 활용하였다. Warner Bros.의 요청에 따라 랜드는 결국 벡터그래프의 컬러 버전을 개발했지만, 불행히도 1952년에 고조된 3D 영화에 대한 관심에서 상업적 이익을 거둬드리기에는 너무 늦었다. 결과적으로 벡터그래프는 상업 영화에 사용된 적이 없었다.

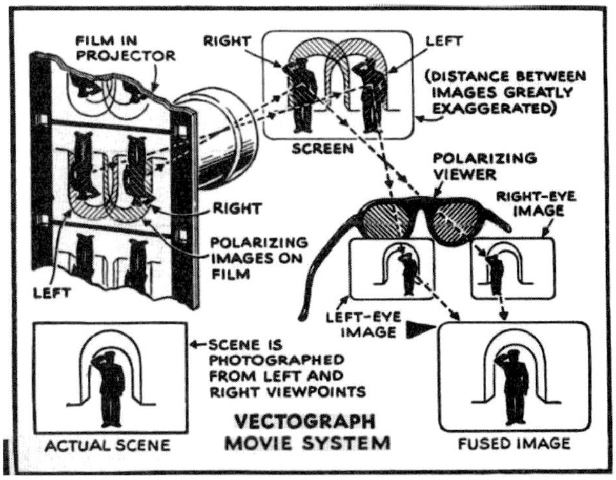

그림 01-11 Popular Science 1943년 3월호에 설명된 벡터그래프의 원리
© Bonnier Corp

그림 01-12 1938년의 8 x 12 cm 광고 벡터그래프. 이 벡터그래프의 대형 버전은 1939년 뉴욕의 Grand Central Station의 Grand Concourse에 전시되었었다.
© Richard Bolt

할리우드와 50년대: 두 번째 물결

두 차례의 세계 대전 사이에 3D 이미지에 대한 관심은 일반 대중들에게 나온 것이기보다는 더 과학적인 것이었다. 일반 대중이 보여준 관심은 큰 성공으로 간주될 수 없었던 단순한 호기심이었다. 그러나 2차 세계 대전이 끝나는 시점에 변화가 나타났다.

모든 산업 활동은 전쟁 후에 재개되었으며 사진술과 촬영기법은 코다크롬(Kodachrome)의 발명과 함께 점점 색을 받아들였다. 3D 사진술은 1954년에 밀려들었다. 사진술은 점점 영화 산업에서 사용되는 35mm 필름을 사용했고 25만개 이상의 스테레오스코픽 카메라가 20세기 후반기에 사용된 것으로 추정되고 있다. 시장에서 가장 잘 알려진 카메라는 미국이 만든 Stereo-Realist였으며 10만 개 이상이 팔렸다. 뷰-마스터의 경우 가정용품으로서의 성공은 유럽은 물론 미국에서도 확인되었다.

그림 01-13 Stereo-Realist 스틸 카메라
© www.pacificrimcamera.com

1950년은 텔레비전이 등장한 해였다. 직접적인 결과는 1952년 할리우드 영화 박스 오피스 수입의 50% 감소였고, (매카시의 자극 하에) 미국 정부가 같은 시기에 시작한 "마녀 사냥(희생양)"은 미국 영화 산업의 큰 성공을 책임지는 많은 창의적인 사람들을 제거했다. 자신의 줄어드는 박스 오피스 수입을 늘리기 위한 명백한 우려가 동기가 되어 메이저 회사들은 혁신에 전적으로 매달리게 되었다. 그러한 혁신 중 하나는 동일한 셀룰로이드 스트립(celluloid strip)에 3개의 감광유제를 첨가하는 Eastman Color 필름의 발명이었다. 컬러는 이미 영화 제작에 존재하고 있었지만, Technicolor가 개발한 정말 무겁고 거대한 3중 영화 카메라가 필요했다. 스테레오스코픽 촬영을 위해 이러한 거대한 3중 카메라를 배가시키는 것은 불가능한 것이었다. 한대의 카메라만을 사용하는 것이 이미 실행 가능한 것의 한계였다. 컬러 필름은 따라서 스테레오스코픽 3D 영화의 진정한 "열쇠"였다.

Eastman Color 필름의 출현으로 아무 영화 카메라나 컬러 영화 카메라가 될 수 있었고 흑백 영화의 시대는 확실히 끝이 났다. 이어서 1952년과 1953년 시네라마의 개발과 그 뒤 Walt Disney의 1955년 애니메이션 *Lady and the Tramp*에 의해 대중화된 시네마스코프, 그리고 마지막으로 2대의 영사기가 있는 내추럴 비전 스테레오스코픽 영사가 뒤를 이었다.

1950년대의 새로운 포맷

시네마스코프(CinemaScope)

시네마스코프는 2.55:1의 화변비율을 갖는 와이드스크린 영화 포맷이다. 이미지는 필름의 수평 차원을 압축하는 "anamorphoser"라고 불리는 수직 축의 원통형 렌즈를 통해 하나의 필름에 기록된다. 유사한 렌즈는 이미지의 자연스러운 포맷을 복원하기 위한 영사 동안 사용된다. 원통형 렌즈는 발명가 앙리 크레티앙이 1926년에 붙인 이름인 "하이퍼고나(Hypergonar)"라고도 불린다. 1957년부터 시네마스코프 영사 창(projection window)의 크기는 압축 해제 전에 1.1734:1의 비율 그리고 탈왜상(de-anamorphosis) 이후 2.35:1로 표준화되었다.

시네마스코프는 1953년 헨리 코스터의 영화 *The Robe*으로 초연되었다.

시네라마(Cinerama)

시네라마는 146°의 시야를 포함하기 위해 나란히 설치된 3대의 카메라와 3대의 동기화된 영사기를 사용하는 초광폭 곡선 스크린 상의 이머시브(immersive) 영화 공정이다. *This is Cinerama*의 첫 번째 상영은 1952년 9월 뉴욕에서 개최되었다. 1952년과 1962년 사이에 10편의 영화만이 이 포맷을 사용하여 촬영되고 상영되었다. 마지막 영화는 존 웨인의 *How the West Was Won*이었다.

내추럴 비전(National Vision)

내추럴 비전 공정은 1952년 시나리오 작가 밀튼 군츠버그, 안과 의사 줄리안 군츠버그, 카메라맨 프렌드 베이커에 의해 개발되었다. 발명품 판매에 실패한 그들은 스스로 발명품을 사용하기로 결정하고 기술을 대중화시킨 영화 *Bwana Devil*을 제작했다. 내추럴 비전 공정은 시야 축의 왼쪽과 오른쪽으로 90°에 위치한 2대의 영화 카메라를 사용하며 거울 속의 장면을 봤다. 축간 거리는 3.5 인치(9cm)로 설정되었으며 다양한 주시점은 거울 각도 변경을 통해 조정할 수 있었다.

Bwana Devil

3D와 컬러로 할리우드 업계에서 상영된 최초의 영화는 아치 오볼러의 *Bwana Devil*이었다. 내추럴 비전 공정을 활용하여 촬영하고 로스앤젤레스의 단 하나의 극장에서 상영된 이 영화는 1952년 개봉 당시 즉각적인 히트를 쳤으며 첫 주에 십만 달러를 벌어들

였다. 내추럴 비전 공정은 편광 필터가 있는 2대의 영사기를 사용하기 때문에 영사 시간은 2대의 영사기를 동기화하는 문제 때문에 1시간으로 제한되었다. 따라서 무삭제 장편 영화는 영사 기사가 2대의 영사기의 릴을 교체할 수 있도록 중간 휴식 시간을 갖고 상영되어야 했다.

독립 제작자가 거둔 이러한 대성공은 이미 발성 영화로의 전환으로 갑자기 따라잡힌 메이저 스튜디오들의 정신을 들게 했다. 이번에 그들은 기회를 놓치지 않기로 결심했고 즉시 자신의 모든 힘을 경쟁에 기울였다. 1953년에 이미 최소 45편의 스테레오스코픽 영화(즉 메이저 회사 제작의 15%)가 할리우드에서 나왔다. 스테레오스코픽 영화의 또 다른 기록이 1954년에 추가되었다.

몰락

그러나 이러한 3D 영화의 황금시대는 호기심의 단계를 넘어가지 못했으며 1년도 채 못되어 수플레 요리처럼 수그러들었다. 대중의 환멸은 스튜디오의 허술한 성공 관리로 인한 거의 피할 수 없는 결과였다. 누가 이전 영화보다 더 인상적인 입체 효과를 가진 영화를 공개할 수 있는지를 확인하기 위한 악취미의 과용과 기술비용 경쟁은 모든 관점에서 시나리오 및 제작 품질의 하락을 가속화했다. 수많은 기술적 결함으로 인해 충분한 품질을 달성하는 것이 불가능했고, 숙련된 스테레오그래퍼(stereographer)의 부족은 이러한 결함들이 영화관 개봉 전에 반드시 발견되지 않는다는 것을 의미했다. 2대의 카메라와 2대의 영사기만의 기하학 및 광도 결함은 성패가 달린 유일한 문제들과는 거리가 있지만, 디지털 프로세싱이 아직 알려지지 않은 이 당시에는 실제적인 문제였다. 2개의 현상 용기의 온도가 1도만 달라도 스테레오스코픽 필름이 두통거리가 되기에는 충분했다.

돈을 절약하려고 은막(silver screen)과 편광 안경의 품질에 인색하게 굴었던 극장 운영자들의 근시안적인 열망 그리고 영사 기사의 훈련 부족은 이러한 문제들을 악화시켰다. 게다가, 극장 운영자들은 좌석 줄 끝 쪽에 관객들을 앉게 했는데, 그곳은 편광이 요구하는 은막에 의해 만들어진 이미지가 너무나 어두운 곳이었다. 실망의 물결을 저지하기 위한 시도로 Polaroid Company는 1953년 말 약 100개의 영사실 설문 조사를 실시하였고 영사실의 1/4가 상당한 영사기 동기화 오류를 보여주는 것으로 밝혀졌다.

황금시대의 블록버스터

1953년-1954년의 블록버스터에는 *Dial M for Murder*, *Creature form the Black Lagoon*, 그리고 처음으로 입체 음향이 사용된 최초의 3D 영화인 *House of Wax*가 포함된다. 황금시대의 마지막 3D 영화는 1955년 2월에 개봉된 *Revenge of the Creature*였다. 아이러니하게도 이 3D 개봉작은 비평가에게 높은 평가를 받았고 비교적 성공적이었다.

이러한 스테레오스코피에 대한 관심의 두 번째 몰락의 또 다른 원인에는 시네마스코프의 성공과 텔레비전의 출현이 있었다. 미국의 첫 번째 라이브 TV 방송은 샌프란시스코에서의 해리 트루먼 대통령의 연설이 방송국에 중계된 1951년에 이루어졌다. 영국의 첫 번째 TV 방송 라이브 이벤트는 1953년 엘리자베스 2세의 대관식이었다.

3D 영화의 조악한 품질이 유발하는 두통에 관한 소문을 통해 확산된 소식은 너무나 부정적이어서 1954년에 3D로 촬영된 마지막 영화들은 관중의 보이콧 때문에 3D로 영사되지 않았다. 관객들은 광폭 스크린으로 훨씬 인상적이고 보는 사람에게 두통을 유발하지 않는 또 다른 그 시대의 참신함인 시네마스코프를 선호했다!

유럽에서조차...

Telecinema 영화관은 이러한 할리우드 3D 블록버스터의 물결이 일기 약간 전인 1951년 영국제(Festival of Britain: 1951-52년에 런던 템즈강 남쪽 강변에서 열렸던 대박람회 100주년 기념제)의 일환으로 런던에 개장되었다. 극장은 400명을 수용할 수 있었고 유럽 3D 영화의 가장 큰 기획자 중 한 명이자 입체 사진술(depth photography)을 언급하는데 "3D" 용어를 실질적으로 처음 사용한 레이먼드 스포티스우드에 의해 운영되었다.

동생 나이젤과 함께 그는 내추럴 비전 카메라와 아주 유사한 이중 카메라를 만들었다. 그 해 3개의 필름을 사용하는 한 쌍의 거대한 Telecinema 카메라를 가지고 컬러로 촬영된 *The Distant Thames*를 포함하여 4편의 영화가 Telecinema에서 촬영되고 상영되었다. 1951년과 1953년 사이 1백50만 명 이상의 사람들이 Telecinema의 3D 상영을 관람했다. *Bwana Devil*을 본 스포티스우드 형제는 스크린 앞으로 나오는 입체 효과를 얻기 위해 카메라의 주시점을 과도하게 사용한 할리우드를 질책했다. 그들은 특수 효과의 과도한 사용이 두통을 유발하며 관객들은 결국 "속임수"에 실증날 것이라고 주장했다 - 아마도 마땅히 그렇게 주장했을 것이다. *Bwana Devil*의 감독 아치 오볼러가 미국에서 거의 비슷한 말을 했다는 것을 지적하고자 한다.

70년대 분발: 세 번째 물결

The Mask, The Bubble, The Stewardesses

The Mask

1960년대와 1970년대에 스테레오스코피는 중요하지 않은 기술이었다. 그럼에도 몇 작품들은 유명세를 탔다. 그 중 하나는 1961년의 *The Mask*이었다. Warner사는 영화의 적녹 애너글리프 3D 버전을 배포했다. 관객들은 한 음성이 영웅에게 "지금 가면을 써라!"라는 말하면 적녹 안경이 있는 가면을 써야 했다. 이러한 경우는 네 번이 있었고, 각각 몇 분에 지나지 않았다. 그러한 비교적 특수한 상황에서 애너글리프의 단점은 비교적 참을 수 있었다. 이것은 또한 그 영화가 1980년대 미국에서 수많은 텔레비전 프로가 방송되는 동안 큰 인기를 끌 수 있었던 이유를 설명한다.

The Bubble

1950년대 3D 영화 물결을 일으켰던 사람인 아치 오볼러는 *The Bubble* 배후에 있는 사람이었다. 1966년 말에 개봉된 이 영화는 표준 전통 프레임(22 x 16 mm, 즉 1.37:1)의 동일한 셀룰로이드 필름 위에 2개의 이미지를 포개놓는 기법인 "스페이스 비전 3D(Space-Vision 3D)"를 사용하였다. 영사기의 렌즈는 2개의 이미지의 위치를 바로 잡았다. 이 기법은 2대의 영사기 필요성과 동기화 및 기하학적 조정의 모든 관련 문제를 일소했다. 영사의 경우, 지금은 표준이 된 편광 시스템이 사용되었다. 사람들은 다소 비판적인 비평에도 불구하고 *The Bubble*을 보려고 몰려들었다.

The Stewardesses

앨런 실리펀트의 *The Stewardesses*는 특히 놀라운 투자 수익률로 인해 1969년 스튜디오들에 새로운 관심을 불러 일으켰다. 미화 10만 달러의 비용으로 제작된 이 영화는 800개의 극장에서만 상영됐지만 박스 오피스에서 미화 2천6백만 달러를 벌어들였다. 사이드 바이 사이드 포맷(side-by-side format)으로 제작된 영화는 시기적절하게 개발된 스테레오비전(Stereovision) 공정으로 인해 하나의 영사기에서 상영될 수 있었기 때문에 영화 배급은 기술적인 문제로 애를 먹지 않았다. 특수 애너모포징(anamorphosing) 렌즈가 적용되어야 하며, 은막을 설치하고, 관객들에게 일회용 안경을 배포히지만, 동기화는 더 이상 문제가 되지 않았다.

이 사이드-바이-사이드 포맷 덕분에 1970년부터 1985년까지의 기간에 몇 편의 3D 영화가 상업 영화관에 다시 등장했다. *Amityville 3D*와 같은 36편의 영화가 1969년과 1984년 사이에 앨런 실리펀트의 스테레오비전 공정을 사용하여 촬영되었다. 그러나 스테레오스코피는 최종적으로 놀이 공원의 상업적 틈새 자리로 퇴출됐다. 방대한 자원은 방문객을 위한 주요 도면 제작술의 핵심이었기 때문에 테마 파크의 3D 영화에 효과적으로 이용할 수 있었다. 따라서 놀이 공원 관리자는 최고 품질의 결과를 얻기 위해 필요한 것에는 대가를 지불하는데 아무런 거리낌이 없었다. 관객들이 액션에 더 몰두하게 하기 위해 놀이 공원들은 3D 관람을 위한 시설을 갖췄다. 따라서 Disney World는 미래적인 Epcot Center에 세로로 일렬이 된 2대의 고광도 70mm 영사기와 대단히 설득력 있는 결과를 위해 밑변이 18m인 광폭(2.45:1) 스크린을 사용한 특수 시스템을 설치했다.

Dial M for Murder

1954년에 히트한 *Dial M for Murder*는 1980년에 다시 재개봉되었고 박스 오피스에서 멋지게 히트를 했다. 이 기간의 대부분의 3D 히트작은 VHS 카세트와 경쟁하려고 했

그림 01-14 Gala's Christ (S. 달리, 1978년)
© www.abcgallery.com

던, 지금은 잊혀진 포맷인 비디오디스크로도 전환되었다. 비디오디스크는 TV 이미지의 비월주사(interlaced scanning)와 연결된 능동식 셔터 안경(active shutter glasses)과 함께 배포되었다.

달리와 3D

열정적인 과학 및 기술 연구가였던 살바도르 달리는 스테레오스코피에 관심을 가졌다. 심도의 환상은 그를 사로잡았고 그에게 예술적 영감의 양식을 제공하였다. 그는 1970년대에 홀로그래피(holography)의 발명가인 데니스 가보를 만났고 스테레오스코픽 유화를 그리기 시작했다. 1974년 *Gala's Foot* 그리고 1978년 *Gala's Christ* 같은 많은 기타 작품들이 있다.

IMAX 3D

1985년 첫 번째 IMAX 극장이 세워진 뒤 6년 후, 캐나다 회사는 편광 공정을 한 필름을 영사하기 위해 2대의 거대한 70mm 영사기를 병렬로 연결하여 3D 영화를 제작하기 시작했다. Disney와 Universal Studios는 1986년 자신의 놀이 공원에 IMAX 3D 극장을

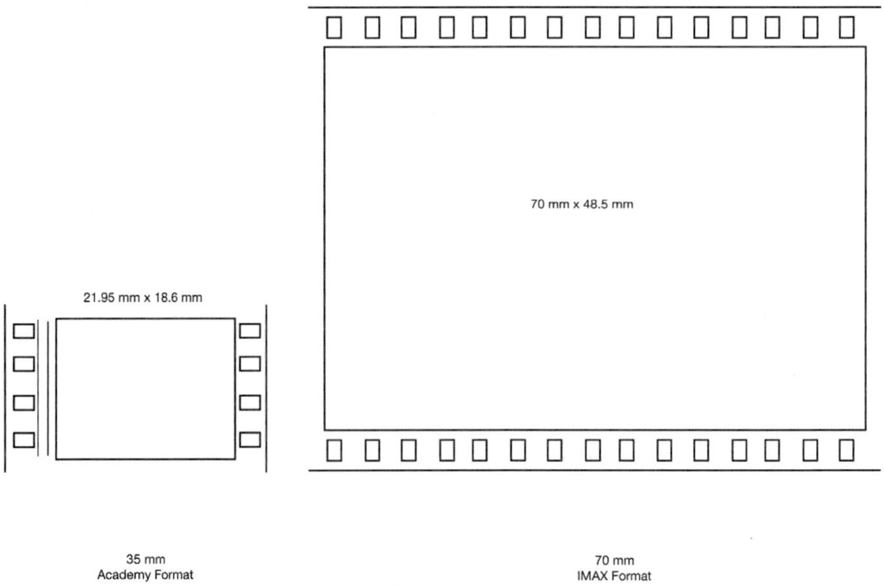

그림 01-15 일반 35mm 필름과 비교한 IMAX 포맷

세웠다. 마이클 잭슨이 주연을 맡은 *Captain Eo*와 같은 뛰어난 품질의 영화들이 이들 시설에서 상영되었다. 특히 돔 모양의 스크린에 필름을 영사하는 것이 편광화와 맞지 않는 것으로 판명되었기 때문에 1990년부터 IMAX는 능동형 안경 기술을 사용하는 3D 영화관을 세웠다.

IMAX 3D

IMAX 시스템은 이머시브 영화의 완벽한 사례이다. 큰 화면은 폭 22m 그리고 높이가 16m이며 사람의 시야각보다 더 큰 시야각을 포함한다. 그 결과, 관객은 엄밀하게 더 이상 화면의 가장자리를 보지 못하며 스크린에서 벌어지고 있는 이야기에 몰두한다. 이미지는 70mm, 15개 퍼포레이션(perforation)이 있는 필름에 기록되었다. IMAX 릴은 무게가 250kg까지 나가며 직경이 120cm에서 180cm까지이다. IMAX 3D 카메라는 무게가 100kg(220 lb) 이상 나간다. 3D 영사의 경우, 선형 편광 안경 또는 능동식 셔터 안경이 사용된다. 능동식 셔터 안경의 경우 2배의 속도로 돌아가는 단일 영사기가 사용된다.

최초의 IMAX 3D 공상 영화는 1996년에 개봉된 장 자크 아노의 유명한 *Les Ailes du courage* (*Wings of Courage*)였다. 전 세계 300개 IMAX 극장의 절반 이상은 3D 영사와 호환할 수 있다. 1985년과 2005년 사이 30편에 가까운 영화가 특별히 IMAX 3D 포맷으로 촬영되었다. 예를 들어 *Monsters vs. Aliens* 그리고 *Avatar*와 같은 다양한 3D 영화들 또한 IMAX 3D 포맷으로 후편집(postproduction)되었다.

오토스테레오스코픽 TV

프랑스인 Pierre Allio는 1987년 비디오 필름에 렌티큘러(lenticular) 이미지의 원리를 적용했으며 오토스테레오스코픽 스크린 제작을 시작했다. 그는 안경 없이 볼 수 있는 3D 스크린을 내놓기 위해 Alioscopy라는 브랜드를 만들었다. Alioscopy 스크린의 주요 특성은 각각의 관객이 2개의 연속 시점을 보고 따라서 심도 효과를 볼 수 있게 하기 위해 8개의 서로 다른 시점을 재구성하는 것이다.

디지털 시대

예고된 필름의 종말

21세기 시작부터 전체적인 영상 제작 연결사슬은 확실하게 완전 디지털로 전환되었다. 더 낮은 제작 및 후편집 비용, 적은 화학적 오염, 수정의 용이성, 즉시 확인 가능, 변함 없는 품질 등과 같이 디지털을 찬성하는 주장들이 많이 있다. 스테레오스코피용 디지털 촬영의 장점은 정밀하게 자동화된 복잡한 초기 설정이 가능하다는 것이다.

사진술

일반 대중은 첫 번째 디지털 3D 카메라인 Fuji Finepix Real 3D W1과 W3 덕분에 2009년 이래 언제라도 볼 수 있는 스테레오스코픽 사진술에 접근할 수 있었다. 두 모델은 77mm 고정 축간 거리로 분리된 2개의 10메가픽셀 센서로 작동하며 오토스테레오스코픽 후면 모니터링 스크린을 갖고 있다. 완전 자동 모드로 되어 있는 Fuji는 보통 카메라처럼 사용이 쉽다. 그 카메라로 찍은 사진은 가정용 PC에서 보거나 특별한 훈련이 필요 없는 소프트웨어를 사용하여 애너글리프로 출력할 수 있다.

촬영술

영화 산업은 영상 처리의 컴퓨터화로부터 얻은 것이 가장 많았다. 영화를 만드는데 처리되는 이미지의 수는 매우 많으며 이미지들은 엄격하게 동일한 처리를 받아야 한다. 따라서 영화 카메라 이미지를 디지털 파일로 전환하고 나서, 영상을 편집하고 특수 효과를 추가한 후 편집된 영화를 다시 필름에 옮기는 것은 자연스러운 것이었다. 이 중간 단계는 디지털 인터미디에이트(Digital Intermediate)라는 뜻의 DI라고 불린다.

영화 제작 연결사슬의 나머지 부분은 이번 세기 처음 몇 년 동안 점차적으로 디지털 기술로 전환되었다. 반면, 디지털 영화 카메라의 품질은 필름을 사용하는 카메라의 품질을 따라잡았고 즉시 보기의 장점은 국면을 유리하게 바꾸었다. 연결사슬의 다른 한 쪽 끝에서는 Texas Instruments와 라이선스 소유주들의 DMD(Digital Micro-mirror Device) 영사기 마케팅을 통해 디지털 배급이 가능해졌다. DMD 영사기의 발매 이후 모든 메이저 영화사들이 채택했던 DCI 사양으로 알려져 있는 특정 표준이 재빨리 뒤를 이었다. 스테레오스코픽 포맷이 시작부터 배급을 엄청나게 용이하게 만든 DCI 사양에 통합된 점을 숙지하는 것이 중요하다.

디지털 후편집은 품질 도약과 광전송(optical transfer) 시대에 접어들어 상상할 수 없었던 스테레오스코픽 쌍의 왼쪽과 오른쪽 이미지 결합 가능성을 주었다. 최초의 결정적인 성공들은 2003년 *Spy Kids 3D*, 2004년 *The Polar Express*, 2005년 *Chicken Little*과 함께 이번 세기의 첫 몇 년 동안에 달성되었다.

디지털 영사

2005년 상업 극장에서 디지털 영사가 시작되면서 이미 되돌아 올 수 없는 지점에 도달했다. Walt Disney Studios Entertainment는 실질적으로 할리우드 Chinese Theatre에서 *Chicken Little*을 3D 디지털 포맷으로 상영했다. 그 이후, 전 세계 영화관들은 디지털 기술로 전향하고 있다. 디지털의 침투 속도는 매년 증가하고 있으며 미미한 비용 증가만으로 3D 영화 상영이 가능하다는 것은 극장이 디지털 기술로 전향하는 주된 요인이다.

2007년: 최초의 100% 디지털 3D 영화

*Scar 3D*는 진정한 과도기 영화이다. 2007년에 개봉된 이 영화는 카메라에서 극장 영사기에 이르기까지 처음부터 끝까지 디지털로 제작된 최초의 3D 영화였다. National Geographic과 3ality Digital은 *Scar 3D*의 개봉 이후 12개월도 안 된 2008년에 디지털 3D 카메라를 가지고 라이브를 촬영한 최초의 콘서트 영화인 *U2 3D*를 공개했다.

일반 대중은 처음에 다소 회의적이었지만 디지털 기술이 가능하게 만든 "새로운 3D 영화" 품질을 곧 신뢰하게 되었다. *Scar 3D*와 *U2 3D*이후 나온 3D 영화들은 전작보다 조금 더 많은 성공을 얻었다. 따라서 2009년 동안, *My Bloody Valentine*, 그리고 그 후 *Monsters vs. Aliens*는 제임스 카메론의 세계적인 히트작인 아바타(Avatar)를 위한 길을 열어 주었다. 아바타는 3D 영화가 필름 영화 역사상의 가장 큰 히트작들과 대적할 수 있다는 것을 전 세계에 증명하면서 단연코 영화 역사에 일대 전기를 가져왔다. 영화는 460만 달러의 추정 제작비 대비 30억 달러 이상을 벌어들였다.

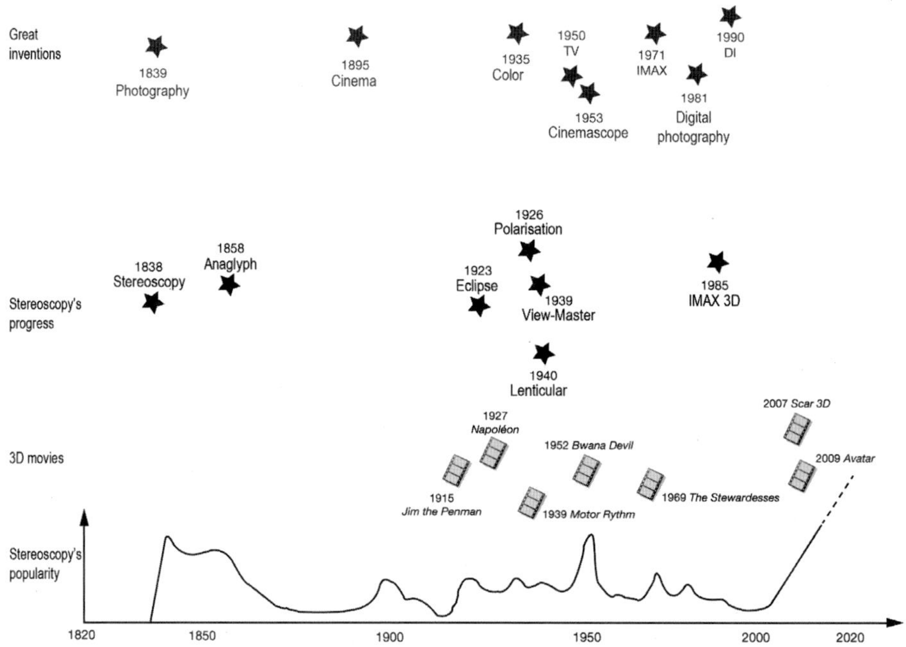

그림 01-16 스테레오스코피의 개략적인 추적 연대표

3D의 미래

발성 영화와 컬러 이후 3D가 도래하고 있다

3D의 부활에는 많은 이유가 있다. 그러한 이유들은 모두 디지털 기술의 출현과 연계되어 있다. 극장 관객의 느리지만 꾸준한 감소 이후, 영화 산업은 3D를 큰 스크린으로 사람들을 다시 끌어들일 수 있는 방법으로 여겼다. 3D는 사실상 대형 극장에 가장 적합하다. HDTV나 주문형 비디오 시스템, 인터넷 조차도 강한 감동과 완전한 몰입을 갈망하는 대중의 기대를 충족시킬 수 없다.

미국영화협회(Motion Picture Association of America, MPAA)에 따르면, 미국 박스 오피스 수입은 3D 영화의 자극을 받아 2008년과 2009년 사이 10% 상승했으며, 이것은 티켓의 10% 이상에 해당했다. 게다가, 몰래 카메라를 가지고 만든 영화의 해적판은 3D 영화와 함께 자동적으로 사라졌다. 이것은 스튜디오의 손실이 더 적다는 것을 의미한다. 마지막으로, 3DTV와 블루 레이(Blu-ray) 디스크 플레이어의 등장은 가정용 영화

시장에서의 상당한 수입을 스튜디오들에게 약속한다. Fox사의 아바타를 거울삼아 모든 스튜디오들은 1953년 황금시대에 그랬던 것처럼 다시 한 번 3D에 돈을 쓰고 있다.

두 시대 사이의 유사점을 뽑아내는 것은 어렵지 않다. 1953년, 텔레비전은 3D 영화가 막으려고 했던 영화 관람의 감소 원인이었다. 이번 21세기 초, 할리우드는 인터넷의 인기와 거실 소파에서 양질의 동영상 자료에 즉시 접속할 수 있는 사태에 대응하려고 애쓰고 있다. 그리고 내년에 텔레비전이 3D를 도입한다 - 이러한 변화는 이미 진행 중이다 - 고 하더라고, 스크린 크기는 느낄 수 있는 몰입 정도에 있어 언제나 상당히 중요할 것이다. 그리고 이러한 변화가 마지막 지점에 다다르면 영화 산업은 지속적으로 경쟁자를 능가해야 할 것이다.

영화 제작에서 3D의 미래 공유에 대해서는 의견이 분분하다. 어떤 사람들은 전체 업계가 오늘날 컬러로 작업하는 것과 마찬가지로 언젠가 3D로 작업할 것이며, 필요한 경우 "평면" 변형을 만들 가능성이 있다고 예상한다. 다른 사람들은 일부 특정 대상에 대한 3D의 가치를 이해 못하며 오늘날 다루어지고 있는 일부 대상만이 3D가 요구하는 특정 시나리오 작성에 적합하다고 믿는다. 반면, 3D 제작과 통상적인 (비3D) 방법 간의 비용 차이는 결국에 줄일 수 있다. 10년에서 20년 내에 제작 방식은 차이점이 단순히 컴퓨터 인터페이스 상에서 네모 칸에 체크를 하는 것으로 단축되는 것과 같은 방식으로 통합될 것이라는 것을 쉽게 짐작할 수 있다.

양방향 3D 영화

디지털 이미지의 심도와 고해상은 몰입감에 큰 부분을 차지한다. 관객이 점점 더 긴밀하게 액션과 뒤섞임에 따라 관객들은 또한 필연적으로 점점 더 액션의 일부가 되고 액션과 상호작용하길 원한다. 놀이 공원 "4D" 쇼에 대한 대중의 높은 만족도는 이미 판명되었다. 그러한 극장에서, 좌석은 액션에 따라 움직이고, 비를 뿌리는 장치와 바람 장치와 같은 다른 세드 요소들의 활기는 몰입감을 강화한다. 다음 과제는 몰입감에 상호작용을 추가하고 관객이 자신의 반응으로 줄거리에 영향을 미치고, 심지어 스크린에 나오는 허구의 일부가 될 수 있게 하는 것이다. 그러한 방침을 따르는 실용화는 이미 놀이 공원에 존재한다.

게다가, 스포츠와 다른 이벤트의 라이브 3D 방송도 이미 존재한다. 몰입과 참여 간의 경계를 더 허물기 위해 라이브 양방향 쇼를 개발하는 일이 남아 있다. 사실상, 비디오 게임, 놀이 공원, 그리고 영화 간의 잘 정의된 경계는 소멸시킬 수 있다. 그렇게 함으로써, 많은 오늘날의 일반적인 스토리 작성 규칙에 도전할 수 있다.

장기 전망

스테레오스코피에 대한 대중의 열정은 약화될 것 같지 않다. 이에 대해 가장 많이 제시된 이유는 영상에 대한 높아진 몰입감이다. 기존 영화와 비교하여 스테레오스코피가 제공하는 향상된 사실성은 앞으로 완벽한 사실성을 향해 아직 한 걸음 더 다가가야 하지만 그것이 마지막 걸음은 아니다. 관객에게 2개의 시야를 제공하는 것만으로는 충분하지 않다. 장면이 완벽하게 사실적일 경우, 인물과 사물 주위를 걸어 다니고 모든 각도에서 그들을 보는 것이 가능할 것이다. 극장에 앉아 팝콘을 먹으면서 특수 안경을 통해 영화를 감상하는 것은 전혀 자연스럽지가 않다! 많은 시점으로부터 사실적 장면을 하나 이상 얻기 위해서는 많은 시야를 생성하고 투사해야 한다. 그것은 스테레오스코

이야기의 기본 원리

1세기 이상 된 영화 제작은 모든 감독과 관객들이 당연시 여기는 아주 정확한 이야기 기본 원리를 양산했다. 배우의 위치, 피사계 심도, 초점 거리의 선택, 장면의 세분화는 모두 "평면" 매체를 가지고 깊이감을 주는데 사용되는 많은 도구들이다.

실제 3D 영화는 3D에 적합한 좋은 스토리와 좋은 스토리텔링 방식이라는 2가지 기본 요소 없이는 존재할 수 없다. 오늘날, 지금까지, 우리의 집성된 3D 영화 시나리오 작성 경험은 기존 영화 시나리오 작성 축적 경험의 겨우 10분의 몇 정도, 심지어 100분의 몇 밖에 되지 않는다. 대부분의 감독 - 그러나 그들의 전부는 아니다! - 들을 가르친 경험 중 하나는 3D가 그 자체로 쇼가 되는 것이 아니라 스토리에 도움이 되어야 한다는 점이다. 입체 효과의 남용은 1953년-1954년에 성공의 절정에 있었던 3D 영화 제작을 엉망으로 만들었던 것이며, 이런 점에서 제임스 카메룬의 자제가 아마도 *Avatar*를 성공하게 만들었을 것이다.

스토리가 전개되는 방식은 바뀌어야 한다. 3D가 요구하는 엄청난 피사계 심도는 기존 영화에서처럼 인물에게 집중할 수 없으며, 세트 상의 주요 인물들에게 관객이 집중하도록 다른 수단을 찾아야 한다는 것을 의미한다. 액션 장면은 더 이상 예전처럼 빠르게 편집할 수 없으며, 장면 간의 심도 변화는 가장 신중하게 계획되어야 한다. 간단히 말하면, 영화 촬영술의 전체 기본 원리가 바뀌어야 할 것이다. 새로운 장(챕터)을 쓰는 것으로는 충분치 않다. 우리는 또한 과거의 장 중 일부를 버리도록 자기 자신을 의식적으로 강요해야 한다. 다음 몇 년은 이러한 새로운 기본 원리 발전에 중요한 해가 될 것이다.

피에서 옴니스코피(omniscopy)로의 이동을 의미한다. 이러한 수많은 이미지의 생성은 관객이 위치에 상관없이 3D 시청에 필요한 2개의 시야를 가질 수 있도록 해주는데 필요하다. 그것은 양질의 오토스테레오스코픽 스크린을 만들기 위한 필요조건이다. 안경이 필요 없는 이머시브 3D 영화는 아마도 21세기 기술 가도의 다음 단계일 것이다.

모든 방향에서 볼 수 있는 관점을 만들어 내는 홀로그램 장치가 현재 존재하고 있지만, 작은 크기, 투명도 부족, 빈약한 명암 등과 같은 매우 심각한 제약에 시달리고 있다.

이것은 네 번째 3D 물결인가?

우리는 이전의 세 번의 물결처럼 약해져서 쇠퇴하게 될 3D에 대한 네 번째 관심의 물결에 있는 것인가? 아니면 우리는 새로운 시대의 출발선에 있는가? 오직 미래가 돼봐야 알 수 있을 것이다. 하지만 디지털 기술이 현대 미디어의 부고에 영원히 합류하기에 부족했던 도구를 사진과 3D 영화에게 제공했다는 믿음에 대한 근거는 있다. 적절한 기술적 요소, 스토리텔링 요소, 예술적 요소를 유용하고, 만족스럽고, 사용하기에 즐거운 표현 방법으로 바꿔 놓기 위해 그들 요소를 활용하는 것은 지금 우리가 할 일이다.

CHAPTER 2

입체시와 3D의 생리학적 측면

- 우리는 왜 3D로 보는가?
- 눈이 하나밖에 없는 사람은 어떻게 거리를 추정하는가?
- 모두가 3D를 인지하는가?
- 3D 영화는 왜 가끔 사람들의 속을 울렁이게 만드는가?
- 풀프리히 효과는 무엇인가?
- 카메라는 수렴되어야 하는가?

3D 지각

우리의 눈은 여러 면에서 카메라와 매우 유사한 센서이다. 눈은 고속 정보 채널인 시신경을 통해 중추 신경계와 뇌에 연결되어 있다. 뇌는 수신된 이미지를 심도를 포함한 모든 특징을 갖춘 주변 세계에 대한 정신적 표상 체계로 전환한다. 3차원으로 세계를 인지하는 일련의 전체 과정은 "입체"를 의미하는 그리스어 *stereos*와 "시야"를 의미하는 *opsis*에서 유래한 "입체시(stereopsis)"라고 불린다. 입체시는 1838년 찰스 휘트스톤이 맨 먼저 설명했지만 깊이 감각은 수세기 동안 언제나 학자들을 매료시켰다.

입체시가 모든 생물에서 동일한 정도로 존재하지 않는다는 점을 주목하자. 입체시는 주로 육식 동물과 조류에서 발견된다. 대부분의 대형 동물들은 우리처럼 깊이를 인지하지 않는다. 인간은 대략 120°의 양안 시계를 갖고 있는 반면, 우리의 파노라마 시야는 약 180°로 제한되어 있다. 먹이 동물은 아주 먼 곳의 육식 동물을 발견할 수 있지만 근거리에서는 세부 사항을 인식하지 못한다. 반면, 인간을 포함한 집단인 육식 동물은 자신의 활동 영역에 있는 사물을 매우 정확하게 인식한다. 입체시는 육식 동물들이 높은 성공률로 먹이를 잡는데 도움이 된다.

인구의 아주 일부만이 시각적으로 장애가 있지만 출처에 따라 3%에서 15% 사이에 있는 더 큰 인구의 일부는 양안 깊이 감각을 갖고 있지 않다. 이것은 환경을 인지하기 위한 신경 돌기가 형성되는 생애 첫 몇 달 동안 특정 개인에게 영향을 미치는 일시적인 시각 장애 때문일 수 있다. 이러한 하이포스테레옵시스(hypostereopsis)의 원인은 아직 잘 알려져 있지 않다. 다행히도 이러한 사람들의 경우, 그들은 3차원으로 자신만의 세계의 대한 표상 체계를 만들기 위해 다른 많은 가능한 정보원을 사용할 수 있다. 게다가, 입체시는 우리한테서 20미터 정도 이내에 위치한 일부 세계에만 유용하다. 우리의 거리 및 사물에 대한 부피 인식은 또한 "단안 지각(monocular perception) 요소"라고 불리는 다른 단서들을 기반으로 한다.

단안 지각 요소

우리는 많은 단안 심도 지각 요소를 활용한다. "단안(monocular)"라는 용어는 단안 심도 지각 요소들이 하나의 눈을 통해 주어지는 이미지에서 온다는 사실, 즉 더 정확하게는 그러한 요소들이 심도가 없는 이미지를 통해서도 전달되기 때문에 비롯된 것이다. 전통 영화는 우리가 대형 스크린에서 보는 세계가 현실적으로 보이도록 관객에게 이러한 모든 요소들을 제공한다. 스테레오스코피가 가져오게 될 양안 요소만이 누락된다.

조절

인간의 눈에서 수정체는 망막에 가까운 또는 먼 대상의 이미지에 초점에 맞추기 위해 수축하거나 팽창한다. 아주 가까운 대상(1야드 미만)에 시선을 집중하는 경우 이로 인한 근육의 피드백을 뇌에 알려준다. 이러한 조절(accommodation)을 수정할 수 있는 능력은 나이가 들면서 감소하기 때문에 이 요소는 50살을 넘긴 사람들에게는 덜 중요해 진다. 실제로, 이것은 아주 짧은 거리에만 유용하다.

크기

대상의 크기, 정확히는 망막에 투사될 때 대상이 차지하는 크기는 뇌에 매우 정확한 거리감을 제공한다. 문제의 대상이 알려진 것이고 이미 뇌의 데이터베이스에 저장되어 있는 경우 그것은 한층 더 사실이다. 미지의 대상인 경우라도, 서로 다른 크기로 나타나는 2개의 동일한 대상을 보는 경우 뇌는 더 크게 보이는 것이 다른 것보다 더 가깝다고 추정할 것이다. 이러한 효과는 "광학 밀도 기울기(optical density gradient)"라고도 불린다. 아래에 설명되어 있는 원근감은 단순한 이 효과의 결과이다.

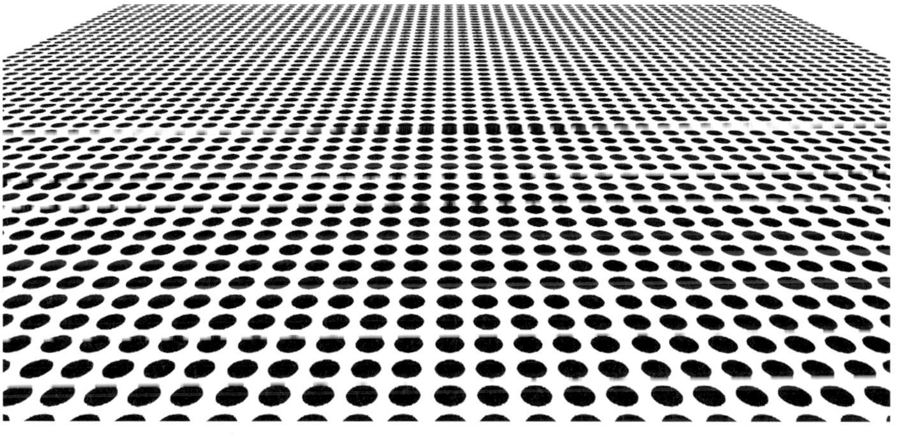

그림 02-01 광학 밀도 기울기: 식별 대상의 상대적 크기는 거리가 늘어나면서 줄어든다.

원근감

멀리 있는 물체는 가까이 있는 물체보다 작아 보인다. 무한대를 향해 뻗은 평행선은 거리에 따라 수렴한다. 이 효과는 직선 또는 건물 최하층에서 빌딩 외관을 볼 때 확인할 수 있다. 원근감은 실제 선들이 관찰자에서부터 넓게 펼쳐지지 않더라도 존재한다는 것이 주목하자. 따라서 거리에 따라 더 짧아지는 한 줄로 늘어선 전신주는 매우 정확한 거리 정보를 주는 소멸선을 구성한다.

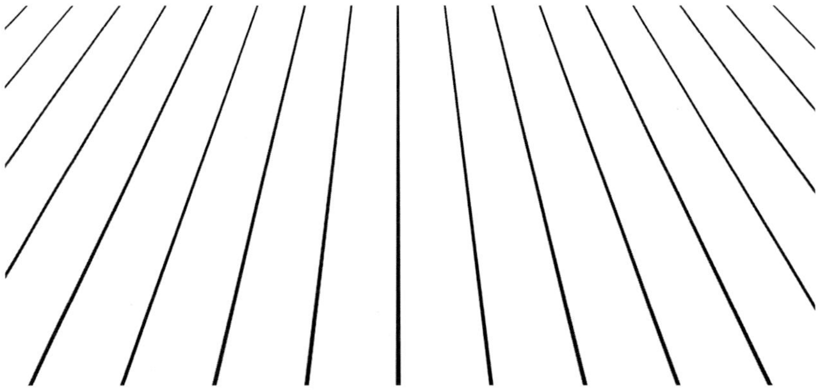

그림 02-02 원근감 효과: 평행선은 소실점을 향해 수렴한다.

중첩

가까이 있는 물체는 더 멀리 있는 물체를 시야에서 가린다. 이로부터 우리는 어떤 물체가 우리로부터 더 가까이 있고 어떤 것이 더 멀리 있는지를 추론한다. 세계에 대한 우리의 내적 표상 체계는 물체의 절대 거리보다는 상대적 거리를 더 기억한다. 따라서 상당히 먼 거리에 있고 중첩(occlusion)이 없는 경우, 종종 외관상 동일한 크기의 2그루의 나무 중 어떤 것이 더 큰지를 말하기가 어렵다. 반면, 축구 경기 중 다른 선수 앞에 있는 한 선수를 보는 것은 첫 번째 선수가 둘 중에 더 가깝다는 확실한 증거이다.

그림자와 빛

빛이 충분히 강한 경우 오목한 부분과 튀어나온 부분이 명확하게 구분되기 때문에, 물체 표면에서 빛의 움직임은 우리들에게 이 표면의 요소들의 위치에 관한 추가적인 단서를 제공한다. 일반적으로, 부드러운 조명과 약한 대비는 물체의 부피에 대한 우리 지각의 정확성을 감소시킨다. 게다가, 땅에 그리고 다른 물체에 드리워진 그림자는 우리에게 서로에 대한 물체의 상대적 위치에 대한 정보를 제공한다.

운동 시차

우리가 돌아다닐 때 발생하는 먼 거리에 있는 물체의 상대적 위치 변화는 우리에게 물체의 기리에 대헤 알려준다. 움직이는 열차의 창문을 통해 풍경을 보는 고전적인 예는, 스테레오스코피가 우리에게 정보를 제공하는데 충분한 거리를 넘어서는 거리에서조차도 나무, 빌딩, 전신주, 차량의 각각의 거리를 만들어 낸다. 장면의 측면 이동 속도가 빠를수록 거리를 측정하는 우리의 능력은 더 커진다. 이것은 뇌가 장면을 분석하기 바로 전에 2개의 연속적인 시각적 표상 체계 간의 시차가 증가함에서 비롯된다.

결 기울기

여러 표면, 특히 인공 표면은 결에 반복적인 요소가 있다. 거리의 자갈, 외관의 벽돌, 도로를 따라 있는 가로등 기둥은 반복적 결의 예이다. 그러한 두 요소 간의 간격은 거리에 따라 더 작아지는 것으로 인식된다. 원근감 효과와 결합할 경우, 이 시각적 단서는 우리에게 이러한 결 근처에 위치한 인물과 물체의 상대적 거리에 대한 정보를 제공한다. 반면, 트롱프뢰유(tromp-l'oeil: 착시) 효과는 거리에 대한 그릇된 인상을 주기위해 의도적으로 경사를 변화시킨 결이다. 따라서 건물에 접근할수록 점점 더 작은 돌을 가지고 성의 진입로를 포장하는 것은 긴 입구에 대한 방문객의 인상을 강화한다. 관찰 위치가 시점이 허용되는 경우 인간의 뇌는 그러한 환상에 쉽게 빠져든다.

그림 02-03 결은 거리가 증가함에 따라 더 작아진다.

연무

대기는 절대적으로 투명하지 않다. 먼 거리에서 대기는 대비를 감소시키고 물체의 색상을 약화시킨다. 이로써 우리는 수 십 마일 떨어진 산맥의 어떤 봉우리가 제일 가까운지 알아낼 수 있다.

그림 02-04 연무: 거리에 따라 대비가 감소하고 색상이 푸르스름해진다.
© B. Michel

기하학 및 인지 요소

세상에 대한 우리의 표상 체계는 우리의 경험에 따라 매우 달라진다. 물체나 사람을 처음 볼 때 우리는 거의 무의식적으로 물체나 사람을 살펴보고 우리의 정신 데이터베이스에 특징을 추가한다. 두 번째 만났을 때, 단 하나의 눈으로 일부 경관에 가까운 매우 부분적으로 본 것만으로도 그것을 식별할 수 있다. 그때 두뇌는 기억된 물체나 사람의 표상을 재현한다.

모양과 크기의 기억

물체의 정확한 형태와 크기에 관해 우리가 갖고 있는 지식은 대상의 인식된 크기와 결합했을 때 대상의 거리를 측정할 수 있다. 따라서 한쪽 눈만을 가지고 건물을 보는 경우에도, 빌딩의 창문과 문과 같은 가장 흔한 요소의 높이 함수로서 거리를 가늠할 수 있다. 큰 문과 스테인드글라스 창문은 성당의 크기를 과소평가하게 만들기 때문에, 아주 멀리에서 처음으로 성당을 봤을 때 꼭 매우 인상적이라고는 할 수 없다. 반면, 가까이 다가갈수록 당신이 식별할 수 있는 인간적 척도의 다른 세부 양식을 보고, 그 다음 입체시가 기능을 발휘한다. 따라서 우리는 자신의 평가를 수정하고, 그제야 건물의 크기에 놀란다. 우리는 그러한 단서를 매주 자주 활용한다. 특히 사진을 볼 때 그러하다.

양안 요소

우리가 방금 간단히 살펴 본 모든 시각적 거리 단서들은 장면을 한쪽 또는 양쪽 눈으로 보던 말든 우리에게 제공된다. 시각적 거리 단서는 우리가 스냅 사진, 그림, TV 화면, 또는 큰 스크린을 보고 있던 지간에 정확하게 동일한 정보를 우리에게 제공한다. 예술가들은 수세기 동안 자신의 작품을 사실적으로 만들기 위해 대부분 무의식적으로 이러한 모든 방법들을 활용해 왔다. 그러나 한 가지 중요한 차이점이 있다. 우리의 눈은 영상에서 제시된 대상이 있어야 하는 지점이 아니라 사진이나 스크린의 표면에 집중한다. 우리는 어릴 때부터 사진, 그림, 스크린을 보는데 익숙하다. 따라서 우리의 뇌는 아주 일찍부터 영상이 보여주는 3차원 현실로부터 이미지를 분리하는데 익숙해졌다. 3D 영화 관람은 우리에게 이러한 작용을 뒤집게 만든다. 우리는 차례로 스크린에 투사되는 각각의 가상 대상에 우리의 눈을 수렴하면서 고정 거리에서 스크린에 우리의 시선을 계속 집중해야 한다. 다행히도, 이러한 행동은 뇌에 너무 많은 스트레스를 주지 않으며 뇌는 60초 정도면 조정을 한다.

깊이 감각의 양안적 요소는 약 10미터, 심지어 20미터까지의 우리의 주변을 볼 때 매우 중요하다. 수평 불균형(horizontal disparity)은 이러한 요소 중에 가장 중요하며 3D 영화 산업 그리고 더 일반적으로 3D 이미지의 초석이다.

수렴

대상의 단일 이미지를 얻으려면 두 눈은 대상과 같은 거리에 위치한 지점을 봐야한다. 눈이 주어진 지점에 수렴할 때 하나로 보이는 공간의 일련의 점들은 "단시 궤적(horopter)"이라고 한다. 바꿔 말하면, 우리가 근거리의 대상을 볼 때, 눈 근육은 관찰 대상과 동일한 거리로 단시 궤적이 이동하도록 우리의 눈을 수렴하게 만든다. 이러한 근육 활동은 조절의 근육 활동과 동일한 방법으로 신경계에 감지되며 뇌에 의해 거리 단서로 활용된다. 뇌는 왜 눈을 관심 지점에 수렴하도록 만들까? 우리는 이러한 수렴 없이도 두 눈이 이미 대상을 보고 있기 때문에 궁금해 할 권리가 있다. 눈의 해부학적 구조를 연구하면 답은 명확해진다. 눈은 모든 곳에서 동일한 감도를 갖는 것이 아니다. 중심 부분인 중심와(fovea)는 많은 민감한 세포가 풍족하며 따라서 더 주변 지역보다 훨씬 더 나은 이미지를 제공한다. 뇌는 따라서 자동적으로 관찰하고 있는 대상이 중심와에 집중되도록 하기 위해 각각의 눈 중심축을 갖는 경향이 있다. 그렇게 함으로써, 뇌는 눈이 이 대상에 수렴하도록 한다. 수렴의 결과는 따라서 두 배로 유리하다. 우리는 관심 대상을 단일 대상으로 보고 가능한 최고의 해상도로 본다.

조절과는 달리 수렴은 나이에 영향을 받지 않는다. 이러한 거리 단서는 단거리에서 특히 중요하다. 일반적으로 1미터 미만의 거리에서 그러하다. 수렴, 그리고 단시 궤적을 앞뒤로 이동하는 우리의 능력은 환경에서 우리의 관심을 끄는 사물에 대해 예리하고 정확한 상을 갖게 해주는 것이다. 따라서 수렴은 우리의 목적을 위한 깊이 감각 단서에서 가장 중요한 양안 시차(interocular parallax)와 밀접하게 연관되어 있다.

양안시 연습

눈높이에서 팔을 앞으로 뻗어서 고정하고 집게손가락 끝 부분에 집중하라. 손가락에 계속 집중하면서 손가락을 코 쪽으로 천천히 이동한다. 2개의 눈을 수렴하는데 필요한 근육 활동을 깨닫게 된다. 이제 손가락을 움직이지 말고 수평선의 한 지점을 본다. 수평선으로 초점이 되돌아가면서 손가락이 2개로 보인다. 눈 근육의 활동과 시계의 선명도 변화는 당신이 보고 있는 대상이 위치하고 있는 거리를 확인하는 일련의 단서를 형성한다.

양안 시차

두 눈이 포착한 이미지는 뇌의 시각 피질을 통해 처리되며 거리, 모양, 상대적 위치의 개념을 포함하는 세계에 대한 단일 표상 체계 - 우리는 종종 이것을 세계에 대한 "영상"으로 잘못 부른다 — 로 결합된다. 각 대상의 부피와 거리에 대한 정보는 스테레오스코픽 쌍의 대상 간의 수평 불균형, 즉 시차로부터 추론된다. 현실 세계에서, 이러한 차이는 3개의 매개변수, 즉 양안 거리(interocular distance, IOD), 수렴, 그리고 물론 대상의 관찰자로부터의 거리에 따라 다르다.

관찰 지점이 0점(zero parallax)이면 그것은 그 지점이 눈이 수렴하고 있는 지점과 같은 거리에 있다는 것을 의미한다. 모든 지점이 양쪽 눈에 동일한 장소에 있는 것으로 보이는 이미지를 스크린에 보여줄 때 그 장면은 평면으로 인식된다. 평면에 위치하기 때문에 이러한 모든 지점들로 구성된 집합을 "스크린 평면(screen plane)"이라고 부른다. 3D 시스템을 가지고 2D 영화를 보는 것이 그러한 효과를 준다. 인간의 가상 시스템의 경우 "스크린 평면"은 실제 평면이 아니라 수직과 수평으로 약간 곡선이라는 사실에 주목해야 한다. 그것이 놀이 공원의 대형 스크린이 종종 곡선인 이유이다. 곡선 스크린은 평면 스크린보다 3D 세계에서 더 나은 몰입감을 제공한다.

0이 아닌 모든 시차 값의 경우 관찰된 지점은 스크린 뒤나 앞에 있다. 그 지점이 스크린 뒤에 있으면 양시차(positive parallax)이고 관객에 더 가까운 것은 사물에 대한 음시차(negative parallax)라고 말한다.

3D 사진과 영화 같은 스테레오스코픽 표상 체계는 현실에서 동일한 장면을 보았을 때 보게 되는 것과 동일한 이미지를 각각의 눈에 제공하려고 한다.

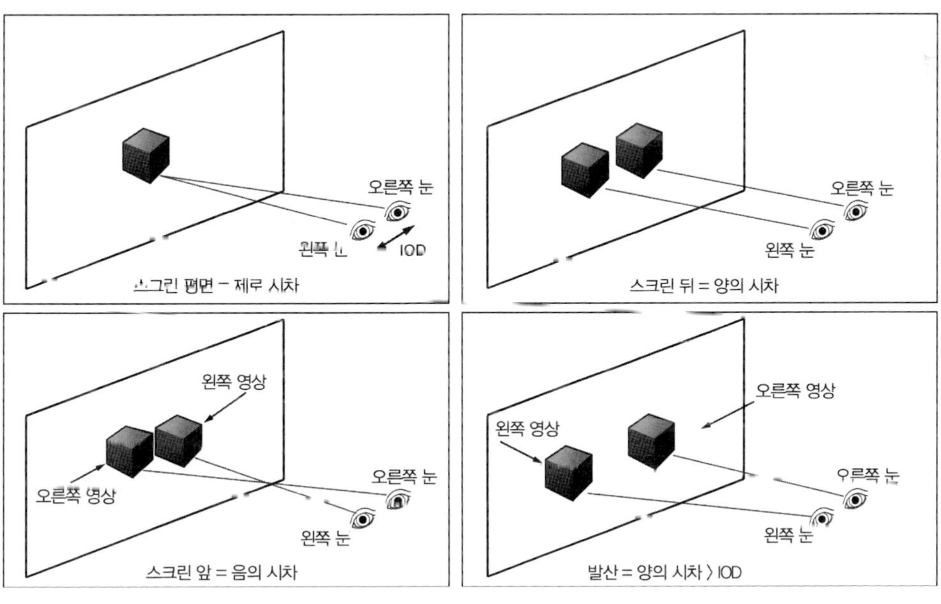

그림 02-05 시차는 대상의 인지 거리를 결정한다. 시차가 양안 거리(IOD)보다 더 큰 것은 피해야 하는데 이것은 자연 상태에서 존재하지 않기 때문이다.

자기 수용 감각 그리고 깊이감

자기 수용 감각(proprioception)은 의식적이건 무의식적이건 간에 자기 인식이다. 즉 중력과 관련하여 자신의 다양한 신체 부위의 위치에 대한 사람들의 인식이다. 사람들은 세상에서 자신의 위치를 알고 있으며, 이로 인해 사람의 뇌는 자신의 신체를 자신의 세계에 대한 3차원 표상 체계에 끼워 넣는다. 이것의 대부분은 입체시, 또는 적어도 단거리에서 비롯된다. 이러한 두 가지 능력인 자기 수용과 양안시의 융합은 인류가 도구를 발명하고 그들이 지속적으로 수행하는 모든 복잡한 작업을 창조할 수 있게 한 것이다. 칼에 베이지 않고 사과 껍질을 벗기고 컴퓨터에 텍스트를 입력하는 것은 자기 수용 감각과 양안시의 정신적 융합 없이는 불가능하다.

스테레오스코픽 영화, 비디오, 사진술은 모두 현실의 관객을 제공된 이미지에 몰입시키는 것을 목표로 하고 있다. 이러한 환상이 받아들여지면 뇌는 인식 요소의 일관성이 좋게 유지되는 동안 이러한 몰입 인상을 중단하지 않는다. 불행히도 완벽한 일관성은

그림 02-06 자이로 안정화 Pictorvision Eclips 시스템에 장착된 Cameron-Pace Group 3D 장치는 3D로 촬영할 때 완벽한 수평 상태를 보장한다.

© Pictorvision

거의 가능하지 않다. 따라서 카메라가 날아가는 용을 따라갈 때 우리의 세계에 대한 표상 체계는 용의 갑작스러운 급강하를 포함하여 3D 이미지에 적응하는 경향이 있다. 그러나 자기 수용 감각은 우리가 여전히 극장에서 앉아 가만히 있다는 것을 우리에게 알려준다! 내이(inner ear)는 스크린에 보이는 급강하 움직임을 감지하지 못했으며 몰입의 환상은 깨질 가능성이 있다. 이러한 일관성의 파괴는 관객의 환상을 유지하고자 한다면 피하거나, 어느 경우든 최소화해야 한다. 바다낚시 기간 동안 Discovery Channel 정보 다큐멘터리 영화 제작자들이 실시한 테스트는 거친 바다에서 어선의 갑판에 3D 카메라를 탑재하고 관객들을 환상에 젖게 하는 것이 불가능하다는 것을 발견했다. 끊임없이 수평선이 올라갔다 내려갔다 하는 것을 보는 것은 관객의 균형 감각을 대단히 어지럽힐 것이지만, 관객의 내이는 동일한 자극을 받지 않을 것이다. 관객의 자기 수용 정보와 영화 이미지가 보여주는 것 사이의 모순은 확실히 관객이 어선에 있는 것보다 더 많은 메스꺼움을 유발하는 것으로 확인되었다. 그것이 3D로 촬영할 때 수평선을 세심하게 수평으로 유지해야 하는 이유이다.

이 문제를 어느 정도는 수정하기 위해서 많은 놀이 공원 극장들은 액션과 동시에 움직이는 가동식 좌석을 설치했다. 이러한 "4D" 극장에서 관객의 자기 수용 감각은 스테레오스코픽 이미지와 함께 흔들리며 몰입 감각은 상당히 강화된다.

풀프리히 효과와 기타 이상한 현상

풀프리히 효과(Pulfrich effect)는 20세기 초 칼 풀프리히가 기록한 심리광학(psycho-optical) 현상이다. 이것은 대상의 광도에 따른 인식 속도의 차이 때문이다. 따라서 풀프리히 효과는 움직이는 대상의 경우에만 감지할 수 있다. 예를 들어, 좌우로 흔들리는 추의 움지임을 보라. 한쪽 눈을 어두운 유리 조각으로 가리면, 추가 평면보다는 원형으로 왔다 갔다 하는 것처럼 심층적 움직임(movement in depth)에 의해 뒷받침되는 측면 스윙을 보게 될 것이다. 필터가 어두울수록 효과는 더욱 두드러진다.

필터가 왼쪽 눈 위에 있다면, 움직이는 대상이 왼쪽으로 움직이면 스크린의 평면 앞에 있고 오른쪽으로 움직이면 평면 뒤에 있는 것 같다. 이유는 간단하다. 한쪽 눈 위에 있는 어두운 필터의 존재는 이 눈에서 오는 장면의 인식을 지연시킨다. 따라서 왼쪽 눈은 몇 분의 1초 후에 추를 보게 되며 그것은 오른쪽 눈에 대해 수평 불균형을 유발한다. 뇌는 이러한 차이를 양안 시차로 해석하며 움직이는 대상의 속도와 거리에 비례하여 깊이를 추론한다. 움직이지 않는 대상은 영향을 받지 않는다.

적정한 3D 효과를 가지고 짧은 비디오 시퀀스(video sequence)를 "풀프리히 방식"으로 만들 수 있다. 그러나 제약이 매우 심하다. 스크린 평면 앞의 모든 대상은 계속해서 하나의 방향으로 움직여야 하며 스크린 평면 뒤의 모든 요소들은 다른 방향으로 움직여야 한다. 움직이는 열차 창문에서 촬영하거나 회전목마에서 발생한 시퀀스를 상상할 수 있다. 그 외에는 실제로 이러한 큰 문제가 영화 제작에서 풀프리히 효과를 사용할 수 없게 만든다. 반면, 스테레오스코픽 쌍의 이미지 중 하나가 너무 어두우면 3D 영화에서 거리 계측의 오류 원인이 될 수 있기 때문에 이 문제에 대해 알고 있는 것이 중요하다. 이미지 중 하나가 너무 어두운 현상은 스테레오스코피를 위해 별개의 카메라를 사용하는 극장에서 발생한다. 동일한 문제는 이미지 중 하나를 다른 것보다 더 어둡게 만들 수 있는 거울 장치를 가지고 촬영하는 동안 제어 모니터에서 나타날 수 있다. "풀프리히" 방식으로 장면을 찍는 것이 쉽다는 점에 주목하자. 유일하게 중요한 것들은 연출과 촬영된 대상의 측면 속도이다.

인터넷 상의 풀프리히 효과

놀랍게 들리겠지만, 일부 아마추어들은 오직 풀프리히 효과만을 바탕으로 단편 영화를 만든다. "풀프리히 효과" 영화를 보기위해서 시청자는 렌즈 중 하나가 제거된 선글라스와 같은 안경을 써야 한다.

스테레오스코픽 시야

모든 동물이 2개의 눈을 갖고 있지만 우리가 속한 육식 동물은 먹이의 소재 파악을 위해 더 좋은 스테레오스코픽 시야를 갖고 있다. 소와 같이 덜 공격적인 동물들은 더 넓은 주변 시야를 갖고 있지만 거리 인식은 좀 떨어진다. 따라서 그들은 육식 동물을 감지하여 가능한 빨리 도망가기 위해 잘 무장되어 있다. 몇 가지 예가 있다. 인간의 시계는 약 180°~190°이고 이중에 110°가 양안시이다. 말은 350°의 시계를 갖고 있으며 이중 60° 정도만이 양안시이다. 머리의 측면에 눈이 있는 토끼는 360°를 감당하지만 20%만이 양안

시이다. 카멜레온과 수많은 물고기들의 눈은 머리의 양편에 멀리 떨어져 자리 잡고 있다는 것을 감안할 때, 그들은 완벽한 파노라마 시야를 갖고 있지만 양안시는 없다.

눈과 시각계

시력은 언제나 우리에게 당연한 것으로 보였다. 시력으로 인해 우리는 대략 몇 cm의 매우 가까운 거리에서부터 무한대에 이르기까지 환경의 거의 절반을 인식할 수 있다. 이러한 모든 것은 2개의 동일한 기관인 눈에 의해 가능하다. 사진의 경우 인간의 눈과 카메라의 유사함은 두드러진다. 눈의 수정체는 센서가 있는 민감한 표면에 이미지를 투사하고 홍채는 조명 조건을 적응하기 위해 빛의 양을 제한한다. 몇 가지 치수가 있다. 25 mm의 직경, f/2.8에서 f/22까지 조리개, 그리고 25 mm의 초점 거리이다. 주된 차이는 빛에 민감한 표면인 망막이 곡선 모양이고 가장자리보다는 중앙에 더 높은 해상도를 갖고 있다는 점이다. 망막은 표면에 불규칙하게 분포되어 있는 추상체와 간상체라는 두 종류의 센서를 갖고 있다. 추상체는 빛에만 민감한 반면 간상체는 색을 인식하지만 낮은 조명 수준에는 덜 민감하다. 간상체에는 3개의 하위 그룹이 있으며 이 그룹의 최대 감도는 청색, 녹색, 적색에 해당한다.

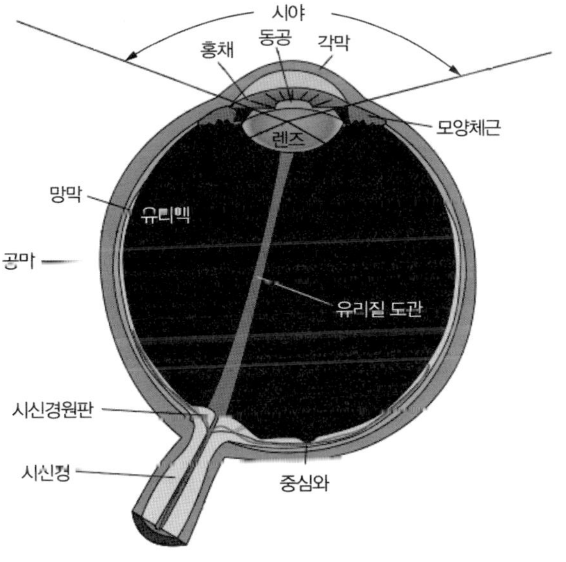

그림 02-07 인간의 눈 절단면

중앙 구역은 중심와 또는 황반이라고 한다. 이것은 간상체만을 포함하며 따라서 망막의 나머지 부분보다 더 정확한 시야를 갖는다. 작고, 중앙에서 약간 벗어난 부분인 시신경 원반 또는 시각유두는 민감한 세포가 없기 때문에 앞이 보이지 않는다. 시신경 원반은 시신경이 눈에 연결된 지점에 해당한다. 뇌는 차이가 의식적으로 인지될 수 없도록 자동적으로 다른 눈에서 해당 이미지의 복사본을 가지고 이미지의 누락된 부분을 채운다.

인간의 시각계는 완벽함과 거리가 멀다. 안경은 어느 정도까지 많은 사람들의 초점 문제(근시, 원시)뿐 아니라 수렴 문제(사시)를 수정하는 것이 가능하다. 인구의 약 10%는 차등 시력을 갖고 있다. 즉, 한쪽 눈이 다른 한쪽 눈보다 더 좋으며 세부 사항에 대한 두뇌 지각의 절반 이상에 기여하고 있다. 그러한 사람들에게 양안시를 통한 깊이 감각은 제 기능을 못하며 때때로 스테레오스코피는 그들에게 유용한 정보를 제공할 수 없는 정도이다(이것은 약시라고 한다). 결함이 발현된 후 - 일반적으로 6살에서 10살 사이 - 신속하게 수정되지 않은 경우 뇌는 성가신 이미지를 무시하는 경향이 있으며 사람의 시야에 대한 해석을 한쪽 눈에만 근거한다. 약시는 영구적이 되며 환자는 양안시를 사용하는 능력을 잃어버린다. 인구의 약 6%~10%는 양안시를 통해 깊이를 거의 못 보거나 전혀 못 본다.

의도적인 눈의 편향과 무안경입체시(오토 스테레오그램)

인식과 시각계 전문가인 벨라 줄레츠는 "단일 이미지 랜덤도트 스테레오그램(Single Image Random Dot Stereogram)"의 약자 SIRDS로 알려진 랜덤도트 스테레오그램(random dot stereogram)를 발명했던 당시인 1959년 벨연구소에서 근무하고 있었다. 20년 후 그와 그의 학생 크리스토퍼 타일러는 무안경입체시(autostereogram)를 내놓았다. 그들은 사람이 반복적인 질감을 볼 때 뇌가 그 조직에 대한 2개의 서로 다른 반복 이미지를 융합시킬 수 있도록 사진 평면 앞이나 멀리 뒤로 시선을 고정하도록 하는 것이 가능하다는 것을 발견했다. 작은 수평 오프셋(horizontal offset)이 이 질감에 도입되면 뇌는 수평 오프셋을 시차로 해석하고 3차원 형상이 이미지에서 나타난다.

무안경입체시 뒤의 숨은 형상을 보기 위해서 우리는 의식적인 부자연스러운 초점 노력, 즉 의도적 사시를 만들어야 한다. 사시는 두 눈의 잘못된 수렴을 유발하고 관찰 대상의 복시를 야기하는 시각계에서 발견되는 결함이다. 오토 스테레오그램의 경우, 질감의 패턴 반복은 뇌가 동일한 것으로 인식할 만큼 서로 닮은 2개의 서로 다른 이미지를 융합하도록 자극하기 때문에 형성된 이미지는 이중으로 인식되지 않는다.

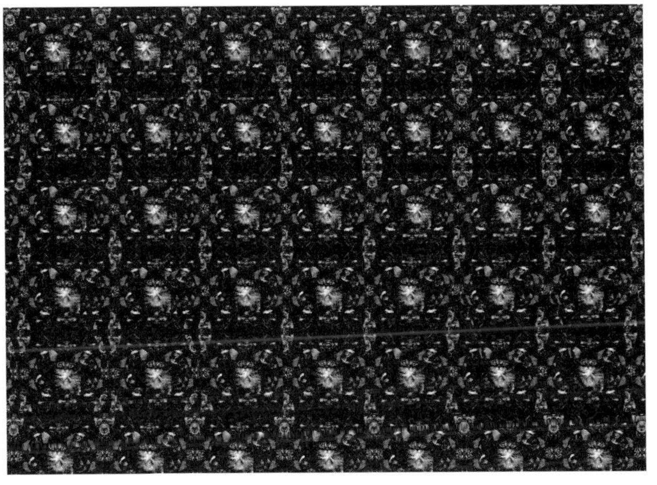

그림 02-08 컬러 오토스테레오그램

오토스테레오그램을 보는 방법은 두 가지가 있다. 눈을 상대적으로 평행으로 유지하거나 평소보다 더 수렴하게 만드는 것이다. 두 경우 뇌는 2개의 서로 다른 패턴의 사진 - 각각은 두 눈 중 한쪽 눈을 통해 본다 - 들을 단일 이미지로 융합한다. 이 부자연스러운 상황은 확실히 양쪽 눈이 같은 패턴을 보고 뇌가 종이의 평면에 위치한 평평한 표상 체계를 구축하기 위해 이 정보를 사용하는 정상적인 상황과는 다르다. 대부분의 오토스테레오그램 이미지는 첫 번째 방법, 즉 수평 응시를 통해 보도록 만들어졌다.

스테레오그램에 숨은 이미지 보는 방법

이미지를 적당한 비율로 세팅한다. 즉, 즉 6.5 cm의 공간에서 2, 3번 반복되어야 한다.

코가 이미지에서 몇 cm 위치에 있도록 스크린이나 인쇄된 이미지에 바싹 다가가서, 초점을 맞추지 말고 스크린 뒤의 무한대를 쳐다본다. 시야가 흐려지면, 아무 것도 보려고 하지 않는다. 다음, 이미지를 조금씩 이동하고, 여전히 아무 것에도 초점을 맞추려고 하지 않는다. 50cm(20인치) 거리에 도달하면, 이동을 중지하고 이미지가 나타나기를 기다린다.

이것을 처음에 하기에는 힘들다. 연습을 하면 그 이후의 스테레오그램을 점점 더 쉽게 볼 수 있을 것이다.

오토스테레오그램은 어떻게 만드는가?

수평으로 반복되는 패턴을 오토스테레오그램으로 전환하기 위한 다양한 소프트웨어 어플리케이션이 존재한다. 하지만 원칙은 포토샵과 같은 이미지 처리 소프트웨어를 가지고 적용할 수 있을 만큼 간단하다. 오토스테레오그램을 생성할 수 있는 많은 무료 소프트웨어 어플리케이션도 존재한다. 하나의 예는 Stereogram Creator이다.

스테레오스코픽 오류, 두통, 그리고 기타 불쾌한 영향

스테레오스코픽 3D 영상 분야의 초심자는 이따금 과장되고, 돌발적이고, 불쾌하고, 때로는 심지어 글자 그대로 넌더리날 수 있는 깊이 효과에 의해 놀란다. 이러한 모든 형용사는 불완전한 스테레오스코픽 연출에 대한 관객 반응에서 정기적으로 나타난다. 또한 사용된 일부 장비가 결점이 있고, 형편없이 설정되거나, 형편없이 사용되었을 수도 있다.

여러분이 이러한 경우 중 하나에 처해있다면, 이것은 형편없는 수렴 설정 또는 과도한 깊이감 때문이다. 불행히도, 깊이 강도를 설정하는 것이 항상 쉬운 것은 아니다. 영화관에서, 스크린으로부터 절반 정도 떨어져 앉는다면 깊이 효과는 절반으로 줄이는 게 적당하다. 3DTV에서 나오는 블루레이 디스크의 경우, 깊이 강도를 변경하는 것이 언제나 가능하지는 않다. 반면, 대부분의 멀티미디어 드라이브와 PC 또는 콘솔 게임은 이러한 강도(최대 시차값)를 조정하거나 초점 변경(스크린 평면에 따라 장면이 앞이나 뒤로 이동)이 가능하다.

3D를 막 시작한 사람의 경우, 깊이를 최대의 15%로 설정하고 스크린 뒤로 장면을 밀어내는 방향으로 깊이의 최대에 초점을 맞추는 것이 바람직하다. 그 경우 장면을 더 가까이 가져올 수 있고 깊이감은 편하다고 여겨지는 값에 도달할 때까지 조금씩 증가한다.

습관이 되면서 사람들은 점차 스테레오스코픽 작품 감상에 적응한다. 그들의 눈 근육은 점차 수렴을 제어하는데 익숙해지고 하나씩 초점을 맞추며 사람들은 3D 이미지의 묘한 점을 무의적으로 배운다. 관객의 라이프스타일도 자신의 적응력에 영향을 미친다. 컴퓨터 화면 앞에서 모든 시간을 보내는 프로그래머는 근거리 및 원거리의 관심 지점 사이를 끊임없이 이동하고 있는 알프스의 목동보다는 적응하는데 시간이 더 오래 걸린다.

경고

불편함과 두통이 계속되면 안과 의사의 진찰을 받도록 하자. 시각의 일반적인 사소한 문제는 스테레오스코픽 영화를 보기 위해 필요한 추가적인 노력에 의한 것으로 밝혀질 수 있다.

수렴

가까운 대상을 볼 때, 각각의 우리 눈은 관찰 지점에 초점을 맞춘다. 즉, 눈이 전달하는 이미지가 망막에 올바르게 투영될 수 있도록 수정체가 팽창하거나 수축한다. 동시에, 두 눈은 이 동일한 지점에 수렴한다. 이러한 움직임은 무의식적이며 종종 너무나 잘 동기화되어 눈을 따로 움직이는 것이 어렵다. 눈 근육의 피드백은 관찰한 대상이 위치한 거리를 뇌에 알려준다. 스테레오스코픽이건 아니건 사진을 볼 때 눈은 사진의 한 지점으로 수렴한다. 사진이나 휴대용 장치의 화면인 경우 두 눈은 표면으로부터 몇 십여 센티미터에서 수렴하기 위해 직각으로 맞추어 진다. 반면, 몇 미터 - 또는 수십 미터 - 떨어져서 스크린을 보면서 극장 안에 있는 경우, 주시점은 너무나 멀어서 두 눈은 실제로 평행이다. 지각이건 근육이건 간에 수렴과 연관된 시각 효과는 몇 미터 이상 모든 거리에서 사라지거나 무시해도 될 정도다.

관찰된 이미지의 크기와 거리는 우리가 3D를 보는 방법에 큰 영향을 미친다. 영화 상영 중 크고 멀리 떨어진 스크린에 조점을 맞추면 눈 근육은 더 편안한 상태를 유지할 것이다.

초점조질과 수렴의 충돌

영화나 사진은 다양한 깊이 감각 요인 중 최고의 일관성을 제시해야 한다. 그렇기는 하지만, 이미지에 많은 신경을 쓴다 해도, 이미지는 다양한 거리의 다양한 대상으로 구성되어 있다고 보는 사람을 믿게 만들려고 노력하는 동안 이미지는 보는 사람으로부터 고정된 거리에서 평면 위에 표시되기 때문에, 수렴과 조절 사이에 사실적인 일관성을 달성하는 것은 불가능할 것이다. 따라서 눈은 다양한 거리에서 장면의 세부 사항을 관찰하기 위해 다양한 정도로 수렴할 수 있지만 사진의 평면에 초점을 유지해야 한다. 그것은 큰 문제가 아니다. 왜냐하면 뇌는 적어도 스크린이 몇 미터 이상 떨어져 있는 한 그것에 쉽게 부응할 수 있기 때문이다. 따라서 영화관에서, 관객들은 스크린에 자신의 시야를 조절할 수 있도록 스크린에서 충분히 멀리 떨어져 있다(그리고 수십 미터는 이 시점에서 무한대에 비유할 수 있다). 영화 상영 중 관객의 눈은 일반적으로 적어도 수 미터 떨어진 대상에 수렴할 것이며 수렴과 조절 간의 상관관계 부재는 계속 무시할 수 있을 것이다. 그것이 3D 영화 관람이 언제나 TV에서보다 영화관에서 덜 피곤한 이유 중 하나이다.

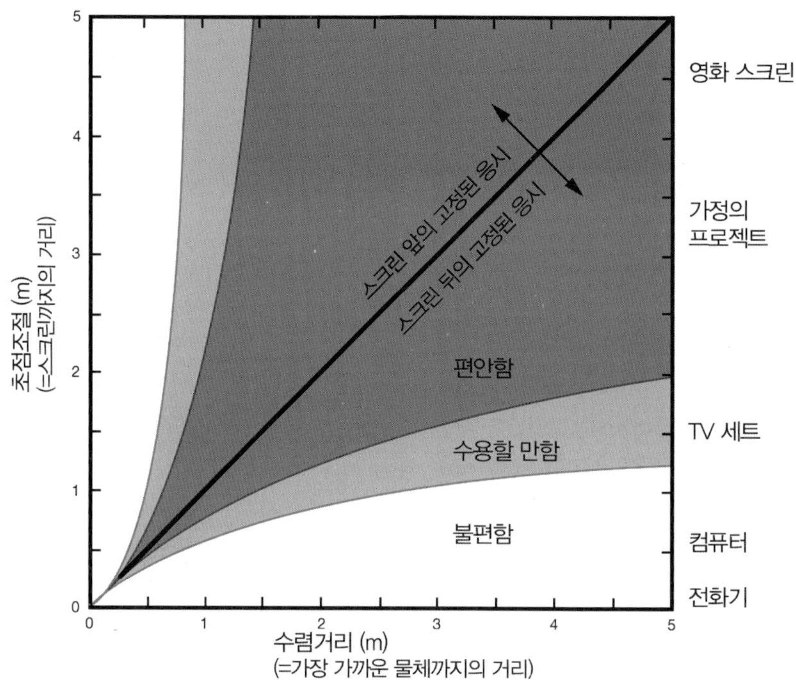

그림 02-09 초점조절/수렴의 편안함 도표

위의 초점조절/수렴 편안함 도표에서 관심 대상이 더 가까울수록 이들 두 매개 변수 간의 연계 허용 오차의 정도가 더 작다는 것을 쉽게 이해할 수 있다. 대각선을 끼고 있는 둘 간의 관계는 완벽하고 불편함은 최소이다. 이것은 스크린과 정확하게 같은 거리에서 3D로 보이는 대상에 해당한다. 대각선 위에서, 시선은 눈이 조절할 수 있는 스크린 평면보다 더 가까운 지점에서 수렴한다. 스크린까지 1/3 미만 거리에서 어떠한 대상도 나타나지 않으면 관객은 스크린에서부터의 거리에 상관없이 거의 불편함을 경험하지 않을 것이다. 대각선 아래에서, 시선은 스크린 평면 뒤로 수렴한다. 무한 거리의 진짜 느낌은 적어도 스크린으로부터 3미터에서 조절이 이루어질 경우 정말로 용인될 것이며, 그것은 영화관에서 언제나 사실이다. 그러나 중소 규모의 스크린의 경우, 스크린의 크기는 멀리 있는 대상에 대한 최대 시차 설정을 고려해야 한다.

눈이 충분히 멀리 일반적으로 5미터 이상에서 순응하면 수렴과 조절 사이에는 실질적으로 충돌이 없을 것이다. 이 경우는 도표 상단 가장 자리에 해당하며 영화관에서 발견된다.

짧은 조절 거리는 일반적으로 시청자로부터 2 m에서 4 m에 위치한 가정용 TV의 경우에 해당한다. 따라서 도표 맨 아래 공간은 일반적으로 사람의 눈에서 1미터 이내의 거리에 있는 TV, 컴퓨터 화면, 휴대용 장치의 경우에 해당한다. 이러한 모든 경우에서 스크린을 벗어나는 대상과 같이 너무 가까운 대상은 불편함을 유발한다.

도표의 왼쪽 가장자리를 따라 있는 공간은 강력한 노골적 대상에 해당한다. 따라서 그러한 화려한 3D 효과는 명확하게 주의하여 사용해야 한다는 것을 알 수 있다.

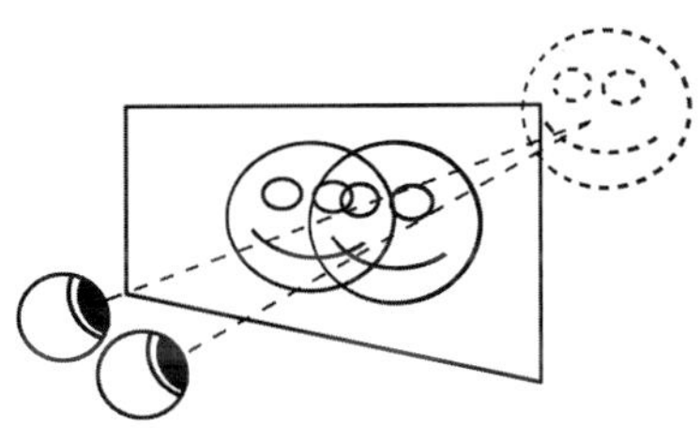

그림 02-10 눈이 무한대에서 초점을 맞춤: 스크린이 몇 미터 떨어져 있으면 문제없음.

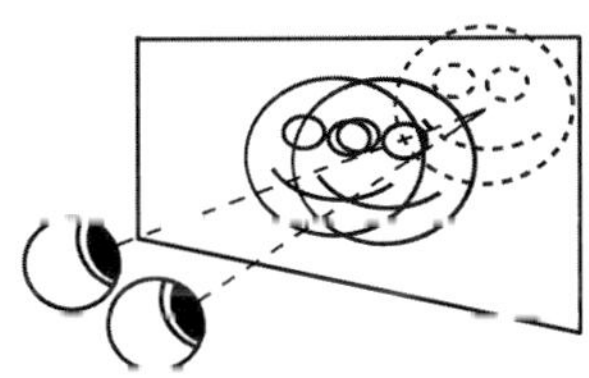

그림 02-11 눈이 멀리 있는 대상에 초점을 맞춤: 스크린이 몇 미터 떨어져 있으면 문제없음.

그림 02-12 눈이 스크린에 있는 대상에 초점을 맞춤: 거리가 얼마건 간에 문제없음. 2D 영화를 보는 것과 같다.

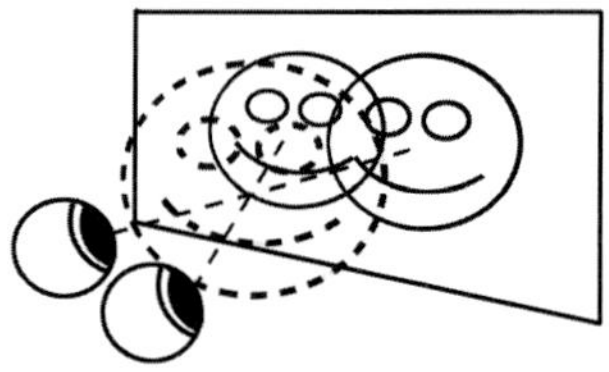

그림 02-13 눈이 스크린보다 가까운 대상에 초점을 맞춤: 스크린으로부터의 거리에 상관없이, 가상 대상이 너무 가까운 경우 인식 문제가 일어날 수 있다.

시력 그리고 스테레오스코픽 시력

인간의 눈의 분해능(angular resolution)은 대략 60-second arc이며, 그것은 수평선을 지나가는 2만개의 개별 점들에 해당한다. 그러나 이러한 해상도는 시야의 중심 지역인 중심와에서만 얻을 수 있으며 측면으로 가면서 감소한다. 대상의 거리를 결정하려면 뇌는 두 시야 간의 수평 차이를 활용하며 최상의 조건 하에서 광학 해상도(optical resolution) 미만의 시차 차이를 감지할 수 있다. 일부 출처에 따라 10배 미만에서도 감지가 가능하다.

스크린에 투사된 이미지를 최대한 활용하기 위해, 세부 사항을 포기하고 몰입의 느낌과 깊이감을 감소시키는 것을 각오하고서라도 초과하지 말아야 하는 최대 거리가 있다.

스크린 크기에 따른 최적 시청 거리

16:9 스크린의 폭 (+HDTV의 경우 대각선 인치)	시각에 따른 최대 거리(M)	SMPTE에 따른 최대 거리(M)	THX에 따른 최대 거리(M)	THX에 따른 권고 거리(M)
70 cm (32")	1.3	1.3	1.5	1.0
100 cm (46")	1.8	1.9	2.2	1.7
110 cm (50")	2.0	2.1	2.4	1.5
143 cm (65")	2.6	2.7	3.1	2.0
3 미터	5.4	5.7	6.6	4.8
4 미터	7.2	7.6	8.8	6.3
8 미터	14.4	15.2	17.6	12.7
12 미터	21.6	22.9	26.4	19
20 미터	36.0	38.1	44.0	31.7

표준 SMPTE EG-18-1994는 영화관의 경우 30°의 최소 시계를 권장하며 가정용 장치에 폭넓게 적용되었다(www.smpte.org). 더 짧은 거리는 몰입을 강화하고 눈의 피로를 줄인다. THX(www.thx.com) 또한 THX 상표를 붙인 영화관이 따르는 표준을 발표했다. 이 표준은 스크린에서 가장 먼 좌석의 경우 최소 26°의 시계와 36°의 최적값을 요구한다. 가정용 영화 장치의 경우 THX는 약간 더 큰 각도인 40°를 권장한다.

다음의 표는 전적으로 시력에 기반하여 또는 SMPTE(30°)와 THX(26°에서 36°) 표준을 따라 최적의 3DTV(16:9, 1920 x 1080 픽셀)를 시청하기 위한 화면으로부터의 최대 거리를 제공한다.

양안 거리

인류에게 있어 두 눈 사이의 평균 거리는 조금씩 다르다. 평균 성인의 양안 거리(interocular distance)는 남성의 경우 65 mm 그리고 여성의 경우 63 mm이다. 아이들의 경우 이 거리는 필연적으로 더 작으며 48 mm의 양안 거리가 일반적으로 사용된다.

오소스테레오스코피

"오소스테레오스코피(orthostereoscopy)"는 이미지 포착과 65 mm의 참조 축간격을 따르는 재생 시스템으로 얻을 깊이 효과이다. 관객의 뇌에 보이는 장면은 그 사람이 원래 장면을 볼 때 보이는 것과 동일하기 때문에 깊이 효과는 자연스러운 것으로 여겨지며 부정적 반응을 유발하지 않는다.

스테레오스코픽 이미지를 보는데 있어 하나의 엄격한 오소스테레오스코픽 위치는 없다. 위치는 장면이 포착된 각도에 의해 결정된다. 이 각도는 촬영 당시에 카메라 각도와 동일해야 한다. 관객이 카메라보다 더 멀리 있거나 가까이 있는 경우, 장면의 원근감은 과장되거나 축소된 깊이감을 가지면서 문제가 있을 것이다. 마찬가지로, 관객이 정확한 감상 축(viewing axis)에 있지 않다면 장면의 부피는 사다리꼴로 왜곡될 것이다.

그럼에도 불구하고 이러한 변형이 과장되지 않은 경우 뇌는 변형을 곧잘 견딜 것이다. 이것은 뇌가 사실상 장면의 서로 간의 관계에서 다양한 대상을 평가함으로써 3차원 세계의 시야를 재구성하기 때문이다. 따라서 모든 대상이 유사한 변형을 받을 경우, 장면의 정신적 재구성은 저해되지 않을 것이다.

하이포스테레오스코피

촬영시 두 카메라 사이의 간격이 표준 양안 거리보다 서로 더 가까운 경우 "하이포스테레오스코피(hypostereoscopy)라는 말을 쓴다. 하이포스테레오스코피는 가끔 필수적이다. 따라서 개미의 확대 사진술에서 정확하게 틀에 넣은 시야와 사실적인 깊이감을 얻고자 한다면, 65 mm 떨어져 설치된 2대의 카메라를 사용하는 것은 분명 불가능하다. 카메라 중 하나에 대한 프레이밍(framing)이 올바르면 다른 카메라는 시계 밖에 있게 될 장면을 볼 수조차 없을 것이다. 따라서 2개의 숏은 아주 작은 거리로 구분되어야 한다. 이 거리는 촬영해야 하는 대상의 크기에 따라 다양할 수 있으며 쌍안 현미경을 가지고 찍은 숏의 경우 몇 분의 1밀리미터 아래로 이동할 수도 있다. 2009년 Sony는 센서를 가지고 왼쪽 및 오른쪽 접사를 찍도록 고안된 원형 3D 카메라를 발표했다. 왼쪽 및 오른쪽 접사는 서로 너무나 가까워서 하나의 렌즈를 공유할 수 있었다. 축간격은 작았지만 그럼에도 깊이 느낌을 주기에는 충분히 컸다.

65mm의 양안 거리를 가진 인간을 위한 표준 뷰잉 시스템(viewing system)에서 하이포스테레오스코픽 장면 재생이 가능하며 그 결과는 보기에 쾌적할 수 있다. 한편 뇌는 투사된 이미지를 정상적으로 찍힌 것처럼 해석할 것이다. 따라서 축소된 인간이 장면을 보는 것처럼 뇌는 깊이 단서를 잘못 해석하고 장면의 크기를 과장할 것이다. 이 효과가 "거인시(gigantism)"이다. 논리적으로 타당하게 이 효과는 최종 뷰잉 스크린(viewing screen) 자체가 휴대 전화의 것처럼 아주 작아도 아주 불쾌하지는 않다.

하이퍼스테레오스코피

이전 경우와 반대로, 시점이 표준 양안 거리보다 더 멀리 떨어져 있는 경우는 "하이퍼스테레오스코피(hyperstereoscopy)"이다. 아주 멀리 떨어져 있는 숏들은 아주 멀리 있는 대상에 대한 이미지 간에 시차를 준다. 하이퍼스테레오스코피의 명백한 단점은 이 시차의 인공적인 증가가 근접 대상의 경우 매우 크다는 것이다. 따라서 큰 시각적 불편함을 만들어내는 것을 감수하고 이러한 숏은 피해야 한다. 하이퍼스테레오스코피는 관찰된 깊이감을 과장한다. 하이포스테레오스코피와 달리, 하이퍼스테레오스코피는 뇌가 필연적으로 아주 멀리 떨어져 있는 눈을 가진 거인이 장면을 보는 것처럼 장면을 인식하도록 강요한다. 따라서 장면은 축소되어 인식되며 그 결과로 인한 효과는 "소인시(dwarfism)"라고 한다.

하이퍼스테레오스코피, 오소스테레오스코피, 또는 하이포스테레오스코피?

심도 재구성	축간격	보는 사람에 대한 효과	용도
하이포스테레오스코피	《65mm	거대성	확대 사진술
오소스테레오스코피	65mm	사실성	통상적인 사실적 이미지
하이퍼스테레오스코피	》65mm	왜소성	원거리 풍경

줌 렌즈와 "카드보드(cardboarding)" 효과. 하나의 인공적인 효과가 때때로 형편없는 틀에 넣은 3D 장면에서 발생한다. 관객은 확실히 깊이감을 인지하지만 물체와 인물은 평면으로 보이고 서로 대단히 떨어져 있는 평행한 평면에 위치해 있다. 이 카드보드 효과는 카메라와 영사실의 시계의 차이 때문이다. 따라서 줌 렌즈가 있는 카메라는 10° 또는 그 이하의 시계를 포함하는 반면, 영화관 첫 줄의 한 곳에 앉아 있는 관객의 시계는 대략 50°이다. 줌 렌즈는 쌍안경을 통해 보는 것처럼 원거리에서의 관람을 모의 실험할 때만 적합하다. 우리가 쌍안경을 통해 멀리 있는 경관을 볼 때, "카드보드" 효과는 비정상 같은 인상을 주지 않는다. 그러나 이 유형의 시야를 이머시브 3D 영화에 사용하기로 했다면, 예를 들어 쌍안경의 용도를 모의실험하기 위해 타원형 마스크에 이미지를 끼워 넣음으로써 앞으로 다가올 것을 관객이 준비하도록 해야 한다.

카드보드 효과를 방지하려면 무엇보다도 긴 초점 길이를 피하고 원경 촬영(long shot)을 선호해야 한다. 이것이 항상 가능하지 않기 때문에, 가장 널리 사용되는 해결책은 카메라를 따로따로 움직이는 것이 있다. 이것은 수평 시차를 증가시키고 사진의 다양한 평면은 두꺼워지고 대상은 약간의 부피를 회복한다. 가장 가까운 대상은 더 만족스러운 부피와 심도를 회복한다. 반면, 이와 동일한 근거리 대상들은 두 시야에서 멀리 떨어져 있기 때문에 불편함의 위험 요인이 빠르게 증가한다. 따라서 이 해결책은 가까운 전경을 피하기 위해 아주 조심하지 않는 한 적용될 수 없다. 카메라에서 멀리 위치한 인물들은 그들의 거리가 증가하는 것처럼 보인다 하더라도, 많은 두께를 얻지 못할 것이다. 게다가, 축간격 증가는 소형화라는 또 다른 효과를 갖게 될 것이다. 65 mm 차이로 찍은 이미지를 처리하는데 사용되는 뇌는 동일한 가정 하에 작동할 것이다. 따라서 마을 광장을 650 mm 떨어져 배치된 카메라로 촬영했다면, 뇌는 그 장면을 보통 인간이 바라본 소형 마을로 해석할 것이다.

사실상, 긴 초점 거리의 바람직하지 않은 효과를 우회하는 것은 힘들다. 따라서 촬영을 다르게 구성하고 카메라를 촬영장에 더 가깝게 가져오는 것이 더 낫다. 줌 렌즈가 유일한 해결책인 경우, 전경이 배경과 가능한 가까이 있을 수 있도록 장면을 구성하고 만족할 만한 3D 효과를 만들기 위해 대형 줌 렌즈와 큰 축간격 간의 좋은 타협점을 찾아야 한다.

카드보드 효과는 대형 줌 렌즈만으로는 만들어지지 않는다. 이 효과는 또한 촬영 되고 있는 장면이 깊이가 없거나 전경에 가깝고 축간격이 장면의 부피를 복원하기 위해 과장되게 확대되었을 경우 광각(wide angle)과 함께 발생할 수 있다. 따라서 광각 렌즈로 촬영한 거실 뒷벽에 기대서 있는 인물은 벽에서 분리가 되지만 부피가 부족하다. 가장 섬세한 3D는 언제나 작은 축간격과 광각 렌즈를 이용하여 가장 잘 표현된다. 불행히도 이러한 조건은 카메라와의 근접이 요구되며 그것이 항상 가능한 것은 아니다.

스테레오스코픽 이미지 재생

스테레오스코픽 테이크(take)는 인간의 시각계를 모방하는 경향이 있으며 2개의 센서는 인간의 눈처럼 같은 거리로 떨어져 있다. 그러나 테이크의 재생은 어떨까? 원칙적으로 스테레오스코픽 쌍의 왼쪽과 오른쪽 이미지는 스크린 상의 동일한 지점에 투사된다. 이미지는 65 mm 오프셋이 아니라 포개져 있다. 이것은 촬영 시스템과 호환가능한가? 다행히 대답은 "그렇다!"이다.

촬영 방식 : 수렴 또는 평행

왼쪽과 오른쪽 이미지를 포개는 것에는 여러 가지 방법이 있다. 카메라를 수렴하게 하거나 카메라를 평행하게 내버려두고 이미지를 서로 더 가깝게 가져오는 것이다. 첫 번째 경우 카메라를 세로축 주위로 회전시키기만 하면 한다. 두 번째 경우 두 가지 행동 방침이 가능하다. 센서를 카메라 내부에 측면으로 옮겨 놓거나 후편집에서 이미지를 상쇄한다.

수렴

카메라의 수렴은 몇 가지 문제를 제기한다. 단시 궤적 즉, 0점을 가진 지점들의 평면은 수직축을 가진 실린더이다. 단시 궤적 상에 위치한 모든 대상들은 따라서 영사하는 동안 스크린 평면에서 재구성된다. 아래 그림에서 2개의 사각형과 2개의 원처럼 단시 궤적에 위치한 대상은 스크린의 평면에서 인식된다. 그리고 아래 그림에서 3개의 작은 원처럼 카메라의 평면과 평행한 동일한 선에 위치한 일부 대상들은 동일한 평면으로 되돌아가지 않는다. 장면의 부피는 부자연스럽다기보다는 구부러져 있다는 인상을 받을 수 있다. 또 다른 단점은 이미지가 테이크와 디스플레이 간에 회전한다는 것이며 그것은 사다리꼴 변형을 만들어 낸다는 점이다. 물론, 일반적으로 사용되는 아주 작은 각도를 활용하면 이러한 변형은 최소화되고 거의 인지할 수 없다.

중간 정도의 수렴각을 사용하는 것의 또 다른 타당한 이유는 수렴각이 커지면 멀리 있는 대상의 수평 불균형이 커진다는 점이다. 그 결과, 강력한 수렴은 너무 멀리 떨어져 있는 배경을 촬영하지 않아야 한다는 것을 의미한다.

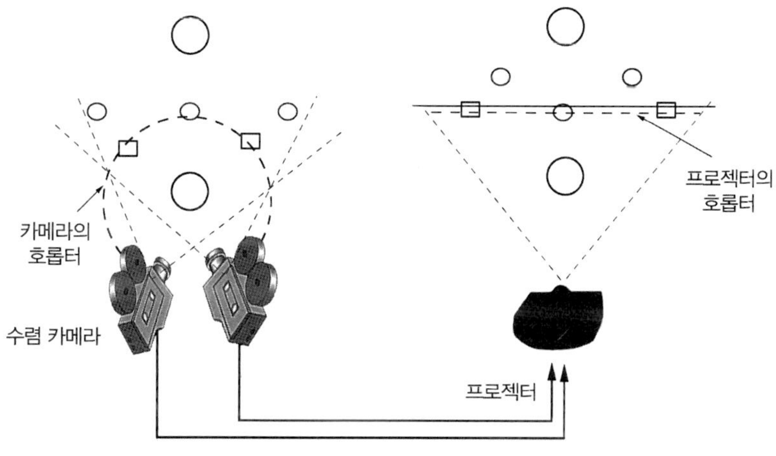

그림 02-14 수렴 카메라: 공간 곡률(spacial curvature)은 영사하는 동안 변형된다. 물체와 인물은 더 곡선 모양이 된다(이 도해의 각도는 크게 과장되어 있다).

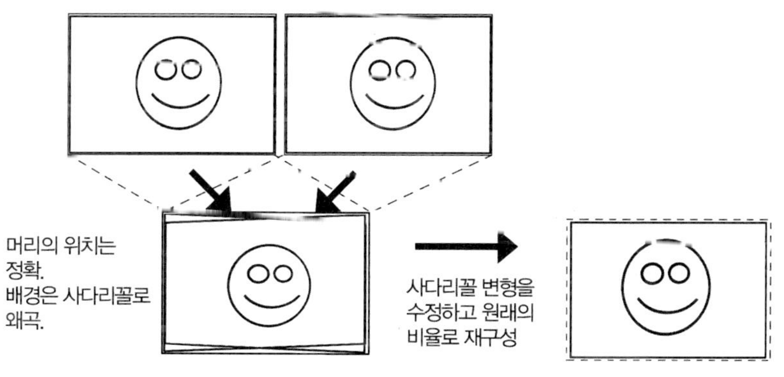

그림 02-15 수렴 카메라: 사다리꼴 변형 수정은 약간의 해상도 손실을 수반한다.

수렴은 종종 예술적인 이유로 사용된다. 수렴은 카메라 축에 가까운 인물과 물체에게 더 많은 원만함(roundness)을 주며 장면의 깊이감을 더 잘 통제할 수 있게 한다. 기술과 경험은 결점에 지배받지 않고 효과적으로 수렴을 관리하는데 필요하다.

후편집에서 HIT를 한 병렬 카메라

2개의 병렬 시야를 통해 나온 2개의 이미지는 두 렌즈간의 거리를 상쇄한다. 이러한 이미지가 스크린에서 서로 중첩되면 전체 장면은 스크린 앞에 있는 것으로 인식된다. 이것을 뒤로 이동시키려면 양쪽 시야에서 장면의 특정 지점을 중첩하기 위해 오른쪽 이미지에 대하여 왼쪽 이미지를 이동시키면 된다. 그러면 이 지점은 스크린의 평면에 있는 것으로 인식될 것이다.

참고

3D 사업에서, 이러한 수평 이동은 HIT 즉 수평 이미지 변형(Horizontal Image Translation)으로 알려져 있다.

이 작업은 후편집에서 하기가 매우 쉽지만 이미지의 좌우측의 픽셀이 더 이상 일치하지 않기 때문에 어느 정도의 이미지의 폭을 손실하는 단점이 있다. 게다가, 이미지의 포맷을 유지하고자 한다면 이미지를 완전히 다시 재구성해야 하며 따라서 사진의 상단

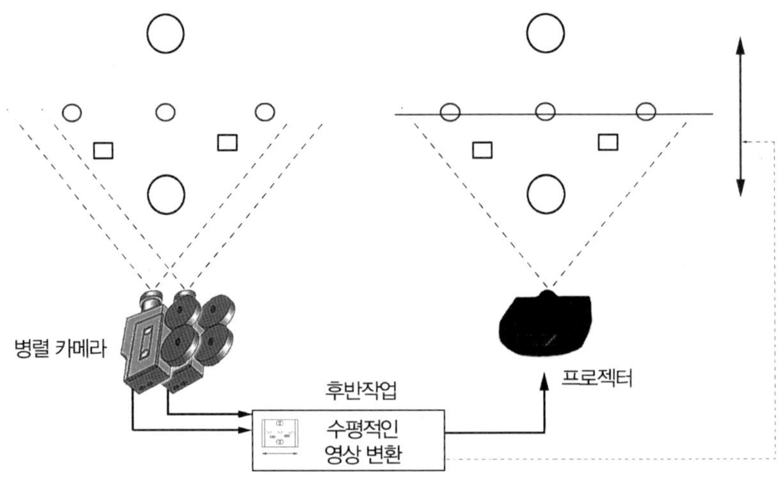

그림 02-16 병렬 카메라: 공간 곡률은 변형되지 않는다. 스크린에 대한 장면의 깊이감은 후편집에서 설정된다. 재구성은 사진의 폭을 감소시킨다.

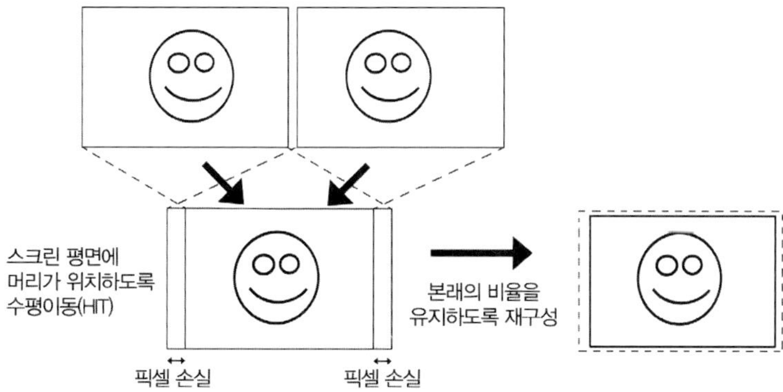

그림 02-17 HIT를 한 병렬 카메라: 측면 재구성으로 인한 해상도 손실

과 하단의 몇 줄을 희생해야 한다. 촬영할 때 이러한 손실을 유념하고 의도적으로 조금 넓게 유곽을 잡는 것이 좋다.

오프셋 센서가 있는 병렬 카메라

마지막 해결책은 카메라가 인공이며 반드시 인간 눈의 모든 측면을 복제하지 않는다는 사실에 의해 가능해 진다. 따라서 Panasonic AG-3DA1과 같은 카메라에서, 2개의 센서는 병렬로 장면을 촬영한다. 하지만 기계 장치는 센서를 동일한 평면에 유지하면서 측면으로 센서를 이동시킨다. 이러한 시각의 변화는 실제로 사진을 사다리꼴로 변형시키지도 않고 사진의 사용 가능한 폭을 줄이지도 않는 수렴의 특별한 경우이다.

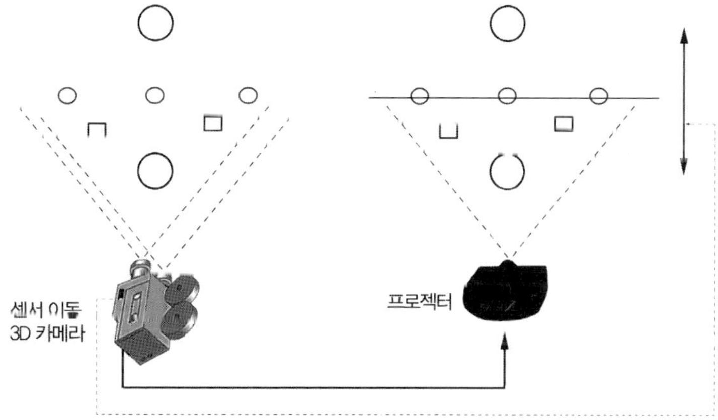

그림 02-18 오프셋 센서가 있는 3D 카메라: 공간 곡률은 변형되지 않는다. 스크린에 대한 장면의 심도는 카메라에서 설정된다.

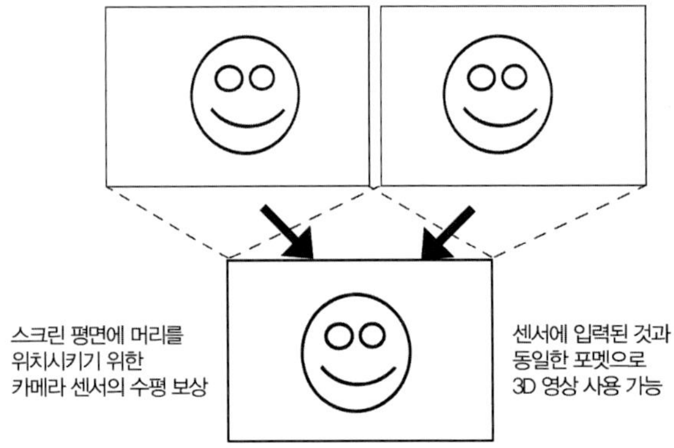

그림 02-19 센서 이동이 있는 3D 카메라: 재구성으로 인한 손실 없음

미러 리그

카메라의 축간격이 카메라의 폭보다 작은 경우 단순하게 나란히 카메라를 장착하는 것이 불가능해 진다. 그때 미러 리그가 사용된다. 원칙적으로, 하나의 반투명 거울은 카메라 중 하나의 앞에 45° 위치에 배치된다. 장면 이미지의 일부는 거울 뒤에 위치한 카메라에 보내지고 이미지의 다른 부분은 거울 위 또는 아래 수직으로 장착된 또 다른 카메라로 보내진다. 이러한 배열에 따른 무단 제어를 통해 축간격을 0 mm 만큼 작게 가질 수 있다. 장치의 광학 및 기계적 품질은 전통적인 기술이다.

거울의 품질은 매우 중요하다. 이론적으로 색상 균형, 반사, 밝기는 2대의 카메라와 동일해야 한다. 이러한 효과의 모든 비대칭은 카메라 설정이나 후편집에서 보상되어야 한다. 게다가, 거울은 사진을 거꾸로 돌려 놓기 때문에 거울에서 촬영한 사진은 방향을 바꿔 놓아야 한다.

병렬 또는 수렴?

인간의 시각계는 시각계가 분석하는 일부 세계에 대한 만족할 만한 해석을 위한 가장 적절한 이미지 쌍을 얻기 위해 수렴과 조절을 활용한다. 우리가 "시선의 자연스러운 위치"라고 부르는 것은 조절과 수렴의 조합이다. 그래도, 몇 미터를 넘어가면 두 눈의 시선 간의 각도가 무시해도 될 정도가 되면서 수렴각은 병렬로 착각할 수 있다.

수렴하는가 또는 수렴하지 않는가? 스테레오그래퍼 간에 논쟁은 여전히 격렬하다. 미국의 Pace와 3ality 그리고 프랑스의 Binocle과 같은 수렴 옹호론자들은 자신의 이미지 품질이 더 낫고, 카메라 제어가 더 쉽고, 후편집에서 손실되는 픽셀의 수가 더 작다고 주장한다. "평행한 모든 것" 집단 또한 Sony Pictures Imageworks와 Dreamworks와 같이 이 분야에 유명한 회사를 결집시키고 있다. 이 집단은 원근감 변형의 부재, 배경이

3D 촬영 방법의 장점과 단점

방법	장점	단점
수렴	• 인물과 물체의 원만함 증가; 예술적 편의에 사용될 수 있음 • 촬영장에서 쉽게 깊이감 제어 • 어떤 경우, 카메라의 각도 측정은 서로 너무 가까워지는 것은 방지하기 때문에 미러 장치를 사용할 필요가 없다	• 더 복잡하고 비싼 장치. 빨리 고장남 • 구성에 문제가 될 수 있는 공간 공률의 가벼운 변형 • 배경에서의 과장된 시차의 위험성 • 사다리꼴 변형의 의무적 수정 • 사다리꼴 수정으로 인한 약간의 해상도 손실 • 후편집에서 과도한 배경 시차 수정 불가능
HIT가 없는 병렬	• 사용이 매우 용이 • 저렴함 • 튼튼함	• 수평이 스크린 평면에 있음 • 윈도우 위반을 피할 수 없음 • 이러한 두 가지 이유로 이 기술은 IMAX의 거대 스크린에 적합하지 않음
병렬 + HIT	• 사용이 매우 용이 • 저렴 • 튼튼함 • 정확한 미리보기를 위해서는 수평 오프셋을 허용하는 모니터 필요	• 촬영장에서 미리 보기를 하려면 고가의 장비가 필요 • 후편집에서 의무적인 재구성 • 배경이 가까운 경우 중요한 재구성이 필요할 수 있음 • HIT로 인한 해상도 손실, 일반적으로 2-3% • 근접 장면에 미러 리그 필요
병렬 + 카메라 오프셋	• 손쉬운 촬영장에서의 미리 보기 • 사용이 매우 용이 • 촬영장에서 쉽게 깊이 제어 • 해상도 손실 없음 • 후속 수정 없이 사용 가능한 콘텐츠; 시차는 언제나 후편집에서 조정할 수 있음	• 렌즈 변경 불가. 하나의 줌 렌즈를 가지고 임시변통해야 함 • 축간격 불변

될 때 더 큰 깊이 활용 재량, 후편집에서 깊이 설정의 자유로움을 강조한다. 이러한 그들의 관점에서, 특히 이미지가 컴퓨터로 생성되거나 카메라가 고해상도를 가졌다면 낮은 비율의 해상도가 손실된다는 사실은 중요하지 않다. 3D 영상분야 초심자는 병렬 조립을 활용하여 요령을 터득하는 것을 선호한다. 왜냐하면 병렬 조립은 발생하는 문제가 더 적고 그 문제는 나중에 수정이 쉽기 때문이다.

시스템에서 결함 수정

3D 이미지에서 시차 이외의 모든 불균형은 피해야 한다. 위에서 보았듯이, 수렴으로 인한 수직 오프셋과 같이 불균형이 사진에 들어가는 것을 방지하는 것이 언제나 가능한 것

은 아니다. 게다가, 장비는 완벽하지 않을 수 있으며 가장 빈번한 것들만 언급해도 회전, 수직 위치, 확대 요소, 촬영된 숏의 색 측정의 차이가 있을 수 있다. 이러한 결함은 편안한 감상을 위해 제거되어야 한다. 다행히도, StereoPhoto Maker와 StereoMovie Maker와 같은 프리웨어부터 Sony의 MPE-200 SIP같은 실시간 프로세서까지 결함을 제거하기 위해 시장에 나와 있는 해결책이 많이 있다.

다른 이미지에 대해 한 이미지를 단순히 수평 또는 수직 전환하는 것을 위시해서 수정 작업은 이미지 픽셀 재산출 그리고 따라서 약간의 품질 저하를 수반한다. 그럼에도 불구하고 조정되지 않은 이미지를 유지하는 것보다 약간 부드럽게 수정된 이미지가 선호된다.

스크린 크기와 깊이 지각

평면 이미지와는 달리 3D 이미지는 스크린 크기가 바뀌면 동일한 것으로 인식되지 않는다. 이에 대한 원인은 몇 가지가 있다. 즉, 발산(divergence), 깊이 변형, 수렴/조절 충돌이 그것이다.

발산

양안 거리(일반적으로 65 mm)보다 더 큰 양시차를 갖는 스크린에 대상을 비추면 눈은 강제로 발산한다. 이것은 현실 세계에서는 결코 발생하지 않는 것이며 현실 세계에서 "무한대 넘어"의 대상은 사람의 시계에는 존재하지 않는다! "영화를 촬영할 때 주의해야 한다"라고 생각할 수 있지만 상황은 그렇게 간단하지 않다. TV 방송 보도를 하고 마음속으로 5 미터 이내의 스크린 영사를 염두에 둔 프로듀서를 상상해 보자. 그는 65 mm의 시차가 있는 수평선을 제공하기 위해 카메라를 설정한다. 그 뒤, 다큐멘터리의 성공에 따라 배급자는 20 미터 와이드 스크린을 갖춘 대형 장소에서 다큐멘터리 상영을 결정한다. 이미지의 크기는 4배가 되지만, 시차도 그러하다! 그리고 첫 줄의 관객은 26 cm 떨어져 있는 지점에 자신의 눈을 집중하기 위해 막대한 노력을 해야 할 것이며, 그것은 불가능하지는 않더라도 매우 고통스러울 것이다.

어린이를 위한 발산

맥라클란에 따르면 인간의 양안 거리는 출생 시 43 mm에서 시작하며 성인기의 65 mm

에 도달할 때까지 연간 약 1.2 mm 증가한다. 다행히도, 아이들은 덜 이상적인 조건에 쉽게 적응한다. 하지만, 어린이 영화를 촬영할 때 관객의 불편함이나 두통 유발을 고려하여 더 작은 최대 시차를 계획해야 한다.

깊이감 변형

5미터 스크린용 가상 텔레비전 다큐멘터리로 돌아가 보자. 영화 제작자가 인물의 팔이 스크린 밖으로 튀어 나오길 원한다면 그는 사실적인 효과를 위해 팔에 음시차를 줄 것이다. 음시차로 인해 인물의 스크린은 관객과 스크린 간의 거리에서 10% 전진한다. 영화가 20 미터 와이드 스크린에 영사되고 관객들이 스크린에서 4배 멀리 앉아있다면 팔은 10% 요소에 의해 여전히 돌출된다. 하지만 이 10%는 영화 제작자가 의도한 것 보다 4배의 거리에 해당할 것이다. 멀리 뒤로 이동한 원거리 평면과 주요 인물에서 너무 멀리 앞으로 간 배경과 함께 장면의 전체 부피 깊이감은 늘어날 것이다. 인간의 뇌는 어느 정도 적응할 수 있지만, 과도한 변형은 궁극적으로 관객이 몰입하는 스토리의 맥락을 끊을 것이며 3D가 더 이상 믿을만하지 못한 영화관의 현실로 관객들을 돌아오게 할 것이다.

수렴/초점조절의 충돌

스크린이 관객으로부터 몇 미터 이하에 위치해 있는 모든 3D 영사 시스템은 관객에게 불편함을 야기할 수 있는 잠재성을 갖고 있다. 거실 TV 스크린에서 수평을 편집하기 위한 양시차가 65 mm를 달성하면 발산은 없다. 따라서 눈이 약간 떨어진 산에 초점을 맞추는 것과 동시에 2~3 미터 거리에 위치한 스크린 평면에 순응할 필요가 없다면 모든 것은 완벽할 것이다. 그러나 결과적인 눈 근육의 위치 조합은 부자연스러우며 피곤하다. 따라서 영화제작자들은 영상이 텔레비전이나 컴퓨터 스크린에서 봐야할 경우 큰 시차에 대해 자신의 욕망이 지닌는 대로 행동할 수 없을 것이다. 관객에 대해서는, 3D

> **초점조절과 소형 스크린**
>
> 수렴/초점조절 충돌은 아주 작은 스크린, 즉 휴대전화, 휴대용 비디오 플레이어 등과 같은 스크린에서 3D를 수용하는 것에 대한 주요 기준이 된다. 경험에 따르면 소형 스크린을 위한 이미지에는 작은 시차값을 사용하는 것이 바람직하다. 작은 시차는 실질적으로 초점조절/수렴 충돌의 규모를 제한함으로써 관객의 불편함을 최소화한다.

뉴스 영화의 수평이 관객들의 두통을 유발한다면, 유일한 개선 방법은 수렴/조절 충돌을 감소시키기 위해 스크린에서 더 멀리 앉는 것이다. 하지만 그렇게 함으로써 관객들은 과장된 심도 인식을 얻을 것이다.

이상적인 스크린

완전한 몰입 경험은 스크린이 가장 가까운 관객으로부터 적어도 8 m 떨어진 영사실에서 얻을 수 있을 것이다. 그리고 3D 영화에 넣은 최대 시차는 스크린의 크기에 따라 직접적으로 결정되기 때문에 각 영화는 시작부터 최대 스크린 크기를 염두에 두어 두고 만들어져야 한다. 예견했던 것보다 더 큰 스크린에 영화를 영사하는 것은 수평을 편안하게 보는 것을 어렵게 만들 것이며 불편함, 심지어 두통을 유발할 것이다. 이 동일한 영화를 의도한 것보다 작은 화면에서 상영하면 비록 약간 3D를 억누르지만 편안함은 지속된다.

따라서 영화관용 영화는 텔레비전에서 최상의 상태로 볼 순 없지만 문제를 일으키지는 않는다. 반대는 그렇지 않다. 심지어 시장에 나와 있는 가장 큰 평면 스크린 텔레비전용으로 제작된 콘텐츠도 대형 스크린에서 감상하는 것은 불편할 수 있다. TV용 또는 대형 스크린용 영화는 3D가 덜 두드러지지만 휴대용 기기에서 참을만한 시청 경험을 제공할 것이다. 그러나 그것은 직경이 겨우 몇 인치인 스크린으로부터 기대되는 축소 효과에 상당히 부합한다. 마지막으로, 아이가 보기에 3D가 너무 강한 경우 발산 문제를 감소시키기 위해 아이에게 스크린에서 멀리 이동하라고 충고하는 것이 현명하다.

스크린 맞은편 위치

수평 위치 선정

모든 스테레오스코픽 디스플레이 시스템은 영상 중심의 시청 위치에 최적화되어 있다. 원칙적으로, 30°의 시야각(viewing angle)은 특히 실버 프로젝션 스크린(silver projection screen)을 필요로 하는 시스템의 경우 초과하지 말아야할 한계로 간주된다. 이러한 입체허용공간(comfort zone) 밖에서 관객은 밝기의 차이뿐 아니라 자신의 보는 시점으로 인한 이미지의 가장 중요한 변형을 볼 수 있다. 이러한 변형은 2D 영화를 볼 때 이미 불쾌하지만, 3D의 경우 부피를 왜곡한다. 뇌는 따라서 그러한 왜곡을 상쇄해야 한다. 대부분의 경우 뇌는 상쇄를 매우 잘 한다. 하지만 추가적인 노력은 예외적인 일반적인 피로를 야기하고, 심지어 뇌가 눈에게 취하도록 한 부자연스러운 위치로 인해 국부적인 눈 근육 피로를 야기할 수 있다.

수직 위치 선정

3D 사진을 보는 이상적인 위치는 언제나 스크린의 축에 있다. 스크린에 대해서 너무 높이 또는 너무 낮게 있는 경우 발생하는 사다리꼴 변형 이외에 나타나는 다른 문제에는 매우 반사하는 프로젝션 스크린 상의 밝기 차이와 일부 텔레비전 세트 평면 스크린 상의 다수 두드러진 영상 손실이 포함된다. 원칙은 스크린의 중앙을 통과하는 수평 라인의 플러스 마이너스 15° 내에 있는 것이다. 벽걸이형 TV의 경우 스크린이 높이 있는 경우 아래쪽으로 기울여야 한다.

깊이 영역 및 입체허용공간

위에서 검토한 생리적 기준과 기술적 한계를 고려할 때 양 그리고 음의 수평 불균형 모두는 "입체허용공간"이라 불리는 값의 범위로 확실히 제한되어야 한다. 관객들에게 불쾌한 영향을 일으킨다는 것을 감안하여 이 영역 밖으로 가는 것을 피해야 한다.

양시차는 양안 거리를 초과하지 않아야 한다. 대상을 스크린 밖으로 튀어 나오게 하는 음시차에 대해 말하자면, 더 높은 값에는 가끔 도달할 수 있지만 아주 짧은 순간동안만이다. 그것은 초점조절/수렴 충돌 또는 빠른 초점 변경에 의해 발생하는 눈 근육 피로는 즉시 느껴지지 않기 때문이다. 잠시 동안의 강력한 "노골적" 효과 진행은 충분히, 일반적으로 15분에 한 번 간격을 둔다면 관객들에게 당황스럽지 않다.

이러한 생리적 한계뿐 아니라, 대상을 관객의 개인적 공간에 침범하게 하는 생리적 요소는 근접 또한 제한한다. 그러한 대상은 관객-스크린 거리의 일부를 넘어가지 않도록 해야 한다. 음시차는 절대적인 거리보다는 관객-스크린 거리의 비율에 해당하기 때문에 일반적으로 권장하는 것은 작은 스크린의 경우라도 결코 관객-스크린 거리의 20% 이상 사물이 튀어 나오지 않도록 하는 것이다. 인식된 거리는 음시차가 증가하면 더 빠르게 증가하기 때문에 과장된 깊이 변형도 조심해야 한다. 다음의 거리/시차 도표는 이러한 관계의 비선형성을 잘 보여준다.

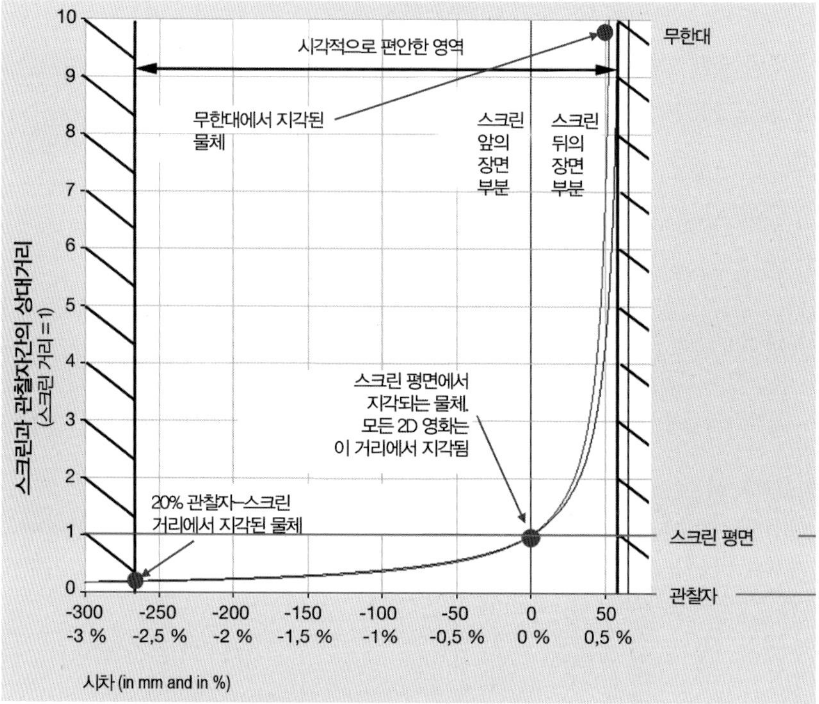

그림 02-20 10미터 와이드 스크린에 대한 시차와 인식 거리 간의 관계

3% 규칙

우리가 다루어야 하는 스크린 크기의 다양성과 관객-스크린 거리를 감안할 때 경험에 의거한 법칙은 시차값의 범위를 이미지 폭의 3%에 유지하는 것이다. IMAX 스크린과 같은 광폭 스크린의 경우 범위는 1.5%로 떨어지며, 반면 텔레비전 스크린보다 더 큰 스크린을 예측하지 않는다면 4%, 심지어 5%까지 갈 수 있다.

3% 규칙을 활용한 최대 시차 범위

이미지 포맷	스크린 폭 (픽셀)	최대 시차 (픽셀)
DV	720	24
HDV	1440	48
Full HD	1920	64
2K D-Cinema	2048	68
4K D-Cinema	4096	136

스크린의 평면 뒤에서 사용할 수 있는 이 깊이 영역(depth budget)의 비율은 스크린 크기에 따라 달라진다. 스크린이 더 작을수록 픽셀은 몇 mm 폭에 해당하기 때문에 스크린 뒤의 장면의 깊이에 대해 더 많은 픽셀을 사용할 수 있다. 따라서 눈의 발산이 발생하는 65 mm의 한계값에 도달할 가능성이 더 적다.

시차와 스크린 크기 간의 관계

FULL HD 1920 픽셀 이미지	가장 큰 스크린 크기에 따른 최대 양시차			
스크린 폭(미터)	디버전스를 피하기 위한 최대 양시차(mm)	최대 양시차 (% 폭)	조절/수렴 충돌에 대해 수정된 최대 양시차	최대 양시차(픽셀)
1	65	6.5%	4.5%	86
2	65	3.2%	3.2%	62
3	65	2.1%	2.1%	42
5	65	1.3%	1.3%	25
10	65	0.6%	0.6%	13
20	65	0.3%	0.3%	6

위의 표 값을 고려하는 경우, 영화가 1미터 폭의 TV 세트에서만 영사된다면 확실히 오로지 스크린 뒤로 내밀린 3D를 가지고 전체 영화를 만드는 것이 가능하다. 그러나 인식된 거리가 너무 크기 때문에 액션에 대한 몰입은 달성하기 힘들다. 아마도 대부분의 장면을 3%의 양시차에 도달하지 않고 화면 뒤에 위치시키는 것(수평선이 보이더라고 이것은 여전히 가능하다)이 더 합리적일 것이다. 이 경우, 수평선은 실제보다 더 가까이 있지만 효과는 여전히 만족스러우며 가장 큰 스크린 상의 불편함 위험성은 제한될 것이다. 그리고 물론, 스크린 앞의 액션은 예술적으로 필요할 때 허용될 것이다. 하지만 그러한 경우 강한 깊이감은 제한된다.

또 다른 극단적인 경우에서, 20미터 와이드 스크린용 영화는 64 픽셀 깊이 영역으로부터의 6 픽셀을 스크린 평면과 무한대 사이의 공간에 충당할 수 있으며 나머지 58 픽셀을 스크린과 관객 사이에 위치한 요소에 할당할 수 있다. 돌출 효과는 전체 깊이 영역 중에서 신중하게 계획된 일부 순간에만 사용하여야 훨씬 더 적은 시차와 유쾌한 3D를 갖춘 영화를 제작할 수 있다.

위에서 주어진 두 가지 예는 스크린 크기가 세심히 계획된 스테레오스코피 사용에서 얼마나 중요한지를 보여준다. 깊이 영역이 스크린 크기를 참작한 필름은 TV 방송과 블루레이 디스크 또는 DVD용으로 장면을 뒤로 밀기 위해 후편집에서 다르게 처리될 것이다. 콘텐츠가 폭이 30미터에 이르는 IMAX 스크린과 같이 아주 큰 스크린에서 유포되는 것이라면 시차 예산은 점차 감소할 것이다.

윈도우 위반

"윈도우 위반(window violation, WV)"은 프레임의 측면이 부분적으로 전경 요소를 가리게 하는 것과 관련되어 있다. 그러한 요소들은 이목을 끌며 그 요소들은 큰 망막 경합(retinal rivalry)을 유발하기 때문에 플로팅 윈도우(floating window)에 의해 수정되지 않으면 매우 불안감을 준다.

플로팅 윈도우

프로젝션 스크린, 컴퓨터 모니터, 인쇄된 사진의 가장자리는 모두 영상의 자연스러운 가장자리이다. 일반 스냅 촬영이나 영화의 장면들의 경우, 우리가 장면을 쳐다보는 창문처럼 프레임에 의해 잘리는 것이 정상적이다. 스테레오스코피의 경우 상황은 더 복잡하다. 프레임의 가장 자리는 프레임 앞에 있는 것으로 인식되는 대상을 잘라낼 수 있기 때문인데 이것은 전혀 자연스럽지 않다. 3D 세계에 몰입하는 착각은 흩어지고 망막 경합은 매우 방해가 된다. 대상의 한 부분은 한 쪽 눈에 보이지만 다른 눈에는 보이지 않으며 뇌는 2개의 이미지의 융합을 거부한다. 그것이 장면 상에 존재하는 빠르게 움직이는 물체인 경우 문제는 눈에 띄지 않을 수 있다. 하지만 그것이 큰 견고한 오크 옷장이라면 뭔가를 해야 한다. 문제는 무엇을 해야 하는가이다. 시점 변경, 시계 확대, 장식 변경은 일시적으로 문제를 해결할 수 있지만 또 다른 물체가 장면의 가장자리에서 나타나고 또 다른 윈도우 위반을 생성한다.

해결책은 실제 보는 것보다 더 간단하다. 단순하게 물체를 보는 눈의 시계로부터 한쪽 눈에 의해 보이지 않는 물체의 일부를 제거하면 된다. 이러한 방법으로 두 눈은 항상 같은 현실을 인식한다. 이것은 관객과 스크린의 실제 윈도우 사이 가상 윈도우의 가장

자리 뒤로 물체가 사라지는 것과 같다. 이 방법은 "플로팅 윈도우"로 알려져 있다. 스크린 앞에 플로팅 윈도우를 생성하기 위해서는 왼쪽 이미지의 왼쪽 가장자리와 오른쪽 이미지의 오른쪽 가장자리를 숨겨야 한다. 가장자리를 대칭적으로 가릴 필요는 없다. 아래 주어진 예에서, 오른쪽 이미지의 오른쪽 가장자리만이 수정되었다. 기울어진 윈도우를 모방하여 가장자리를 비스듬히 가리는 것도 가능하다. 화면과 가상 윈도우를 평행으로 해야 할 필요는 없다.

카메라가 이동하는 동안처럼 깊이 영역이 시간에 따라 변하면 플로팅 윈도우는 활성화될 수 있으며 윈도우의 가장자리는 시간이 지남에 따라 윈도우 위반으로부터 장면을 보호하기 위해 역동적으로 변화할 수 있다. 이러한 역동적인 플로팅 윈도우 기법은

그림 02-21 망막 경합이 있는 스테레오스코픽 쌍(위)은 플로팅 윈도우에 의해 수정되었다(아래).
© B. Michel

Meet the Robinsons(2007년)에서 브라이언 가드너가 처음으로 사용했지만 지금은 일반적인 관행이다.

그림 02-22 앞선 스테레오스코픽 쌍의 빨강-청녹색 애너글리프: 왼쪽은 프레임 가장자리에 의해 잘린 전면 조각상으로 인한 망막 경합이 있는 3D 사진. 오른쪽은 플로팅 윈도우에 의해 수정된 3D 사진.
© B. Michel

망막 경합이 없는 윈도우 위반

상부 또는 하부 가장자리에 의해 부분적으로 가려진 전경 요소들은 망막 경합을 야기하지 않는다. 왜냐하면 두 시야의 해당 픽셀은 동시에 나타나고 사라지기 때문이다. 그럼에도 불구하고 스크린이 스크린 앞에 위치한 배우를 깎아내리는 것을 보는 것보다 더 부자연스러운 것은 없다. 그러한 윈도우 위반은 뇌가 장면을 올바르게 구성하는 것을 막고 몰입감을 망친다. 이러한 결함은 단순한 플로팅 윈도우로 수정할 수 없다. 따라서 그러한 불일치를 전적으로 피하는 것이 중요하다.

상황은 약간 완화되지만 동일한 것은 프레임의 하단 가장자리에도 해당한다. 영화관에서 스크린 하단은 종종 앞줄 사람들에 의해 가려진다. 관객의 첫 번째 줄만이 엄밀하게 그러한 윈도우 위반의 영향을 받는다. 다른 사람들은 단순히 스크린의 가장자리 때문이 아니라 자신의 앞에 있는 줄의 좌석 뒷부분 때문에 장면이 가려진다고 생각할 수 있다. 그래도 이상적으로 배치된 관객들을 위한 완벽한 영화를 만들려면 하단 윈도우 위반은 상단 윈도우 위반만큼 피해야 한다.

CHAPTER 3

스테레오스코픽 촬영

- 3D 리그는 무엇인가?
- 두 대의 카메라를 어떻게 동기화시키고 설치하는가?
- 3D 촬영을 위해서는 어떤 *워크플로우*를 준비해야 하는가?
- 3D CGI 영화는 어떻게 만들어지는가?
- 스테레오스코픽 슬라이드 쇼는 어떻게 모으는가?

기술적인 파라미터

해상도, 영상 주파수, 초점 길이는 3D로 촬영할 때 고려해야 할 3가지 주요 파라미터이다. 고전적인 영화에서는 이와 같은 3가지 파라미터에 대한 타협이 대부분 허용되었지만 3D에서는 용납되지 않는다. 앞 장에서 살펴보았듯이 품질 좋은 깊이 효과는 종종 한 픽셀의 몇 분의 1 정도의 시차에 달려있다. 근사치를 사용해서는 최고 수준의 결과를 얻을 수 없다.

해상도와 화변비율

1미터 폭 스크린 크기 정도의 스크린에서 괜찮은 깊이감을 얻고자 한다면 HD 로 충분하다. 직경이 몇 인치 밖에 안 되고 깊이감 또한 별로 느낄 수 없는 휴대용 장치에서는 낮은 해상도일지라도 그런 대로 받아들일 수 있다. 반면, 대형 영화 스크린 특히 IMAX 극장의 스크린은 현대 기술이 허용하는 가장 높은 해상도를 갖고 있으며 전 세계에서 최고의 그리고 가장 몰입도 높은 3D 영상을 제공한다.

대부분의 경우 3D 영상은 2K 해상도로 촬영된다. 고 예산 영화는 4K 또는 그 이상의 카메라 사용을 감당할 수 있지만, 카메라의 출력은 모든 중간 단계에서 최고의 품질로 혜택을 본 이후 궁극적으로 배급을 위해 폭이 2000 픽셀로 축소된다. 720p 해상도(1280 x 720 픽셀)는 "HD 프로파일(HD profile)"이라 명명된 낮은 해상도 포맷이다. 이 포맷은 약간 낮은 총 픽셀 수를 보상하기 위해 더 높은 프레임 속도, 즉 일반적으로 초당 60 프레임을 사용한다. 3D 텔레비전 분야에서 가장 인기 있는 포맷은 초당 25 또는 30 프레임에서 1080p 즉 1920 x 1080 픽셀이다. 3D 영화의 경우, 일부 극히 드문 경우지만 2048 픽셀의 폭(높이는 선택된 화변비율에 따라 다름)을 의미하는 2K로 배급되고 있다.

3D를 위한 이상적인 화변비율을 무엇인가? 예술적이며 미학적인 선택은 언제나 논의의 대상이다. 하지만 3D 출현 이후 많은 사람들은 이전보다 덜 가늘고 긴 포맷을 선호한다. 따라서 제임스 카메론은 아바타의 2D와 3D 버전에 2개의 서로 다른 화변비율을 사용했다. 2D 버전은 시네마스코프 포맷(2.39:1 즉 극장에서 2048 x 855 픽셀)인 반면, 3D 버전은 촬영 때 사용된 포맷인 16:9(1.78:1, 즉 집안에서 1920 x 1080 픽셀)와 일치한다. 많은 다른 감독들처럼, 제임스 카메론은 시네마스코프가 넓게 개방된 공간

을 통해 얻은 개방감과 사방이 막힌 좁은 공간의 숨 막히는 느낌을 동시에 높여주기 때문에 2D에 시네마스코프를 사용했다. 그러나 그의 명백한 주 대상이었던 3D 버전의 경우, 그는 깊이 영역을 다양하게 활용하여 야외 장면에서는 깊이 영역을 확대하고 실내 장면에서는 강하게 압축하여 동일한 느낌을 얻었다.

16:9 포맷의 더 큰 상대적 높이 또한 관객이 주요 액션에 집중하는데 도움이 된다. 3D에서는 주요 액션에 관객들이 다시 집중하도록 하기위해 얕은 깊이감을 활용할 여유가 없다. 따라서 주요 액션으로부터 떨어진 곳에 있는 매우 큰 이미지로 다수의 세부 사항을 보여줘야 한다.

포맷과 밝기의 절충

영화용 프로젝터의 고유 포맷(2048 × 1080 픽셀)에 가까운 화변비율과 영상의 밝기와의 균형이 기술적인 문제로 대두된다. 모든 3D 디스플레이 시스템은 영사기 빛의 상당 부분을 저하시켜 관객에게 2D 버전보다 현저하게 어두운 영화를 제공한다. 영사렌즈의 전체 가능한 부분을 활용하면 스크린에 최대 가능한 밝기가 보장된다. 시네마스코프의 경우 16:9 포맷과 비교하여 총 가능한 밝기의 15%가 손실된다.

영상 주파수

표준 영화의 영상 속도는 1927년 이래 초당 24 프레임이었다. 이 값은 매끄러운 움직임과 같은 느낌의 착각을 줄 수 있는 허용 가능한 가장 낮은 값이기 때문에 선택되었다. 방송 산업에서는 1950년대에 이미 모든 스포츠 경기에서 찾아볼 수 있는 것처럼, 빠른 움직임을 만들이기 위해서 초당 50 프레임 또는 60 프레임이 필요하다는 것을 알았다. 디지털 영화 혁명이 카메라에서 영사기까지의 제작 워크플로우(workflow) 모든 단계에 영향을 미쳤기 때문에 고속 촬영을 가로 막을 것은 아무 것도 없다. 초당 48 프레임 또는 60 프레임으로의 영화 촬영도 가능하지만 할리우드 산업의 강력한 타성과 함께 비용적인 이유로 인해 아직 주류는 아니다.

그러나 3D의 출현은 상황을 완전히 바꾸어 놓았다. 스테레오스코피는 몇 픽셀의 수평 시차를 여러모로 활용하여 장면의 깊이감을 개선하고 일부 불균형을 1/20 픽셀까지 조정한다. 스크린 디스플레이의 낮은 프레임 속도는 2개의 연속적인 이미지 간에 큰 수평 오프셋을 유발한다. 이 문제를 파악하기위해 빨리 계산을 해 보자. 초당 15° 또는 6

초에 1/4 회전하여 돌아가는 팬(pan) 촬영 동안, 50 mm 초점 거리를 가지고 2K에서 24 프레임으로 촬영하는 것은 초당 0.6° 또는 렌즈 필드(lens field) 폭의 1.5% 또는 27 픽셀의 운동 시차를 야기한다. 이러한 이동의 크기는 종종 이 값의 절반인 상업 영화의 전체 양의 시차 영역(positive parallax budget)과 비교할 수 있다!

이제 기술적 요소를 추가해 보자. 능동형 안경 시스템은 연속적으로 2개의 이미지를 표시하며 오른쪽 이미지 전에 아주 짧은 순간 왼쪽 이미지가 표시된다. 이 경우, 우리의 뇌는 이 시차 거리를 운동 시차의 일부로 해석하는 경향이 있다. 우리는 한 방향으로 움직이는 대상을 반대 방향으로 움직이는 대상보다 더 멀리 있다고 상상한다. 초당 24 프레임의 매우 느린 속도는 실제 그러한 경우에 깊이감에 대한 품질을 저하시킬 수 있다.

48 Hz와 60 Hz 주파수는 Imago의 Kommer Kleijn과 3ality Technica의 Steve Schklair (스티브 슈클레어)를 포함한 여러 스테레오그래퍼의 요구에 따라 현재 DCI 디지털 시네마 표준의 일부이다. 스테레오그래퍼들이 고속 촬영의 가장 강력한 지지자들이라는 점이 우연은 아니다. 그들은 초당 24 프레임 사용으로 인해 유발되는 커다란 수평 불균형이 고품질의 3D 영상에 얼마나 피해를 입히는지 알고 있다. 몇몇 거장 감독들은 이미 이것을 알고 있었다. 48 Hz 촬영의 선구자들은 다름 아닌 바로 *Avatar* 후속편의 제임스 카메론과 *The Hobbit*의 피터 잭슨 감독이다. 피터 잭슨은 최초의 48 Hz 테스트 동안 깊이 지각이 훨씬 더 편안했고 눈의 피로가 줄었음을 느꼈다고 말했다. 심지어 레코드판과 오디오 CD간의 차이에 비유할 수 있다고 인정했다.

초점 거리

촬영용 렌즈를 선택해야 하는 시간이 오면 고민되는 2개의 가장 큰 문제는 "광각 또는 망원?" 그리고 "줌 또는 프라임?"이다. 2D와 3D 모두에서 한 가지 선택 또는 다른 선택을 선호하는 이유는 예술적, 생리학적, 그리고 기술적인 것이다.

예술적 선택

긴 초점 거리는 객관성을 의미한다. 짧은 초점 거리는 존재감과 친밀감에 맞춰진다. 이러한 잘 알려진 규칙은 3D로 촬영할 때도 여전히 해당된다.

우리가 관여하지 않은 현실을 관찰하기 위해 매체 또는 긴 초점 거리만을 사용한다. 이것은 팀 스포츠 경기를 보도할 때도 사실이다. 축구 경기 동안 공격 전략을 판단하기 위해 약 10명의 선수를 프레임 안에 넣어야 하며 그것은 원격 카메라로만 가능하다. 반면, 관객이 주인공 중 한 명과 자신을 쉽게 동일시하는 대화나 결투 장면은 짧은 초점 거리와 액션에 대한 상당한 접근이 요구된다.

생리학적 선택

몰입감은 스크린의 영상이 눈을 통해 제공되는 영상과 유사한 경우 강화된다. 인간의 시계를 고려할 때 짧은 초점 거리가 더 낫다. "적정한" 초점 값은 20 mm에서 50 mm 까지의 범위에 있다. 그러나 최소 및 최대 시차 값과 같은 기술적 제약이 충족되는 한 더 긴 초점 거리를 사용하는 것이 가능하다. 그 결과는 덜 유쾌하고, 덜 "둥근" 외관, 그리고 일련의 평면으로 장면의 깊이감을 분리하는 카드보드 효과이다.

광각 = 근접

짧은 초점 거리 선택의 필연적인 결과는 대상에 가까이 머물러 있어야 한다는 것이다. 프레임을 채워야 하는 인물의 경우, 인물은 카메라에서 몇 미터 이상 떨어져 위치할 수 없다. 이러한 조건 하에서 인간의 시각계는 대상에 수렴하고 초점이 일치된다. 깊이감도 강하다. 이와 같이 2가지 요소가 일치하는 것은 짧은 초점 거리의 결과이다.

기술적 선택

기술적 선택은 촬영해야 하는 액션 영역의 크기, 가능한 장비, 품질의 최적화라는 3 가지 제약 범주에 기인한다.

액션 영역은 프레임과 깊이 영역 즉 배경과 전경 사이의 거리에 의해 정의된다. 산꼭대기에서의 대화는 매우 큰 깊이 영역을 부과한다. 레스토랑 테이블에서의 동일한 대화 촬영은 몇 미터의 깊이만 있으면 된다. 첫 번째 경우 중간 초점 거리와 병렬형 카메라를 사용하여 장면을 촬영한다. 두 번째 경우 짧은 초점 거리와 수렴형 카메라가 더 유용하다.

장비는 종종 사용할 수 있는 예산의 제약을 받는다. 큰 제작 재원이 있으면 몇 가지 줌 렌즈와 프라임 렌즈를 선택할 수 있다. 다른 대부분의 경우에는 제한된 기회를 제공하는 일체형 3D 카메라의 통합된 줌 렌즈를 사용하는 것이 불가피하다. 이 경우, 고정된 축 간의 간격은 광각 조건에서 뿐만 아니라 긴 망원에서도 과도한 깊이 값을 줄 수 없다.

짧은 초점 거리 렌즈는 비싸기도 하지만 더 치명적인 단점은 렌즈의 체적이다. 렌즈의 체적으로 인해 거의 필연적으로 거울 장치를 사용하게 된다. 결과적으로 짧은 초점 거리 선택은 예산에 영향을 미칠 것이다. 최고의 렌즈는 프라임 렌즈라고도 알려진 고정된 초점 렌즈이다. 시퀀스 촬영 시 다수의 렌즈 교환이 필요하면 대신 줌을 사용할 수 있는지 여부를 자문해야 한다. 각각의 렌즈 교환은 장치의 재조정을 필요로 하기 때문에 이것은 확실히 시간이 덜 소모된다. 그러나 두 렌즈를 완벽하게 일치시키기 위해 각 렌즈의 중심을 벗어난 이동을 조정하는 것이 가능해야 한다. 따라서 촬영 사이에 절약된 시간들은 추가된 장치의 복잡성으로 인해 상쇄된다.

촬영하는 동안 줌 요소를 변경하는 것은 위험하다. 인간의 시각계는 줌을 하지 않는다. 따라서 그로 인한 촬영은 부자연스러워 보이게 될 것이다. 게다가 줌 렌즈의 기계적 결함은 프레임 간의 완벽한 일치를 방해하며 이를 보상할 수 있도록 왼쪽과 오른쪽 장치가 복잡한 전자 장치를 가지게 된다. 이러한 단점뿐 아니라 초점 거리의 변경에 따라 종종 축 간격의 변화가 동반되며 이를 바로잡기 위해 시스템이 한층 더 복잡하게 된다. 최고급 장치는 이러한 모든 파라미터의 실시간 제어를 제공하며 설치 시간을 늘리지 않고 모든 가능한 예술적 결정이 가능하도록 도와준다. 그러나 불행히도 그러한 장치의 엄청난 가격과 일일 대여 요금은 가장 큰 프로덕션 이외의 모든 사람들이 사용하기 어렵다는 것을 의미한다.

요약

렌즈 변경을 최소화하는 일정을 가진다면 촬영 비용과 품질의 비율을 최적화할 수 있다. 그것은 각 촬영일마다 1개, 2개, 또는 3개의 초점 거리로 렌즈를 제한한다는 것을 의미한다. 대부분 줌은 프레이밍을 용이하게 하고 처리를 최소화하기 위해 사용되는 반면, 대부분의 테이크는 고정 초점으로 촬영된다.

피사계 심도

뇌가 두 개의 장면을 보고 상관관계를 추출한 다음 거리를 추론하기 위해서는 질감이 있고 초점이 맞는 물체의 정보가 필요하다. 이것은 이미지 선명도와 최대 피사계 심도가 항상 유지되어야만 한다는 것을 의미한다. 따라서 우리는 애매함을 방지하기 위해 조리개를 조금만 열고 높은 감도를 유지하는 것을 권장해야 한다. 좋은 품질의 스테레오스코피는 짧은 초점 거리와 가까운 대상이 요구된다. 그러나 너무 큰 시차를 유발하는 위험이 배경에서 실제로 나타나게 된다. 이 경우 배경을 흐리게 하여 관객의 시선을 앞으로 유도할 수 있도록 피사계의 심도를 줄이고 싶은 유혹에 빠지게 된다. 이것은 받아들일 수 있는 방법이지만 철저히 피하는 것이 좋다. 수많은 큰 발산 장면을 갖는 영역으로부터 벗어나 관객의 관심을 다시 집중시키기 위해서는 장면의 조명을 변조하는 것과 같은 다른 효과들을 활용하는 것이 좋다.

대화를 하는 동안 한 인물 후에 다른 인물을 강조하기 위해 솜씨 있게 변조된 얕은 피사계 심도는 3D 영화에서 우리가 피해야만 하는 효과이다. 관객의 시선은 물체의 상대적 거리를 추정하기 위해 전경 및 배경 대상을 이리저리 둘러볼 수 있어야 한다. 이러한 무의식적인 과정은 가상 세계를 상상하여 그리기 위해 필수적인 것이다. 이를 통해 만족스러운 정신적 표상 체계를 생성하게 된다. 모션 블러(motion blur) 또한 피해야 한다. 고속으로 거리를 지나가는 차량조차도 초점을 유지해야 한다. 그렇지 않으면 차량의 시차를 뇌가 해석하기 어렵다.

3D용 조명

큰 피사계 심도를 유지하기 위한 요구는 우리를 매우 자연스럽게 조명에 대한 언급으로 이끈다. 렌즈 조리개를 최소한으로 열기 위해서는 조명을 잘 비춘 장면과 카메라 센서의 높은 감도가 필요하다. 센서의 고감도에 의해 유발되는 약간의 노이즈는 너무 큰 조리개 개방으로 인한 흐릿함 보다는 낫다. 장면에 있는 모든 대상은 초점이 맞아야 한다. 따라서 모두 빛이 필요하다. 야간 장면의 가장 어두운 구석조차도 적절한 조명이 필요하다! 부적절한 피사계 심도를 수정하는 것보다 후처리에서 색측정(colorimetry)이 짙은 청색 색조를 가지도록 만드는 것이 더 쉽다.

- **초점이 맞는 모든 평면 → 모든 평면에 조명이 필요하다.**

미러 리그의 사용은 빛이 각 카메라 센서에 도달하는 밝기가 절반으로 줄어든다는 것을 의미한다. 그것을 어떻게 보상할 수 있을까? 물론, 조명 세기를 두 배로 하면 된다!

- **미러 리그 → 더 많은 조명 필요!**

스테레오스코픽 프로젝션 시스템은 다양한 능동형 및 수동형 안경을 사용한다. 이러한 시스템 중 최고는 영사기 밝기의 60% 이상을 써버린다. 제어 모니터에서 당신이 어둡다고 느끼는 이미지의 부분은 저가의 작은 영사기가 있는 방에서 볼 때 훨씬 더 어둡다.

따라서 우리는 장면의 조명이 잘 분산되었는지 확인해야 한다. 영상에서 두 부분 사이의 강한 대비는 3D에서 효과가 별로 없다. 덜 관심을 끄는 부분에도 부드럽고 일정한 조명이 필요하다. 이것은 장면의 덜 흥미로운 부분에 대한 망막 경합과 고스팅(ghosting)을 줄여준다. 그리고 관객의 시야가 해독할 수 없는 깊이 값을 갖게 하는 불필요하게 큰 어두운 부분이 나타나는 것을 방지한다. 검은 하늘의 얼룩이 어떠한 눈길을 끄는 시차도 제공하지 않는다는 것을 잊지 말도록 하자. 관객이 그것을 지각하면 스크린 평면에서 오류를 해석하게 될 것이며 장면에 대한 깊이감 전개(depth staging)를 망칠 것이다.

- **스테레오스코피 → 어두운 부분을 밝게하라.**

그림 03-01 조명! 더 많은 조명! 3D의 경우 어두운 곳이 없어야 한다.
© B. Michel

윈도우 위반과 조명

때때로 피할 수 없는 실수를 보상하기 위해 창조적인 방법으로 조명을 활용해야 한다. 오버 더 쇼울더(over-the-shoulder shot) 촬영이 전통적인 영화에서는 흔하지만 3D에서는 종종 잘못된 결과를 수반한다. 오버더쇼울더라는 말 자체가 의미하듯이 인물이 프레임의 가장 자리에 의해 반은 잘려서 뒤에 보이기 때문이다. 이 인물이 어렴풋이 조명을 받고 낮은 대비를 갖고 있다면 그의 모습은 깊이가 거의 없이 스크린의 평면에서 인식될 것이다. 이와 같은 방법으로 잘못될 수 있는 3D 상황을 해결해 줄 것이다. 이러한 조명 효과는 또한 종종 후반 작업에서 강화된다.

플레어와 정면 조명

다가오는 차의 헤드라이트를 촬영하는 것은 영화에서 흥미로운 효과를 줄 수 있다. 3D 에서는 현장에 있는 태양이나 다른 밝은 빛의 요소는 렌즈 내부에서의 빛의 반사 때문에 렌즈 플레어(lens flare)를 유발한다. 이러한 효과가 2D에서는 예술적 의도로 사용될 수 있지만 3D 에서는 왼쪽과 오른쪽 이미지에서 그 효과가 동일하므로 무한대로 인식될 수 있기 때문에 영상을 망친다. 즉 이 반사는 배경이나 배우에게 "구멍을 내는" 느낌을 준다. 이 현상은 바람직하지 않다!

그림 03-02 렌즈 플레어는 3D 영상에 적합하지 않다. 프레임 내부의 정면을 향하는 빛의 요소를 피하도록 하자. © B. Michel

강한 또는 부드러운 조명

강한 빛은 주요 액션의 깊이감을 확대하는데 필요하다. 이것은 대부분 스크린 평면 가까이에서 발생하기 때문에 고스팅의 위험은 적을 것이다. 고스팅은 한 쪽 눈이 다른 쪽 눈에 대한 이미지의 일부를 받았을 때 발생하게 된다. 따라서 오히려 눈이 부신 조명도 가능하다. 또한 가시적인 질감이 없는 평평한 영역의 발생을 피하기 위해 그늘진 부분으로 조명을 조금 비춰야 할 수 있다. 그렇지 않으면 우리의 눈은 장면의 이 부분에서 깊이감을 결정하기 위한 충분한 세부 사항을 포착할 수 없기 때문이다. 반면, 배경과 가까운 전경의 물체들은 매우 높은 시차 값을 가지게 되어 영사 시 유해한 고스트를 유발할 수 있다. 따라서 그 물체들은 콘트라스트가 적은 더 부드러운 조명이 필요할 것이다. 플로팅 윈도우를 사용할 때 프레임의 측면 가장자리는 동일한 규칙이 적용된다. 부드러운 조명은 망막 경쟁(합)을 줄여준다.

3D 촬영을 위한 카메라

카메라와 관련 렌즈 선택이 최종 결과물의 품질을 결정하지만 대개는 감독과 촬영 감독의 선호, 구입 계약, 예산, 기술적 제약 간의 타협으로 결정된다. 한 쪽 등급에서 전문 통합 3D 카메라는 25,000불 미만에 구할 수 있으며, 또 다른 쪽 등급에서는 관련 프라임 렌즈 세트가 있는 디지털 영화 카메라의 가격이 종종 20만 불을 초과한다는 것을 알게 되면 결정되는 타협은 분명히 사용할 수 있는 예산에 따라 달라진다는 것을 알 수 있다!

3D 리그를 위한 카메라 선택

방금 언급한 예산적인 고려 사항뿐 아니라 스테레오스코피는 자체적인 기술 한계를 포함하고 있다. 먼저, 카메라는 정밀해야 하며 가능한 한 잘 일치해야 한다. 그렇지 않으면 의도하지 않은 이미지 불균형 발생하게 되어 쏟아 부은 모든 노력을 완전히 쓸모없는 것으로 만들 수 있다. 따라서 정밀한 카메라, 값비싼 리그와 액세서리, 쉽게 차단할 수 있는 기계적 설정이 필요하다. 각 카메라가 두 개의 별도 모듈(센서와 제어 전자 장치)로 사용할 수 있다면 리그가 감당해야 하는 공간을 절약할 수 있다. 카메라가 작고 적은 직경의 렌즈를 사용할 수 있다면 대개 병렬 리그를 사용할 수 있다. 이것은 미러 리그 보다 더 저렴하며 덜 복잡하다.

디지털 카메라는 사용 센서 종류에 따라 CMOS와 3중 CCD의 두 부류로 나눌 수 있다.

3중 CCD 센서를 가진 카메라

3중 CCD 카메라는 각각의 R, G, B 빛 구성 요소에 대한 별도의 센서를 갖추고 있다. 촬영은 모든 픽셀에 동시에 일어난다. 빛을 3개의 부분으로 분리하고 수차를 없애기 위해 광학적으로 복잡해지며 카메라 헤드가 커지게 된다. 3중 CCD는 3개 센서의 영역이 단일 센서의 영역보다 크기 때문에 더 나은 밝기와 해상도를 갖는다는 이론적인 장점이 있다. 반면, RGB 프리즘 분리기 때문에 카메라가 커지게 되고 복잡해진다.

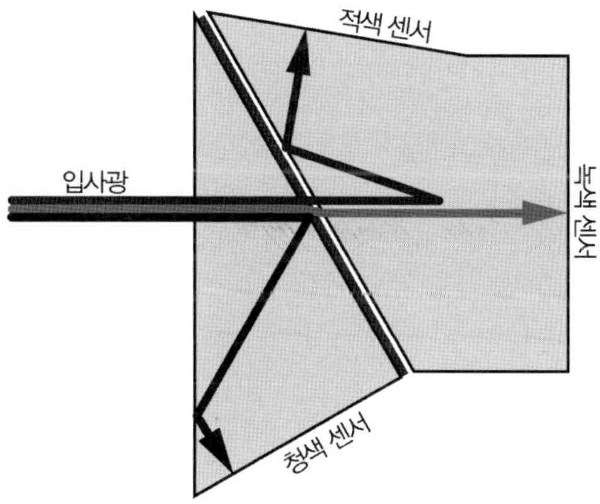

그림 03-03 3중 CCD 카메라 헤드 내부의 색상 분리 원칙

그림 03-04와 그림 03-05
3D 리그에 사용할 수 있는 3중 CCD 카메라의 예: 왼쪽은 Panasonic AK-HC1500G; 오른쪽은 어깨에 쉽게 장착할 수 있는 P+S Technik Neutron 미러 리그 위에 장착된 2개의 Sony PMW-EX3.
© Panasonic Corporation 2010 © P+S Technik

수많은 HD 방송 카메라가 3중 CCD 유형에 속한다. Sony HDC-P1(www.sony.com) 또는 Panasonic AK-HC1500G(www.panasonic.com)와 같이 어깨에 올리거나 스테디

캠(Steadicam)으로 사용될 수 있을 만큼 작은 2/3" 센서를 가진 카메라도 있다.

CMOS 센서가 있는 카메라

단일 센서는 베이어 필터(Bayer filter)가 장착된 동일한 매트릭스에 R, G, B 픽셀을 상호 배치함으로써 3 가지 구성 요소를 기록한다. CCD 카메라는 로우 이미지(raw image, RAW)를 기존의 RGB 이미지로 전환하기 위해 로우 이미지의 "탈모자이크화"를 수행해야 한다. 이것은 RGB 이미지를 직접 사용하기 위해 카메라에서 바로 할 수 있지만 일반적으로 중계차나 나중에 후반 작업에서 원격으로 한다. 그리고 정교한 알고리즘은 센서의 넓은 역동적 범위와 높은 공간 해상도를 활용하여 고조도 또는 저조도 지역에서 획득된 영상의 색상을 현명하게 삽입하고 고품질의 사진으로 만들어 준다. 어떤 "디베이어링(debayering)" 방식은 자연 풍경에 더 적합하며 어떤 다른 방법들은 더 대비(contrasted)되고 인공적인 이미지에 적합하다. RAW 전환이 후반작업에서 이루어지면 장면의 유형에 따라 코덱 파라미터를 최적화하는 동시에 색측정(colorimetry)을 조정할 수 있다. 많은 영화 워크플로에서 RAW 포맷은 전 제작과정 동안 유지된다. 이미지를 촬영하고 편집하는 동안 저장된 관련 메타데이터는 디스플레이 단계에서만 올바른 색보정(color grading) 적용이 가능하다. 그렇게 하면 원본 데이터에대한 이미지를 조정할 수 있는 가능성이 제작 라인 내내 유지된다.

CMOS 센서의 단점은 센서가 한 줄씩 읽혀야 한다는 점이다. 따라서 3중 CCD 카메라에 없는 커튼 효과(롤링 셔터)를 유발한다. 3D 장치로부터 두 이미지를 완벽하게 일치시키기 위해서는 셔터가 같은 방향에서 작동되는지 확인해야 한다. 특히 2개의 이미지

RAW 포맷

CMOS 센서 픽셀은 최종 이미지의 각 "RBG 픽셀"에 대해 1개의 빨강 픽셀, 1개의 파란 픽셀, 2개의 녹색 픽셀을 포함하는 "베이어 매트릭스"라고 하는 매트릭스 패턴에 배열된 R, G, B 칼라 필터 요소로 이루어져 있다. 녹색 픽셀 수가 더 많은 것은 가시 스펙트럼 중 이 부분에서 인간의 눈이 가장 역동적인 민감성을 갖는다는 중요한 사실 때문이다. RAW 포맷은 센서에서 의해 전송되는 모든 픽셀의 밝기 값을 직접 기록한다. 그 값은 특정 코덱이 폭넓은 밝기 범위를 포함하면서 R, G, B 픽셀 값을 갖는 더 범용적인 이미지로 변환할 수 있도록 일반적으로 8에서 16 비트의 다양한 숫자로 코딩된다. 대형 CMOS 센서에서 압축되지 않은 RAW 데이터는 용량이 매우 클 수 있다. 따라서 코덱 압축 방법은 저장이나 전송을 하기 위한 질과 양 사이의 균형적인 선택을 필요로 한다.

중 하나가 반전되는 미러 리그에서는 항상 주의해야 한다. 반면 CMOS 센서의 장점은 비디오 녹화를 위한 사용이 늘어나고 있는 디지털 SLR 카메라의 거대한 센서로 현재 만족할만한 크기와 해상도에 도달했다는 점이다. 가장 유명한 CMOS 카메라는 아마도 *The Hobbit* 촬영을 위해 피터 잭슨 감독이 선택한 Red One(www.red.com)과 그 상급 모델인 Red Epic일 것이다.

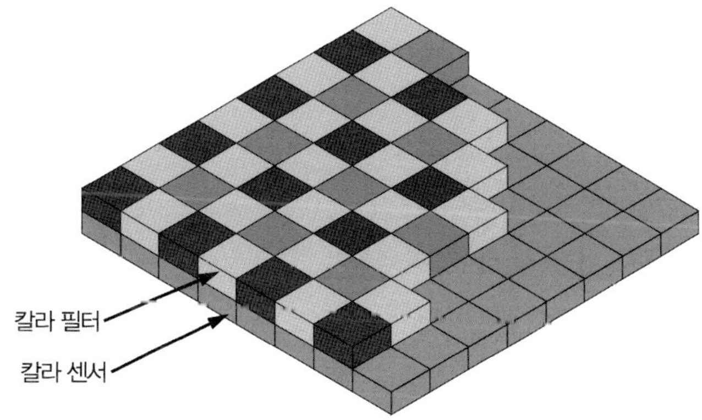

그림 03-06 CMOS 센서에 사용되는 베이어 매트릭스 필터를 통한 색상 획득 원리

디지털 센서의 인치 크기

인치로 표시된 3중 CCD나 CMOS 센서의 크기를 결정하기 위해 인치를 mm로 변환하는 것만으로는 충분하지 않다. 전통적인 이유로 인치로 된 규격은 언제나 실제 센서 크기보다 더 크다. 1950년대의 비디콘 TV 카메라는 민감한 사각형의 센서가 끝에 있는 유리관을 사용했다. 당시, 인치로 된 규격은 센서 크기와 관련이 있는 것이 아니라 센서를 지지하는 유리관의 직경에 관련이 있었다. 그러나 자사의 센서가 경쟁자들의 것보다 더 작게 간주되는 것을 두려워하여 어떤 카메라 제조업체도 센서 규격에 대한 관행을 바꾸려고 하지 않았으고 이러한 상황은 50년 이상 계속되고 있다.

비디오 센서의 상업적 크기와 실제 크기 간의 관련성

명칭	화면비율	센서 폭(mm)	센서 높이(mm)
1/3.6"	4:3	4.000	3.000
1/3.2"	4:3	4.536	3.416
1/3"	4:3	4.800	3.600

명칭	화변비율	센서 폭(mm)	센서 높이(mm)
1/2.7"	4:3	5.371	4.035
1/2.5"	4:3	5.760	4.290
1/2.3"	4:3	6.160	4.620
1/2"	4:3	6.400	4.800
1/1.8"	4:3	7.176	5.319
1/1.7"	4:3	7.600	5.700
2/3"	4:3	8.800	6.600
1"	4:3	12.800	9.600
4/3"	4:3	18.000	13.500
35mm	3:2	36.000	24.000

픽셀 수와 센서 사이즈

센서의 픽셀 수는 오해의 여지가 있는 마케팅 방법이다. 예를 들어, Panasonic AG3D-1A와 같은 3중 CCD Full HD 3D 카메라는 각각 2백만 픽셀(1920 x 1080)인 센서가 6개 있다. 오른쪽과 왼쪽 시야에 각각 3개씩이다. 하지만 각각의 시야에 대해 한 개의 4000 x 2000 픽셀 CMOS 센서를 가진 3D 카메라 보다 반드시 더 나은 결과를 가져다주지는 않는다. 모든 것은 센서의 품질, 렌즈, 관련 전자 부품에 더 의존한다.

반면, 센서의 실제 크기는 매우 중요하다. 대형 센서는 더 많은 빛을 획득할 수 있기 때문에 노이즈에 덜 민감하다. 그러나 더 큰 센서는 더 큰 렌즈가 필요하며 따라서 부피가 더 큰 장치가 필요하다. 일부 센서는 전통적인 35 mm 필름과 동일한 크기이다. 따

그림 03-07, 그림 03-08, 그림 03-09
CMOS 카메라 : 왼쪽은 Zeiss DigiPrime 렌즈를 장착한 Silicon Imaging의 SI-2K Mini 카메라. 중앙은 140 프레임/초로 촬영하는 인상적인 65 mm 센서를 사용하는 Vision Research의 Phantom 65. 오른쪽은 Red Epic.
© BandPro and Silicon Imaging © Vision Research © RED

라서 아날로그 필름 세계에서 사용하던 범용적인 크기의 기존 렌즈를 사용할 수 있다. 예를 들면 Arri Alexa CMOS 카메라(www.arridigital.com)가 그 경우이다.

필수적인 기준 목록의 첫 번째는 2대의 동일한 카메라의 동기화(genlocking) 가능성이며 그 다음이 셔터를 동일한 방향으로 향하게 하는 능력(CMOS 카메라의 경우)이다. 마지막으로 무게와 부피, 포함된 렌즈가 촬영 장소와 선택된 3D 장치에 적합한지 확인해야 한다.

일체형 3D 카메라

지나친 클로즈업, 원경, 복잡한 조명이 있는 장면이 아닌 단순한 촬영은 병렬 리그를 가지고 촬영할 수 있다. 일체형 Panasonic AG3D-1A 또는 Sony PMW-TD300 과 같은 카메라는 "병렬 오프셋 카메라" 범주에 속하며 수렴은 렌즈에 대해 양쪽 센서를 측면으로 이동시킴으로써 조정할 수 있다. 이 유형의 카메라가 매우 잘 만들어졌다고 가정하면 처음 3D 영화를 촬영하는데 있어서 이상적인 선택이다. 2개의 센서 시야 간의 동조는 언제나 보장되며 기계적, 광학적 매칭은 미리 설정되어 있다. 두 카메라의 설정이 기본적으로 연계되어 있기 때문에 조작 오류가 드물다. 이 유형의 카메라의 가장 큰 단점은 고정된 양안 거리이며 촬영 가능 대상에 대한 거리의 범위를 제한한다. 45 mm 축간격을 가지고 있는 Sony PMW-TD300 카메라의 경우, 1.2 m 의 최소 촬영 거리를 권장한다. 이러한 카메라는 전문적 범주에 속하기 때문에 카메라는 이중 HD-SDI 출력과 메모리 카드가 장착되어 있다. 따라서 필요하다면 라이브 이벤트를 촬영하여 전송하는데 사용할 수 있다.

축간 조정의 기회를 제공하는 최고급 일체형 카메라로써 시장에 나온 첫 번째 것은 Meduza Systems(영국)의 Mk1 이다. 이것의 최대 해상도는 2개의 CMOS 센서 각각에 대해 3288 x 4284 픽셀이다. 특별히 설계된 카메라의 광학계는 상대적으로 작은 축간 간격 값으로 식정 38 mm 슬리브에 맞춰 삽입되어 있다. 구성에 따라 Mk1은 HD로 초당 160개 이미지, 2K로 초당 100개 이미지, 4K로 초당 60개 이미지를 기록할 수 있다.

많은 컨슈머용 3D 카메라가 2011년에 나타나기 시작했다. 카메라는 모두 다소 유사한 기능을 갖고 있지만 상당수는 "호환 가능한 프레임 사이드 바이 사이드" 포맷이다. 수

그림 03-10 최초의 일체형 3D 카메라: Panasonic AG3D-1A, 2개의 3중 CCD 센서, 풀 HD 해상도, 조정 가능한 수렴과 줌.
© Panasonic Corporation 2010

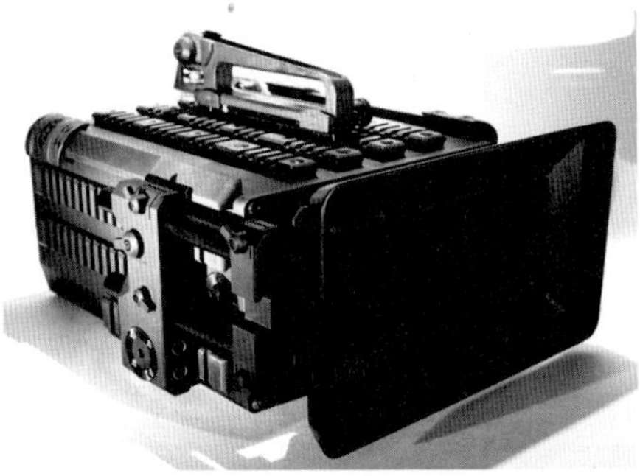

그림 03-11 최고급 통합 카메라: Meduza Mk1. 조정 가능한 수렴과 줌, 조정 가능한 축간 거리(38 mm에서 110 mm).
© Meduza Systems

평으로 각각 반으로 압축된 이미지를 직접 기록하기 위해 애너모픽 렌즈를 사용한다. 따라서 Full HD 3D 사양을 충족하지 않는다. 그럼에도 불구하고, Panasonic Z10000 또는 Sony HDR-TD10E와 같이 아마추어를 위한 저렴한 가격의 진정한 Full HD 3D인 카메라를 몇 개 찾을 수 있다.

리그 선택

병렬 리그

병렬 리그는 가장 간단한 것부터 가장 전문적인 것까지 다양한 제품을 포함한다. 전문 리그 중에 상당수는 "병렬" 모드나 "거울" 모드로 재구성할 수 있다. 리그는 일반적으로 전문 회사에 의해 제조되며 기존의 거의 모든 카메라를 사용할 수 있다. 선택은 리그의 무게, 단단함, 그리고 주로 설치 용이성을 바탕으로 이루어진다. 일부 리그는 동력 장치가 설치되어 있어 축 간격, 수렴, 그리고 줌, 조리개, 초점과 같은 일반적인 카메라 기능의 원격 조정이 가능하다. 어떤 경우, 제어 장치는 양쪽 줌 렌즈를 항상 완벽하게 일치하도록 하기 위해 내부적으로 초점 거리를 변경하는 동안 적용된 수정 데이터를 저장한다.

그림 03-12 Redrock Micro. 단순하고, 견고한 기계적인 병렬 리그. 400 mm 까지 축 간격 조정 가능. 여기서는 2대의 Canon XF100 카메라 장착.
© Redrock Micro

촬영될 장면이 항상 유사한 일부의 특수한 경우에 대해서는 고정된 축 간격을 갖는 리그를 사용할 수 있다. 이 경우 지지물이나 인클로저(enclosure)가 있는 튼튼한 단일 작동 장치로 통합된 리그를 사용하는 것이 일반적이다. 대표적인 예는 방수 하우징(housing)에 통합된 소형 고정 렌즈를 갖는 스포츠 카메라이다.

스포츠 카메라. 이동성과 견고함이 구성의 용이성 보다 더 중요시 되는 조건, 일반적인 카메라 리그가 살아남을 수 없는 장소에서 스포츠 카메라는 멋진 장면을 촬영할 수 있다. 가장 잘 알려진 것은 3D 스포츠 카메라 키트 GoPro 3D HERO (www.gopro.com)이다. 이 키트의 방수 하우징은 33 mm의 고정 축 간격을 갖고 있다. 초당 25 프레임 또는 30 프레임에서 1080p, 초당 60 프레임에서 720p로 촬영할 수 있는 132°의 조리개 각도를 가진 2대의 소형 고정 렌즈 카메라를 포함하고 있다. GoPro 카메라는 BBC가 제작하는 스포츠를 비롯하여 서핑, 스키, 모터크로스, 랠리 등과 같은 스포츠를 촬영하는데 널리 사용된다.

그림 03-13 방수 하우징에 넣어져 있는 GoPro 3D HERO 듀얼 카메라. 각 카메라 후면의 빨간 부품은 동기화 모듈이다. 각 카메라는 SD 또는 SDHC 메모리 카드에 1080p 스트림을 기록한다.

미러 리그

분리된 카메라를 가지고 촬영하는 주요 장비가 미러 리그이다. 미러 리그는 모든 매개변수에 대해 조정의 자유를 완벽하게 제공하는 유일한 기술이며 최상의 만능 도구로 성공했다. 양질의 리그를 공급하는 업체가 많지는 않다. 할리우드 블록버스터 영화에서의 현저한 참여로 인해 가장 잘 알려진 공급업체는 3ality Technica와 Cameron-Pace Group이다. 최고급 미러 리그의 완전 자동화 버전(일반적으로 너무나 복잡해서 대여만 가능)은 아주 빠른 자동 보정 및 설정이 가능하다. 몇 분에 수천 달러의 가치가 있는 촬영에서의 귀중한 시간을 아껴준다. 그러나 수많은 고성능 리그 제조업체를 과소평가해서는 안 된다. 각 제조업체들이 특유의 장점을 보여주기 때문이다. 그러한 제조업체로는 21st Century 3D, 3D Film Factory, Binocle, GenusTech, P+S Technik, S3D Technologies, Screenplane, Stereotec이 있다.

이것이 절대적인 규칙은 아니지만 제조업체들은 자신의 리그를 세 가지 주요 범주에 놓는다.

- 스튜디오: 크기, 무게, 가격은 주요 매개 변수가 아니다. 상당한 강인성과 안정성, 기능, 사용의 편의성이 핵심이다.
- 프로: 이 범주의 리그는 이동성, 견고성 과 실내 및 야외 촬영 기능 간의 타협점을 제공한다.
- 미니: 경량, 휴대성, 그리고 스테디캠 장착에 적합함이 핵심이다. 취급 용이성이 다양성 보다 중요하다.

미러 리그의 가격은 정교함에 따라 다르다. 범위는 카메라와 렌즈 가격을 제외하고 9,000불에서 15만 불까지 있다. 거울 자체만으로 성능에 따라 매우 높은 가격에 도달할 수 있다.

그림 03-14 파리 Stade de France에서 European Rugby Final 촬영에 사용된 병렬 리그와 미러 리그(거울 자체는 아직 설치 안 됨). 카메라는 Grass Valley LDK800s이다.
© Binocle.com

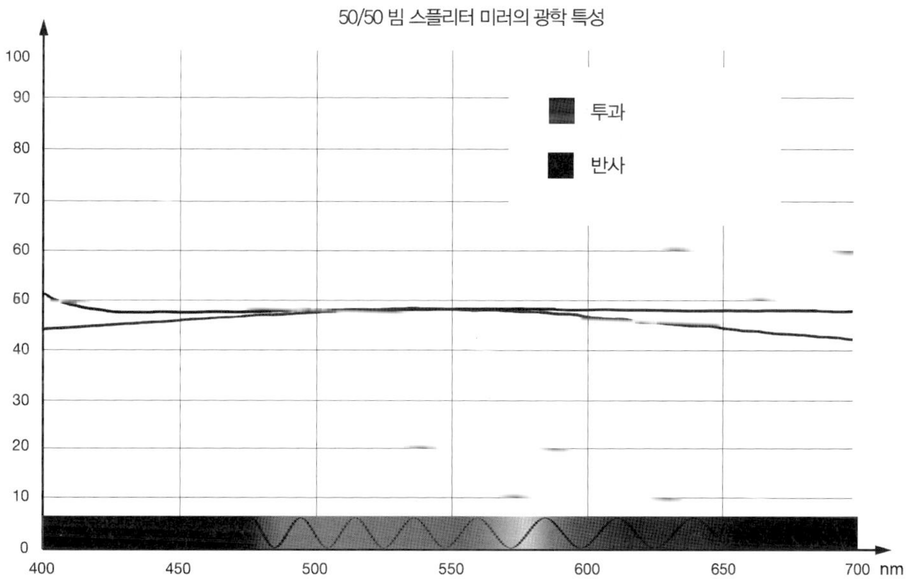

그림 03-15 이상적인 반투명 거울은 입사광의 50%를 반사하고 50%를 통과시킨다. 현실 세계에서 좋은 거울은 이 값에 근접하려고 한다.

거울 선택. 거울은 리그의 가장 중요한 구성 요소이다. 이상적인 반투명 거울은 직선으로 빛의 50%를 통과시키고 입력 축(input axis)의 90°에서 남은 50%를 반사해야 한다. 양쪽의 모든 빛은 어떠한 기하학적 또는 색상 왜곡을 야기하지 않으며 완벽한 균일성을 가져야 한다. 거울은 물론 흔들리지 않고 견고해야 하며 충격과 흠집을 견뎌야 한다.

거울의 반사면은 진공 상태에서 금속의 증발과 증착에 의해 만들어진다. 정확하게 빛의 50%가 통과될 수 있도록 하기 위해 제조업자는 공정 시 지속적으로 거울의 반사율을 측정한다. 정확하게 50%의 수치에 도달하면 금속화는 중지된다.

3D 리그의 필요 요건은 모순적이며 적절한 거울을 선택하는 것은 언제나 타협이다. 예를 들어 두꺼운 거울은 진동에 강하지만 이미지의 기하학적 구조를 더 많이 왜곡한다. 전면 코팅 거울은 이중 반사를 방지하지만 흠집에는 더 민감하다.

보호 유리. 궂은 날씨에 야외에서 촬영을 하는 경우 고가의 고품질 거울을 악천후에 노출시키는 것은 항상 불쾌한 일이다. 이에 대한 해결책이 있다. 보호 유리로 광학 하우징의 전면을 보호하는 것이다. 예를 들어, P+S TECHNIK과 Schneider Optics (www.schneideroptics.com)는 1/4 파장 필터(λ/4 파장판으로 알려져 있거나 부정확하게는 "디폴라라이저(depolarizer)"로 알려져 있음)를 포함한 정면 보호 유리를 제공

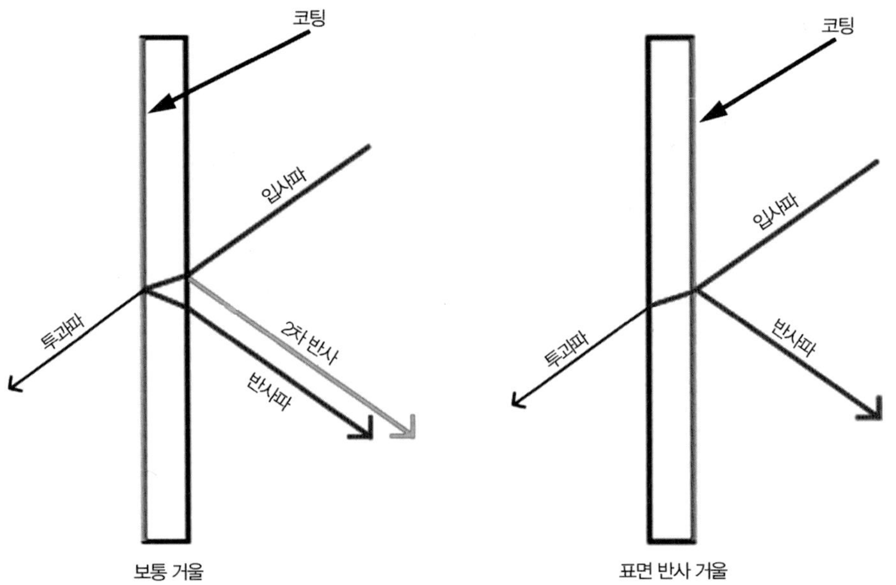

그림 03-16 전면 코팅 유리가 표준 후면 코팅 유리보다 더 깨지기 쉽지만 광학적인 성능이 좋다.

한다. 이 추가된 층은 편광 각도를 변경하여 편광 잡음 손실(artifacts)을 상당히 줄여준다. 필터가 빛의 손실을 최소화하여 사실상 필터가 없는 것과 같은 정도로 노출이 유지된다. 그리고 1/4 파장 필터가 광학 유리의 두 층 사이에 포개져 있기 때문에 흠집으로부터 보호되고 일반 유리보다 충격에 더 잘 견딜 수 있게 해준다. 보호 유리의 성능은 자동차 창문에 사용되는 안전유리와 유사하다.

상단 배치와 하단 배치 두 가지 배치의 미러 리그가 가능하다. 전면을 향한 카메라는 언제나 직선 시계 라인에 있지만 반사 카메라는 다른 카메라의 위나 아래에 설치할 수 있다. 상황에 따라 어느 한쪽의 배치가 선택된다. 상단에 장착하는 리그는 영화 촬영에 하단에 장착하는 리그는 TV에 자주 사용된다. 하지만 이것이 절대적인 규칙은 아니다.

상단에 위치하는 카메라의 장점:

- 매우 부피가 큰 카메라를 사용할 수 있음
- 다양한 세팅을 설정할 수 있음
- 더 뒤쪽의 무게 중심이 있으므로 용이한 좌우상하 촬영(panning) 가능
- 낮은 각도에서의 촬영(low angle shot)을 위해 더 자유로운 이동 가능
- 지면에 매우 근접하게 위치시킬 수 있는 가능성

그림 03-17, 그림 03-18
상단에 설치된 카메라 리그: 왼쪽은 Red 카메라를 설치한 P+S Technik. 오른쪽은 Red Epic 카메라를 설치한 Element Technica Atom 리그. 거울은 전면을 향한 카메라를 볼 수 있도록 제거되었다.
© P+S Technik ©Element Technica

하단에 위치하는 카메라의 장점:

- 카메라 뒤에 있는 관객의 시야 차단이 적음
- 더 낮은 무게 중심
- 어깨나 스테디 캠에 장착했을 때 더 쉬운 조작
- 먼지와 흠집으로부터 반사 거울을 더 잘 보호함
- 거울의 기생 반사(parasitic reflections)가 더 적음

그림 03-19, 그림 03-20 하단에 설치된 카메라 리그: 왼쪽은 어깨에 장착한 리그. 오른쪽은 스테디캠 장착 리그.

카메라 동기화

카메라 동기화는 깊이감의 품질에 있어 매우 중요하다. 예를 들어, 100 km/hr로 이동하는 자동차는 1/1000초에 3 cm 이동하며, 평균 초점 거리를 갖고 10 미터 거리에서 본 3 cm는 시계의 약 0.3%를 차지한다. 왼쪽 카메라가 오른쪽 카메라보다 1/1000초 먼저 자동차를 촬영하는 경우를 생각해 보자. 동기화 오류로 인해 생성된 운동 시차는 5 픽셀 또는 6 픽셀이 될 수 있으며 그것은 몇 미터의 깊이 차이로 해석될 것이다! 우리는 동기화 없이 언제나 2개의 기록된 스트림을 가장 근접한 이미지로 재조정할 수 있다. 따라서 최대 타이밍 오류는 초당 24 프레임으로 촬영했을 경우 이미지의 절반, 즉 21/1000초 이다. 이러한 이미지는 매우 느린 움직임에서만 허용되며 빠른 액션은 부정확한 깊이감, 왜곡, 중복된 개체 등과 같은 파괴적인 영향을 초래한다.

젠록이 있는 동기화

전문 카메라는 관련 출처로부터 동기화 신호를 받아들이는 젠록 입력을 가지고 있다.

가장 정확한 젠록 신호는 이미지, 선, 심지어 선의 픽셀 수준에서 모든 연결된 장치를 동기화하기 때문에 3단계(tri-level) 동기화라고 한다.

3단계 동기화 발생기(sync generator)는 비싸지도 않고 부피가 크지도 않다(아래 사진 참조). 발생기는 일반적으로 여러 출력을 갖고 있다. 따라서 2대 이상의 카메라, SIP, 녹음기 등을 동기화하기 위해 발생기를 사용할 수 있다. 연결할 때 주의할 것이 있다. 모든 카메라가 BNC 커넥터를 사용하는 게 아니며 때로는 더 작은 DIN 1.2/2.3 어댑터가 필요하다.

동기화 발생기는 선택된 프레임 속도에 맞게 구성된다. 일반적인 값은 초당 23.98, 24.00, 25.00, 또는 29.97 프레임이며 더 드물게는 48, 59.98 또는 60 프레임이다. 각 카메라 설정 메뉴의 프레임 비율은 "젠록" 신호와 같은 값으로 조정되어야 한다. 주파수가 맞지 않으면 카메라는 "젠록"을 무시하며 동기화되지 않을 것이다! 일반적으로, 동기화가 활성화되었는지 확인하기 위해 파인더(viewfinder)에 자물쇠 아이콘이 나타난다.

그림 03-21, 그림 03-22

3D에 적합한 HD 동기화 발생기: AJA Gen 10은 6개의 BNC 출력이 설치되어 있다. 오른쪽은 많은 카메라(RED 등등)에서 필요한 BNC와 Din 1.0/2.3를 연결하는 어댑터이다

© Aja ©B. Michel

젠록이 없는 동기화

"젠록" 없이 촬영하는 것도 가능하다. 이것은 카메라에 동력이 공급되자마자 촬영이 이루어지는 하나의 중요한 세부 사항 덕분이다. Rec 버튼을 누르면 카메라는 기록 명령에 따라 첫 번째 스캔에서부터 이미지를 저장하기 시작한다. 이것은 전자 장치가 작동되는 순간이 카메라의 내부 시계가 작동하는 순간이기도 하다. 따라서 2대의 카메라를 동기화하기 위해 해야 할 일은 카메라를 정확하게 같은 시각에 작동시키는 것이다. 카

메라가 Sony나 Canon인 경우 LANC Shepherd 제어기(www.berezin.com/3d/lanc/index.html)를 사용할 수 있다. LANC는 "젠록"이 아니다. 단순히 정확히 동일한 순간에 2대의 카메라를 작동시키고 그 후의 카메라 간의 차이를 확인하는 방법이다. 두 카메라의 동일성 품질에 따라 일반적으로 약 15분에서 20분 정도 만족스러운 동기화 유지를 기대할 수 있다. 테이크 이후 카메라를 재동기화하기 위해 카메라를 종료해야 하고 이 과정을 다시 시작해야 한다.

Canon의 스틸 카메라와 비디오카메라는 일반적으로 LANC 단자가 있다. Sony 카메라에서 LANC 커넥터는 "ACC" 또는 "Control-L"라고 부른다. LANC는 Sony에서 사용하는 통신 프로토콜을 사용하여 2대의 카메라에 대한 전원뿐만 아니라 초점, 셔터, 줌에 대한 동기를 원격 제어한다. LANC Shepherd 디스플레이는 1/1000 초 이내로 2대의 카메라 간의 오프셋을 보여준다. 오프셋이 너무 크면 카메라를 정지시키고 다시 시작하도록 되어있다. 일반적으로, 첫 번째 스위치는 상대적으로 큰 타이밍 오프셋을 생성한다. 그러나 몇 초밖에 걸리지 않지만 전자 장치가 작동 온도에 도달하면 다음 재시작은 3D 촬영에 적합한 동기화를 제공한다(1/1000초 미만).

만족스러운 동기화란 무엇인가? 사진술에서 타이밍이 노출 시간의 1/10 (1/1,000에서 한 컷을 위한 0.1 밀리초)까지 정확해야 한다는 것이 일반적으로 받아들여지고 있다. 비디오에서 0.02 ms의 오프셋은 초당 25 프레임에서 LANC를 사용하지 않고 얻은 통계적 오프셋의 단 1/100 정도이다. 다행히도 LANC Shepherd는 보통 0.01 ms를 제공한다.

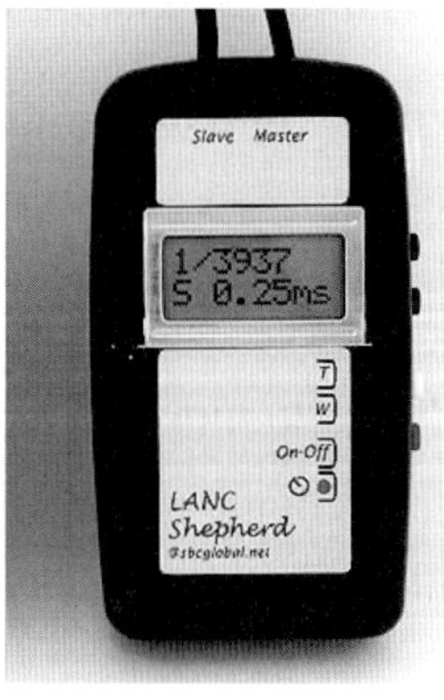

그림 03-23 Berezin Stereo의 LANC Shepherd 전자 동기화 발생기
© Berezin Stereo

비동기화된 카메라

카메라가 LANC 프로토콜과 호환되지 않는다면 어떻게 해야 할까?

카메라가 전혀 동기화되지 않는 경우 할 수 있는 최선의 방법은 2대의 카메라를 동시에 작동시키는 것이다. 전통적인 방법은 전원을 결합하여 카메라를 동기화하는 것이다. 단일 전원, 즉 배터리 또는 본선에서 카메라에 동력을 공급하기 위해 외부 전원 커넥터를 사용하여 양쪽 카메라에 오직 하나뿐인 스위치를 가지고 카메라에 전원을 공급한다. 이러한 방법으로 카메라의 내부 시계가 동기화되는 걸 기대할 수 있다. Panasonic HVX200 카메라와 일부 JVC 카메라에서 이러한 방법의 테스트가 75%의 성공률을 보여주었다. 동기화를 검증하기 위한 실증적 방법은 수직으로 빠르게 튀는 고무공을 촬영하는 것이다. 2개의 연속 이미지 간에 공이 움직인 거리의 왼쪽-오른쪽 오프셋을 비교한 다음 왼쪽과 오른쪽 이미지를 시각적으로 확인하고 나서 ms로 오프셋을 계산하면 된다. 더 정확하지만 성가신 방법은 아래 설명되어 있다(이 장에서 "동기화 측정"을 참조).

내부 시계가 동기화되었다 하더라도 양쪽 카메라에서 동시에 촬영하기 위해서는 주의를 기울여야 한다. 다시 말하면, 가장 간단한 실증적 해결책은 적외선 원격 조정을 활용하는 것이다. 대부분의 카메라는 2대의 카메라를 동시에 동작시키는 원격 조정이 부착되어 있다. 2개의 스트림 이미지를 수동으로 동기화하는 것은 물론 후반 작업에서 해야 한다. 카메라가 음향을 녹음하고 있는 경우 촬영 시작 부분의 박수 소리는 기준점 역할을 할 것

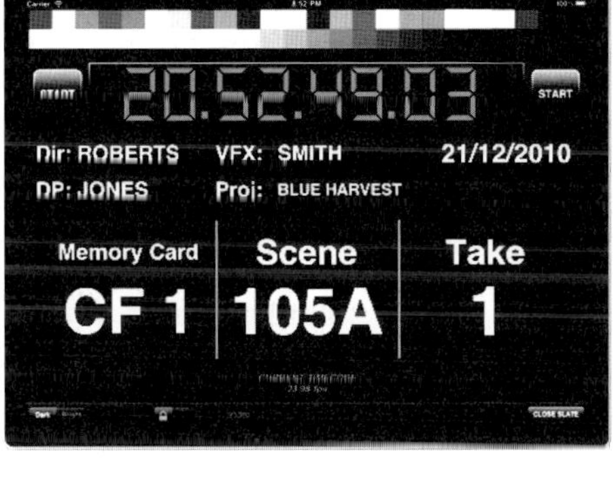

그림 03-24 iPad 또는 iPhone용 3D 슬레이트 어플리케이션. 이 어플리케이션은 모든 정보가 후반작업으로 전송되는 것을 보장하기 위해 실제 촬영에 관한 모든 정보, 즉 축 간격, 수렴, 전경과 배경간 거리, 다양한 관련 정보를 빠르게 순차적으로 보여준다.
© Lastshotapps 2011

이다. 몇몇 저가 편집 소프트웨어 패키지(예를 들어, Magix Video Deluxe)는 3D 기반 버전에 그와 같은 오디오 동기화 기능을 포함한다. 모든 경우에, 시각적 그리고 청각적 박수 소리를 사용하는 것은 "젠록"을 사용할 때에도 동기화를 확인하는 방법이다. iPad와 다른 태블릿을 위한 다양한 박수 어플리케이션은 아주 낮은 가격에 웹에서 구할 수 있다. 이 유형의 어플리케이션에 대한 시간 표시는 정확하게 클립(clip)을 이미지에 동기화하는데 사용할 수 있으며 기록된 좌우 스트림 간의 오프셋을 평가하는데도 사용할 수 있다. 이러한 어플리케이션은 일반적으로 단순한 기계 박수보다 비용이 적게 든다.

동기화 측정

동기화의 신뢰도를 의심한다면 동기화의 정확도를 확인하는 것보다 더 좋은 것은 없다. 이를 위해서는 PC, 테스트 소프트웨어, 구형 CRT 모니터가 필요하다. CRT 모니터는 스캔이 진행되는 프로그레시브(progressive) 방식이다. 따라서 모니터는 아주 짧은 지연이라고 하더라도 시간 지연을 측정하는 척도의 역할을 할 수 있다. Camera Sync Tester 소프트웨어는 피터 위머(Peter Wimmer)의 웹사이트(www.3dtv.at)에서 무료로 구할 수 있다. 피터 위머는 Stereoscopic Player의 개발자이다. 일단 모니터의 지표를 알게 되면 소프트웨어 디스플레이는 번호가 매겨진 수직 눈금을 표시한다. 카메라를 동기화하기 위해 사용한 방법이 무엇이던 간에 스크린의 동기화된 장면을 측정한 후, 그저 마지막 표시된 선의 숫자들 간의 차이에 주목하고 모니터에 선을 표기하기 위해 필요한 시간으로 숫자를 곱한다.

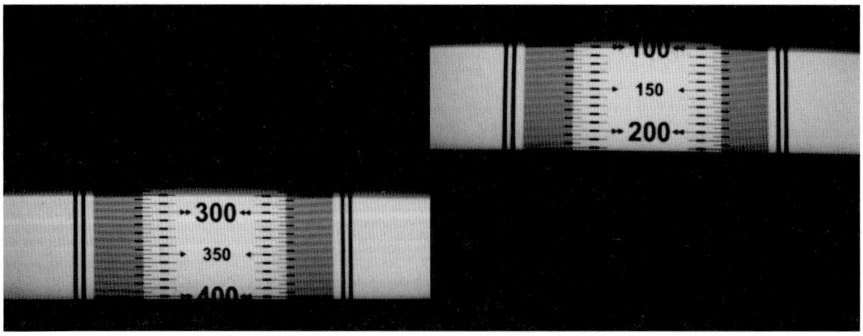

그림 03-25 CRT 모니터에서 작동하는 Camera Sync Tester 소프트웨어의 2개의 스크린 장면. 2대의 약간 동기화되지 않은 카메라에 의해 기록된 데이터를 볼 수 있다. 마지막 표시된 선은 왼쪽이 #403이고 오른쪽이 #223이다. 하나의 선을 표시하기 위해 필요한 31 ms 를 가지고 5.7 ms의 동기화 오류를 알 수 있다.
© 3dtv.at

스테레오스코픽 계산기

1/30 규칙은 이미 경험에 기인하여 1세기 전부터 사용되었다. 이 규칙은 "축 간격은 가장 가까운 대상까지의 거리의 1/30과 같아야 한다." 는 것이다. 이 규칙은 현재 아직도 사용되고 있지만 주어진 3D 장면에 대해 리그를 적절히 세팅하기에는 충분치 않다. 축 간격 조정은 다양한 요인에 의존하고 있다. 물론 주된 요인은 카메라와 장면 요소 간의 최소 및 최대 거리 그리고 최대 허용가능한 양의 시차이다. 이 시차 값은 이미지가 디스플레이 되는 스크린 크기에 따라 다르다. 시차는 스크린이 매우 큰 경우 스크린 크기와의 비율이 그만큼 더 작아진다. 따라서 30미터 폭의 IMAX 스크린에서 (스크린 뒤의) 양의 시차는 너무나 작아서 사실상 전체 장면이 스크린 평면 앞에 있게 된다. 초점 거리와 카메라 센서의 크기 또한 계산에 연관될 뿐 아니라 픽셀 단위의 이미지 폭도 관련된다. 모든 거리는 공식의 일관성을 유지하기 위해 미터로 제시하기로 한다. 따라서 16 mm 초점 거리는 0.016 m로 한다.

결정해야 하는 2개의 주요 매개 변수는 축 간격과 수렴 각이다. 일반적인 값의 범위를 가지고 3D 리그 세팅을 결정하는 매개 변수를 요약한 표가 아래에 있다. 구체적인 예를 가지고 값을 설명하기 위해 2/3" 카메라를 장착한 3D 리그로부터 9미터 떨어진 배경을 가진 실내 장면을 사용하였다.

예를 들어 살펴본 3D 리그 매개 변수의 특성 값

매개 변수	범주	단위	기호	일반 값	예시
선성 거리	장면	m	Zmin	1 에서 50*	1.8 m
대싱 거리(0시차)	장면	m	Z0	1 에서 50*	2.0 m
배경 거리	장면	m	Zmax	1 에서 50*	5.0 m
깊이 가중치(임의값)	장면	없음	PR	0.1 에서 10	0.9
초점 거리	카메라	m	F	0.001 에서 1.0	0.005 m
센서 폭	카메라	m	L	0.001 에서 0.1	0.0088 m
디지털 이미지 폭	카메라	픽셀	W	500 에서 8000	1920 픽셀
비전 스크린 폭	시야	m	S	0.05 에서 30	10 m
스크린에서 허용되는 최대 양의 시차	시야	m	PP	0에서 80	0.060 m
최대 스크린 이탈 효과	시야	없음	J	0에서 0.80**	0.75

매개 변수	범주	단위	기호	일반 값	예시
축간격	시야	m	IOD***	0 에서 0.5	0.030 m
수렴	시야	각도	C	0 에서 5.0****	0.76°

* 50미터 이상에서는 더 이상의 깊이 지각을 추정할 수 없다. 무한대는 50미터로 간주한다. 이것은 실제로 계산 결과에 영향을 미치지 않는다.

** 75%. 10 m의 시청 거리에서 대상은 관객으로부터 2.5m 거리까지 튀어 나온다.

*** 약자 IOD(InterOcular Distance, 양안 거리)는 "양안(interocular)"이 아니라 "축간(interaxial)"을 사용해야 하기 때문에 엄밀히 정확한 것은 아니다. 하지만 양안이 문헌에서 사용되고 있다.

**** 눈은 5° 정도는 수월하게 수렴한다. 장시간 유지하기 힘들지만 노력하면 눈은 최대 12° 까지 수렴할 수 있다(따라서 코로부터 약 30 cm 주위에서 수렴한다).

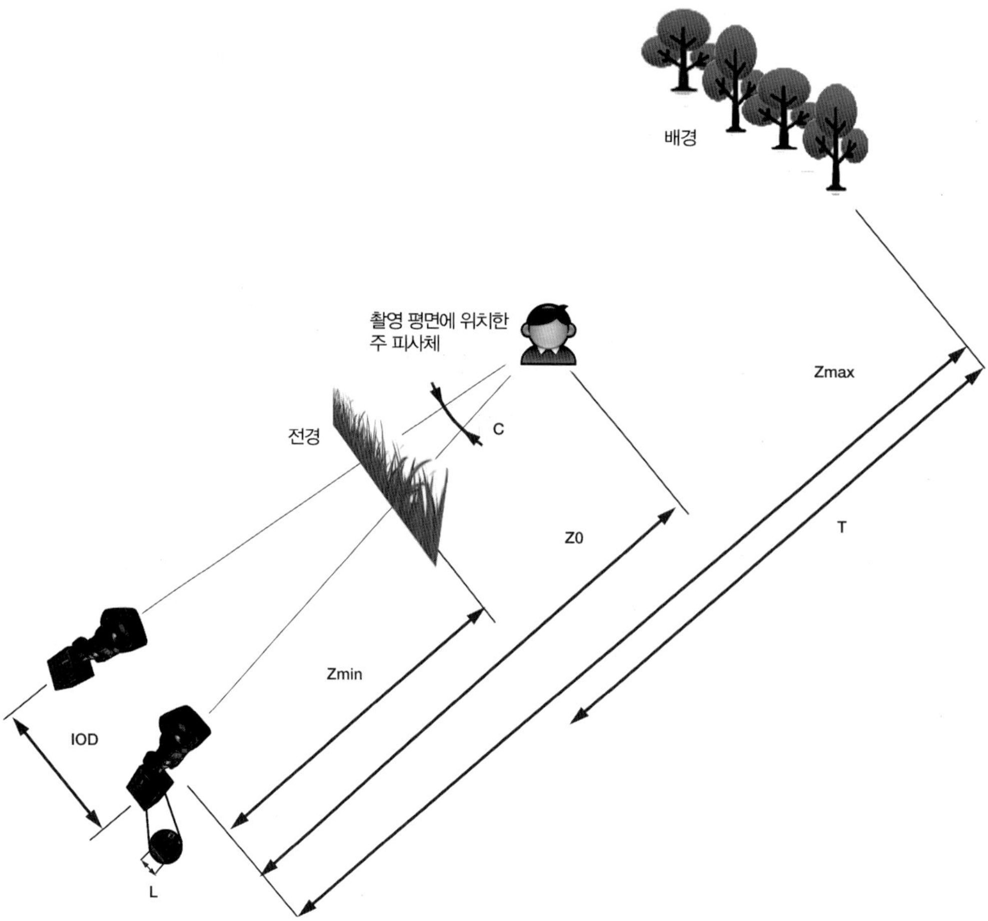

그림 03-26 축 간격과 수렴을 결정하는데 사용되는 주요 매개 변수

위의 매개 변수에 더하여 다수의 파생 매개 변수가 문헌에서 논의되지만 일반적으로 그들 매개 변수는 위의 값들의 단순한 공식에 의해 파생된 것이다.

공식과 예를 들어 살펴본 3D 리그의 파생 매개 변수

파생 매개 변수	범주	단위	기호	공식	예시
장면 깊이	장면	m	T	Zmax-Zmin	3.2 m
35 mm 등가 초점 거리	카메라	m	F35	F*35/L	0.020 m (또는 20 mm)
센서의 최대 양의 시차	카메라	m	MAOFD*	L*PP/S	0.000053 m
확대비	시야	없음	M	S/L	1136
백분율 최대 양의 시차	시야	없음	Prel	PP/S	0.006 (또는 0.6%)
픽셀 최대 양의 시차	시야	픽셀	Pmax	W*PP/S	11.5 픽셀

* MAOFD 약어는 "필름 편차에서의 최대 허용 수준(Maximum Acceptable On Film Deviation)"을 의미한다.

수학 공식

축 간격과 수렴은 비교적 독자적으로 결정할 수 있다. 우선 축 간격은 전경과 배경 거리에 따라 결정된다. 그 다음 주 대상을 0점 평면으로 가져오는 수렴 각이 결정된다. 따라서 두 번째 계산은 첫 번째 계산의 결과와 연결되어 있다. 그러나 이 방법이외에 다른 설정 방법들이 있다. 그것은 1994년 사무엘슨(Samuelson)에 의해 대중화된 이후 공식 방법으로 간주되고 있다.

수렴을 사용하길 원하지 않고 병렬리그로 작업하는 것을 선호한다면 주 대상을 0점 평면으로 가져오는 것은 간단하다. 이미지 가장자리에 대한 약간의 픽셀 손실을 대가로 후반 작업에서 HIT(수평 이미지 변형)를 통해 수행 할 수 있다. 최대 가능한 이동은 Pmax(단위: 픽셀)에 해당한다. 따라서 장면을 약간 더 넓은 프레임으로 구성하고 약간의 해상도 손실 (또는 budget allowing, 2K 대신 4K에서 촬영) 을 감수해야 한다. 이러한 리프레이밍(reframing)을 염두에 두고 선택한 화면비율을 고려해야 한다. 16:9로 촬영하고 12 픽셀의 폭을 희생한다면 크로핑(cropping) 동안 수직으로 12 x (9/16) = 7 픽셀을 잃게 된다.

양안 거리 계산

정확한 양안 거리 계산을 위한 일반적인 공식은 베르코비츠(Bercovitz) 공식이다. 카메라에서 장면까지의 거리가 초점 거리에 비해 크다고 추정하는 단순화된 공식이다. 따라서 이 공식은 확대 사진술(macrophotography)이 아니라 영화나 텔레비전에 적합하다.

계산은 두 단계로 수행된다. 우선 스크린의 최대 허용 시차를 센서와 스크린 간의 확대비로 나눔으로써 카메라 센서의 최대 양의 시차를 계산한다:

$$MAOFD = L \times PP/S$$

그 다음 삼각관계는 최대 허용 양안 거리를 제공한다:

$$IOD = (MAOFD/F) \times (Zmax \times Zmin)/(Zmax - Zmin)$$

수렴각 계산

두 카메라 간의 거리를 부과한 이후 하나의 매개 변수는 일부 한계, 즉 수렴 내에서는 아직 조절가능하다. 카메라의 각은 안쪽으로(수렴)만 변경될 수 있으며 바깥쪽으로(발산)는 절대 안 된다. 수렴 각은 몇 도가 최대이다. 5°는 일반적으로 절대 최고치로 간주된다.

수렴 효과는 전체 장면의 체적을 뒤로 끌어당긴다. 게다가 "병렬" 구성은 수평이동에 의해 전적으로 스크린 앞에 장면을 도출시킨다. 따라서 배경(카메라로부터 Zmax 거리에 있는 대상)이 스크린에서 허용된 최대 양의 시차(픽셀로 측정할 때 Pmax 값)를 줄 때까지 수렴 각을 증가시키는 것이 가능하다. 그 때 세트에 대한 최대 수렴에 도달한다.

수렴을 최대까지 밀어붙이는 것이 항상 최선의 선택이 아니라는 것을 주목하자! 장면이 오소스테레오스코픽(orthostereoscopic)이 되길 원한다면 그리고 따라서 정확히 원래 장면처럼 보이길 원한다면, 시차는 수평선까지 도달해야 하며 장면에서 가장 멀리 있는 대상(대상이 결합되지 않는 한)까지 도달해서는 안 된다. 전형적인 장면은 반드시 수평선에 있지만은 않는 배경을 제공한다(예를 들면, 실내 또는 실외이지만 나무 아래). 배경 장면은 어떠한 발산을 발생시키지 않고 이론적 위치를 넘어서까지 뒤로 밀 수 있다. 하지만 이것은 수학 공식의 적용으로 인한 결과 보다는 예술적 선택이다.

축 간격 계산에서 3D 효과를 과장하게 하거나 최소화하게 하는 깊이 가중치 요소와 같이 수렴은 예술적 또는 심미적 이유로 다소 강하게 할 수 있다. 강한 수렴은 관찰된 체적을 왜곡하고, 더 형태가 있고 둥근 외관의 체적을 만들어 주며, 그렇게 함으로써 인물의 공감적인 측면을 강화한다. 하지만 정육면체를 촬영할 때는 수렴이 다른 문제를 발생시킬 수 있다.

수렴 계산 공식:

```
C = arctangent (IOD/Z0)
```

참고

수렴 각은 도(degree)로 표시한다. 2대의 카메라는 이 각도의 절반에서 대칭적으로 안쪽으로 회전해야 한다.

계산 예시. 위의 표 값을 사용하여, 다음을 얻는다:

```
MAOFD(m) = 0.0000528 (또는 52.8 micron)
IOD(m) = (0.0000528/0.005) × (5.0 × 1.8)/(5.0 - 1.8) = 0.0297 (또는29.7 mm)
```

예술적 이유로 장면에 대해 깊이 효과를 90%까지 줄이기로 결정하면 수렴 각을 계산하기 전에 IOD 값을 10% 줄인다:

```
참 IOD = IOD × PR – 26.7 mm
Z0 = 2 m
C(도) = arctangent (0.0267/2.0) – 0.7649° (또는 0°46″)
```

각과 수렴 거리 간의 연관성

각과 수렴 거리를 연결하는 삼각관계는 매우 비선형이기 때문에 이 각이 아주 정확하게 결정되어야 한다. 아래 표는 이러한 비선형성을 잘 보여준다.

IOD = 65 mm에 대한 수렴

거리(미터)	각(도)
0.3	12.2251
1.0	3.7189
2.0	1.8614
3.0	1.2412
5.0	0.7448
10.0	0.3724
20.0	0.1862
30.0	0.1241
50.0	0.0745
100.0	0.0372
1000.0	0.0037

스테레오스코픽 계산기

스페레오그래퍼는 컴퓨터의 도움 없이는 절대 위의 계산을 하지 않는다. PC, Windows CE, iPhone, Android 등과 같은 모든 가능한 플랫폼에서의 계산 과정을 간소화하기 위한 애플리케이션이 많이 있다. 가능한 장치 또는 휴대폰에 가장 적절한 애플리케이션을 선택 한다.

실전에서

스테레오스코피를 조정하는 것은 영화 촬영 팀의 일상적 관행의 한 단계이며 반드시 첫 번째에 필요한 단계는 아니다. 일반적인 2D 촬영에서처럼 세트, 인물, 카메라, 조명 설정 단계부터 시작한다. 그리고 적어도 대략적으로는 원하는 프레이밍에 도달하도록 초점 거리를 조절한다. 다음 전경과 배경 거리를 확인하고 마지막으로 경험이나 3D 계산기를 활용하여 축간격과 수렴 세팅을 하도록 한다.

병렬 카메라를 가지고 촬영하는 경우, 축간격을 설정한 후에 배경을 원하는 깊이 범위로 가져오기 위해서는 제어 모니터에서 HIT(이미지의 수평 오프셋)를 조절한다. 배경

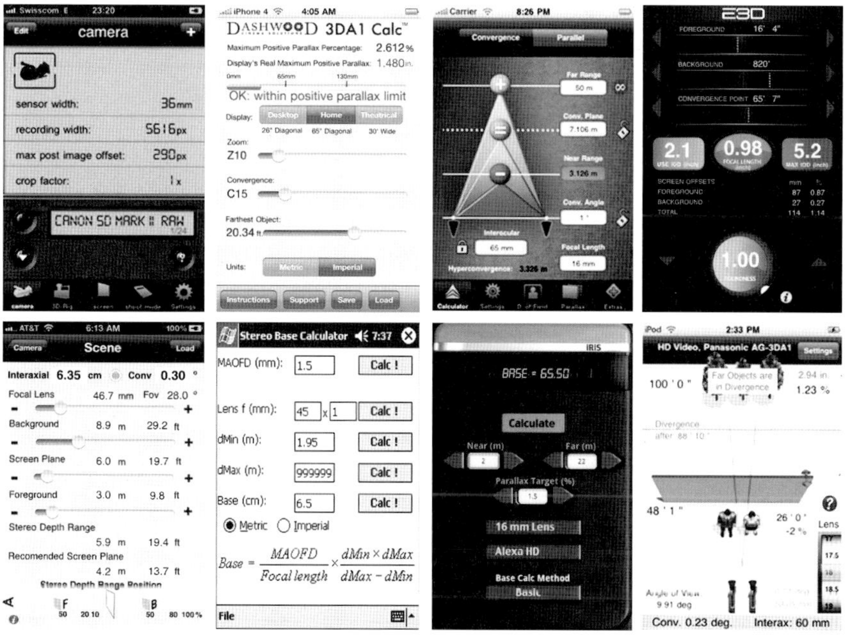

그림 03-27 휴대폰용 3D 계산기의 예. 일부는 촬영동안의 과정에 대한 매개 변수를 기록한다. 다른 일부는 “손뼉치는 소리” 기능을 추가한다(iPhone과 같은 태블릿에 알맞음). 가격은 제공된 기능에 따라 무료에서 100불 이상까지 다양하다.

이 멀리 있는 상태에서 장면의 일부가 스크린 평면에 도달하거나 더 근접하면 HIT는 배경을 무한대로 밀어낼 것이다(HIT = Pmax). 전체 장면이 가까이 있는 경우에 장면의 가장 먼 평면은 전환 이전에는 스크린에 도달하지도 못한다. 이 경우 HIT는 최대 양의 시차 값보다 훨씬 크게 될 것이다(HIT〉Pmax). 물론, 필요이상으로 장면을 뒤로 밀지 않도록 주의를 기울어야 하며 배경에 대한 양의 시차가 Pmax를 초과하지 않도록 확인해야 한다. HIT가 큰 프레임 크롭(frame crop)이 요구될 수 있으므로 예상보다 더 큰 프레임 크롭이 발생하지 않도록 주의해야 한다. 후편집에서 활용하기 위해서는 제어 모니터에서 사용된 HIT 값을 잊지 말아야 한다.

교차식(앵글) 카메라를 가지고 촬영하는 경우, 축간격을 설정한 후 배경 시차가 최대 허용 값에 도달하는 지점까지 수렴각을 점차 증가시키면서 제어 스크린에서 배경에 대한 양의 시차를 테스트해야 한다. 이 순간부터 주의해야 한다. 왜냐하면 어떤 축간격 감소이던 최대 양의 시차는 “폭발적으로 증가”하게 되고 이러한 양의 시차를 계속 제어하기 위해서는 수렴을 줄여야 하기 때문이다.

두 경우 모두 결국 전경에 대한 음의 시차가 시차 예산(parallax budget)으로 설정된 한도를 초과하지 않도록 해야 한다. 예를 들어, 최대 총 시차의 3% 이내로 유지하기로 결정하였는데 이미 0.5% 양의 시차를 사용했다면, 스크린 이탈 현상 없이 사용하는 할 수 있는 것은 2.5%가 남게 되는 것이다. 제어 모니터가 이 값을 초과했다는 것이 나타나면 더 낮은 축간격으로 이 절차를 다시 반복해야 한다.

처음의 이와 같은 한 차례 조정 이후, 그 다음은 3D의 미세한 확인을 위해 촬영 장소 근처에 설치해놓은 대형 디스플레이 스크린으로 이동한다. 대형 스크린에서만 장면의 시각적 세부 사항을 확인할 수 있다. 깊이 총량(budget), 인물의 둥근 정도(roundness), 배경 거리, 윈도우 위반, 전경 조명 등과 같은 전반적인 기술적, 예술적 요구 사항에 대한 모든 것을 확인해야 한다. 물론, 무언가 잘못된 경우 리그의 위치나 설정을 조절하고 그 결과를 큰 스크린에서 다시 확인한다.

방송을 위한 시차 총량(parallax budget)

3D TV를 위한 3D 촬영은 아직 초창기이다. 따라서 모든 TV 방송국이 확고히 받아들이는 규칙은 실제로 많지 않다. 지금까지 공개된 몇몇 규칙 중 고려할 가치가 있는 것이 있다. 콘텐츠 공급자에 대한 영국 채널 Sky 3D의 권고 사항을 살펴보자.

양의 시차에 대한 촬영(스크린 뒤쪽에 나타나는 장면)의 대부분은 2%를 초과하지 않도록 해야 한다. 가까운 지점에서의 음의 시차(스크린을 벗어나는 장면)는 주의해서 사용해야 하며 1%를 초과하지 않도록 해야 한다. 이러한 지침은 편안한 스테레오스코픽 텔레비전 프로를 제공하기 위한 것이며 그래픽 콘텐츠나 단기적 시각 효과와 같은 특정한 편집의 필요성을 위해서는 이 값이 초과될 수 있다. 그러한 경우는 4% 양의 시차, 2.5% 음의 시차로 제한되어야 한다.

축간 거리와 수렴의 역동적 조절

이와 같은 리그의 두 가지 기본 설정이 촬영 동안 변경될 수 있다. 사실 이것은 주로 라이브 촬영 때 발생하며 수렴만이 주로 사용된다. 게다가, 오프라인 편집시 HIT를 적용하여 이미지를 재수렴하는 것이 가능하다. 카메라맨을 도와주는 컨버전스 풀러(convergence puller)는 미리 설정된 한계 사이에서 점진적으로 (그리고 가급적이면 기계 작동 잠금(mechanical lock)을 통해) 수렴을 수정한다. 일부 최고급 리그의 경우에는 한 명의 보조자가 포커스 풀러(focus puller)와 컨버전스 풀러의 역할을 동시에 수행할 수 있도록 하여 초점과 수렴의 동기화가 가능하나.

액션이 멀어지거나 매우 근접하는 경우에도 양안 거리 조절과 줌(zooming)이 동시에 이루어질 수 있다. 이러한 역동적인 트래킹(tracking)은 장면의 외관상 크기를 수정해야 하기 때문에 일반적인 것이 아니다. 그러나 이러한 상황이 골프와 같은 일부 야외 스포츠 경기를 따라갈 때 발생할 수 있다. 날아가는 골프공을 추적하는 것은 섬세한 동작이며 3D의 경우 전문가만이 시도를 하게 된다. 그러나 그들에게는 다행히도 진로 중간에 공을 추적하는 것이 일반적으로 하늘 배경 아니면 멀리 있는 수평선을 배경으로, 깊이를 거의 또는 전혀 지각할 수 없는 때에 이루어진다. 컨버전스 풀러는 카메라맨이 공의 궤적을 따라가는 동안 리그 설정을 변경한다. 장면이 다시 일부 깊이를 포함하면 조합된 축간격과 줌 변경을 끝낸다. 관객의 깊이 지각에 관한 모든 것이 순조롭게 진행된다.

리그 설치 및 조절

3D 리그, 특히 미러 리그는 복잡한 기계 조립 부품이며 촬영 세트에 일단 설치되면 세심한 조절이 필요하다. 엔진이 달린 리그는 줌을 포함하여 선택될 수 있는 다양한 렌즈에 대한 설정을 저장할 수 있는 다소 복잡한 전자 제어 장치와 함께 제공된다. 리그는 자동으로 축간격과 수렴을 연동한다. 이러한 모든 자동 기능은 귀중한 시간을 절약하게 하여준다. 전자적으로 제어되는 리그는 또한 각 프레임에 대한 모든 설정을 저장하고 이를 후반작업으로 전달하는 장점을 가진다. 따라서 후반작업에서의 특수 효과 설정을 대단히 용이하게 한다. 그러나 자동화가 되건 안 되건 간에 조절과 수시로 조절 상태를 확인하는 것은 필수적인 작업이다.

렌즈, 거울, 제어 모니터, 모든 배선을 실시한 후 리그의 움직임이 자연스럽게 모두 가능한지 확인해야 한다. 만일 액추에이터(actuator)가 잘못된 방향으로 작동하면 2개의 비싼 렌즈가 충돌하여 회복할 수 없는 경제적으로 손실이 야기될 수 있다. 이러한 사전 대책을 강구하면서 조절 단계로 넘어간다. 조절은 컴퓨터를 활용하여 확인할 수 있지만 왼쪽과 오른쪽 이미지의 시각적 비교를 바탕으로 시각적으로도 할 수 있다. 따라서 한 이미지가 다른 하나의 이미지 위에 있는 두 이미지를 보여주기 위해 반투명 모드로 제어 모니터를 사용한다.

두 가지 조절 기술

무한대 또는 근접해 있는 두 개의 목표물이 리그를 조절하기 위해 사용할 수 있다. 원칙적으로 무한대에 있는 목표물을 사용하는 첫 번째 방법이 정밀성 때문에 선호되지만 매우 멀리 떨어져 있는 배경을 필요로 하기 때문에 항상 이용될 수는 없다.

무한대의 목표물

이 첫 번째 방법이 매우 정확할 수 있지만 야외에서 선명한 시야를 확보해야 한다. 가급적이면 수직으로 좁은, 적어도 200미터 거리(65 mm 축간격으로 1도에 대해 약 1/100의 최대 오차를 보장하기 위해 필요한 거리)에 위치한 지표를 선택한다. 하늘을 배경으로 한 전신주는 완벽한 목표를 제공한다. 미러 리그의 경우, 우선 축간격을 0으로 설정하고 나서 두 이미지가 제어 모니터 중앙에서 완벽하게 중복될 때까지 두 카메라를 조정한다. 병렬 리그의 경우도 절차는 동일하다. 이때 수렴은 0이지만 축간격은 오류를 줄이기 위해 최소에 설정한다. 축간격이 65mm 이하로 떨어지지 않는 경우 목표까지의 거리는 비례하여 증가해야 한다.

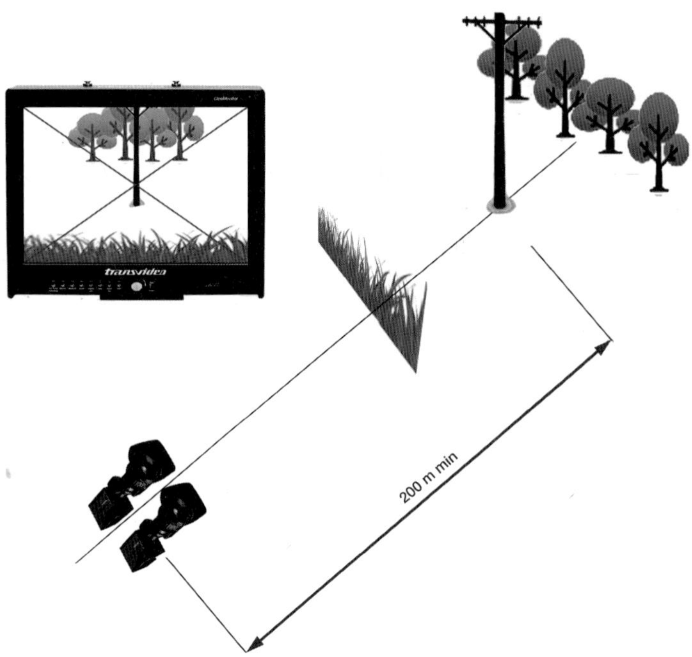

그림 03-28 무한대의 목표물을 이용한 리그 조절

근거리 목표물

미러 리그의 경우, 세트의 가장 먼 끝 위치에 중앙 부분에 검정 수직선(예를 들어 청 테이프 조각) 이 있는 흰색 목표물을 놓는다. 다음, 리그와 흰색 목표물의 중간 정도 위치에 수직 액세서리 스탠드를 위치시킨다. 그리고 축간격과 수렴 설정을 0으로 하고 두 수직선이 제어 모니터 중앙에서 정확히 겹치도록 수직선을 조절한다.

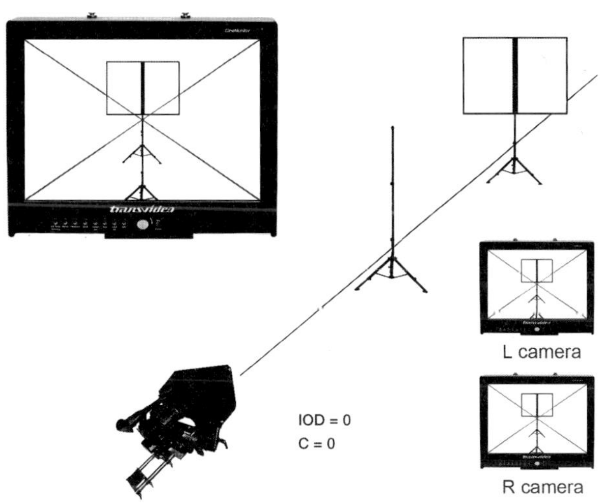

그림 03-29 2개의 근거리 목표물을 이용한 리그 조절

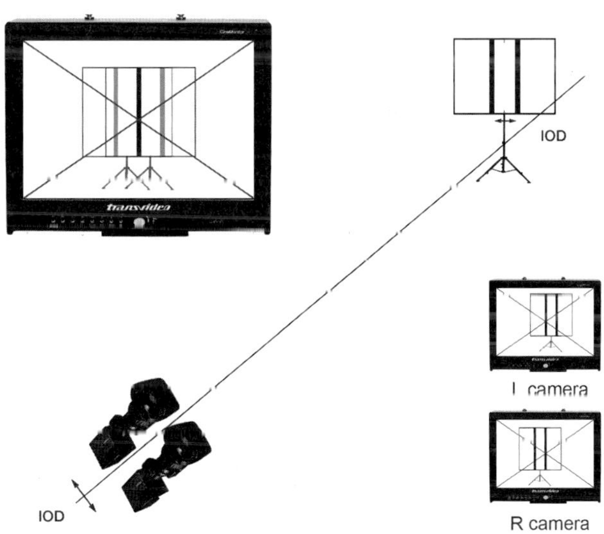

그림 03-30 이중 밴드 목표물을 이용한 병렬 리그 조절(수렴 없음). 두 검정 줄무늬 간의 간격은 축간격과 동일하다.

병렬 리그의 경우, 정확하게 축간격(예를 들어 100 mm)으로 분리된 2개의 수직 검정 줄무늬가 있는 직사각형 흰색 표지판을 만든다. 오른쪽 카메라를 가리고 표지판의 왼쪽 줄무늬가 십자선 중앙에 있는 스크린의 중앙에 오도록 모니터의 왼쪽 이미지를 조절한다. 그리고 축간격이나 왼쪽 카메라(교대로 가려야 함)에 대한 축간격을 건드리지 않고 오른쪽 줄무늬 역시 스크린의 중앙에 오도록 오른쪽 이미지를 조절한다. 두 이미지가 반투명 모드에서 표시되었을 때 모니터는 3개의 검정 줄무늬를 표시한다. 중앙의 줄무늬는 2개의 겹쳐진 줄무늬로 구성되어 있기 때문에 더 어둡게 나타난다.

리그 조절 소프트웨어

Stereo3D CAT

리그를 세팅하기 위해서는 제작된 이미지를 분석할 수 있는 뛰어난 능력과 세부 사항에 대한 꼼꼼한 주의, 정밀성이 요구된다. 이러한 기능은 인간보다 컴퓨터가 더 일반적이다. 이것이 Dashwood Cinema Solutions(www.dashwood3d.com)가 리그 세팅 전용 소프트웨어를 제공하는 이유이다. "Stereo3D CAT(Calibration and Analysis Tool)" 라고 불리는 이 프로그램은 특수 조절 패턴과 결합되어 있다. 첫 번째 단계에서, 컴퓨터 스크린의 슬라이더(slider)는 실시간 설정 조절에 반응한다. 커서를 녹색으로 칠해진 허용 지역으로 가져오기 위해 회전, 줌, 수직 오프셋 등을 연속적으로 조정한다. 정렬 조절의 정확도는 한 픽셀의 1/100만큼 미세하다. 두 번째 보조 조절 단계는 반자동

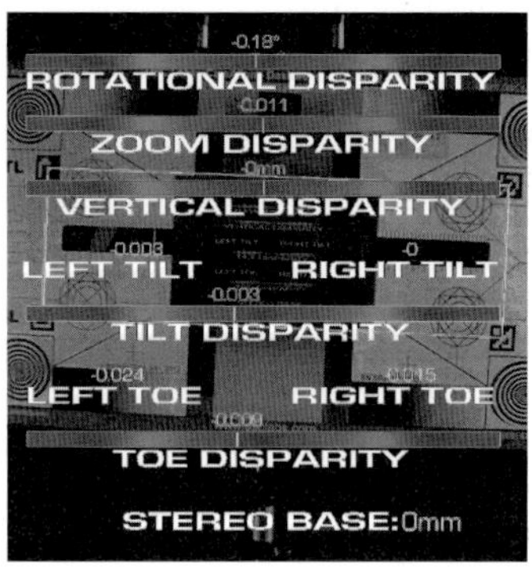

그림 03-31 Stereo3D CAT 시차 마커는 조절하는 동안 리그를 통해 본 (여기에서 매우 어두운) 조절 패턴 보드(구멍이 있음) 시야의 상단에 표시된다.
© Dashwood Cinema Solutions

시차 인스펙터(inspector)이다. 조절 패턴 보드는 배경을 보기 위한 직사각형 구멍이 있다. 수렴이 조절 목표에 설정되고 축간격이 적절한 값으로 설정되면 소프트웨어는 빈 구역에서 양의 시차를 측정하고 미리 설정된 최대 값과 그 시차를 비교한다.

리그 세팅은 메타데이터로 저장되지만 Stereo3D CAT에 연결된 iPad 태블릿에 전송하여 테스트 패턴 보드 전면에 위치시킬 수도 있다. 그러한 메타데이터는 이미지에 포함되어 있으며 후반작업으로의 전송이 보장된다. Stereo3D CAT는 Mac OS X 애플리케이션이다.

그림 03-32 Stereo3D CAT 깊이 분석기는 양의 시차를 녹색으로, 음의 시차를 빨간색으로 보여준다.
© Dashwood Cinema Solutions

Disparity Tagger와 Disparity Killer

Binocle(프랑스, www.binocle.com)은 모터로 구동되는 3D 리그를 제조할 뿐 아니라 Disparity Tagger와 Disparity Killer 소프트웨어를 판매하고 대여한다.

Disparity Tagger는 리그로부터의 3D 이미지를 표시할 뿐 아니라 다양한 시가화 모드를 제공하며 스테레오스코픽 쌍과 그들의 차이를 실시간으로 분석한다. 이것은 또한 무대의 깊이 히스토그램 뿐만 아니라 무엇보다도 영사실에서 가장 유용한 깊이 히스토그램를 계산하고 표시한다.

Disparity Tagger는 사용자 감수가 필요 없다. 소프트웨어는 실시간으로 리그 정렬의 품질을 진단하고 목표 스크린 크기에 따른 입체허용 공간을 제시하여 준다. 이 소프트웨어의 제어 스크린은 이해하기 쉬운 색상 코드를 이용하여 다양한 이미지 요소에 대한 깊이를 나타낸다. 스크린 평면 뒤는 따듯한 색이고 스크린 앞은 차가운 색이다. 따라서 사용자는 깊이감이 초과된 상태뿐만 아니라 깊이감이 초과된 정확한 위치까지도 알 수 있다.

Disparity Killer는 Disparity Tagger의 향상된 버전이며 진단과 조절뿐 아니라 수직 불균형과 키스톤(keystone)에 대한 실시간 수정 기능을 제공한다. 이것은 원치 않는 시차를 상쇄하기 위해 모터가 달린 리그를 직접 제어한다.

그림 03-33 Disparity Tagger 의 시차 표시와 경고 화면. 화면 중앙의 대화 상자는 목표 프로젝션 스크린의 크기와 깊이 총량의 한계를 소프트웨어에게 통지하도록 되어 있다.
© Binocle.com

러시 확인(Rushes Check)

스테레오스코피의 십계명 " 당신의 3D 촬영을 3D 스크린에서 항상 확인하라"는 촬영 로케이션에서 가능하면 빨리 실행되어야 한다. 6장에서는 카메라 수준에서 이미지를 제어하기 위한 다양한 기존의 해결책을 설명할 것이다. 그러나 3D는 대형 스크린에서의 엄격한 확인이 필요한 까다로운 예술이다. 촬영 장소 근처에 상영실을 설치하는 것은 사치가 아니라 필수이다. 극장 영사를 마음에 두고 영상을 촬영한 경우 제어 스크린은 조절/수렴의 충돌을 피할 수 있을 만큼 커야한다. 최소 3미터 와이드 스크린을 준비하여야 한다.

간편한 해결책은 야외 촬영 중에도 현장에 설치할 수 있는 디러싱(derushing), 복사, 백업 워크스테이션을 갖춘 이동식 감상실을 제공하는 것이다.

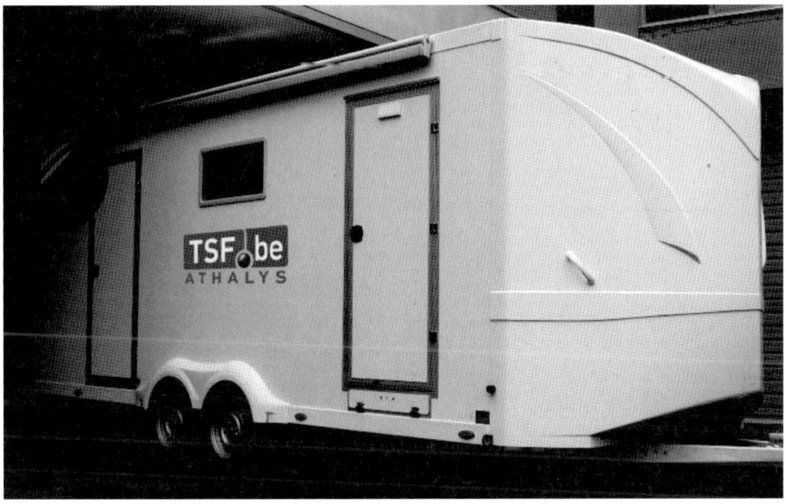

그림 03-34 TSF.BE의 TSF.BE VisioTruck. 여기에서 영화 "*Asterix and Obelix: God save Brittania*"가 로케이션 중에 사전 점검되었다.
©TSF.be

실시간 3D 워크플로우

라이브 이벤트 촬영은 최고 수준의 육상 경기에서의 성과에 필적한다. 전문적인 수준에 도달하려면 빠른 반사 신경, 인내, 정밀성이 요구된다. 우리가 알다시피 라이브 제작은 관여된 모든 사람들에게 스트레스가 많은 일이다. 고품질 3D 제작을 위한 많은 기술적 제약은 더욱 그 현상을 증폭시킨다. 다행히도 현재는 제작팀의 가장 복잡한 작업을 덜어 주기 위해 필요한 장비를 시장에서 구할 수 있다. 여기에서 스포츠 경기에 대한 일반적인 3D 촬영 워크플로우를 설명하겠지만 물론 수 십 가지의 변형이 가능하다. 즉 워크플로우는 다루는 경기 유형, 사용 가능한 장비, 재원, 제작팀의 규모에 따라 다르다.

예로써 주요 방송 네트워크를 이용한 텔레비전 축구 게임의 실황 방송을 생각해 보자. 이 이벤트에는 아마도 이미 HD 제작팀이 합류되어 있을 것이며, "OB Van(중계차)"이라고 불리는 특수한 3D 전용의 이동 스튜디오가 특정 팀과 장비를 갖추고 촬영 현장에 있게 될 것이다.

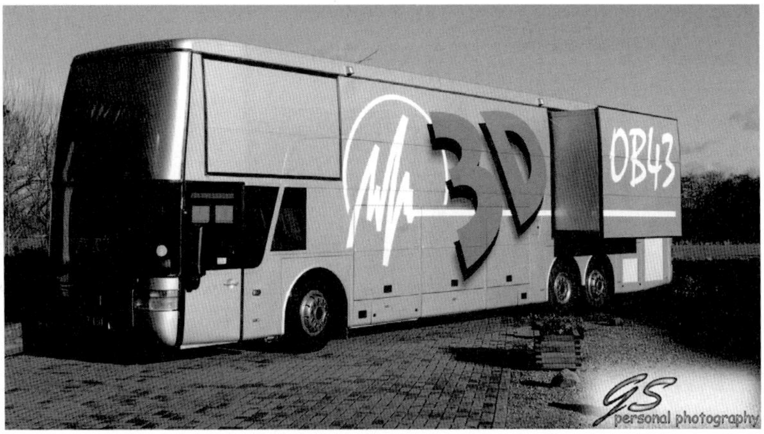

그림 03-35 OB43. Alfacam(벨기에)의 이동식 3D 라이브 제작 스튜디오.
© Gerrit Steensens

2D 카메라의 경우 그러한 경기를 다루기 위한 일반적인 설치는 20대까지의 카메라로 구성된다. 3D의 경우, 장비의 부족과 비용은 카메라의 수를 9개까지 줄이기 위해 더 긴 롱 테이크(long take)를 방송하려는 욕구와 결합되어 있다. 스테레오스코피는 클로즈업을 더 좋아하고 줌을 싫어한다. 따라서 대부분의 3D 카메라는 테이크를 지속하는 동안 또는 심지어 전체 경기 동안 카메라의 초점 거리를 고정으로 유지할 수 있을 것이다. 경기장에서 가장 가까운 곳에 TRAV 라고 표시된 카메라는 촬영 영역과의 거리를 가능한 짧게 유지할 수 있도록 하기위해 이동 수레에 장착된다(아래 도표 참조). 클로즈업을 촬영하지 않아도 되는 카메라는 미러 리그가 필요 없으며 때때로 광축 간격을 조정할 수 있는 병렬식으로 고정된다. 300 mm까지 가능한 축간격은 긴 초점으로 필드의 맞은편을 촬영할 때도 만족스러운 깊이 범위를 제공할 것이다.

라이브 촬영의 경우 신뢰성이 가장 중요하다. 그것이 미러 리그의 사용을 줄이고 가능할 때마다 고정 또는 조절 가능한 병렬 리그를 사용하는 이유이다. 왜냐하면 병렬 리그는 언제나 더 튼튼하고 설정을 지속하지 못할 가능성이 적은 반면, 미러 리그는 깨지기 쉽고, 고가이며 상대적으로 빨리 더러워지기 때문이다. 당연히 경기가 진행되는 동안 촬영자가 선수들에게 두 번째 테이크를 요청할 수 없는 것이다! 미러 리그의 사용을 피함으로써 비용과 불필요한 복잡성을 줄이고 더 밝은 촬영을 할 수 있음에 따라 피사계의 깊이감을 더 얻을 수 있다. 또 다른 이점은 촬영할 때 제작팀이 항상 모든 매개 변수를 제어할 수 없는 상황이라는 점이다.

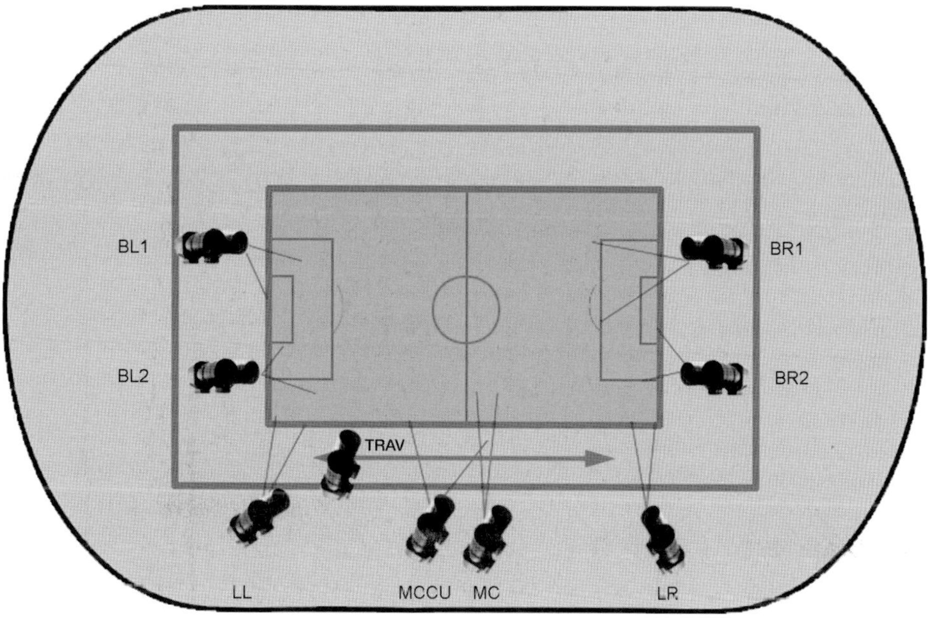

3D 카메라 (IOD = 0 to 100 mm): BL1, BL2, BR1, BR2, MCCU, TRAV)
3D 카메라 (IOD = 65 to 300 mm) : LL, MC, LR

그림 03-36 경기장 주변에 설치된 9대 카메라의 예 : TRAV 카메라는 이동 수레에 설치된다. 메인 카메라는 2대 : MC(큰 IOD, 원거리 촬영) 와 MCCU(미러 리그, 더 짧은 IOD, 클로즈업 가능)

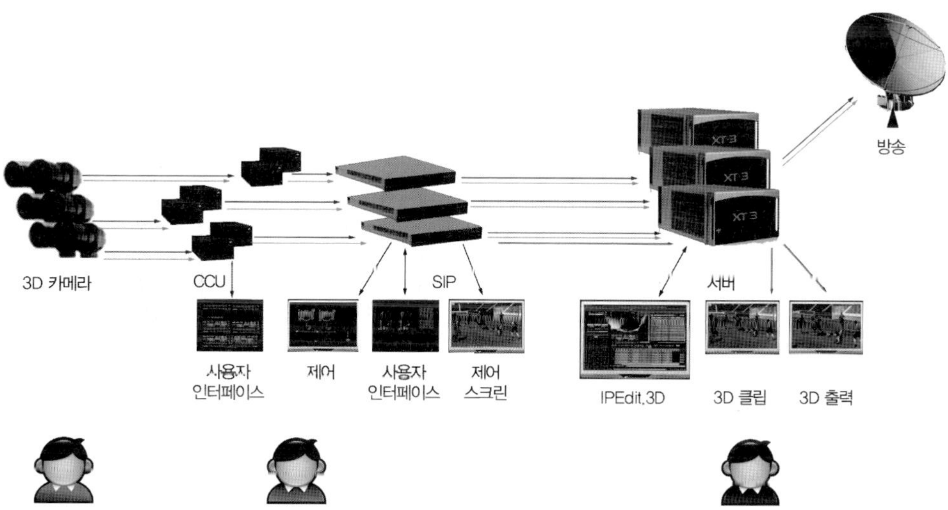

그림 03-37 스포츠 경기 생방송 워크플로우의 예. 카메라의 수, 편집 복잡성, 출력 텔레비전 방송 프로그램(output feed)의 수에 따라 3군데 제작 장소는 한명 이상의 사람으로 충원된다. 큰 시합에서는 10대에서 20대의 카메라 리그, 6개의 슬로 모션/리플레이 서버, 20명의 팀원을 보게 될 것이다. 음향은 일반적으로 독자적으로 처리된다(여기에는 표시하지 않음).

여기에 소개된 다소 단순화된 워크플로에서는 일반적으로 중계차에 위치하고 있고 2개의 HD-SDI 케이블, 1개의 3G-SDI 케이블, 또는 광섬유를 통해 3D 리그에 연결된 카메라 제어 장치(CCU, camera control unit)를 볼 수 있다. 최대한 자주 CCU는 함께 결합되며 따라서 항상 동기화된 명령을 받고, 두 카메라 간의 매개 변수 불균형을 자동적으로 제거한다. CCU 제어 스크린 상의 이미지는 카메라맨의 작업을 용이하게 하기 위해 일반적으로 광섬유의 반환 경로를 통해 카메라에서 재현된다. 이 반환 경로는 또한 감독과 스테레오그래퍼가 카메라맨과 통신할 수 있도록 해주는 인터컴(intercom) 신호를 포함하고 있다.

스포츠 방송에서와 같은 실시간 제작의 경우 후반작업에서 콘텐츠를 수동적으로 정정할 수 없다는 것은 분명하다. 현장에서 즉시 수정하지 않은 스트림은 오류를 초래하고 전체 제작 품질을 낮추게 될 것이다. 따라서 카메라, 3D 리그, SIP(Stereo Image Processor), 중계차 또는 스튜디오의 엑시트 스트림(exit stream) 까지의 전체 3D 계통을 조절하는 것이 필수적이다. 3D 제어 스크린은 따라서 모든 제작 단계에서 매우 중요하다.

원칙적으로 SIP 프로세서는 실시간으로 이미지를 조정하는데 사용된다. 그 예가 Sony MPE-200, Advanced 3D System(www.advanced3dsystem.com)의 Stereographer's Wizard, Miranda Density 3DX-3901이다. 이들 프로세서의 능력은 매우 빠르게 진화하고 있으며 프로세서들은 최소한의 인간의 개입으로 거의 완벽하게 일치하는 3D 스트림을 제공할 수 있다.

그림 03-38

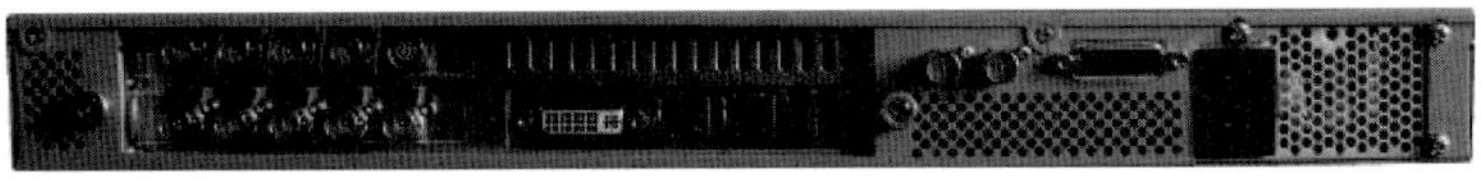

그림 03-39 Advanced 3D Systems의 Stereographer's Wizard SIP의 전면과 후면
© advanced3dwywtems.com

SIP가 수정할 수 있는 가장 일반적인 실수는 카메라의 수직, 회전, 줌 정렬 불량뿐 아니

라 컬러 매칭의 차이이다. SIP는 카메라가 내부적으로 할 수 없는 경우 카메라 중 하나의 이미지를 뒤집는데 사용할 수 있다. SIP는 일반적으로 스테레오그래퍼가 촬영 현장에 설치되어 있는 이동 스튜디오 내부에서 직접 3D 이미지를 확인할 수 있도록 DVI, DHMI 1.4 또는 사이드 바이 사이드 이미지 기능이 있는 HD-SDI 출력을 갖추고 있다.

스테레오그래퍼는 때때로 결합되어 있는 3 개의 스크린으로 인해 모든 유용한 정보에 접근할 수 있다. 즉:

- 스테레오그래퍼가 모니터하고 있는 SIP를 제어하고 설정하기 위한 키보드와 마우스 또는 터치스크린이 있는 사용자 인터페이스
- 수평 시차와 왼쪽 및 오른쪽의 양쪽 이미지의 색상 균형을 미세 조정하기 위한 기술 매개 변수와 적어도 하나의 "벡터스코프(vectorscope)" 윈도우가 있는 제어 스크린
- 대형 풀 HD 3D 제어 스크린(50인치-65인치)

다른 오류는 자동으로 수정되지 않는다. 따라서 스테레오그래퍼의 역할이 중요하다. 미러 리그 또는 SIP의 부정확한 조절 아니면 초기의 양호한 매개 변수들 중 하나의 변화는 때때로 SIP 설정 변경을 통해 직접 수정할 수 있다. 문제가 중계차나 스튜디오에서 해결되지 않는다면, 스테레오그래퍼는 수렴이나 축간격, 반사 방지 선바이저의 위치, 또는 3D 리그의 수많은 설정 중 하나를 변경하라고 카메라맨에게 지시할 것이다.

그리고 나서 3D 비디오 스트림은 모든 중계차에서 다시보기를 위해 사용되는 EVS (www.evs.tv) 슬로 모션 서버의 3D 버전인 하나(또는 그 이상, 카메라 수에 따라 다름)의 EVS XT[3] 스트리밍 서버를 통과한다. 이들 서버는 파일 보관을 위해서 뿐 아니라 슬로모션이나 또 다른 시점에서 중요한 동작을 다시 보여주기 위한 다시보기처럼 제작 현장에서의 직접적인 재사용을 위해 통과하는 모든 수신 스트림을 저장한다. 모든 카메라 시야가 서버에 저장되기 때문에 중간 휴식 시간이나 경기 끝 부분에 주요 게임 장면의 요약을 다시보기용으로 준비하는 것이 용이하다. XT[3]는 조작자나 편집자가 단일 HD 피드를 편집할 때 했던 것처럼 쉽게 3D 비디오 스트림을 편집할 수 있도록, 2개의 HD 채널을 단일 3D 채널처럼 처리하도록 구성되어 있다. 출력에서 서버는 사람들이 선호하는 대로 프레임 호환 가능한 비디오 스트림 또는 왼쪽과 오른쪽 시야에 대한 2개의 동기화된 풀 HD 스트림을 생성한다.

이동 스튜디오에서 편집하는 것은 더 이상 일부 간단한 시점 전환 기능 정도만 담당하던 것에 한정되지 않는다. 감독은 방송될 소스를 계속 선택하지만, 슬로 모션 서버 조작자는 단순한 재생 목록 관리 소프트웨어보다 한층 더 정교한 편집 소프트웨어를 사용하면서 점점 더 빈번하게 진정한 편집자의 기능을 맡게 된다. 위의 도표에서 편집자는 온 더 플라이(on-the-fly) 편집을 위해 EVS의 [IP] Edit 실시간 편집 소프트웨어를 사용한다. [IP] Edit은 Final Cut 같은 기성 비디오 편집기처럼 보인다. 하지만 이 소프트웨어는 컴퓨터에 저장된 파일로부터가 아닌 카메라에서 들어오는 스트림으로부터 비디오 클립을 선택할 수 있다. 편집자는 필요한 경우 슬로 모션을 준비하고, 서로 다른 각도를 포함한 동작 다시보기 재생 목록을 준비하고, 장면 전환 및 미리 녹화된 클립을 추가할 수 있다. 그런 다음 버튼을 눌러 조작자는 재생 목록을 실행한다. 이 재생 목록은 직접 방송 된다. 스테레오그래퍼처럼 편집자는 3 가지 유형의 스크린을 가지고 작업한다.

- 표준 시각표와 클립 저장소를 가지고 비디오를 편집을 위한 키보드와 마우스 또는 터치스크린이 있는 사용자 인터페이스
- 편집 중 클립을 확인하기 위한 제어 스크린
- 최종 편집을 확인하기 위한 더 큰 풀 HD 3D 제어 스크린

그림 03-40 Inside Alfacam의 OB43 3D 이동 스튜디오
© Gerrit Steensens

실시간 편집 소프트웨어는 국부적으로 저장된 클립에는 작용하지 않는다. 그러나 수신 비디오 스트림과 수신 및 송출 스트림, 지역 Ethernet 네트워크에 의해 연결된 다른 비디오 서버에서 온 또는 서버에 저장된 클립에는 직접적으로 작용한다. 2개의 3D 제어 스크린은 제작 서버의 출력에 직접 연결되어 있다.

3D CGI와 스테레오스코픽 3D

CGI(Computer Generated Imagery)는 완벽한 스테레오스코픽 이미지 쌍을 만들 수 있는 가장 쉬운 방법이다. 가상 카메라는 당연히 항상 완벽하다. 기생 반사도 없고, 기계 정렬 결함도 없고, 서로 너무 근접한 렌즈 간의 충돌 위험 등도 없다. 유일한 단점은 가상 카메라가 촬영하고 있는 세계 또한 가상이라는 점이다.

비디오 게임 감독과 애니메이션 영화감독은 이러한 기술을 터득했고 3D 제작에서 요구되는 이중 렌더링(rendering)에 의해 도입된 복잡성은 실제 3D 리그를 가지고 실제 장면을 촬영할 때보다 극복하기가 더 쉽다. *Toy Story*와 *Up!*과 같은 영화는 전부 컴퓨터로 만들어진 3D CGI의 전형적인 사례이다.

가상 카메라와 리그

모든 CGI 소프트웨어는 3차원 공간에 배치되어 있고 그 공간을 관찰하는 가상 카메라를 사용한다. 기존 리그를 흉내 내는 가상 3D 리그를 만들기 위해 동일한 축간격, 동일한 수렴, 동일한 조리개를 갖는 카메라 2개를 짝짓는 것만큼 쉬운 것은 없다. 단지 기계적 결합만이 누락되었을 뿐이다! 가상 리그가 선호하는 수렴 방법은 이미지 센서의 측면 오프셋이다. 따라서 실제 수렴된 리그에서처럼 키스톤(사다리꼴 왜곡)이 없으며 그것은 후반 작업을 간소화한다.

소수점까지 감소하는 작은 크기 이외에 실제 카메라와 가상 카메라 간에는 차이가 있다. 가상 카메라는 실제 카메라가 가지고 있지 않는 2개의 "마법" 설정, 즉 "가까운 평면"(카메라에서부터 가장 가까운 가시 대상까지의 거리)과 "멀리 있는 평면"(카메라에서부터 가장 멀리 있는 가시 대상까지의 거리)을 갖고 있다. 하나는 가깝고 하나는 먼 2

개의 평면은 시축을 따라 있는 가시 영역을 정의한다. 실제 카메라는 해당 지역의 모든 대상을 보게 되지만 가상 카메라는 특정한 사전 설정 거리보다 더 가까운 대상을 무시하는 결정을 내릴 수 있다. 따라서 가상 리그의 카메라로부터의 축간격의 30배에 위치한 가까운 평면을 수동 또는 자동으로 생성하는 유혹에 응할 수 있다. 유명한 1/30 규칙은 자동적으로 준수된다. 카메라로부터 너무 가까워 방해가 되는 대상이 없으며 지나친 스크린 이탈 효과로 관객을 당황하게 만들지도 않는다. 반대로, 스테레오스코픽 계산기가 실제 촬영에서 하는 것처럼, 장면에서 측정된 가까운 그리고 멀리 있는 평면에 따라 축간격을 자동으로 계산하는 스크립트(script, 컴퓨터 명령 체계)도 만들 수 있다. 또한 스크린 평면을 재현하기 위해 세트에 Z0 평면을 추가할 수 있으며 그 Z0 평면 중앙에 수렴하도록 스테레오 카메라를 설정하기 위해 스크립트를 변경할 수도 있다. 고정된 카메라와 가변 축간격은 모두 매우 바람직하지 않은 전체 장면의 크기가 변화하는 인상을 주기 때문에 축간격 값을 불필요하게 살리지 않도록 주의하자.

3D 가상 카메라에 관한 웹사이트, 블로그, 토론방이 아주 많이 있다. 이들은 여러분이 좋아하는 CGI 소프트웨어 패키지 이름과 결합한 "CGI", "3D 스테레오 리그", "스크립트"와 같은 주요 단어 검색을 통해 쉽게 찾을 수 있다. Autodesk 3ds Max와 함께 나는 데이비드 쉘튼(davidshelton.de/blog)이 만든 3DHippie Stereocam 스크립트를 사용한다.

가상 이미지 렌더링

가상 이미지가 너무나 완벽해서 후반작업이 필요하지 않은 건 아니다. 사실, 그 반대가 사실인 경향이 있다. 이것은 렌더링 단계에서 고려되어야 한다.

- 이미지 크로핑(HIT)이 자주 사용된다. 따라서 필요한 것보다 조금 더 넓게 장면의 틀을 잡는다. 즉 2,048 픽셀 대신 2,200 픽셀로 틀을 잡아 이미지 크로핑을 고려한다. 추가된 폭은 크기에서 예상 최대 양의 시차의 약 두 배가 될 것이다.
- 깊이 지도 계산은 언제나 (보통 'Z-Buffer'의 이름하에) 렌더링 중 어느 시점에서 되기 때문에 왼쪽과 오른쪽 이미지를 평행하게 기록하는 걸 잊지 말아야 한다. 후반작업에서 나중에 수행되는 "Z 합성" 공정에서 이들이 필요하며 이것 때문에 렌더링 시간이 증가되지는 않는다.

Z 합성

실체 촬영 동안 수집된 매개 변수를 가지고 형성된 가상 장면은 원래 장면에 완벽하게 삽입될 수 있다. 이와 같은 방법으로 매우 사실적인 특수 효과가 만들어질 수 있다. 각 픽셀 깊이에 대한 지식은 실제 및 가상의 전경과 배경 대상이 완벽하게 어우러지도록 가상 대상을 정확한 거리에 삽입하는데 사용된다. 제임스 카메론의 *Avatar*는 이것의 완벽한 예이다. 실제 사람들을 녹색 배경을 배경으로 촬영되고, 윤곽을 드러내고, 그 후 완벽한 일관성을 가지고 가상 세계로 통합되었다.

거의 모든 고 예산 영화는 특수 효과 나아가 실제 이미지와 CGI 요소의 혼합으로 꽉 차 있다. 가장 눈에 띄는 예는 단순한 배경이다. 2D에서는 전체 장면 배경을 대체하기 위해 단순한 무광 그림으로 만족한다. 하지만 3D에서는 적어도 배경이 부분적으로 수십 미터 내에 있다면 또는 카메라가 움직이고 있다면, 지금은 자체의 세부적인 부피가 있는 풀 CGI 모델을 넣어야 한다. 따라서 실제와 가상 카메라를 일치시키고 Nuke 또는 Ocula 같은 전문 소프트웨어를 사용하여 장면을 합성할 때는 큰 주의를 기울어야 한다 (5장에서 이 주제를 더 상세히 다룰 것이다).

부분 투명성과 반사

창문용 판유리, 유리 문, 거울과 같은 반투명 물체는 3D에서 아주 신중하게 다루어져야 한다. 유리나 거울을 공간에 고정하기 위해서는 부분적으로 볼 수 있어야 한다. 우리의 뇌는 그러한 물체의 깊이를 찾아내기 위한 세부 사항이 필요하기 때문에, 균일한 투명성보다는 질감(즉, 수증기 대신 물방울) 아니면 유리나 거울에게 3D 공간에서의 정확한 위치를 줄 수 있는 몇 가지 부속물, 예를 들어 포스트잇, 스티커, 또는 커튼을 활용해야 한다. 주의하자! 유리 또는 거울에 의해 반사된 장면의 일부는 멀리 있는 평면보다 계산된 장면으로부터 더 멀리 있을 수 있다. 따라서 그들 장면에 대한 양의 시차가 너무 크지 않도록 해야 한다.

스테레오스코피는 적어도 수평 방향에서 2D 영화 다중 합성보다 10배 더 정확한 작업이 필요하다. 게다가, 한 대상의 깊이에 영향을 주는 것은 두 이미지 간의 수평 오프셋이다. 그러나 이미지 폭의 약 3%의 깊이 축량의 경우 장면의 깊이는 많아 봐야 수십 픽셀로 표시된다. 가상 인물의 다리를 실제 장면의 땅에 고정하기 위해, 또는 그 반대의 경우 한 픽셀의 1/20까지 장면을 조정해야 하는 것이 드문 일은 아니다.

녹색 스크린과 오버레이

녹색 스크린 촬영 - 가상 세트에 실제 장면을 삽입하기 위해 녹색 스크린을 배경으로 실사 장면을 촬영하는 방법 - 이 점점 더 보편화되고 있다. 녹색 배경은 자동 또는 반자동 도구를 사용하는 로토스코핑(rotoscoping) (또는 윤곽잡기)을 매우 쉽게 해준다. 로토스코핑이 자동이던 아니건 간에 방법은 동일하다. 각 인물의 윤곽은 일정 비율의 녹색을 포함하는 픽셀을 잡아냄으로서 감지된다. 이러한 감지의 미세 조정은 또 다른 인물 또는 세트 요소에서의 광원의 반사를 포함하는 광원의 위치와 방향에 의해 영향을 받는다. 부분 수동 로토스코핑의 경우 조작자는 다른 이미지에서 작업할 때 한 이미지에서 감지된 윤곽을 이용한다. 필요한 경우 측면으로 이동하고 윤곽을 살짝 조절하여 재사용하는 경향이 있다. 3D에서 두 시야간의 실루엣의 이동은 한 픽셀의 몇 분의 일이라도 깊이 변화로 해석될 수 있기 때문에 이러한 모든 작업은 아주 중요하다. 결과적으로, 각각의 로토스코핑 작업은 3D 스크린에서 조작자에 의해 주의 깊게 확인되어야 한다.

3D 장면에서의 로토스코핑과 키잉(keying)도 실시간으로 할 수 있으며 그 경우 전체 작업은 물론 자동으로 수행된다. 실제 3D 리그의 매개 변수는 렌더링 엔진이 세트를 해당 시점으로 렌더링 할 수 있도록 실시간으로 가상 카메라에 전송된다. 오버레이(overlay) 작업은 방송을 하기 바로 전의 마지막 단계에서 발생한다. 즉 그것은 일부 사진의 지연과 함께 발생한다.

그림 03-41 Panasonic AG3D-1A 카메라를 가지고 키잉을 수행하기 위한 녹색 스크린 촬영
© CRIG.be

3D에서 3D 확인

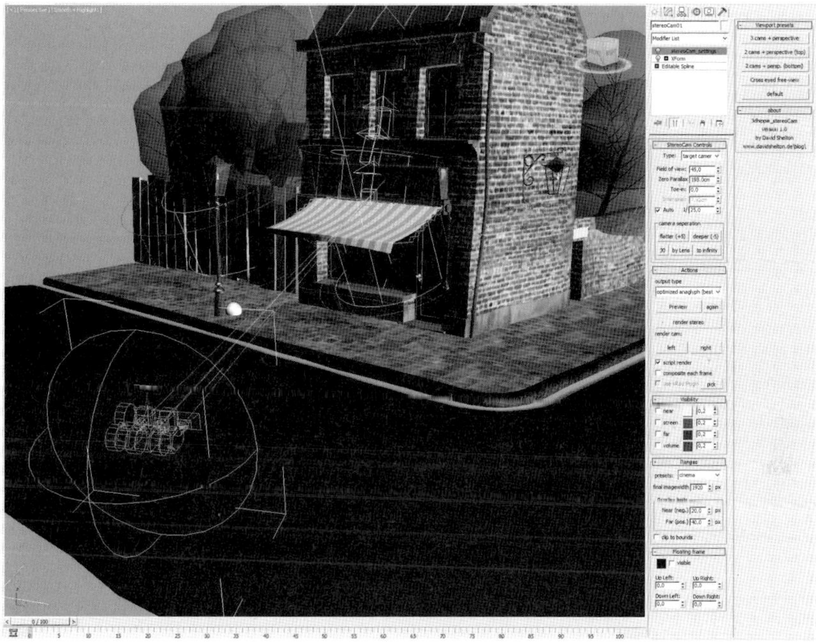

그림 03-42 가상 3D 리그를 이용한 3ds MAX 스크린
© L. Warnant

그림 03-43 렌더링 윈도우에서 적/청록 애너글리프로 표시된 동일한 장면
© Luc Warnant

실체 촬영에서처럼 가상 촬영도 충분히 큰 스크린에서 지속적으로 3D 결과를 모니터링 하는 작업을 수반하여야 한다. Maya와 같은 일부 프로그램들은 기본적으로 스테레오스코픽 뷰잉 윈도우(viewing window)를 제공하지만 3ds MAX의 경우는 그렇지 않다. 다행히 3ds MAX 사용자를 위한 Kostasoft(www.kostasoft.com)의 "3D Vision Viewer"라고 불리는 무료 플러그인(plug-in)이 있다. 이 소프트웨어는 다양한 3D 모드, 즉 애너글리프, 사이드 바이 사이드, 3D Vision, OpenGL 쿼드 버퍼(quad-buffer) 등에서 2차 모니터링 윈도우를 관리한다.

3D 프레젠테이션 소프트웨어

컴퓨터 슬라이드쇼 프레젠테이션은 요즘 아주 흔하며 Microsoft PowerPoint는 이 시장에서 가장 큰 부분을 차지하고 있다. 그러나 스테레오스코픽 3D 프레젠테이션을 준비하고자 할 때는 일이 그렇게 간단하지 않다.

True3Di(www.true3di.com)의 True3DPT는 완벽한 해결책을 제공하는 정말 몇 안 되는 소프트웨어 패키지 중 하나이다. 일반 PowerPoint 프레젠테이션을 가져온 다음, True3DPT는 2D 객체를 멀티미디어 프레젠테이션으로 삽입하도록 한다. 각 객체는 -10에서 +10까지의 임의로 정의된 범위에서 서로 다른 깊이 수준에서 있다. 따라서 제목, 텍스트, 이미지, 비디오는 똑같이 깊게 위치해 있는 배경 앞에 도출되도록 만들 수 있다. 3D 사진과 3D 비디오는 별도로 스테레오 쌍 또는 사이드 바이 사이드 포맷으로 삽입될 수 있다.

3차원 이동을 포함한 다양한 전환 효과가 가능하다. 따라서 크기나 색상 변경을 통해 텍스트를 강조하는 대신 텍스트를 스크린에서 튀어나오게 할 수 있다. 그리고 물론, 2D-3D 혼합 콘텐츠 프레젠테이션 동안 텍스트에서 3D 비디오로 전환하기 위해 프레젠테이션 소프트웨어와 Stereoscopic Player 사이를 더 이상 왔다 갔다 할 필요가 없다. 사용 가능한 3D 시각화 모드는 인터레이스(interlaced), 사이드 바이 사이드 (수동형 안경과 3DTV 또는 듀얼 스크린용), OpenGL Quad(능동형 안경용)이다.

또 다른 해결책은 동일한 이름의 능동형 안경을 제조하는 XpanD가 제공한다. 그것은 스테레오스코픽 기능을 추가한 MS PowerPoint 2010용 플러그인이다. 플러그인은

2D-3D 프레젠테이션 변환기(컨버터)와 3D 디스플레이 모듈(플레이어)의 두 부분으로 구성되어 있다. 그러나 이 소프트웨어는 상하 중첩된(위-아래) 디스플레이 모드를 활용한 디스플레이에 제한된다. 따라서 능동형 안경을 이용하는 3DTV나 영사기에서 사용할 수 있다. 3페이지로 제한된 무료 평가판은 XpanD's 웹사이트(www.xpand.me)에서 구할 수 있다.

그림 03-44

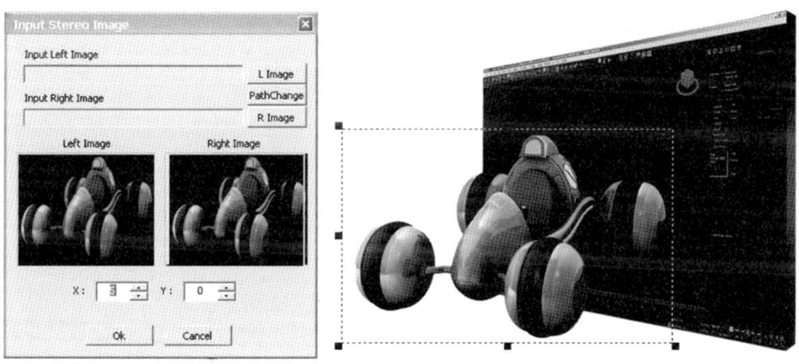

그림 03-45 True3DPT 소프트웨어는 프레젠테이션에 3D를 추가하는 MS PowerPoint의 대체 도구이다.
© True3Di

3D 사진술

정지 사진은 비디오와 쉽게 비교가 안 된다. 여기에는 두 가지의 서로 다른 예술이 있으며 둘의 스테레오스코픽 변형을 고려할 때 차이는 여전히 유지된다. 비디오에 대한 사진술의 큰 장점은 높은 이미지 품질이다. 완벽한 이미지는 비디오가 아니라 사진 이미지만이 될 수 있으며 그것은 3D 경우 더 사실이다. 그러나 불행히도 현 시대 디지털로의 전환은 품질을 다소 균일화하였다. 스테레오포토그래퍼는 영화에 사용된 것과 정확히 똑같은 영사기를 가지고 자신의 이미지를 영사하고 사용한다. 물론, 애너글리프 종이와 렌티큘러 시트 위에 인쇄하는 것과 같은 독특한 사진 애플리케이션도 있다. 렌티큘러 시트는 고해상도와 원본 사진의 색감 모두를 보전하는 유일한 고정적인 3D 복제 방법이다.

그럼에도 불구하고, 스틸 사진을 찍는 것은 미래 스테레오그래퍼를 위한 훌륭한 교육이다. 모든 원칙은 동일하며 3D 기술을 스틸에서 마스터하면 비장의 카드를 손에 들고 3D 비디오로 옮겨 가는 것이 가능하다. 스틸 사진을 가지고 얻은 3D의 한계와 제약에 대한 철저한 이해는 3D 비디오 학습 곡선을 가속화하고 언제나 높은 비디오 제작 관련 비용을 절약하게 할 것이다.

3D 카메라 대 표준 카메라

아직 디지털 3D 카메라는 극소수이다. Fuji는 10만 화소 CMOS 센서를 제공하는 W1과 W3가 있는 선구자이다. 하지만 이들 카메라는 대부분의 소형 카메라에서처럼 수반되는 타협안으로 다소 작은 렌즈를 사용하였다. 이들 장치의 장점은 사용의 용이성이다. 소형인 이들 카메라는 단순히 셔터 버튼을 누름으로써 만족스러운 결과를 만들어 낸다. 유일한 제약은 두 시야 간의 과도한 불균형을 초래할 수 있는 너무 가까운 전경 촬영을 피하는 것이다.

3D 소형 카메라는 Nintendo의 3DS 스테레오스코픽 게임 콘솔에서도 사용되는 특정 "MPO" 포맷으로 이미지를 저장한다.

그림 03-46 Fuji Real 3D W3 소형 카메라
© FujiFilm

통합 장치는 두 카메라 촬영 간의 완벽한 동기화를 제공한다. 그러나 이것은 두 시야가 완벽하게 일치한다고 보장하기에는 충분치 않다. 예를 들어, Fuji Real 3D W3의 경우 양쪽 줌 값은 만족할 만하지만 완벽하지 않은 이미지를 제공할 만큼 충분히 가깝다. 결합을 마무리하기 위해서 약 1%의 줌 수정이 필요하다. 이것은 나중에 소프트웨어로 처리 할 수 있다.

"차차" 방법

예를 들어, 정지된 대상 또는 풍경을 촬영할 때와 같이 완벽한 동기화가 필요 없다면 두 테이크 간에 좌우로 이동시키는 하나의 카메라를 사용할 수 있다. 물론, 모든 조리개, 초점, 속도, 줌 설정은 수동 모드에서 고정된다. 측면 이동의 경우, 시야의 방향과 정렬을 유지하도록 조심해서 진행되어야 한다. 간단한 해결책은 카메라 하우징이 슬며시 움직일 수 있는 대형 금속자를 사용하는 것이다. 두 촬영 간의 거리는 대상 물체에 대한 거리에 따라 다르다. 표준 65 mm 양안 거리는 2미터에서 10미터 떨어져 있는 대상의 경우 좋은 기준이지만 다음의 경험에 의거한 법칙이 가장 많이 사용된다. 가장 가까이 있는 대상으로부터의 거리의 30배와 동일한 거리로 카메라를 측면 이동한다. 전경이 없는 산 풍경은 때때로 몇 미터 크게 측면으로 이동하여 사진을 찍는다. 엄격한 평행성을 유지하는 것이 그러한 상황에서는 특히 어려워진다. 그 경우 두 개의 프레임을 정렬하기 위해 수평선에서 시각적 신호를 사용할 수 있고 남은 정렬 오류는 후반작업에서 수정한다.

Fuji W1 (또는 W3)은 특정 차차(cha-cha) 모드를 갖고 있다. 첫 번째 촬영 이후 제어 스크린은 뷰파인더 시야의 오버레이와 첫 번째 사진을 보여준다. 그것은 꽤 괜찮은 정렬을 가능하게 한다. 정렬이 이루어지면 두 번째 촬영이 이루어진다.

3D 촬영

소형 물체 3D로 정지된 작은 물체를 촬영하는데 있어서 1/30 규칙은 2대의 카메라를 나란히 놓기에 너무 작은 축간격이 필요하다. 측면 이동이 유일한 해결책이 되지만 장면의 평행성이 아주 주의 깊게 지켜져야 한다. 가장 정확한 기술은 Novoflex Castel 시리즈의 레일과 같은 전문 가이드 레일을 사용하는 것이다. 이 레일은 아주 단단하며 재현 가능한 정밀 작업을 위해 아들자(vernier)와 잠금 나사가 함께 제공된다. 총 380

mm를 이동할 수 있는 XL 모델은 확대 사진 촬영부터 10미터 떨어진 전경이 있는 건축 사진까지의 모든 장면 촬영에 적합하다.

그림 03-47 380 mm 이동 능력을 갖춘 Novoflex Castel XL 가이드 레일
© Novoflex

대형 건축물. 빌딩 또는 유적과 같은 대형 건축물을 촬영하는데 있어서 1/30 규칙은 가이드 레일로 적정하게 가능한 것보다 훨씬 더 큰 축간격을 필요로 한다.

레일은 운송수단 이동으로 대체할 수 있다. 가급적이면 견고하고 잘 정지되는 매우 안정적인 운송수단을 선택하자. 약간의 연습을 한 후, 두 개의 연속 위치 간의 정확한 거리를 설정하기 위해 촬영시점 간의 시간을 추정하는 법을 배우게 된다. 일련의 시야에서 두 촬영 간의 일정한 거리를 유지하려면 카메라를 버스트 모드(burst mode)로 설정하여야 한다. 그러면 초당 3 프레임처럼, 완벽하게 일정한 속도로 이미지를 얻을 수 있게 된다. 그리고 해야 할 일은 축간격을 조정하기 위해 2개의 연속 이미지 또는 3번째나 4번째 이미지를 선택하는 것이다. 명백히 운송수단을 일정한 속도로 유지하는 것은 필수적이다. 사진작가 마이클 레이몬드는 버스에서 로마 유적의 3D 사진을 촬영했다. "Rome(Stereo)"라고 하는 이 시리즈는 Flickr 웹사이트(http://goo.gl/51EIW)에서 볼 수 있다. 극단적으로 가면, 이 해결책은 수백 또는 심지어 수천 마일 떨어진 행성의 3D 사진을 찍기 위해 NASA에서는 보조 이동수단인 지구, 달, 또는 화성 주변 궤도를 선회하는 위성을 사용하고 있다. 항공기와 보트 또한 3D 풍경 사진을 위한 매개체 역할을 할 수 있다.

올바른 초점 선택. 두 시야간의 공간은 깊이 효과를 조절하는 반면, 줌 (또는 초점 거리)은 장면의 어느 부분이 보이게 할지를 선택하는데 사용된다. 일반적으로 3D 경우 광각 시야 사용을 추천한다. 왜냐하면 광각 시야는 가까운 전경 대상을 포함할 수 있기 때문이다. 그러나 1/30 규칙을 따르는 경우, 근처에 있는 대상은 큰 축간격 값을 금지하고 멀리 있는 배경은 깊이를 잃고 너무 평평해 보이기 때문에 단점이 될 수 있다. 최적의 초점 거리를 선택하기 위해 광각 시야에서 시작하여 대상을 앞으로 이동시키는 동안 대상을 프레임에 넣는 것이 너 좋다. 그러고 나시 시점이 선택되면 너무 가까이 있는 모든 전경 대상을 프레임 밖으로 보내기 위해 약간 확대한다.

조리개, 감도, 조명. 아날로그 카메라처럼 디지털 카메라는 센서의 감도에 비례하여 피사계 심도를 제공한다. 3D는 많은 빛을 필요로 하기 때문에 높은 감도와 작은 조리개가 항상 선호된다. 그 결과로 조명이 강력해야 한다. 대낮이라도 그림자를 환하게 하기 위한 플래시 사용을 주저하지 말자.

수평. 대부분의 설정 오류는 후반작업에서 복구할 수 있지만 모두가 그런 것은 아니다! 수평은 3D 사진에서 완벽하게 수평이 되어야 한다. 전통적인 사진술에서 잘못 정렬된 이미지를 회전시키는 것보다 더 간단한 것은 없다. 하지만 3D에서 수평 시차는 당연한 것인데 반해 수직 불균형은 원치 않으며 이미지 회전은 스크린 평면에서 없는 모든 지점에 대한 수직 불균형을 야기할 것이다. 따라서 촬영하기 전에 꼼꼼하게 삼각대의 수평 상태를 확인해야 한다.

통통함(roundness). 이상적인 축간격을 결정하기 위한 많은 방법을 살펴보았다. 하지만 수많은 경험이 보여주듯이, 관찰 조건은 촬영 조건만큼 중요하다. 그리고 영화와는 다르게 스틸 사진술에서 관객은 오랜 시간 동안 동일한 이미지를 본다. 따라서 관객은 전체 이미지, 전경, 배경을 살펴보고 모든 상세한 세부 사항의 풍성함의 진가를 알아 볼 수 있는 기회가 있다. 대상의 적절한 통통함과 부피는 관찰 이미지로부터 정확한 거리, 즉 이미지 크기에 따라 다른 거리에서만 평가될 수 있다. 아래 이미지를 보면서 이것을 시험해 보자. 너무 멀리서 봤을 때, 이 이미지는 시선을 따라 왜곡된다. 너무 가까이서 봤을 때, 이미지는 납작해진 깊이를 제공하며 장면은 측면으로 늘어난 것처럼 보인다.

3D 사진 리그

소형 카메라의 품질보다 우위의 품질이 인기가 있어지면서 기존 DSLR(Digital Single Lens Reflex, 디지털 일안 반사 렌즈) 카메라를 사용하게 되었다. 그리고 DSLR 카메라를

그림 03-48 애너글리프로 재현된 정물화 사진. 이 사진을 통해 대상의 통통함과 보는 거리에 의해 인식이 어떻게 영향을 받는지를 평가할 수 있다.
© B. Michel

그림 03-49 한국에서 촬영하는 동안 DimensionWerks3D의 앤드류 파크가 사용한 Redrock Micro의 수동 조정용 사진 리그
© Joe Setele

적절한 리그에 쌍으로 결합하게 되었다. 두 개의 슬라이링 헤드(sliding head)를 장착하면 측면 가이드 레일은 리그의 역할을 할 수 있다. 어느 정도 신뢰할 수 있는 수많은 변형 리그가 전문가 그리고 개인적인 장비 모두에 존재하며 현존하는 가장 오래된 클럽 중 하나인 프랑스의 Stereo Club(www.stereo-club.fr)처럼 많은 3D 아마추어 사진 클럽에도

존재한다. 완전한 리그는 X, Y, Z에서의 정확한 위치 선정, 회전, 축간격, 수렴을 가능하게 한다. 리그는 견고해야 하며, 고정할 수 있는 설정이 창작되어 있어야 하며, 가급적이면 눈금이 매겨진 자를 가지고 있어야 한다. 이러한 기준에 부합하는 해답의 예는 Redrock Micro의 SxS Micro3D 장치이다(store.redrockmicro.com). 다루기 쉽다는 점 때문에 학교에 이상적인 가장 저렴한 미러 리그 중 하나는 Fastrig(www.cine3d.ch)이다.

Z-바. 2대의 카메라를 결합하기 위한 간단하고 가벼운 해결책은 Z-바(Z-Bar)이다. 알루미늄 단면으로 가공된 Z-바는 축간격을 최소화하기 위해 거꾸로 2대의 카메라를 장착할 수 있다. 매우 다양한 Z-바를 시장에서 찾을 수 있다. 일부는 특정 모델을 위한 것이고 다른 것들은 더 일반적인 것이다. Digi-Dat(www.digi-dat.de)와 APN3D(apn3d.stereoscopie.eu) 같은 일부 Z-바 공급업체들이 있다.

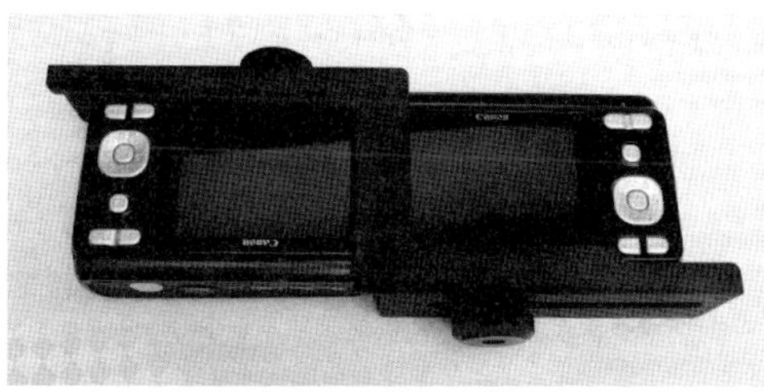

그림 03-50 Canon PowerShot A480용 Z-바. 축간격을 59 mm에서 180 mm까지 조정할 수 있다. © Digi-Dat

사진 미러 리그. 거시적이고 매우 가까운 장면의 경우 비디오에서처럼 미러의 사용이 필수적이다. 단단함과 내구력이 핵심 단어이다. 스틸 사진술에 아주 적합한 미러 리그는 Genus Hurricane이다. 이것은 Manfrotto에 의해 유통되고 있으며 많은 사진 장비 가게에서 발견할 수 있다(www.genustech.tv).

거시적 촬영의 경우 축간격이 극히 작아야 하며 미러는 불가피하다. 3D 확대 사진술의 일부 팬들은 자신만의 미러 리그를 제작한다. 그러나 특히 카메라가 작을 경우 많은 700불 이하의 저렴한 장치를 시장에서 구할 수 있다.

일부 아마추어는 자신의 목표를 달성하는데 다른 사람들보다 더 많은 시간과 노력을 기울인다. 최고의 예는 벨기에의 스테레오스코픽 확대사진술 전문가 Fotoopa이다. 그는 광학, 정밀 기계, 전자 제어, 레이저 위치 센서, 펌웨어(firmware) 등을 포함하여 자신만의 미러 리그를 제작하였다. 날아다니는 것을 포착한 그의 수천 장의 벌레 사진은 전문가들에게 잘 알려져 있다. 사진은 Flickr(www.flickr.com/photos/fotoopa_hs)에서 볼 수 있다.

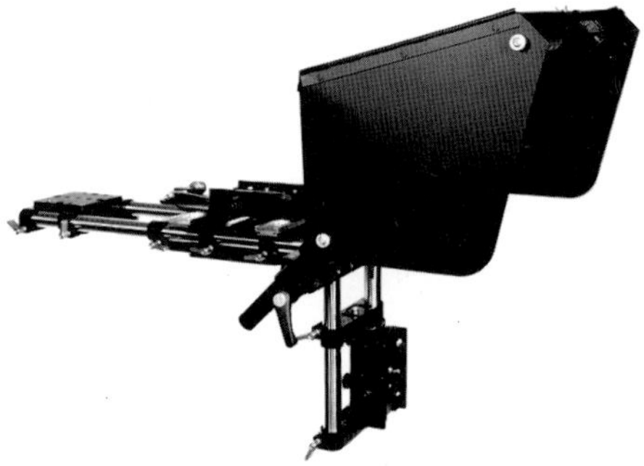

그림 03-51 가볍고 튼튼한 Genus Hurricane 기계 리그는 삼각대나 어깨 위에 장착하여 사용할 수 있다.
© GenusTech

그림 03-52 3D Macrobox의 애너글리프 뷰. 3D 확대사진 촬영용으로 특별히 개발된 Co Van Ekeren의 미러 리그.
© www.ekeren3d.com

그림 03-53 날아다니는 벌레의 고속 확대 사진술을 위한 이중 미러 3D 리그. 플래시와 촬영은 레이저 동작 센서에 의해 작동한다. 초점은 또 다른 레이저 센서 세트에 의해 독립적으로 제어된다.
© fotoopa

보정. 비디오 리그와 달리 3D 이미지는 직접 볼 수 없기 때문에 스틸 이미지 카메라 장치 보정은 현장에서 하기가 더 까다롭다. 따라서 일반적으로 촬영 장소로 이동하기 전에 미리 보정될 수 있는 더 단단한 리그를 사용한다. 다행히도 이 문제를 극복하기 위한 도구가 존재한다. 즉, 2개의 HDMI 신호 - 최근 대부분의 카메라는 미니 HDMI 커넥터가 있다 - 를 기존 컴퓨터 모니터에서 표시할 수 있는 애니글리프 이미지를 가진 단일 DVI 신호로 전환할 수 있는 멀티플렉서(multiplexer)가 그것이다. 야외에서 촬영하는 경우 무겁고 좀처럼 에너지 효율적이지 않은 AC 전류 인버터를 주의해서 끌고 가지 않으려면 배터리로 작동하는 장비가 필요하다.

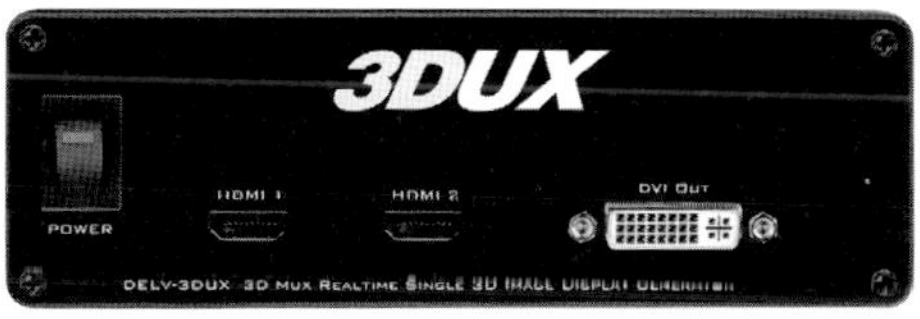

그림 03-54 DELVCAM 3DUX 스테레오 멀티플렉서는 적/청녹 애너글리프 모드로 결과 이미지를 보여주기 위해 2개의 HDMI 출력과 하나의 DVI 입력을 제공한다. 12볼트 전력 장치는 야외 사용에 적합하다.
© Delvcam

촬영 동안에는 보정 확인이 안 되기 때문에 자신의 설정을 신뢰하고 모든 의도하지 않은 불균형을 제거하기 위해 후반작업에서 남은 결함을 수정할 준비를 해야 한다. 이것은 StereoPhoto Maker나 유사한 소프트웨어를 사용하여 할 수 있다.

2대의 스틸 카메라의 동기화

위에서 언급했듯이 2대 카메라의 동기화는 모든 살아있는 또는 움직이는 대상, 뉴스 보도, 그리고 일반적으로 가장 흥미로운 모든 주제에 있어 필수적이다. 따라서 시장에 나와 있는 소수의 통합 3D 카메라를 제외하고 일종의 전자 동기화 장치를 활용해야 한다. 비디오에서 사용되고 이번 장의 앞에서 설명된 해결책이 여기에서도 유효하다("젠록 없는 동기화" 참조).

LANC

Sony에 의해 도입된 LANC 프로토콜은 하나 이상의 스틸 카메라 또는 비디오카메라와 원격 조정을 위한 통신에 사용된다. 이것은 8 바이트 길이의 메시지를 보내는 직렬 통신 프로토콜이다. 이들 메시지는 20 ms 마다 지속적으로 반복된다. 이 프로토콜을 사용하기 위해서는 마이크로컨트롤러(microcontroller)가 필요하다. 원격 조정 기능이 3D 촬영에도 유용하지만 여기서 LANC가 카메라 동기화를 위해 사용된다. LANC Shepherd는 확실히 가장 인기 있는 3D 사진 동기화 장치이다. 이 전자 장치는 캘리포니아에 있는 회사인 Berezin Stereo가 설계하고 판매하고 있으며 소매가가 500불 이하이다. 이 장치는 2대의 Sony 사진 또는 비디오 카메라를 제어하며 정확하게 동기화한다. 장치는 ACC 또는 LANC 커넥터를 통해 2대의 카메라와 연결된 2개의 케이블이 있다. 장치는 시작, 중지, 초점 거리, 줌 설정, 셔터를 동기화한다. 장치의 소형 LCD 디스플레이는 획득된 동기화의 정확도 수준을 나타낸다. 장치는 또한 2초에서 24시간까지의 간격에서 테이크를 작동시킬 수 있는 시간지연기와 저속 촬영 타이머를 포함한다.

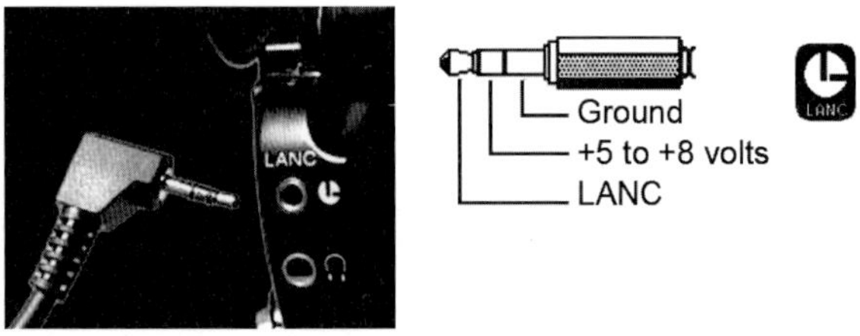

그림 03-55 핀이 3개인 LANC 커넥터와 구체적인 그림 문자. 미니 잭의 직경은 2.5 mm 이다. 쌍방향 디지털 메시지는 "LANC" 선에서 직렬 프로토콜과 교환된다.

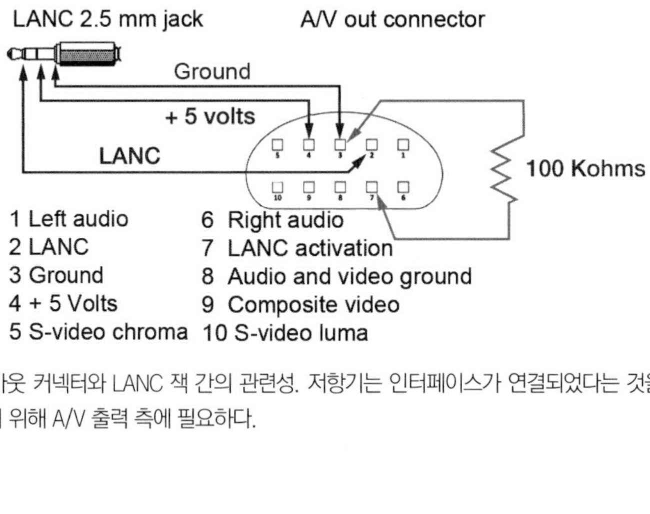

그림 03-36 A/V 아웃 커넥터와 LANC 잭 간의 관련성. 저항기는 인터페이스가 연결되었다는 것을 카메라에게 알려주기 위해 A/V 출력 측에 필요하다.

호환이 되는 Sony 카메라는 Mavica MVC-CD500, Cybershot DSC-S75, DSC-S85, DSC-V1, DSC-V3, DSC-F717, DSC-F828, DSC-R1 (마지막 2대만이 수동 줌 있음)뿐 아니라, Alpha DSLR-A100와 Alpha DSLR-A700이 있다. 또한 LANC는 Nikon D70s, Canon 10D, 20D, 30D, 40D, 60D, 1D, 1Ds, 5D, Fuji S3, 그리고 Konica/Minolta 5D와 7D (완전한 목록 아님)와도 사용할 수 있다.

LANC 커넥터는 (Canon 카메라에) "Start", "Control-L", 또는 "Remote"로 표시된 2.5 mm 스테레오 미니 잭이 있다. 커넥터는 특정 기호로 카메라에 표시된다. LANC 프로토콜 또한 핀이 10개인 A/V 커넥터를 통해 일부 Sony 캠코더에서 사용할 수 있다.

LANC의 한 가지 장점은 외부 이벤트에서 자동으로 촬영을 실행하는 기능이다. 따라서 자연 애호가들은 자연 그대로에서 동물을 포착하기 위해 광전자 장벽 또는 적외선 동작 감지기를 연결할 수 있다. LANC는 또한 Applied Logic(www.appliedlogiceng.com)의 PowerPod-LANC과 같은 다양한 액세서리에 의해 사용될 수 있다. PowerPod-LANC는 3D 카메라나 3D 리그를 원격으로 이끌 수 있는 팬틸트(pan-tilt) 기반이다. 또한 가장 융통성 있는 해결책은 USB를 통해 노트북 컴퓨터에 연결된 특정 컨트롤러를 사용하는 것이다. 컨트롤러는 특정 이벤트가 발생할 때 원격 컨트롤러 등을 통해 매 n 초마다 자유롭게 촬영을 자동화한다. Apllied Logic의 LANC Dual Camera Controller는 Windows 제어 소프트웨어를 포함하여 약 250불이다. PC에 연결하지 않았을 때조차도 이 컨트롤러는 2대의 카메라를 동기화할 수 있고 카메라의 줌과 초점을 동시에 제어할 수 있다. 유일하게 아쉬운 점은 동기화 정확도가 LANC Shepherd 것과 유사한 디지털 디스플레이가 아니라 몇 개의 LED 램프로만 표시된다는 것이다. 반면 비용은 그만큼 절반이 든다.

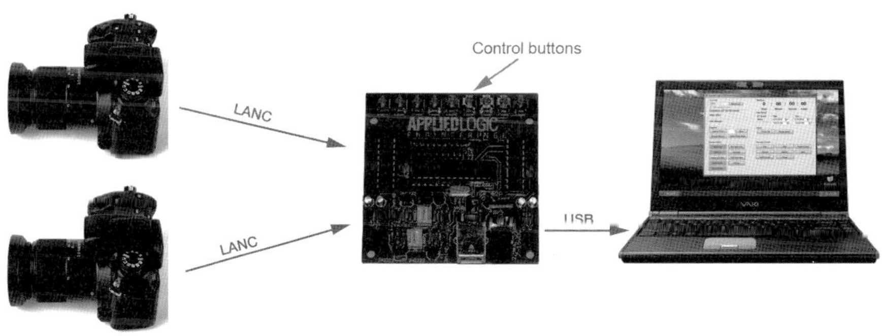

그림 03-57 2대의 Sony 카메라와 PC에 연결된 Apllied Logic 컨트롤러

Canon과 StereoDataMaker

Canon 카메라를 이용한 3D 촬영은 StereoDataMaker 소프트웨어(SDM) 때문에 가능하다. 일본인 마수지 수토(stereo.jpn.org)가 개발한 SDM은 1초당 1/16,000의 정확도를 가지고 거의 모든 Canon 카메라를 동기화한다. 이 소프트웨어는 심지어 모든 각도에서 정지된 장면이 보이는 매트릭스와 같은 장면을 촬영하기 위한 50개 이상의 장치를 동기화시키는 데 사용된 바 있다. 원래 장치에 유일하게 추가된 것은 스위치와 동기화를 위해 카메라를 연결하기 위한 케이블이다. SDM은 유명한(적어도 Canon 소유자의 경우) CHDK(Canon Hack Development Kit)의 변형이다. CHDK는 카메라의 전원이 들어왔을 때 RAM 메모리에 로드하는 임시 펌웨어이다.

지원되는 Canon 카메라는 IXUS70/SD1000, IXUS800/SD700, IXUS950/SD800, A460, A550, A570, A610, A620, A630, A640, A700, A710, A720, G7이다. 의심스러울 경우 SDM 작성자의 웹페이지에 있는 전체 목록을 확인하라.

SDM을 설치하는 것은 간단한다. 우선 작성자의 사이트에서 여러분의 카메라 모델에 맞는 버전을 찾는다. 그리고 그것을 빈 SD 메모리 카드에 복사한다. 다음 카드를 카메라에 삽입하고 카메라를 켠다. 그 순간부터 카메라는 일시적으로 SDM 소프트웨어의 제어 하에 놓이며 전원이 꺼질 때까지 유지될 것이다. 간단하게 배터리를 제거하는 것만으로 카메라 메모리에서 소프트웨어의 모든 흔적이 제거된다. 따라서 장치를 손상시킬 위험은 없다.

리그의 양쪽 카메라에 설치된 SDM을 통해 2개의 케이블을 작동 버튼에 연결하고 두 카메라가 동일(동일한 감도, 동일한 모드 등)하게 설정되었는지 확인한다.

그림 03-58 Digi-Dat의 Canon-SDM-미니 트리거
© B. Michel

그중에서도 SDM에 요구되는 추가적으로 유일한 하드웨어는 하나의 버튼이 있는 트리거와 2개의 미니 USB 케이블이다. 이 하드웨어들은 Digi-Dat(www.digi-dat.de)에서 구할 수 있다.

사진의 스테레오스코픽 포맷

JPEG

JPEG 포맷은 보편적으로 사용되고 있다. 동일한 이미지에 대한 한 쌍의 영상은 언제나 함께 저장되기 때문에 동일한 이미지에서 두 장의 사진을 나란히 위치시키는 것은 신뢰성을 보장한다. Stereoscopic Player와 같은 일부 소프트웨어는 일반적으로 정확하게 나란히 이미지를 표시하지만 스틸 사진술에서 사용되는 다양한 해상도와 화변비율을 고려할 때 정확한 이미지 디스플레이가 항상 당연한 것으로 생각될 수 는 없다.

그림 03-59 날아다니는 꿀벌, 사이드 바이 사이드 JPEG으로 저장된 사진(왼쪽 이미지가 오른쪽에 있고 오른쪽 이미지는 왼쪽에 있음).
© Fotoopa

스테레오스코픽 쌍의 두 이미지가 교차된 경우(왼쪽 사진이 오른쪽으로 오른쪽 사진이 왼쪽으로) 눈을 교차하여 보면 깊이를 구별할 수 있다. 이것은 아무나 할 수 있는 일이 아니다. 하지만 자주 3D 사진 작업을 하는 사람은 장비 사용 없이 빨리 확인을 하기 위해 이 방법에 익숙해져 있다.

1920 x 1080 픽셀 포맷에서 50%를 측면으로 이미지를 압축함으로써 이미지를 대부분

의 3D TV 세트뿐 아니라 대부분의 듀얼 영사기 설정에서 디스플레이 되게 할 수 있다. 3DTV 디스플레이가 주된 목적이라면 이미지는 교차되지 않아야 한다.

그림 03-60 1920 x 1080 JPEG 이미지에서 측면으로 압축된 스테레오 쌍: 3DTV와 다른 HD 스크린에서의 디스플레이를 위한 간단한 해결책. 단점: 해상도는 원본보다 낮고, 화변비율은 의무적으로 16:9이다.
© B. Michel

MPO

MPO(Multi Picture Object, 확장자 .mpo) 포맷은 CIPA 일본 협회(Camera & Imaging Products Association)에 의해 표준화되었다. 규범 문서와 문서의 영어 번역본은 "CIPA DC-007-2009"와 "CIPA DC-007-2009-Translation"으로 무료로 구할 수 있다. MPO 포맷은 사진작가들에게 잘 알려진 JPEG(Joint Picture Expert Group, 확장자 .jpg) 포맷의 확장이다. MPO는 N개의 이미지를 단일 파일로 인코딩한다. 여기서 N은 양의 정수이다. N = 2인 경우는 스테레오 쌍이지만 N의 값이 더 높은 경우 .mpo 파일은 많은 이미지를 포함할 수 있다. 다시점(multiview) 오토스테레오스코픽(무안경) 디스플레이를 대상으로 하는 사진의 경우 편리한 포맷이다. JPEG 이미지와 같이 MPO 이미지는 이미지의 특징을 가지고 있는 EXIF 메타데이터를 포함한다. 카메라 자체에 정보가 있는 경우 각 이미지 MPO 파일에서 미리보기, 촬영 시간과 날짜, 방향, GPS 위치 등을 위한 하나의 섬네일(thumbnail) 이미지를 찾을 수 있다. 스테레오포토그래퍼에게 더 흥미로운 것은 각 이미지에 대한 메타데이터가 MPO 파일 안에 있는 첫 번째 프레임에 대한 상대적인 위치와 수렴각을 포함하거나 또는 적어도 포함할 가능성이 있다는 것이다. 이것은 후반작업에서 더 효과적인 처리를 가능하게 한다.

MPO 포맷은 세로로 줄지어 붙어있는 2개 이상의 JPEG(.jpg) 파일로 구성되어 있다. 사용 가능한 MPO 파일이 있는 경우 이것을 테스트 해보자. 파일의 .mpo 확장자를 .jpg로 바꿔서 파일 이름을 변경한다. 이 파일은 모든 프로그램에서 읽힐 수 있어야 한다. 이미지 편집 프로그램은 두 번째 이미지가 첫 번째 것 뒤에 숨어 있다고 생각하지 못하기 때문에 분명히 왼쪽에 있는 첫 번째 이미지만이 표시될 것이다! 대부분 무료인 다양한 소프트웨어 패키지를 이용하면 .mpo 파일을 한 쌍의 일반 .jpg 파일 또는 하나의 .jpg 애너글리프 파일로 변환할 수 있다. 예를 들어, MPO Toolbox는 사용이 매우 용이하다. 이미지를 변화하기 위해 단순히 끌어놓기만 하여도 충분하다(www.stereoscopynews.com).

참고

.mpo 파일 조작 프로그램은 아주 많이 있다. MPO2JPEGS는 Mac이나 Linux에서 .mpo 파일을 한 쌍의 JPEG 이미지로 변환해준다. StereoPhoto Maker를 이용하면 .mpo 이미지를 PC에서 다양한 방법으로 조작할 수도 있다.

JPS

JPS 포맷은 나란히 놓인(side by side) 한 쌍의 스테레오스코픽 이미지를 포함하는 표준 .jpg 이미지이다. 이미지는 사이즈가 동일하고 교차되어 있어야 한다. 다시 말하면 왼쪽 이미지는 오른쪽에 위치하고 오른쪽 이미지는 왼쪽에 위치하여야 한다. 이 포맷에 숙련된 관찰자는 안경 없이 눈을 교차하여 보는 방식으로 직접 3D를 인식할 수 있다. 아주 불가능한 것은 아니지만 이 방법이 어렵거나 불편하다고 생각하는 거의 대부분사람들은 이미지를 보기 위해 Stereoscopic Player를 사용하면 된다. 또한 3D .jps 이미지를 다양한 애너글리프 모드로 보여주는 Free JPS Viewer라는 프리웨어를 사용할 수 있다.

3D 영상의 후반작업

통합 3D 카메라와 2대의 카메라가 있는 리그는 둘 다 결코 완벽하지 않다. 따라서 색감 차이, 수직 편차, 회전 등의 원치 않는 불균형을 제거하기 위해 최대한 노력을 해야 한다. 다양한 소프트웨어 패키지가 다양한 방법을 사용하여 성공적으로 불균형을 처리하지만 일본인 마수지 수토(stereo.jpn.org)의 StereoPhoto Maker는 이 용도에 가장 적합한 무료 소프트웨어이다. 이 소프트웨어의 자동 조절 기능은 탁월하다. 오류 감지 기능은 정렬, 원근감, 0.1°의 회전 오류, 0.1%의 줌 불일치, 1 픽셀 수직 정렬 오류를 발견하여 수정한다. 자동 모드에서 StereoPhoto Maker는 이미지에서 많이 돌출한 지점을 스크린 평면으로 다시 가져다준다. 또한 0점 시차 지점에서 왼쪽 및 오른쪽 화살표 키를 사용하여 시차를 조정하는 방법으로 원하는 장면 요소를 아주 쉽게 얻을 수 있다.

StereoPhoto Maker는 입력으로 .mpo 포맷을 받아들인다. 이 포맷은 통합 3D 카메라, Nintendo 3DS 게임 콘솔에서의 사용이 점차 증가되고 있다. 물론, 소프트웨어는 사이드 바이 사이드 이미지와 왼쪽과 오른쪽 이미지가 분리된 스테레오 쌍도 받아들인다.

그림 03-61 Fuji W3 카메라로 찍은 3D 사진의 정렬 이후에 대한 StereoPhoto Maker 화면. 회전 -0.1°, 원근감 0.3°, 수직 이동 4 픽셀의 수정이 적용되었다. 총 시차는 3.54%이다.

CHAPTER 4

이야기 문법

- 몰입이란 무엇인가?
- 3D 영화 스토리보드는 어떻게 쓰는가?
- 3D 영화를 사전시각화 하는 것이 가능한가?
- 한 장면의 3D 영상을 어떻게 프레임에 집어넣을 것인가?
- 스테레오스코피의 십계명은 무엇인가?
- 3D 문법이 이미 존재하는가?

3D 구도 잡기

영화의 기획, 편집, 조명, 기술적 구성은 3차원이 추가되었을 때 완전히 달라진다. 장면에 몰입되는 감정은 3D에서 더 크다. 관객은 단순한 구경꾼에서 액션의 주인공과 동일한 배우로 곧바로 변화된다. 갑자기, 카메라와 배우 간의 거리는 더 이상 의미가 없다. 스크린을 통해 장면을 지켜보는 것이 아니라 관객은 장면의 일부가 되고 무대 장치에 둘러싸인 느낌을 받는다. 기술적 관점에서 전통적인 영화에 적합했던 몇몇 방법들은 입체로 제작되었을 경우 쓸모없게 되는 경우도 있다. 기존 2D 영상에서의 대화 장면과 같이 화자를 중심으로 빠르게 역각도로 촬영하는 것은 더 이상 효과가 없다. 관객은 등장인물과 동일시 될 수 없다. 대신 관객은 항상 존재하지만 상호작용하지 않는 촬영장의 조용한 관찰자인 제3의 인물이 된다. 또 다른 예로써 원경이 채색된 그림 또는 사진으로 대체되는 오래된 매트 페인팅 기법은 3D에서는 정말로 불가능하다. 이 기법이 사용되면 관객들은 평평한 가짜 경관을 즉시 알아챌 것이다.

새로운 규칙 만들기

이 책의 목표는 영화 강습을 하려는 것이 아니라 3D와 관련된 기술을 보여주는 것이다. 그렇지만 스테레오스코피의 시각적 기본 원리에 대한 기술적 영향을 강조하기 위해 영화 촬영에 관련된 일련의 개념을 먼저 살펴보기로 하자.

좋은 스토리가 없이는 좋은 영화도 없다. 하지만 스토리를 이야기하는 방법은 기술적 측면과 보조를 맞추어 발전해왔다. 무성 영화에서 발성 영화로의 전환은 영화 집필에 대변혁을 일으켰다. 3D로의 전환에도 동일한 일이 발생하고 있다. 프레임 안에서 발생하는 액션만 묘사하는 것이 아니라 스크린 뒤의 공간과 때때로 스크린 앞의 공간과 같은 공간적인 측면에서의 액션을 묘사한다. 스크린 앞 공간의 경우, 액션은 관객의 눈과 스크린의 프레임을 연결하는 보이지 않는 피라미드 내부에 제한된다. 이 이상한 제약은 자체의 규칙과 예외를 갖는 완전히 새로운 기본 원리의 원천이다. 애석하게도 상황은 새롭고, 기존 2D 영화 제작의 경험은 별로 도움이 되지 않는다. 이 새로운 문법의 대부분은 아직 쓰여 지지 않았다.

그림 04-01는 3D 영화 장면에 대한 공간적 한계를 틀에 넣어 설명하였다. 뿐만 아니라

입체영상은 4차원, 즉 시간에 대한 제약을 받는다. 장면 간의 편집 및 전환 속도는 우리의 뇌가 깊이감을 인지하는 방식을 감안하여 이루어져야 한다. 일반적으로 인간이 3차원 영상 이미지의 깊이감을 인지할 때 1/2초에서 2초 정도가 걸린다. 더 빠른 속도의 장면 전환은 피로감은 물론 두통도 유발할 수 있다. 따라서 마이클 베이의 초역동적인 편집은 더 이상 적절하지 않다. 하지만 롱 테이크(long take)는 장면의 모든 깊이를 분석하고 액션에 몰입하기에 충분한 시간을 관객에게 제공할 것이다.

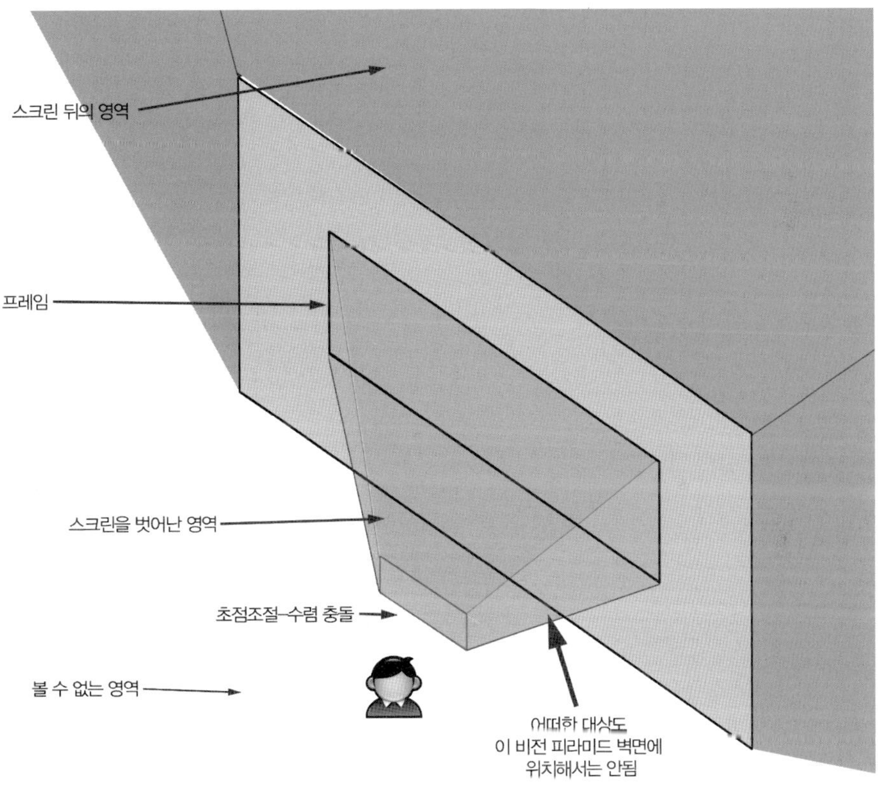

그림 04-01 장면의 신뢰성을 유지하기 위해 전경에 위치하는 물체는 피라미드 측면에 의해 끝이 잘려서는 안 된다. 또한 피라미드의 끝 부분은 조절-수렴의 충돌을 피하기 위한 금지된 구역이다.

2D 영화의 규칙은 잊어라

오늘날, 시각 미디어를 접하는 모든 사람은 촬영술의 기본 원리를 쉽게 이해한다. 아이들은 다양한 스크린 크기에서 나오는 동영상을 보면서 많은 시간을 보내기 때문에 말을 배우는 동시에 영화의 규칙도 배우게 된다! 줌, 회상 장면, 화면 속 화면 삽입, 슬로 모션 등 이러한 모든 효과들은 오늘날의 하이테크 사회에 살고 있는 어린이와 성인들에게 자연스럽다. 하지만 그러한 효과들은 실제 현실에서는 발생하지 않는다. 우리 눈의 위치는 대화 장면에서처럼 다양한 각도로 즉시 변하지 않으며 멀리 있는 사건을 보기 위해서는 쌍안경이 필요하다. 2D에서처럼 시간을 뒤로 재생하는 것과 같은 다른 여러 조작들은 상상할 수 없는 일이다.

현재는 스테레오스코픽 기술, 미래에는 홀로그래픽 기술로 구현될 몰입성이 강한 3D 영화 문법은 현실 세계 관찰을 통해 처음부터 다시 만들어져야 한다. 기존 2D 영화 문법을 변경하는 것으로는 만들어질 수 없다.

몰입

2D 영화의 경우, 관객은 장면을 지켜보는 무형의 관찰자가 된다. 3D 영화의 경우, 관객은 장면 안의 배우나 촬영지에 있는 보이지 않는 관찰자로서 장면에 몰입한다. 관객의 눈은 무의식적으로 장면의 세트, 땅, 가까운 그리고 멀리 있는 물건을 빈번히 스캔한다. 이는 장면의 깊이감과 공간감을 재현하는데 도움이 된다. 그 결과, 관객의 시선은 주인공이나 연출된 액션에 덜 자주 고정된다. 촬영 무대는 더 이상 단순한 세트가 아니다. 세트는 관객이 몰입하는 현실이 된다.

불신의 유예

몰입 영화의 제1규칙은 관객이 주변의 현실 세계로 돌아오지 않고, 보이는 인위적 세계(가상현실)에 계속 빠져있게 하는 것이다. 아래에 제시된 모든 규칙들은 관객들이 이 불신의 유예(suspension of disbelief) 상태에 있도록 하기 위해서 존재한다. 이 상태의 파괴는 영화감독의 실패로 간주해야 한다.

"*불신의 자발적 유예(willing suspension of disbelief)*"라는 표현은 시인 사무엘 콜리지(Samuel Coleridge)로부터 기인한 것이다. 그는 이야기가 충분히 재미있다면 독자(또는 관객)는 작품의 허구성을 인지하지 않는다고 주장하였다. 즉, 관객이 이야기에 계속 매료되어 있는 한 작품의 비현실성에 대한 판단을 보류한다는 것이다. 관객은 이야기가 어떻게 끝나는지 알고 싶어 하기 때문에 이들의 잠재의식은 지속적으로 이러한 판단을 미룬다. 2시간 40분의 장편 영화 내내 관객의 마음을 사로잡는 것이 제임스 카메론에게 가능했다면 다른 사람에게도 역시 가능하다. 하지만 재능과 풍부한 경험이 필수 요소이다.

컷

불신의 유예를 유지하는 것은 관객이 장면에서 관찰자 또는 배우 중 한 명이 되게 하는 것을 수반한다. 따라서 동일한 장면에서의 시점 변경은 이유가 있어서 행해져야 한다. 카메라 2가 더 나은 위치에 있기 때문에 카메라 1에서 카메라 2로 전환하는 것은 최선의 해결책이 아니다. 카메라를 지점 1에서 지점 2로 움직이는 것이 더 나은 방법이다. 이것은 장면 안에서 움직이는 관찰자와 동일한 효과를 준다. 공간적 또는 시간적인 무대 변경에 따른 장면 전환은 환상을 덜 무너뜨린다. 왜냐하면 관객은 특히 장면이 완전히 다를 경우 장소나 시점이 바뀌었다는 것을 이해하기 때문이다. 컷(cut)은 불신의 유예를 방해하기 때문에 자제하여 야 하며 대본의 필요에 의해 알맞게 사용되어야 한다.

프레이밍

프레이밍은 2D에는 없는 제약적 요소인 깊이감으로 인해 3D 영화에서 더 힘들다. 비전 피라미드(vision pyramid, 카메라에 의해 보여 지는 공간)는 동일하게 유지하는 반면 3차원이 도입은 실제 스크린 위치로 부터 거리에 대한 개념이 추가된다. 스크린 가장자리에 의해 구현된 화면은 관객으로부터 고정된 거리에 위치해 있다. 뇌는 화면 뒤쪽으로 위치한 피사체들과 전경피사체들이 위치해 있는 실제 화면의 가장자리를 비교한다. 따라서 장면 내 피사체의 움직임이 화면 앞에서 이루어지면 움직임은 화면 밖으로 나타내 질 수 있다. 이것은 기술적으로 불가능하기 때문에 감독은 비전 피라미드 공간의 측면을 가로지르지 않고 카메라와 스크린 사이의 피라미드 용적 내에 움직임이 남아 있도록 해야 한다. 즉, 불신의 유예를 깨트리는 확실한 방법인 '윈도우 위반(window violation)'에 이르지 않도록 어떠한 장면 요소도 비전 피라미드의 가장자리를 절대 건드리지 않도록 해야 한다.

플로팅 윈도우

위의 규칙이 깨지면 남은 해결책은 플로팅 윈도우를 사용하는 것이다. 후반 편집에서 적용 가능한 이 방법은 실제 화면 앞쪽으로 가상의 프레임을 생성하고 프레임 뒤에서 움직임이 발생하고 있는 것으로 인식되는 부분의 볼륨감을 확대시킨다. 그러나 가상의 프레임은 고스팅이 주로 많이 발생되는 편광 스크린처럼 문제될 수 있는 시차를 유발할 수 있기 때문에 이 방법의 남용은 불편함을 야기할 수 있다.

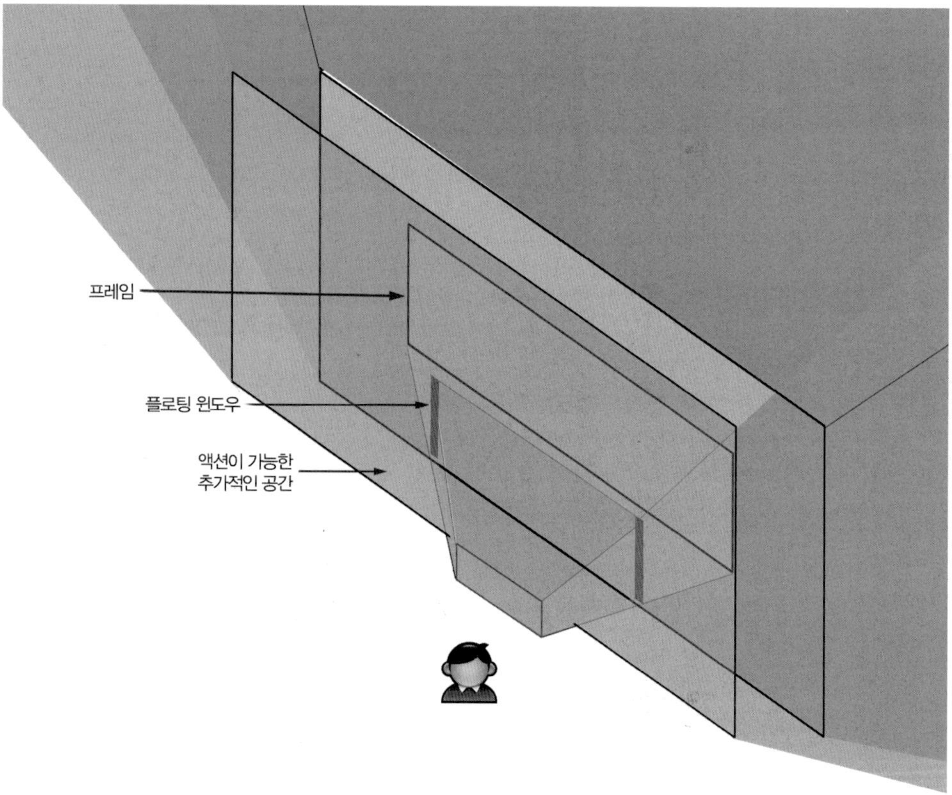

그림 04-02 플로팅 윈도우는 촬영하는 동안 움직임의 영역을 넓힌다. 이 기법의 남용은 강한 콘트라스트와 이로 인해 발생하는 고스팅으로 불편함을 발생시킨다.

참고

플로팅 윈도우를 만드는 실질적인 예는 2장을 참조.

주의. 플로팅 윈도우는 종종 원치 않는 전경 피사체가 스크린의 왼쪽 또는 오른쪽 가장자리에 의해 잘려 보이지 않을 때 사용하여 장면을 살릴 수 있다. 그러나 인물이 스크린 밖으로 돌출되었을 때 인물 머리의 상단이 화면 상단에 의해 잘린 경우 오류는 수정하기 힘들 것이다. 할 수 있는 유일한 방법은 배우가 스크린 면에 위치하도록 전체 장면을 뒤로 이동시키는 것이다. 불행히도 이것이 항상 가능하지는 않다. 예를 들어 이미 화면의 뒷부분에서 보여진 시차(positive parallax)가 최대 허용 시차인 경우 여지는 남아있지 않다.

스크린 하단의 윈도우 위반은 문제가 덜 된다. 게다가 이미지의 하단은 종종 앞줄에 앉아 있는 사람의 머리에 의해 가려진다. 스크린 하단 가장자리의 시야를 방해하는 관객은 스크린 보다 더 가까운 물리적 프레임을 만들어 낸다. 이 프레임은 일반적으로 영화 화면의 전경보다 훨씬 더 가까우며 강하고 대담하다. 따라서 시각적 불편함은 이미지 깊이감이 가장 얕은 첫줄의 관객만이 느낀다.

관심 지점 정하기

피사체의 움직임이나 배우가 화면의 뒤쪽에서 비전 피라미드(vision pyramid) 영역 밖으로 위치하는 경우 관객의 '불신의 유예(Suspension of Disbelief)'는 중단되지 않는다. 이것은 단지 피사체나 배우가 실제 화면 가장자리 뒤로 가려져있다고 관객이 믿도록 만든다. 이럼에도 불구하고 화면 안팎을 너무 자주 들락날락하는 배우는 관객이 장면을 화면으로 관찰하고 있다는 것을 인식하게 만든다. 이것은 관객의 장면 속 움직임으로부터의 거리를 증가시키고 장면에 대한 몰입감을 감소시킨다. 따라서 가능한 한 프레임의 가장자리 뒤쪽이 아닌 촬영 세트에 있는 피사체 뒤로 장면이 들어가고 나오게 해야 한다. 관객 자신이 화면의 반대쪽에서 바라보고 있다는 것을 떠올리지 않도록 화면 오른쪽에 있는 나무 뒤로 배우가 사라지게 한다면, 관객의 시선은 화면의 가장자리보다는 나무에서 멈출 것이며 관객의 몰입감은 영향을 받지 않을 것이다.

깊이의 (불)연속성

3D 강도는 영화가 상영되는 동안 크게 달라질 수 있다. 일부 장면은 먼 시야와 가까이

위치한 전경 피사체로 강한 깊이감을 제공할 것이며 다른 장면들은 피사체간의 거리가 상당히 가까운 몇 개의 레이어들로 인해 깊이감이 얕게 보여 질 것이다. 하지만 영상의 컷들은 관객 자신의 입체시로 인지한 3D 세계를 서서히 조정할 수 있도록 이전 장면과 다음 장면의 깊이 요소를 비슷하게 가져와야 한다. 예를 들어 먼 수평선을 가진 실외 숏에서 실내 숏으로 장면이 바뀔 때, 화면에서 주목하게 되는 대상이 - 일반적으로 주인공 – 양쪽 샷에서 동일한 거리를 유지하는 경우 장면의 전환은 매끄러워 보일 것이다. 만약 대본에서 두 숏 간에 완전히 다른 깊이감의 변화를 필요로 하는 경우, 첫 번째 숏의 끝 부분과 다음 샷의 시작부분에서 주목하게 되는 대상의 거리를 대략 동일하게 만들어 줌으로써 깊이감의 장면 전환을 용이하게 할 수 있다. 기본 원칙은 하나 이상의 요소, 가급적이면 관심을 끌 가능성이 많은 요소에 대한 거리의 연속성을 보장하는 것이다. 이러한 조건 하에서 갑작스러운 장면 전환이나 슬라이드, 느린 크로스-디졸브 (cross-dissolve)등의 전환은 문제 되지 않을 것이다.

아래 왼쪽에 있는 시간/깊이 도표는 실내 숏에서 야외 숏으로 전환을 보여준다. 장면 전환에서 첫 번째 숏의 주인공은 약간 스크린 뒤에 있으며 전경 피사체는 스크린 면 약간 앞에 있다. 두 번째 숏에서 관객이 집중하게 될 또 다른 피사체는 스크린의 동일한 쪽에서 그리고 다소 비슷한 깊이에서 나타난다. 전경은 두드러지지 않으며 카메라는 인물과 세트를 카메라에 더 가까이 가져오도록 천천히 앞쪽으로 움직임을 주도록 맞물려있다. 이 맥락에서 장면 전환의 전과 후는 깊이의 초점 간에 진정한 연속성이 있기 때문에 쉽게 용인된다.

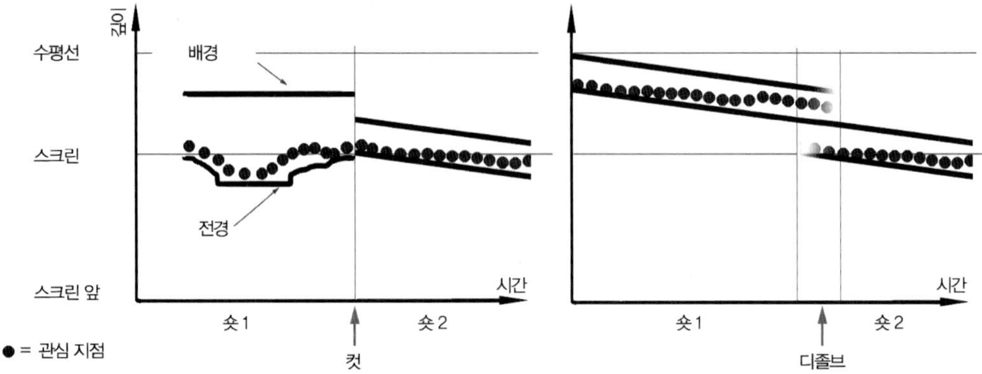

그림 04-03 왼쪽: 컷 전환이 쉽게 이뤄지는 동안 깊이 정량(depth budget)의 변화
오른쪽: 허용 가능한 크로스-디졸브가 적용되는 동안의 변화

오른쪽 시간/깊이 도표에서 실내 숏에서 앞으로 움직이는 이동 시간을 단축하기 위해 숏은 다른 숏 속으로 페이드 된다. 깊이의 연속성은 크로스-디졸브에 의해 유지되며 집중할 피사체는 이동이 매끄럽고 평행하다는 사실로 인해 용이해 지며, 결과적으로 매우 예측가능하다.

가로 수평선

우리의 뇌는 우리의 감각이 인식하는 것과 동일한 3차원 현실을 재구성하기 때문에 가상 세계에서의 몰입이 가능하다. 우리는 3D 이미지를 볼 때 감각 자극의 약 80%를 시각적 자극으로 인식하며 소리는 귀로 인식한다. 우리의 귀는 인식된 이미지와 함께 촉각과 균형감이 일치하고 있어야 소리를 인식한다.

테마 공원에 있는 입체영화상영관은 영화 내용에 알맞게 제작된 움직이는 의자와 공기, 물 분사, 진동 등과 같은 기계적 특수 효과를 제공한다. 특수 효과와 이미지 간의 불일치는 불신의 유예를 깨트리기 때문에 이들 효과는 신중하게 만들어져야 한다. 우리가 보는 이미지와 우리 속귀 안에 있는 평형기관의 어긋남은 시청을 방해한다. 더욱이 불신의 유예가 완전히 깨지지 않은 경우, 뇌는 두 개의 충돌하는 현실 사이에서 계속적으로 선택을 강요받는다는 점이다. 이러한 상황은 대부분 구토 증세를 유발한다.

불안정하거나 단순히 기울어진 수평선은 가상 세계의 일관성을 깨트리기에 충분하다. 3D로 촬영할 때, 카메라의 수평 상태를 항상 이중으로 확인하자. 가로 수평선은 2D에서보다는 3D에서 더 중요하다!

부감 시점(높은 데에서 내려다 보는 시점)

야외 장면에서 시지평선(visible horizon)의 위치는 카메라 수평 상태의 기준을 제공하기 때문에 중요하다. 화면에서 부드럽고 빠르게 상승하는 수평선은 떨어지는 느낌을 연상시킨다. 몰입이 정말로 효과적인 경우 관객은 떨어지는 것을 방지하기 위해 팔걸이를 꽉 붙잡을 것이다. 제임스 카메론은 아바타에서 이 효과를 성공적으로 이용한다. 급강하의 시작부분에서 고도의 시지평선은 움직임을 고려하여 위치하고, 하강이 시작되면 수평선은 더 이상 보이지 않게 된다. 하지만 카메라는 여전히 장면의 위쪽에 위치하며 관객에게 장면 안에 존재한다는 느낌을 주면서 관객의 관찰자 위치가 배우의 위치보다 더 안전하다는 것을 무의식적으로 시사한다. 배우의 위치는 더 낮고 따라서 위험에 더 가깝다.

몇몇 감독들은 약간의 부감시점 카메라를 가지고 여러 장면을 촬영하는 습관이 있다. 프레임에서 높이 위치한 가로선과 더 크게 보이는 지면은 전체 장면의 깊이감을 감소시킨다. 입체 효과가 가장 뚜렷한 부분에 위치한 세트의 대부분은 관찰자의 임장감을 강화한다.

Horizontal camera, centered horizon, immersion as an actor in the scene.

High angle shot, high horizon, immersion as a scene observer.

그림 04-04 관객과 세트 간의 관계는 부감샷에서 프레임의 상단에 수평선을 가질 때 차이가 난다.
© B. Michel

줌과 카메라의 움직임

양안 이미지에서 표현되는 깊이 단서(depth cues)는 뇌가 3D 이미지를 만드는 것을 돕기 위해 결합한다. 장면의 깊이감은 여러 가지 요소로 나타내 질 수 있으며 일관성 있는 수많은 단서가 존재하는 경우 더 좋게 평가된다. 예를 들어, 트랙킹 숏에 의해 발생된 운동 시차(motion parallax)는 양안시를 보완하며 장면을 더 쉽게 이해하도록 만든다. 롱 테이크에서의 점진적인 시점 변화는 새로운 요소를 지속적으로 보여주어 뇌에서 입체 정보를 하나씩 추가하도록 돕는다. 이러한 샷은 빠른 컷으로 장면 전환을 하는 것보다 피로감이 덜하다.

텔레비전 보도영상이나 영화에서의 줌 사용에 익숙해져 있다고 하더라도 줌의 효과는 인간의 눈에 자연스럽지 않다는 것을 잊지 말아야 한다. 인간의 눈은 결코 확대하여 보지 않는다! 장면의 움직임에서 주는 몰입감은 고정된 자리에서 카메라 렌즈의 줌 인,

줌 아웃을 사용하는 것보다 렌즈의 초점 거리를 고정시키고 카메라를 움직여 촬영하는 경우가 더 낫다.

줌잉(zooming)은 또한 촬영에 몇 가지 기술적 제약을 추가한다. 우선 3D 리그에서 두 개의 줌은 결코 완벽하게 일치하지 않으며 자동 또는 수동으로 보정이 필요하다. 둘째, 초점 거리를 늘리는 것은 깊이감을 축소한다. 이것은 두 렌즈의 축간격(interaxial)을 늘려 깊이감을 보상해주어야 한다. 만약 줌잉의 시작점과 끝점에 전경피사체가 포함된다면 카메라의 수렴점(convergence)도 점진적인 조정이 필요하다.

앞서 살펴본 내용을 결론지어보면 실제로 카메라를 움직여 촬영하는 것은 기술적, 예술적인 문제로 불가능한 특별한 상황에 대체하기 위해 줌렌즈의 사용도 남겨두어야 한다.

그러나 조심해서 사용하면 줌 또한 유용한 창조적 도구로 남는다.

스토리보드

3D 영화와 TV가 지나가는 유행 이상의 것이 되려면 스토리텔링의 필요에 부응해야 한다. 첫 관객을 끌어들인 극적인 3D 효과를 넘어 3D 영화팬들은 몰입감과 액션의 일부를 경험하고자 하는 느낌을 추구하고 있다.

미디어 산업은 더 나은 스토리와 스토리텔링을 위해 경주를 벌이고 있다. 3D가 제공하는 몰입감을 강화하는 것은 이 목표에 기여할 수 있지만 많은 장애물이 극복되어야 한다. 위에서 설명한 것처럼 일부는 기술적인 장애물이고 일부는 의미론적인 장애물이다. 스토리텔링에서 어떻게(how)는 왜(why)만큼 중요하다. 3차원이 추가되면서 즉흥성은 더 이상 불가능하다. 깊이의 현명한 사용은 일찌이 대본 작성 단계부터 고려되어야 한다.

다행히도 아주 초기부터 이러한 창작 작업에 감독을 지원하는 사전시각화 도구가 있다. 이 도구는 감독, 작가, 촬영감독, 스테레오그래퍼 간의 협력을 용이하게 한다. 그러나 3D이건 아니건 간에 영화의 첫 번째 규칙을 기억하자. 영화는 스토리가 좋아야 좋은 영화이다!

영화에서 3D의 성공은 확실히 기술적인 숙달을 요구한다. 하지만 더 중요한 것은 성공은 창조성과 모든 가능한 자산을 활용한 혁신적인 스토리텔링의 방법 개선을 필요로 한다는 것이다. 무성 영화에서 발성 영화로의 전환 그리고 흑백에서 컬러로의 전환은 모두 이 문제를 성공적으로 극복했다. 마찬가지로 3D로의 전환이 성공적인지는 수년 내에 알게 될 것이다.

3D의 사용은 영화 내내 조절되어야 한다. 강한 입체감의 순간, 부드러운 3D 효과와 분위기 있는 순간 등 모든 것이 가능하다. 그러나 첫 단계는 언제나 글쓰기 단계에서 3차원을 포함하는 것이다.

3D와 스토리보드

대본은 대화간의 미묘한 차이나 저자가 필시 마음속에 갖고 있었던 시각적 감정을 표현하지 않는다. 따라서 대본을 스토리보드로 옮기는 것은 영화를 함께 작업하는 사람들 간에 의사소통 수월히 할 수 있는 방법이다. 물론, 시작점이 종종 단순한 종이 한 장일지라도 적절한 소프트웨어의 사용은 첫 번째 창조적 단계를 용이하게 한다. Toon Boom Storyboard는 매우 간단한 스토리보딩 소프트웨어이다. (약 120불, www.toonboom.com). 이 소프트웨어는 3D 영화만을 위한 툴은 아니지만 자유로운 스케치와 텍스트를 바탕으로 하고 있기 때문에 추가적인 3D 정보를 나타내는 것이 용이하다. 모두들 자신만의 규칙을 사용하지만 가장 중요한 것은 제작 구성원 간의 명확한 의사소통이다.

스토리보드는 픽션, 애니메이션, 다큐멘터리 또는 생방송 보도이건 간에 전체 영화를 설명하는 주석이 달린 일련의 그림이다. 서술적인 세부 사항, 대화 문장, 프레이밍에 관한 지시, 연출 등 3D는 매우 세부적이고, 매우 모호하고 심지어 완전히 결여되어 있을 수 있다. 하지만 스토리보드는 팀 구성원들이 영화의 주제에 익숙해지도록 하기 위해 갖고 있는 가장 유용한 도구 중 하나이다. 대략적인 스케치의 경우라도 장면 삽화를 넣는 것은 여러분이 이해시키고자 하는 시각적 메시지의 구조를 보여주고 감독의 우선 사항을 강조한다. 또한 스토리보드는 서로 다른 장면들의 지속 시간과 마스터 편집에서 장면의 균형을 평가하기 위한 도구이다. 당연히 몇몇 야외 촬영지를 물색하고 있다면 시나리오 개요를 쓰기 위한 삽화나 배경으로 사진을 활용할 수 있다.

3D에 대한 구체적인 지시는 스토리보드 그림 안의 수직 가장자리에 위치한 간단한 그래프로 지원된다. 이 그래프는 배경, 전경, 스크린면(스크린 면에 있는 피사체는 시차가 없기 때문에 Z0 레벨 이라고도 불림)을 보여주며 전체 입체값의 정량 중에서 숏에서 사용되는 깊이의 범위(depth range)를 보여준다.

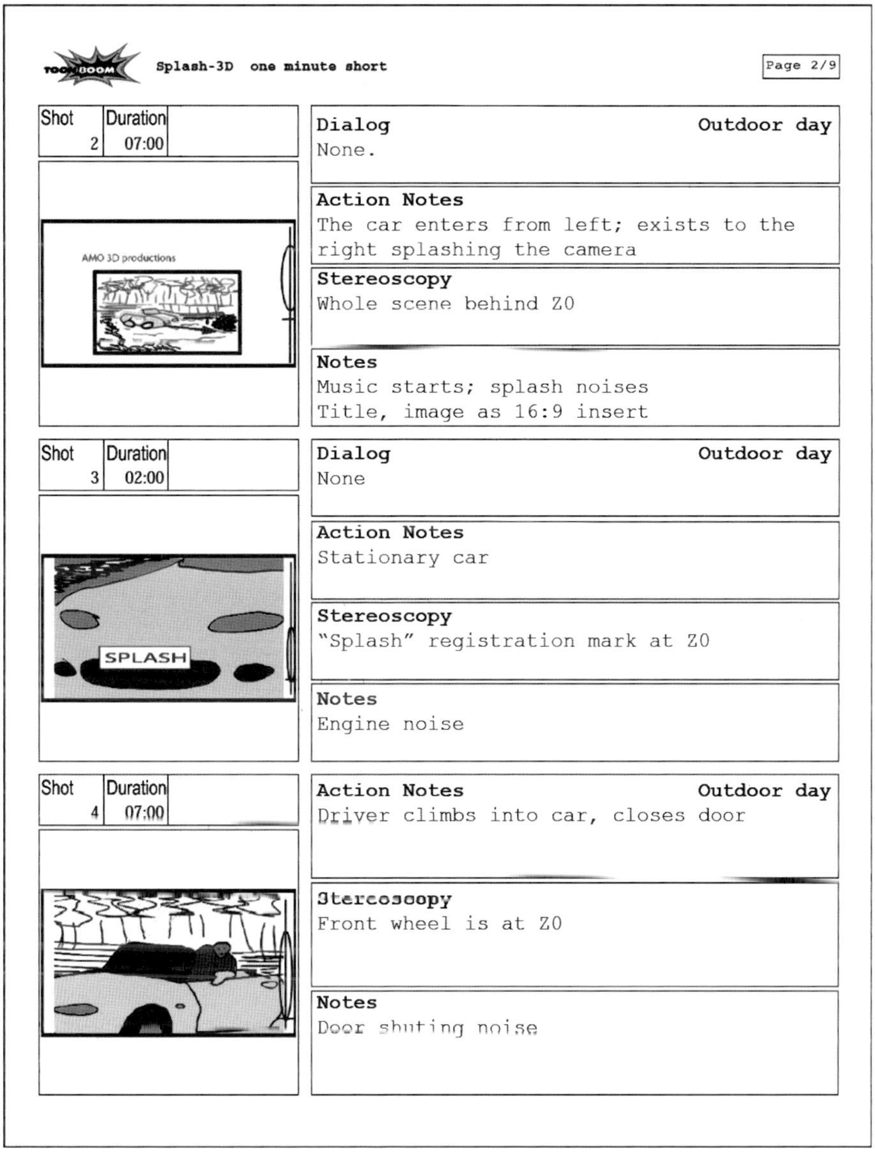

그림 04-05 Toon Boom Storyboard로 만든 스토리보드 페이지. 3D에 관한 정보는 왼쪽 네모 칸 안의 오른쪽에 있는 수직 그래프로 나타나있다.

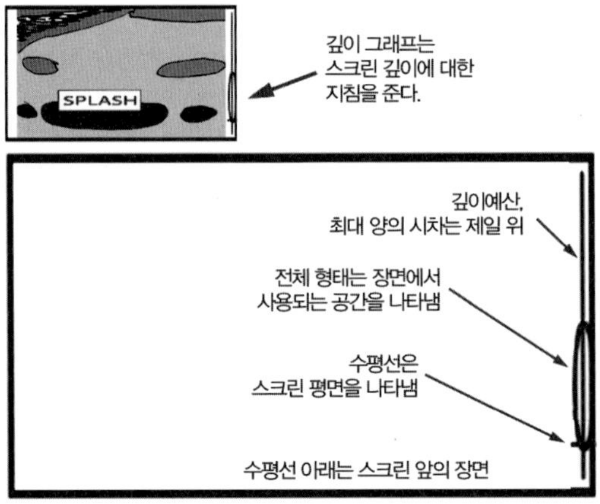

그림 04-06 입체값의 정량(depth budget)에서 장면의 깊이를 나타내기 위한 일반적인 그래프의 예

사전시각화

3D 깊이감을 포함하는 몇몇 요소가 담긴 스토리보드가 만들어지면 정교하게 영화를 준비하는 다음 단계는 사전시각화(previsualization) 소프트웨어를 사용하는 것이다. 이러한 툴은 다소 충실하게 3차원에서 세트를 만든 후 손으로 그린 스토리보드보다 훨씬 더 정확한 기술적 정보가 들어있는 스토리보드를 만들어 낸다.

그림 04-07 사전시각화 소프트웨어 Frame Forge Pre-viz Studio 3은 여러 종류의 카메라들의 3D를 시각화 할 수 있다.
© 2003-2012 Innoventive Software, LLC

영화 전체 테이크를 이렇게 CGI 레이아웃으로 만드는데 소비하는 시간은 유익한 투자라고 할 수 있다. 게다가 이 레이아웃은 정확히 프레이밍 된 영상을 제공하며 기술적으로 선택 가능한 사항을 확정하거나 개선한다. 가장 잘 알려진 사전시각화 소프트웨어는 3D 촬영의 모든 상세한 특성을 고려하는 FrameForge Pre-viz Stereographic 3D Studio이다(www.frameforge3d.com).

배우나 소품 등의 피사체, 간단한 배경 혹은 목적에 맞게 디자인된 CGI 세트를 수직 혹은 수평 리그를 사용하여 각 장면의 촬영 위치를 잡는다. 그 다음 3D 매개 변수, 렌즈, 조명 등을 설정한다. 소프트웨어 상의 한쪽 화면에는 레이아웃의 위치를 보여주고 다른 한 쪽에서 (애너글리프, 편광 모드 또는 다른 3D 디스플레이 방법을 가지고) 카메라가 본 대로 3D 장면을 보여준다. 장면에 삽입된 오브젝트들은 Maya, 3D Studio Max 등의 모델링 소프트웨어로 만들거나 FrameForge가 제공하는 라이브러리에서 생성 할 수 있다. 천 개 이상의 소품과 인물뿐만 아니라 가장 일반적인 카메라 모델, 3D 리그, 광원(면광원, 팔로우 스포트라이트(follow spotlight), 태양광 등)은 물론 달리나 크레인 등과 같은 기타 액세서리도 사용 가능하다.

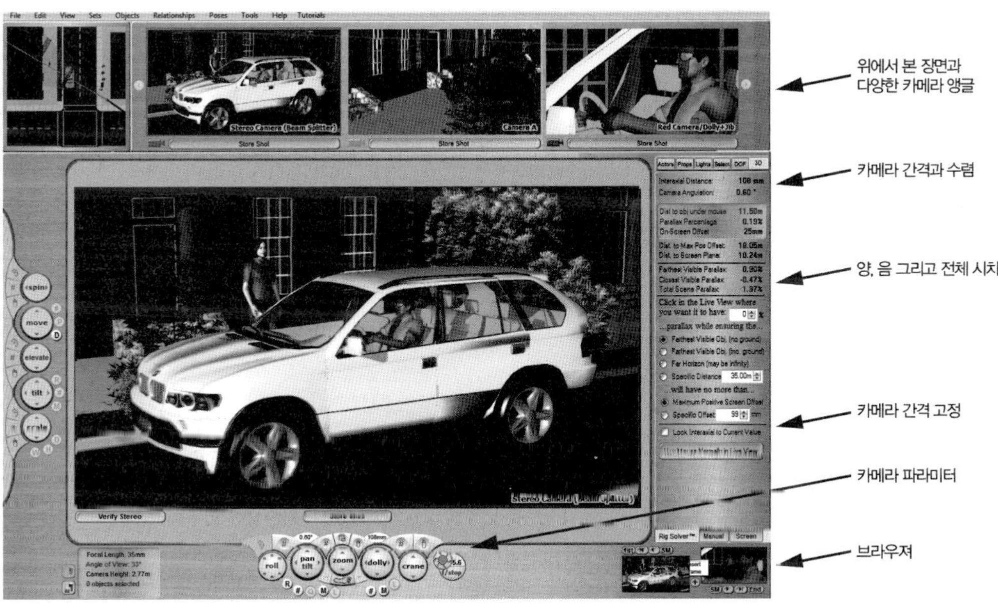

그림 04-08 FrameForge 사전시각화 소프트웨어 작업화면

보고서와 사전시각화 문서

사전시각화 프로그램은 2D 이미지가 그려진 스토리보드 또는 인쇄나 컴퓨터 모니터에서 확인 가능한 애너글리프 이미지를 생성할 수 있다. 또한 카메라워킹과 시간 등을 확

인할 수 있도록 애니매틱(animatic) 영상, 즉 일종의 시안 영상으로 출력이 가능하다. 풀 HD를 포함하여 다양한 포맷을 설정할 수 있다.

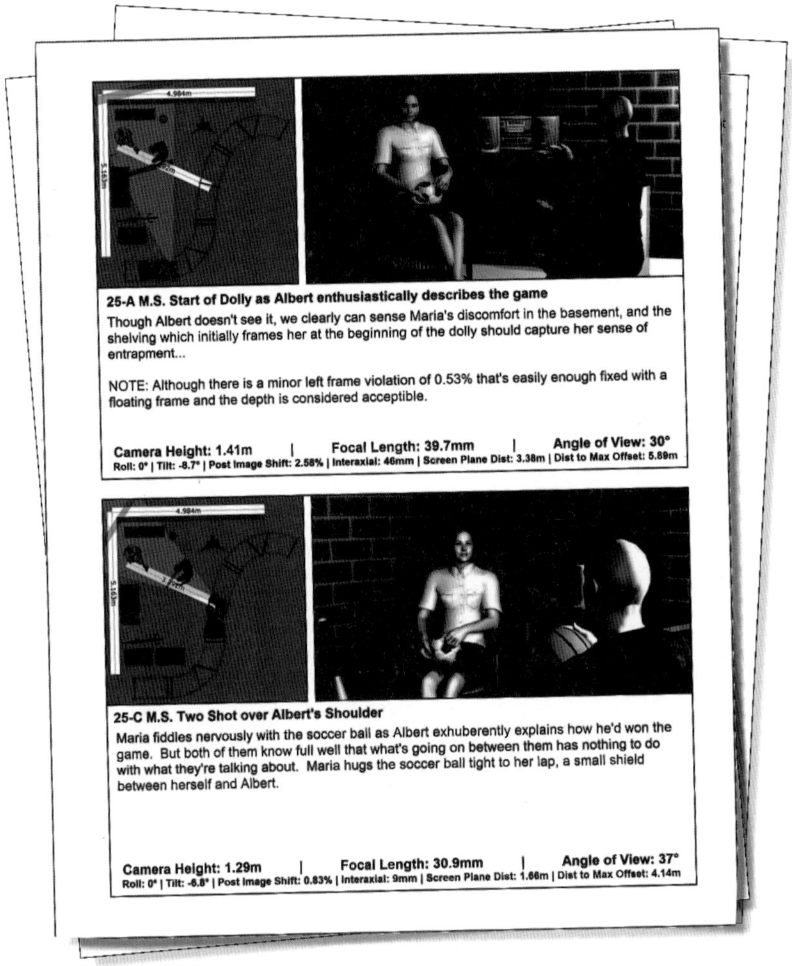

그림 04-09 3D 리그 파라미터가 주석으로 첨부된 FrameForge 스토리보드의 예. 애너글리프 출력이 가능하여 인쇄된 종이에서도 입체를 확인할 수 있다.

사전시각화 소프트웨어의 가장 큰 장점은 세트 견본을 정확하게 만드는 능력뿐만 아니라 기술적인 셋업의 실제 타당성 여부를 검증하는 것을 가능하게 한다는 점이다. Red 카메라와 프라임 렌즈를 수직리그에 설치하도록 선택하고, 시뮬레이터에서 프레임이 올바른지 확인하고, 트래킹(tracking)을 하며 원치 않는 부분을 드러내지 않는다는 것을 확인하며, 추가적으로 수렴점과 축간격과 같은 입체 설정을 직접적으로 확인할 수 있다. 또한 FrameForge는 카메라, 리그, 달리 트랙(dolly track), 조명을 포함한 모든 장비의 목록을 생성한다.

스테레오 검증기는 FrameForge에 의해 생성된 또 다른 보고서이다. 이것은 장면 안에 보이는 모든 오브젝트를 체크하고 최소 및 최대 거리, 시차, 화면의 이미지 오프셋을 보고한다.

통합된 3D 계산기에 의해 도출된 수렴, 축간격 값, 윈도우 위반 그리고 픽셀단위나 퍼센테이지로 보여지는 최소, 최대 시차값과 같은 기술적 데이터는 Excel 시트로 내보낼 수 있다.

가장 중요한 기술 데이터 또한 각 스토리보드 상자 하단에 포함시킬 수 있다.

3D 영상 촬영

3D의 도입과 함께 새로운 기술 제약이 기존 사진술의 일반적인 규칙에 추가되었다. 예를 들어 최종 스크린 사이즈는 감독의 선택에 영향을 미치고 숏이 프레임 안에 들어가는 방식은 불신의 유예 감정을 변화시킬 수 있다. 3D 촬영의 가장 일반적인 함정을 피하기 위한 몇 가지 조언을 보자.

병렬 방식으로 촬영하기

스테레오그래퍼들은 카메라맨들에게 2D 촬영에서처럼 동일한 방식으로 줌렌즈를 사용하는 것에 대해 경고한다. 입체영상은 망원 렌즈보다는 광각 렌즈를 사용할 때 더 나은 몰입감을 제공한다. 물론, 광각 숏은 카메라가 대상과 아주 가까이 위치해 있나는 것을 의미하며 이것이 언제나 가능한 것은 아니다.

야외 스포츠 경기를 촬영하기 위해서 대부분은 축간격 조정이 가능한 수평 리그가 선호된다. 수렴 조정이 가능하며 수평리그 보다 조작이 더 복잡한 수직리그는 장면이 10미터 이상 떨어져 있을 때는 정말로 필요가 없다(수직리그는 클로즈업이 더 일반적인 테니스와 농구에 유용하다). 촬영하는 동안 초점 거리를 늘려야 한다면 줌 인하는 것과 동시에 축간격을 늘리고 카메라를 병렬로 유지하라. 화면 안에 촬영되는 피사체들은 자신의 부피와 모양을 유지한다. 또한 병렬 방식의 촬영은 두 렌즈의 수렴으로 인해 발생하는 부적절한 시차의 위험을 줄여준다. 그러나 또 다른 피사체를 등장시키기 위해 화면의 프레이밍을 다시 해야 한다면 리그의 파라미터를 변경하면서 카메라 무빙(앞쪽 또는 사선 트래킹)을 주는 것에 주의를 기울여야 한다. 이 경우 만약 카메라를 고정시켜버린다면 화면 사이즈의 변화는 너무 산만해 질 수 있다.

수렴은 주 피사체를 스크린 면으로 가지고 오며 오브젝트의 부피감(roundness)을 증가시킨다. 이것은 영화에는 적절할 수 있지만 스포츠나 다른 야외 이벤트에는 좀처럼 좋은 생각이 아니다. 움직임이 너무 멀리 있다면(예를 들어, 축구의 경우), 움직임은 스크린 면 뒤에 있어야 한다. 일부 전경 피사체들은 지나치게 이목을 끌지 않는 상태로 깊이감을 증가시키기 위해 있어야할 필요도 있을 것이다. 물론, 주 피사체에 너무 많은 시차를 주어 관객의 시각계에 불필요한 스트레스를 주지 않아야 한다. 주 피사체를 항상 스크린 면에 유지하는 것은 깊이 정량의 사용가능한 부분을 감소시키며 부자연스러워 보일 것이다.

스크린 크기에 따른 시차의 양 관리

최대 시차 값은 가장 큰 스크린에서 설정되어야 한다. 3장에서 논의했듯이 영국 방송사 Sky 3D는 시차의 양이 스크린 폭의 3% 즉, 스크린 뒤쪽으로 2% 그리고 앞쪽으로 1%를 초과하지 않아야 한다고 규정한다. 움직이는 로고나 기타 간단한 시각 효과 같은 짧은 그래픽 이미지 시차의 양은 4%의 양의 시차(스크린 뒤)와 2.5%의 음의 시차(스크린 앞의 물체)까지 짧게 상승할 수 있다.

영화관에서의 허용 값은 훨씬 작으며 특히 스크린 뒤의 깊이 영역 부분이 그러하다. 10미터 폭의 스크린에서 65 mm의 최대 시차는 0.65% 이동만으로 도달한다. IMAX 극장을 제외한 대부분의 영화관은 20미터 미만의 스크린 폭을 갖고 있다. 따라서 시차를 0.32%로 제한하는 것이 바람직하다. 약간의 디버전스(divergence)가 허용되면 0.5%가 최종 한계로 선택될 수 있다.

콘텐츠가 TV나 다른 소형 스크린에서 배급되지 않고 영화관만을 위한 것일 경우, 스크린 앞의 돌출영역은 증가할 수 있으며 간단히 양안 이미지를 가로로 이동시켜(horizontal shift) 전체 장면을 앞으로 끌어당길 수 있다. 이는 후퇴 영역의 시차(positive parallax)를 허용 가능한 값까지 줄일 것이다. 이러한 조절이 영화관에서는 관객들이 스크린으로부터 멀리 떨어져 있기 때문에 3D TV 시청 시 보이는 초점 조절/수렴 상관관계 문제가 영화관에서는 발생하지 않기 때문에 가능하다.

깊이 정량(depth budget) 관리 문제를 간소화하기 위해 촬영과 후반 단계에서 최소 및 최대 시차 간의 범위를 3% 범위로 제한할 것을 권고한다. 이는 영화가 상영되는 가장 큰 스크린에서 후퇴영역의 시차값을 65 mm로 제한하기 위함이다. 아래 표에서 보는 바와 같이 스크린이 클수록 허용 시차의 정량(parallax budget)은 더 작다.

스크린 크기에 따른 시차 값

스크린-관객 거리의 % 단위 지각 거리	시차 (mm)	1미터 TV 스크린의 시차		5미터 스크린의 시차(홈시어터)		10미터 스크린의 시차(영화)		20미터 스크린의 시차(영화)		30미터 스크린의 시차(IMAX)	
		픽셀	%	픽셀	%	픽셀	%	픽셀	%	픽셀	%
〈20% (회피!)	〈-260										
20%	-260	-532	-26.0	-114	-5.6	-57	-2.7	-28	-1.4	-19	-0.93
30%	-152	-311	-15.2	-65	-3.2	-32	-1.6	-16	-0.8	-11	-0.54
40%	-98	-200	-9.8	-43	-2.1	-21	-1.0	-11	-0.5	-7	-0.34
50%	-65	-133	-6.5	-28	-1.4	-14	-0.7	-7	-0.3	-4.7	-0.23
75%	-49	-100	-4.9	-12	-0.6	-5	-0.2	-2	-0.1	-1.3	-0.06
87%	-10	-20	-1.0	-4	-0.2	-2	0.1	-1	-0.05	-0.6	-0.03
스크린 평면	0	0	0	0	0.0	0	0.0	0	0.0	0.0	0.00
114%	20	41.	2.0	8	0.4	4	0.2	2.0	0.10	1.2	0.06
200%	32.5	65	3.2	14	0.7	7	0.3	3.5	0.17	2.4	0.12
500%	52	104	5.1	23	1.1	11	0.5	5.6	0.27	3.8	0.19
1,000%	59	118	5.8	25	1.2	13.	0.6	6.4	0.31	4.3	0.21
무한 수평선	65	133	6.5	28	1.4	14	0.7	7	0.34	4.8	0.24
시차 정량의 최종 한계			32.5%		7%		3.4%		1.7%		1.1%

주: 강조되지 않은 값은 일반적으로 권장하지 않는다.

위의 표에서 우리는 IMAX 스크린에서 가장 좋은 깊이감이 1%처럼 작은 시차 정량(parallax budget)으로 주어진다는 것을 알 수 있다. 표의 다른 쪽의 1미터 TV 스크린

(50" 모델)에서 무한 수평선(infinite horizon)과 강한 돌출 효과를 동시에 주는 것은 스크린의 1/3만큼 큰 시차가 요구된다는 것에 주목한다.

앞서 논의된 많은 이유로 이러한 넓은 시차는 관객의 뇌에서는 융합하기 매우 어려울 것이다. 깊이 정량(depth budget)은 Sky3D가 권고하는 대로 강력하게 제한되어야 할 것이다. 이것은 관객에게 덜 두드러진 3D 느낌을 제공하지만 불쾌한 시청 경험을 방지한다. 3%의 시차를 가지고 만들어진 영화는 IMAX 극장과 일부 매우 큰 장소를 제외한 대형 스크린에서 진정한 무한 수평선(infinite horizon)과 좋은 돌출 효과를 보여줄 것이다.

스크린이 큰 극장에서의 짜증스러운 발산을 피하기 위해 후퇴영역의 시차가 65 mm 이하로 되도록 두 이미지를 이동시키는 것이 필요하다. 이것은 전체 장면을 앞으로 끌어당겨 관객과 장면이 더 가까워지도록 할 것이다.

카메라 조심히 다루기

뇌는 빠르게 나타나는 대상으로부터의 거리를 판단하는데 시간이 필요하기 때문에 빠른 속도의 카메라 패닝(panning)은 3D 영화에서 환영받지 못한다. 관객의 관심을 주인공에게 돌리기 전에 각각의 새로운 등장을 받아들일 수 있도록 관객에게 충분한 시간을 주는 것이 현명하다. 이것을 고려하여 빠른 카메라 패닝과 달리(dolly) 촬영은 피해야 한다. 특히 수많은 전경 피사체들이 시야에 계속 들어오는 경우에는 더욱 피해야 한다.

관객이 주요 대상에 관심을 유지하도록 하기 위해 움직임을 방해하지 않으면서 전경의 물체를 시야로 가져오는 방법을 찾아야 한다. 예를 들어 운동장과 운동장에 그어진 흰색 선을 서서히 시야로 가져오는 달리(dolly)를 이용한 촬영은 관객의 초점을 방해하지 않는다. 그러나 이러한 카메라 무빙에서 예상치 못한 인물이나 물체가 화면에 나타나면 관객은 새로운 물체에 초점을 맞추며 주 피사체에서 시선을 뗀다.

규칙은 일반적인 스포츠 경기 촬영을 할 때 기존에 익숙한 속도보다 두 배는 느리게 움직임을 주는 것이다. 이 규칙은 수많은 근거리 장애물이 프레임에 갑자기 나타날 때조차도 철저히 지켜야 한다.

앞으로 몇 년 동안, 빠른 프레임 속도, 즉 초당 48 프레임 또는 60 프레임으로 촬영하는 것이 일반적인 것이 되면 화면의 움직임은 눈에 더 부드럽고 온화해질 것이다. 어떤 경우라도 복잡한 장면에서 빠른 팬(pan)은 뇌에서 세트의 이미지를 재구성하기 위해 다량의 깊이와 부피 정보를 처리하게 할 것이다. 따라서 과도함은 관객을 빨리 지치게 하며 두통을 유발할 가능성이 있다.

줌 아웃의 사용

현장 중계차 내에서 이루어지는 편집은 줌 인이 들어가기 전이나 들어가는 중에 편집되는 것 보다 피사체에 줌(zoom)를 끝낸 후 편집하는 것이 좋다. 촬영 대상을 선정하면 피사체를 몇 초간 촬영하다 줌 아웃을 시작하고 화면 안에 주변의 요소들을 하나씩 드러내며 원근감과 움직임에 깊이를 추가한다. 이것은 3D 효과를 강화시키는 반면, 줌 인은 전경과 배경의 오브젝트들을 프레임 밖으로 빼내고 동시에 깊이를 압축하여 깊이감을 감소시킨다.

와이드 숏에 낮은 카메라의 사용

평소보다 지면에 더 가까이 카메라를 배치하는 것은 더 많은 전경 피사체들을 시야로 가져온다. 흙, 게임의 시작선 등은 원근감을 증가 시키는 일련의 선을 제공하며 관객의 시선을 피사체의 움직임쪽으로 끌어당긴다. 숏이 준비되면 앞으로 천천히 줌 인하고

그림 04-10 낮은 카메라 앵글과 일부 전경 피사체는 깊이감을 증가시키며 좋은 3D 효과를 주는데 도움이 된다.
© Crig.be

피사체에 더 가까이 위치한 다른 카메라의 장면으로 바꿀 수 있다. 그러나 무슨 일이 있어도 이 규칙을 따르기 위해 구도를 제약하지 말도록 하자. 여러분이 원하는 예술적인 고려 사항과 메시지가 우선되어야 한다!

창의적으로 생각하기

3D 리그는 비싸다. 고정식 리그에 고정 초점 광각렌즈와 카메라를 설치하여 관객에게 원근감을 조금 더 줄 수 있는 인서트 컷(insert shot)을 추가하는 것은 어떤가? 이러한 고정식 카메라는 일반적인 숏이 아닌 1인칭 시점의 영상을 촬영할 수 있도록 휴대가 용이하고 저렴하다. 클로즈업이 큰 경기에서 중요한 순간에 감정적인 수준을 올리는데 사용되는 것과 동일한 방법이다.

입체 영상 제작 십계명

입체영상을 제작하는 스테레오그래퍼들은 3D 촬영의 함정을 피하기 위한 자신만의 규칙을 가지고 있다.

불가피한 의견 차이에도 불구하고 입체영상 제작 10개의 기본 규칙은 일반적으로 인정된 것들이며 대부분의 스테레오그래퍼는 아래 십계명 (특히 11번째 계명)에 동의할 것이다.

1. 카메라를 기하학적 완벽에 일치시켜라.
2. 시차를 스크린 크기에 따라 제한하라.
3. 반짝이는 물체와 강한 대비를 탐하지 마라.
4. 조명이 전체 무대에 넘치게 하라.
5. 줌보다는 광각을 선호하라.
6. 카메라를 결코 가만히 있도록 하지 말라.
7. 다른 무엇보다도 슬로우 테이크 시퀀스(slow-take sequence) 숏을 찬양하라.
8. 전염병처럼 프레임 가장자리를 피하라.
9. 스크린 돌출 효과를 현명하게 사용하라.

10. 3D 숏은 입체로 항상 확인하라.

그러나

11. 어느 날 분별 있게 이들 규칙을 어길 것이다.

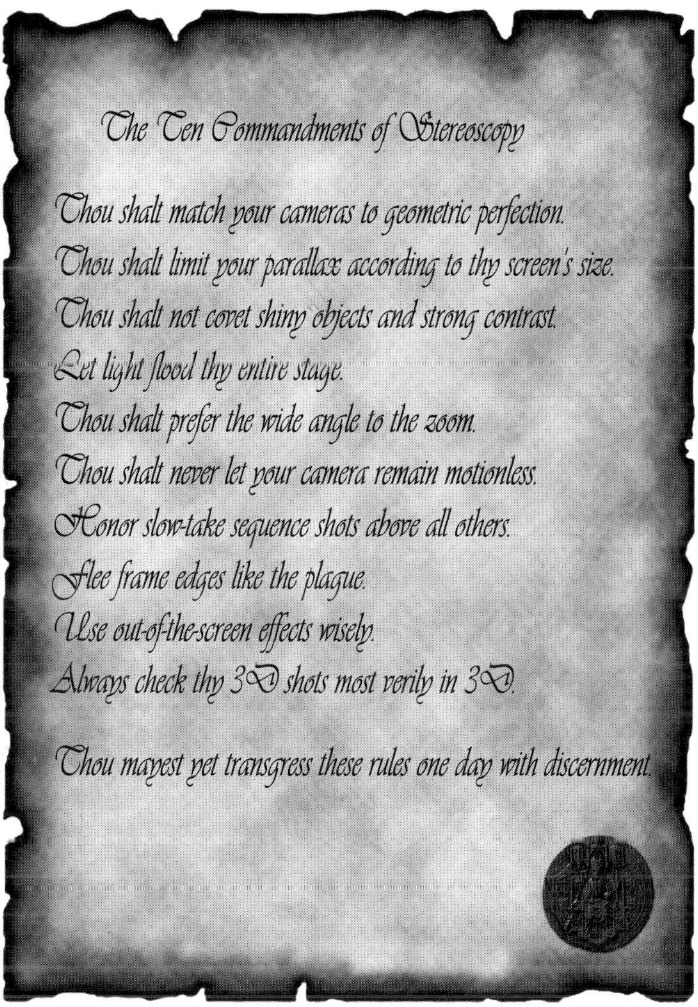
The Ten Commandments of Stereoscopy

Thou shalt match your cameras to geometric perfection.
Thou shalt limit your parallax according to thy screen's size.
Thou shalt not covet shiny objects and strong contrast.
Let light flood thy entire stage.
Thou shalt prefer the wide angle to the zoom.
Thou shalt never let your camera remain motionless.
Honor slow-take sequence shots above all others.
Flee frame edges like the plague.
Use out-of-the-screen effects wisely.
Always check thy 3D shots most verily in 3D.

Thou mayest yet transgress these rules one day with discernment.

그림 04-11 저자가 몇 년 전 발표한 "입체 영상 제작 십계명". 그러나 이전보다 오늘날 더 적절하다.
© www.stereoscopynews.com

이 규칙들은 결과에 정통한 여러분이 따라야 하는 그리고 위반해야 하는 지침일 뿐이다. 모든 프로듀서와 스테레오그래퍼들는 좋은 스토리를 이야기하고 그것을 잘 말하는 것이라는 점이 가장 중요한 것이라는 것을 확인해 줄 것이다. 몇 가지 규칙을 위반하면서도 장면이 순조롭게 진행된다면 그 경우에는 OK이다! 그리고 이와 관련된 수많은 사례가 있다. 예를 들어, *Avatar*에서 제임스 카메론은 주변 장식보다는 주인공에게 초점을 유지하기 위해 군사령부 장면에서와 같이 몇몇 돌출되는 전경에 조명을 덜 주기로 결정했다.

3D 문법은 아직 여기에 없다

영화는 예술이며 우리가 알고 있는 것은 예술이 규칙으로 강등될 수 없다는 것이다. 새로운 감독들은 지금 디지털 스테레오스코피를 실험하고 있으며 새로운 문법을 발명하기 시작했다. 순수 음악 예술에서 초심자는 자신만의 스타일을 만들기 전에 달인의 예를 따르도록 조언 받는다. 미래의 3D 영화 제작자들도 그렇게 할 것이다. 다행히도 몇몇 중요 인물들은 이미 첫 번째 허들을 넘었다. 제임스 카메론과 그의 *Avatar*가 즉시 머리에 떠오른다. 카메론은 액션에 쉽게 몰입되는 것과 불신의 유예를 유지하는 것이 관객의 만족도와 관련이 있다는 것을 이해했다. 과거 몇몇 영화가 도를 넘는 3D 사용으로 유명했기 때문에 3D 사용은 제어되어야 하며 도를 넘게 해서는 안 된다. 카메론의 입체는 공격적이지 않았으며 대부분 스크린 면 뒤에 남아 있었다. 그러나 이것은 때로는 강한 3D로 때로는 거의 얕은 깊이로 상당히 교묘하게 조절되었다.

사실 3D 예술은 깊이를 이해하고 인식하는 관객의 능력을 여러모로 활용하는 데에 있다. 확실히 이러한 3D 이해력의 과학적 근거를 결정짓긴 어렵지만 당분간은 이러한 원리가 효과가 있다는 것을 알 수 있다. 모든 연령의 관객들은 *Avatar*를 사랑했다!

입체수용력의 개념

영화 시작 부분에서 관객은 다소 제한된 깊이 인식 능력을 갖고 있다는 개념과 함께 시작하자. 오프닝 크레디트(opening credit)와 이야기 구성을 위해 설정된 첫 장면들은 몇 분 안에 3D 효과를 증가시킨다. 뇌가 이러한 장면에 익숙해지면 감독은 깊이 값을 활용하여 3D 효과, 특히 3D 전환, 부감(high angle) 및 앙각(low angle), 이동 촬영과 줌을 조정하기 시작한다. 3D 효과는 인물의 움직임을 강화하기 위해 때때로 강해지며 입체수용력(depth capital)을 재건하기 위한 시간을 관객에게 주기위해 때때로 약한 깊이감을 사용하기도 한다. 영화의 끝 부분에서 관객은 자신의 입체수용력이 완전히 충전된 상태로 극장을 떠나야 한다. 따라서 클로징 크레디트(closing credit) 동안 관객의 머리 위로 칼과 도끼를 던지는 것을 피해야 한다!

3D 효과에 대한 생리학적 연구는 확고한 규칙을 끌어낼 만큼 수가 많지도 않고 오래되지도 않았다. 하지만 3D 영화의 열렬한 관객들은 특정 요소가 뇌를 피곤하게 하고 입체수용력을 극적으로 감소시킨다는 것을 확인해 줄 것이다.

이러한 요소의 대부분은 영사와 관련되어 있다. 예를 들어,

- 너무 가깝고 깊이가 줄어든 스크린
- 너무 멀리 있고 깊이를 과장하는 스크린
- 너무 낮은 관람 위치
- 측면으로 너무 멀리 있는 관람 위치
- 너무 희미한 프로젝션 밝기
- 고스팅

다른 성가신 요소는 영화 자체에서 나온다. 즉,

- 윈도우 위반
- 1분마다 수많은 장면 전환이 있는 속도감 있는 편집
- 강한 깊이감을 가진 점프 컷들
- 강한 3D의 지속
- 깊이 정량의 전체 범위 사용
- 깊이 정량의 빠른 변경
- 콘트라스트가 강한 피사체와 큰 시차값
- 1초 이상 지속되는 큰 음의 시차(Negativc parallax)
- 수평 레벨과 기울기 변경
- 화면의 가장자리를 통한 인물의 등장과 퇴장

일부 매개변수는 입체수용력을 증가시키거나 완전히 재건한다.

- 관객이 돌출 부분 없이 몇몇 수준에서 탐사할 수 있는 잘 개발된 좋은 깊이 정량
- 카메라 이동이 느린 설정 숏
- 근거리와 원거리 디테일이 풍부한 세트
- 한계 내에서 잘 유지되는 깊이 정량
- 깊이 정량의 느리고 자연스러운 변화, 그리고
- 장시간 스크린 중앙에 집중되어 있는 액션.

따라서 감독은 영화 처음 몇 분 동안 관객이 자신의 입체수용력을 생성한 후 사용하도록 하고 완전히 고갈시키지 않고 회복하도록 하여야 한다. 마지막으로 관객들이 현실로 돌아갈 수 있을 만큼 충분한 입체수용력을 가지고 쇼의 마지막으로 가는 것을 돕도록 최대한 효율적으로 조직해야 한다! 감독은 대중이 매우 다양한 관객, 즉 시각적 효과보다는 시나리오에 더 관심이 있는 영화 팬, 열광적인 입체영화 팬, 가장 빠른 속도에 쉽게 적응하는 십대, 양안 거리가 좁은 어린이 등으로 구성되어 있다는 사실을 고려해야 한다.

3D의 조절

위에서도 언급했듯이, 3D 영화는 예술이며 영화의 모든 것을 제어하는 것은 사소한 일이 아니다. 이것은 해답이 있는 방정식이 아니라 감독 자신이 입체를 조정하기 위해 길을 찾는 빈 캔버스이다.

제임스 카메론(*Avatar*)은 관객의 입체수용력을 고갈시키지 않기 위해 고심한다. 그는 일반적으로 대부분의 십계명을 충족시킨다. 그의 장면 전환은 깊이의 연속성을 존중한다. 그는 길고 강력한 양의 시차(positive parallax)를 피한다. 대부분의 *Avatar* 장면은 멀리 위치한 배경이 거의 보이지 않는 숲에서 일어난다. 그는 큰 스크린에서 높은 몰입감을 제공하면서 영화 관객 혹은 50인치 TV 앞에 앉아 있는 시청자도 피곤하게 만들지 않는 비슷한 느낌의 3D를 만든다.

헨리 셀릭(*Coraline*)과 움직이는 플로팅 윈도우의 창시자인 그의 스테레오그래퍼 브라

이언 가드너는 영화 속 실제 세계(낮은 깊이 영역)에서 상상의 세계로 장면이 전환될 때 깊이감을 다르게 하여 입체를 유용하게 사용한다. 그들은 또한 배경을 약간 흐리게 하는 얕은 피사계 심도를 효과적으로 사용한다. 수렴의 위치와 동일한 피사계 심도를 사용하여 관객의 시선을 주 피사체에 고정시킨다. 게다가 피사계 심도와 수렴의 위치 변화도 동일하게 이루어진다.

벤 스타센(*Sammy's Adventures*)은 롱 테이크와 절제된 깊이 정량, 중앙에서 이루어지는 배우의 연기를 선호하며 이는 빈번히 스크린 앞으로 돌출된다. 또한 그는 숏 간에 뎁스 점프도 주저하지 않는다. 이러한 특징은 TV보다는 큰 스크린에서의 관람을 권장한다.

팀 버튼(*Alice in Wonderland*)은 축간격을 변경하고 동시에 줌잉과 트래킹을 조작함으로써 인물의 크기를 바꾸는 기법을 사용한다. 관객은 몰입감이 깨지지 않으면서도 주변 세트와 인물의 크기가 달라지는 미묘한 느낌을 경험한다. 이러한 장면에서 팀 버튼은 의도적으로 기존의 규칙을 반하지만 그의 꿈의 세계를 믿을만하게 만드는 데는 성공한다.

빔 벤더스(*Pina*)는 스크린 가장자리에 인물들을 자르지 않고 스크린의 중앙에서 액션이 유지되도록 하기 위한 촬영 도구로 원격 제어 크레인을 많이 사용한다. 그의 스테레오그래퍼 알랭 드로브와 함께 벤더스는 미국식으로 초점과 수렴을 조정하려고 하지 않지만, 관객들의 시선이 전체 세트의 부피를 탐색할 수 있도록 한다. 반면, 그는 그의 피사체를 세심하게 연구한 조명으로 보강한다. 그 성공 덕분에 *Pina*는 확실히 미래 3D 문법에 대한 참조 영화 중 하나가 될 것이다.

조셉 코진스키(*Tron: Legacy*)와 그의 촬영감독 클라우디오 미란다는 제임스 카메론의 촬영 장비(Cameron-Page 리그, Sony F35 카메라)를 사용했지만 근본적으로 다른 방식이었다. 그들은 종종 광각 렌즈(14 mm)를 사용했지만, 입체영상 제작의 11번째 계명의 추종자처럼 무대 설정 숏을 제외하고 관객의 시선이 전체 세트의 부피를 자유롭게 둘러 볼 수 있는 얕은 피사계 심도를 장려했다.

따라서 감독은 수렴과 얕은 피사계 심도의 결합으로 발생되는 디버전스(divergence)를 완화하기 위해 배경을 몹시 흐리게 하거나 조명을 불충분하게 줘야했다. 감독은 18 Kw 스포트라이트 앞에서 촬영하고 큰 렌즈 플레어를 얻는 것을 주저하지 않았고 그것은 3D에서 전적으로 수용되었다. 그들은 또한 인물의 개인 공간을 잠식하지 않도록 인물 뒤에서부터 충분히 멀리 떨어져 카메라를 유지하는 3D용 오버-더-숄더 촬영을 재발견한 첫 인물들이다. 이 두 기법은 촬영 현장의 큰 스크린에서 필수적으로 입체를 확인해야 한다.

십계명을 해석하거나 무시하는 창조적인 방법만큼 창조적인 감독들이 많이 있다. 그러나 그들은 모두 각각 자신만의 방식으로 미래의 입체 제작 기본 문법의 첫 페이지를 작성하고 있다.

CHAPTER 5

2D에서 3D로의 변환

- 2D 영화를 3D로 어떻게 변환하는가?
- 이러한 방법은 효율적인가?
- 3D 변환을 마음에 두고 영화를 어떻게 설계해야 하는가?
- 3D 변환의 이점을 무엇인가?
- 3D로 영화를 변환하는데 사용되는 소프트웨어는 무엇인가?

한 대의 카메라로 찍은 숏을 새로운 입체영화 버전으로 변환하는 것은 잠재적으로 매우 수익성이 있는 사업이며 많은 회사들이 참여하고 있다. 3D 입체 콘텐츠의 범위는 제한되어 있고 숙련된 스테레오그래퍼의 수는 적지만 수요가 아주 많으며 시장은 엄청나게 큰 것으로 생각된다. 게다가 3D 영화는 재정적으로 계획하기 어려운 반면, 차후 변환은 분당 고정 비용이 알려져 있다. 변환 시장이 향후 5년 동안 약3백50억 불의 가치로 평가되는 것도 놀랄 일은 아니다! 최근 이 분야에서 일하기 시작한 인도의 Prime Focus사는 현재 1,200명이 급여 대상자 명단에 있다.

잘 속아 넘어가는 투자자들에게는 불행하게도 2D에서 3D로의 변환은 어려운 기술 또는 과학이다. 이것은 영화 변환의 가격이 장면의 복잡성과 요구되는 품질에 따라 분당 5만 불에서 15만 불 사이에서 절충되는 이유이다. 이 분야의 선구자들은 모두 할리우드 가까이에 있으며 In-Three Incs., Legend 3D, Sony Imageworks가 가장 잘 알려져 있다.

2D에서 3D로의 변환 원칙

2차원 이미지를 3D로 변환하는 것은 사실상 2차원 이미지를 픽셀의 수평 이동, 즉 시차만 다른 2개의 이미지로 바꿔 놓는 것을 의미한다. 일반적으로 시차는 이미지 폭의 약 1%에서 3% 정도로 작기 때문에 스테레오 쌍 중 하나의 이미지는 원본 이미지로 간주할 수 있으며 또 다른 이미지는 생성된 이미지로 생각할 수 있다. 일반적으로 이 방법을 고수하면 원본 2D 이미지는 왼쪽 이미지가 되고 오른쪽 이미지는 아무것도 없는 상태에서 만들어져야 한다. 물론 반대로 하는 방법도 가능하다.

뎁스 맵

지나치게 단순화되어 결과가 의심스러운 방법을 제외하고 모든 변환 방법은 뎁스 맵의 생성을 기반으로 하고 있다. 일반적으로 장면 속 다양한 구성 요소들을 분할한 후 뎁스 맵에서 추정한 오프셋을 도입하여 두 번째 이미지를 생성한다. 다양한 자동 변환 방법과 수동 조작을 각 단계에서 사용할 수 있다. 영화 산업에서 분 당 청구되는 높은 3D 변환 비용은 고품질의 변환을 위해 투입된 막대한 수동 작업으로 설명될 수 있다.

그림 05-01

그림 05-02
이미지와 뎁스 맵(검정 = 가까움, 흰색 - 무한대)

사진과 비디오 변환

이제 비디오 시퀀스의 2D-3D 변환의 주요 단계를 검토한다. 원칙은 하나의 사진을 변환하는 경우와 동일하다. 하지만 이용 가능한 정보의 양은 더 적다. 따라서 작업은 종종 더 까다롭다. 그러나 이러한 작업을 수행할 수 있는 시간이 많기 때문에 신중한 작업과 조작자의 재능은 이러한 단점을 보완할 수 있다.

엄수된 기밀

효율적인 변환 방법은 거의 모두 빈틈없이 개발자에 의해 보호되고 있다. 개발자들은 자신의 방법을 판매하는 대신에 변환 서비스를 제공하는 경향이 있다. 이것은 양질의 변환이 필연적으로 반자동이며 툴에 대한 철저한 지식과 노하우를 요구한다는 사실로 쉽게 설명된다. 이러한 조건 하에서, "턴키(turnkey)" 소프트웨어로써 자신의 기밀을 판매하거나 라이선스를 받는 것은 상당한 실망을 이끌어 낼 수 있다. 그럼에도 불구하고 시장에는 다양한 프로그램이 있으며 일부는 오픈 소스로 공개되었고 변환 문제에 대한 부분적인 해답을 제공한다.

몇몇 공급업체들은 현재 알려져 있는 최고의 알고리즘을 기반으로 강력한 그래픽 프로세서에서 실행되는 실시간 변환 솔루션을 제공한다. 축구 경기장처럼 일부 잘 알려진 환경 또는 상대적으로 예측 가능한 환경에서 이러한 방법들은 만족스러운 결과를 줄 수 있지만 아래에 설명된 최고의 반자동 절차와는 경쟁할 수 없다.

비효율적인 방법

수년에 걸쳐 간단하지만 다소 설득력 없는 다양한 방법들이 3D 변환에 적용되었다. 가장 간단한 방법은 영상의 다음 또는 이전 프레임을 오른쪽 이미지로 선택하는 것이다. 카메라가 왼쪽에서 오른쪽으로 찍는 경우, 두 연속 프레임 간의 차이는 가짜의 깊이(pseudo-depth) 느낌을 준다. 이 방법은 드문 경우에만 정말 효과가 있으며 카메라가 위나 아래로 움직일 때 발생하는 수직 불균형은 매우 불편한 결과를 낳는다. 물론, 카메라가 방향을 반대로 하면 배경과 전경의 깊이 또한 뒤집힌다! 이 방법은 의도적으로 두통과 구토를 야기한다.

약간 더 복잡한 변형은 이미지가 수평으로 이동하는 것만을 유지하고 카메라가 정지할 때 깊이가 완전히 사라져버리는 현상이 없도록 하여 부작용을 줄인다. 이러한 과거의 끔찍한 경험에서 가장 두드러지는 교훈은 2D에서 3D로의 변환이 결코 쉽지 않으며 만족할 만한 수준의 품질에 도달하기 위해서는 정교한 수단이 필요하다는 것이다. 이러한 비효율적인 원칙을 바탕으로 한 상업적 시도의 흔적은 특히 아날로그 TV에 연결하기 위한 셋톱박스의 형태로 여전히 웹에서 찾을 수 있다.

다행히도 최신 컴퓨터와 컴퓨터의 그래픽 보드는 작업을 더 현명하게 해결하기에 충분한 처리 능력을 갖고 있다.

2D에서 3D로의 변환 단계

이미지에 깊이를 추가하는 것은 첫 번째 이미지로부터 두 번째 이미지를 생성한다는 것을 의미한다. 작업은 다음과 같이 6단계로 나누어진다.

1. 원래 시퀀스(왼쪽 이미지)에서 키 프레임(keyframe)을 선별
2. 키 프레임을 개별 요소로 분할
3. 키 프레임의 주요 요소의 깊이 결정
4. 모든 이미지 안의 모든 지점에 대한 깊이 정보 개선
5. 새로운 이미지(각 쌍의 오른쪽 이미지) 생성
6. 생성 단계에서 만들어진 "구멍(holes)" 메꾸기

타임 슬라이싱

비디오는 세그먼트(segment)로 나누어지며 세그먼트에서 장면의 다양한 물체와 인물의 움직임 - 멀어지는 차, 왼쪽에서 오른쪽으로 걸어가는 사람 등 - 은 보간법에 의해 간단하고 쉽게 찾을 수 있다. 이러한 각각의 간단한 움직임의 시작 부분에서 소수의 키 프레임을 선택한다.

분할

그리고 각 키 프레임을 주요 요소, 예를 들어 하늘, 땅, 물체, 인물로 분할하고 각각의 피사체에서 카메라까지의 거리를 결정한다. 각각의 피사체는 움직임이 있을 때 키 프레임 작업을 더 쉽게 할 수 있다. 또한 분할 소프트웨어는 인물 A는 테이블 앞에 있고 테이블은 하늘 앞에 있다는 등의 구성 요소들 간에 상대적 거리를 결정한다.

색상, 형태, 물체와 인물들처럼 시각적 기준에 바탕을 둔 분할 방법이 다양하게 존재한

다. 영상에서 움직이는 대상의 실루엣을 따라가는 것은 인간의 눈으로 보면서 작업하기에 용이하다. 가장 유망한 자동 분할 방법은 광류 혹은 광학 흐름(optical flow) 기술을 기반으로 한다. 광류 기술은 이미지의 움직임으로부터 각 이미지 픽셀의 궤도를 계산한다. 이것은 한 요소가 다른 요소에 의해 가려졌을 때 언제 어디서 나타나고 사라지는지를 결정하게 해준다.

그림 05-03
© www.elephantsdream.org

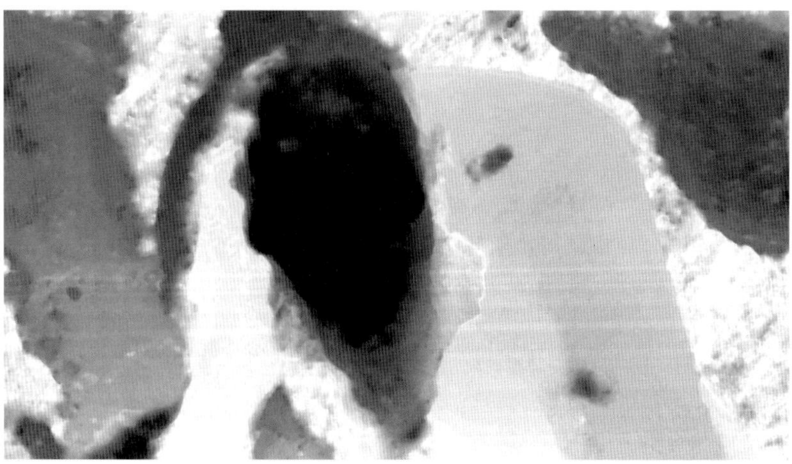

그림 05-04
© Digital Institute for Information and Communication Technologies, JOANNEUM RESEARCH

영화 Elephants Dream의 시퀀스에서 계산된 이 광류의 예에서 움직임의 방향은 색으로 구분되어 있다. 왼쪽으로 이동하는 배경 윤곽(분홍)을 골라내는 것이 쉽고, 인물은 자리를 잡고(흰색) 머리를 숙이고 있다(파랑).

엄청난 계산 능력이 요구되기 때문에 이미지의 모든 픽셀에 적용되는 특정 "광류(optical flow)" 계산은 오랫동안 불가능한 것으로 간주되었다. 대규모 병렬 GPU 그래픽 프로세서의 출현은 상황을 바꿔놓았고 이러한 유형의 계산은 현재 실시간으로 가능하다. 모든 픽셀의 정확한 경로를 알게 됨으로써 그들의 위치를 보간 하는 것이 가능하고 따라서 고정된 혹은 약간 움직이는 배경 앞에서 움직이는 피사체의 윤곽을 감지하는 것이 가능하다.

참고

광류 방법은 스테레오스코피 이외에 비디오의 속도를 늦추기 위한 중간 프레임 생성이나 줌잉(zooming)할 때 이미지 해상도를 늘리기 위한 중간 픽셀 생성과 같은 다른 분야에서도 유용하다는 것에 주목하자.

분할은 쉬운 작업이 아니다. 대부분의 경우 물체나 사람의 가장자리는 뚜렷하지가 않다. 바람에 날리는 머리, 레이스로 제작된 면사포, 연기, 구름 등 배경으로부터 분리하기가 어려운 부분적으로 투명한 요소들이 있다.

깊이의 결정

피사체들 간의 상대적 거리를 알게 되면 카메라로부터의 절대 거리를 부여해야 한다. 물론 이 단계는 수동으로 할 수 있지만 지능형 소프트웨어는 이미 인간의 뇌가 깊이 단서를 사용하여 깊이를 인지하는 것과 같이 아주 효과적으로 작동한다. 사전 지식 즉, 대상 간의 상대적 크기, 예를 들어 클로즈업에서 인간의 머리는 확실히 가까이 있으며 스크린 높이의 1/4을 차지하는 사람의 모습은 약 10미터 떨어져 있고 화면 길이에서 몇 픽셀 차지하는 차는 멀리 있는 배경에 있을 것이다 라는 것은 깊이 단서이다.

자동 알고리즘은 우선 수평선을 찾는다. 그리고 첫 번째 추정치를 적용한다. 하늘은 무한대인 반면 땅은 수평선에서부터 카메라 발치까지 선형으로 접근한다. 가능한 모든 깊이 단서는 자동이건 수동이건 간에 차례로 탐색되고 사용된다.

- 카메라가 제한된 피사계 심도를 가졌다면 초점거리가 맞지 않은 부분을 통해 어떤 요소가 관심의 대상이고 따라서 어떤 요소가 스크린 면 근처에 위치해야 하는지를 결정하는데 사용될 수 있다.
- 원근감과 사라지는 선의 지점 등은 빌딩, 도로, 경기장의 가장자리, 집의 인테리어 등의 상대적 깊이를 위치시키는데 아주 유용하다.
- 일반적으로 땅이나 벽의 경우처럼 스크린 면과 연결되어 있는 피사체들은 깊이값(depth value)으로 분할하기 보다는 깊이 그레이디언트(depth gradient)로 처리한다.
- 아주 역동적인 장면에서의 움직임은 차량, 풍선 또는 인물과 같이 크기를 알고 있는 대상의 거리를 결정하는데 사용된다. 예를 들어 땅의 위치가 이미 결정되었다면, 움직이는 인물은 발이 땅에 닿는 거리에 위치하게 된다.

이러한 방법으로 우리는 서로 다른 밝기 값을 가진 몇 개의 면으로 구성된 뎁스 맵을 구한다.

공간상의 깊이감 개량

이미지의 각 요소는 이제 개량되어야 한다. 각 요소들은 일반적으로 포토샵 레이어와 유사한 여러 레이어에 복사되며 각 레이어의 깊이는 뎁스 맵의 밝기 차이를 이용해 더 세분화 된다. 이는 볼륨감을 주기 위함으로 다시 말하면 깊이감을 인지하는 단안시 요인, 예를 들어 얼굴의 명암차로 부피감을 만드는데 도움을 준다.

그림 05-05와 그림 05-06 왼쪽: 두 개의 레이어(집과 숲)로 만들어진 뎁스 맵.
오른쪽: 왼쪽의 뎁스 맵에서 집의 토대와 숲 바닥의 회색 음영을 일치시킨 후의 뎁스 맵.
이러한 작업을 통해 집은 땅에 고정된 것으로 보인다.

물체와 인물에 대한 사전 지식 또한 매우 중요하다. 뎁스 맵에 공이나 얼굴을 손으로 그리거나 컴퓨터 모델로 생성함으로써 얼굴이나 공에 볼륨감을 부여할 수 있으며 이를 바탕으로 뎁스 맵을 추출하는 것은 쉽다. 일반적으로 이러한 작업은 수동으로 관리되고 수정된다. 따라서 조작자는 인물이 위치하고 있는 땅과 동일한 깊이를 인물의 발에 적용함으로써 (그리고 뎁스 맵에 동일한 톤의 음영을 줌으로써) 인물이 땅위에 확고히 서 있는 것처럼 보이게 한다.

이 단계 이후 키 프레임은 완벽한 뎁스 맵을 가지며 첫 번째 결과는 다음 단계를 기다리지 않고 스크린에서 볼 수 있다.

시간상의 깊이감 개량

키 프레임의 검증된 뎁스 맵에서 간단한 보간은 모든 중간이미지에 대응하는 뎁스 맵을 생성한다. 어떠한 까닭으로 언뜻 보기에 선형 같은 움직임이 선형이 아닐 수 있기 때문에 사람의 눈으로 확인하는 것이 필요하다.

오른쪽 이미지 생성

모든 원본 이미지는 이제 뎁스 맵을 가지고 있다. 남아 있는 유일한 일은 깊이에 비례하는 거리에 따라 원본 이미지의 각 픽셀을 수평으로 이동하는 것이다.

뎁스 맵이 8비트에서 코딩된 경우 뎁스 맵은 256의 뎁스 레벨을 갖는다. 이는 반드시 레벨 128이 스크린 면에 해당 한다던가 레벨 255가 무한대에 해당한다는 것을 의미하지는 않는다. 영화의 각 시퀀스는 지켜야할 깊이 정량이 있다. 이 정량은 영화가 영사되는 스크린 크기와 함께 스테레오그래퍼에 의해 결정된다. 또한 스테레오그래퍼는 스크린 면의 값을 설정한다. 예를 들어, 스테레오그래퍼는 주요 배우의 얼굴이 0점(zero parallax)에 있도록 결정할 수 있다. 또한 뎁스 맵에서 이 지점의 회색 레벨은 기준이 된다. 스크린 뒤쪽으로 위치한 깊이 정량은 대부분 몇 개 혹은 몇 십 개의 픽셀이며 오프셋은 주로 작다. 양의 시차에서 일부 픽셀의 차이만을 사용하여 수십 명의 인물이나 사물을 다른 거리에 위치시켜야 하는 작업은 흔히 발생한다.

최소, 최대, 0점에 해당하는 뎁스 맵의 회색 값이 결정되면, 자동 변환 작업은 원하는 오프셋을 아주 쉽게 시퀀스의 모든 프레임과 픽셀에 적용한다. 3D 스크린에서 입체 확인은 즉시 가능하다.

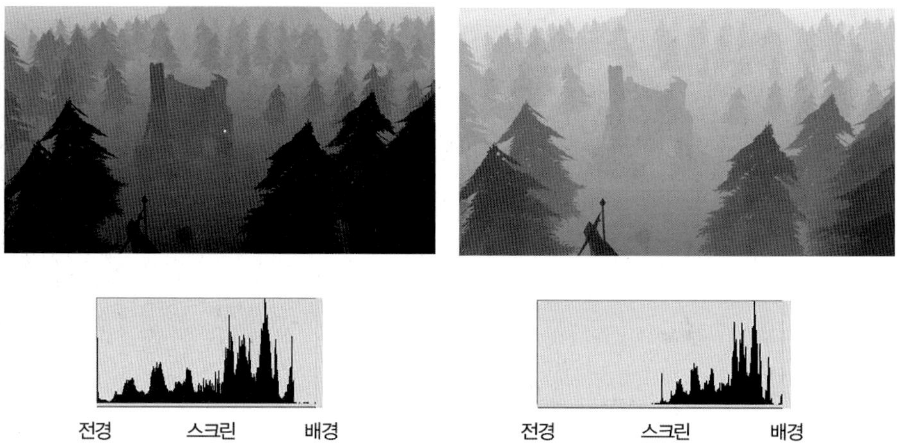

그림 05-07 왼쪽은 완전한 뎁스 버젯을 사용한 뎁스 맵(그레이 레벨은 0에서 255). 오른쪽은 스크린 뒤로 들어간 뎁스 맵(그레이 레벨은 128에서 255). 그리고 각 뎁스 맵에 해당되는 뎁스 히스토그램.

구멍 매꾸기

왼쪽 이미지에서 오른쪽으로 이동되어 만들어진 이미지에서 문제가 종종 발생된다. 근접한 2개의 픽셀이 다른 위치로 이동될 때 오버레이 되거나 구멍이 생기는 것이다. 오버레이의 경우 가까이 위치한 물체가 항상 더 멀리 있는 물체를 가리는 현상으로 인해, 가장 먼 픽셀을 가지고 자동으로 시작하는 이동 알고리즘(shift algorithm)은 일반적으로 가장 멀리 있는 픽셀의 앞에 위치한 가장 가까운 픽셀을 그린다.

이 경우 원래 이미지에 존재하지 않은 장면의 일부가 드러나기 때문에 구멍은 더 불안감을 준다. 자동 기능은 단순히 간격을 매우기 위해 주변 픽셀을 복사한다. 이 방법은 주변 픽셀의 색상을 평균화하여 픽셀을 생성할 수 있다. 가장 지능적인 알고리즘은 누락된 픽셀을 시퀀스의 다음 또는 이전 프레임에서 검색하며 이 검색이 실패한 경우에만 앞의 방법에 의지한다. 처음부터 이미지의 일부를 생성할 때 가장 중요한 것은 망막 경합을 피하는 것이다. 추가된 픽셀과 원본 이미지의 대응물이 밝기와 색상에서 너무 다르지 않도록 항상 확인해야 한다.

각 레이어는 독립적으로 조정될 수 있기 때문에 레이어 별로 뎁스 맵을 생성하는 방법은 문제를 간소화한다.

이러한 경우 중 어느 것도 완벽한 결과를 제공하지 않는다. 입체 모니터를 통해 육안으로 확인하여 가장 창피한 실수를 찾아낼 수 있다. 일반적으로 이 단계는 반 수동이다. 숙련된 조작자의 주의 깊은 수정이 최고의 해결책이다.

참고

몇 몇 프로세스는 원본 이미지와 만들어진 다른 한 쪽의 이미지를 사용하는 대신 양안 이미지에서 각각 절반씩 이동하여 만들기도 한다. 이렇게 절반씩 만들어진 이미지들은 위험 요소를 낮추고 잘못 수정된 부분도 덜 보인다.

2D-3D 변환 연습

2D에서 3D로의 변환은 최종 용도와 제공되는 콘텐츠 유형에 따라 다양하게 변형된다. 장편 영화는 최대의 품질이 필요한 반면 텔레비전 영상은 실시간 변환이 필요하다. 일부 영화는 3D용으로 만들어지지 않은 반면(*Titanic*), 다른 영화는 변환용으로 촬영되었다(*Conan the Barbarian*). 또한 변환은 부정확한 매개 변수를 3D 영상에서 잘못된 깊이 정량을 복원하기 위한 수정의 도구로써 사용되기도 한다.

실시간 2D-3D 전환

100% 자동 프로세스를 얻기 위해 필요한 절충안에도 불구하고 경우에 따라 허용 가능한 결과로 생각되는 것을 얻을 수 있다. 뎁스 맵 방법에 바탕을 둔 일부 알고리즘은 전자적 요소로써 하드웨어에서 구현된다. 공정은 앞에서 언급한 여섯 단계를 기반으로 하지만 모든 수동 조정은 단순히 몇몇 가능성 있는 방법에서 해결책을 선택하는 자동화된 결정으로 대체된다.

하나의 예는 Dynamic Digital Depth(www.ddd.com)의 라이선스 하에 삼성 TV 세트에 포함된 2D-3D 변환 기능이다. Dynamic Digital Depth는 Tridef Photo Transformer

소프트웨어를 내놓았고 텔레비전 방송 시장용 JVC IF-2D3D1 장치도 있다.

모든 영상이 이러한 자동화 방법을 통해 마음에 들게 변환되진 않는다. 예를 들어 식물은 일반적으로 복잡한 형태와 부피를 제공하기 때문에 일반적으로 큰 오류가 발생한다. 식물보다 단순한 구조를 갖는 스포츠 영상이 더 적합하다. 트랙킹 숏처럼 카메라가 지속적으로 이동할 때 변환 능력은 더 향상된다. 왜냐하면 모션 기반 알고리즘은 카메라의 이동에서 보여 지는 깊이 단서 정보를 통해 고정 촬영 샷 보다 더 나은 깊이의 차이를 구별하기 때문이다.

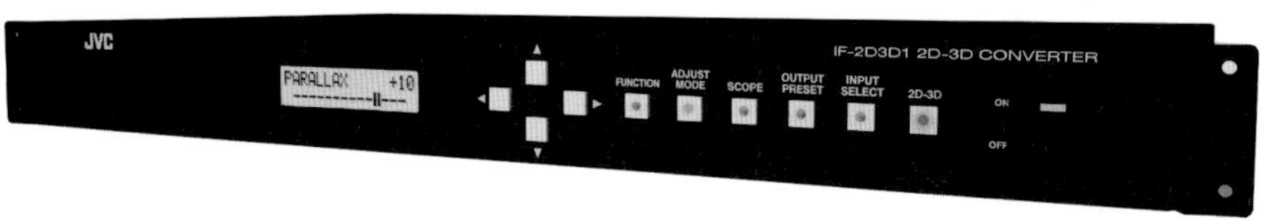

그림 05-08 JVC IF-2D3D1 랙 장착 프로세서는 2D에서 3D로의 자동 전환을 한다.
© JVC

2D-3D 변환에 최적인 콘텐츠

일부 영상은 다른 영상들보다 변환에 더 적합하다는 것은 분명하다. 영상을 나중에 변환하고자 한 대의 카메라로 영상을 촬영해야 한다면 성공적인 변환 가능성을 높이기 위해 따라야 할 규칙이 몇 가지 있다.

- 긴 숏으로 촬영하라. 3초 미만의 숏은 깊이 정보를 효과적으로 추출하기에 충분한 정보를 포함하지 않는다. 게다가 관객이 장면의 다양한 깊이감를 인식하기 위해서는 몇 초가 걸리기 때문에 부담 갖지 말고 차분한 속도로 비디오를 처리하도록 하라.
- 전경과 배경, 전체 장면에 적절하게 조명을 비추자. 어두운 구역은 디테일이 부족하며 변환이 더 어렵다.
- 현장에 있는 모든 피사체는 질감을 갖도록 하고 대비되도록 한다. 평평하고 균일한 부분은 깊이 정보를 많이 포함하지 않는다.
- 현장에 최대 수의 깊이 단서 즉, 원근법이나 기하학적 물체 등을 남겨 놓자.
- 깊이 단서를 대부분 크게 감소시키는 망원 렌즈보다는 광각 렌즈를 선호하라.

- 카메라를 일정하고 안정된 움직임으로 유지하자. 이동 촬영과 파노라마 촬영은 원근감에 많은 정보를 추가한다.
- 배경을 약간 흐리게 하기 위해 피사계 심도를 활용하라. 이것은 전경 물체에 대한 깊이감의 인식을 향상시킨다.

후반 단계에서 3D로 변환할 생각을 가지고 영화를 촬영할 때 모든 것은 변환을 간소화하기 위해 행해진다는 것을 확실히 이해해야 한다. 따라서 일부 레이어에서 합성되거나 CGI 요소를 통합하는 효과 화면은 이미 레이어로 분리되어 있고, CGI 요소는 자동적으로 모델링 소프트웨어를 통해 제공된 뎁스 맵을 포함하고 있다. Walt Disney Pictures의 *G-Force*는 할리우드의 2D-3D 변환의 선구자 In-Three(www.in-three.com)사에서 "차원화(Dimensionalization)"라 불렀다. 이것은 몇 가지 패턴을 가지고 있는 공정을 사용하여 수행한 일부 변환의 예이며 회사는 차원화에 대한 몇 개의 특허를 제출하였다. *G-Force*에서 3D 숏은 변환되어 컴퓨터가 만든 가상 세계에 통합되었다.

2D-3D 변환의 장점

2D에서 3D로의 변환은 종종 "진짜 3D"가 아니라는 비판을 받는다. 사실, 단순한 자동 변환 방식은 고품질에 도달할 수 없다는 것을 인정해야 한다. 그러나 숙련된 조작자와 시간이 있다면-제임스 카메론이 *Titanic*의 변환을 예정했던 시점까지-변환은 훌륭한 결과를 얻을 수 있으며 아무도 품질에 대한 그의 헌신을 의심하지 않을 것이다. 또한 변환이 더 쉽기 때문에 혹은 상황이 3D 촬영을 너무 어렵거나 불가능하게 만들기 때문에, 일부 숏은 다른 숏보다 변환에 더 적합하다는 것을 인정해야 한다.

3D로 촬영하기 어려운 일부 장면은 반자동 변환과 합성 등으로 시각 피로를 유발하는 문제들을 방지한다. 예를 들어 클로즈업과 멀리 있는 배경이 보이는 오버-더-숄더 숏이 이런 경우이다. 반면 롱 렌즈를 가지고 3D로 촬영한 오프닝 시퀀스는 기술적인 문제를 제시하지 않으며 2D로 촬영된 시퀀스의 경우, 특히 식물, 눈, 연기, 물방울 또는 수많은 복잡한 요소를 포함하는 경우 저렴한 비용에서 전환하는 것은 매우 까다로울 것이다.

3D 영상을 구제하기 위한 2D-3D 변환

촬영 장면에 삽입되어서는 안 될 요소들이 있는 경우 이는 후반 작업에서 지워져야 한다. 이는 고도의 기술이 필요한데 이런 점에서 변환 작업이 실제 입체 촬영보다 이득이 될 수 있다. 대부분의 액션 영화에서 안전그물이나 로프는 잘 알려진 후반 편집 작업인 로토스코핑으로 제거되어야 한다. 그러나 입체에서 로토스코핑은 2개의 이미지가 완벽하게 동시에 수정되어야 하기 때문에 3D 촬영 소스에서 작업 하는 것은 극히 어렵다. 따라서 하나의 카메라로 영상을 촬영 하고나서 원하지 않는 요소들을 제거한 후 3D로 전환하는 것은 솔깃한 일이 아닐 수 없다.

뎁스 맵 방법 또한 3D로 촬영된 또는 이미 3D로 변환된 영상의 깊이 정량을 조정하고 균형을 맞추는데 사용할 수 있다. 스테레오그래퍼는 장면에 사용된 입체의 양을 조정하거나 감독의 희망사항을 준수하기 위해 장면 간의 변환을 향상시키고 관객의 원천적 불편함을 방지할 수 있다.

마지막으로 후반 편집에서 뒤늦게 입체 시퀀스의 두 이미지 중 하나에서 중요한 기술적 오류를 발견하면, 전체 장면을 다시 촬영하기보다는 오류가 발생한 이미지는 버리고 나머지 좋은 이미지를 변환하는 것이 더 경제적일 수 있다. 예를 들어 제임스 카메론은 일부 *Avatar* 장면에서 문제가 있는 사안을 수정하기 위해 변환을 활용했다.

3D 그레이딩

3D 그레이딩(grading) 또는 뎁스 그레이딩은 깊이 양의 조정 즉, 시차의 조정을 의미한다. 일반적으로 촬영 후 컬러 작업을 통해 감독이 원하는 의도를 만들어낸다. 깊이의 조절도 마찬가지다.

HIT (Horizontal Image Translation)

이전에 보았듯이 가장 흔한 3D 그레이딩은 수평 이미지 이동(Horizontal Image Translation)으로 작업되며 "HIT" 라고도 불린다. 이미지를 오른쪽에서 왼쪽으로 수평 이동시킴으로써 장면의 깊이를 관객을 향해 혹은 관객으로부터 멀리 이동시킬 수 있다.

깊이 정량 다루기

3D 그레이딩 작업이 복잡해질수록 촬영된 소스의 깊이를 압축 또는 확대하여 깊이 영역을 수정하는 것이 가장 문제가 된다. 하나 대신 두 개의 이미지를 가지고 있는 이점에도 불구하고 장면의 깊이 값을 늘리거나 줄이기 위해 변환을 해야 하는 문제에 직면하게 된다. 두 이미지 간의 시차는 뎁스 맵을 생성하기 위해 사용되며 다양한 방법으로 뎁스 맵를 수정할 수 있다. 따라야 할 단계는 2D-3D 변환 단계와 다소 일치하지만 2개의 소스 이미지를 가지고 있기 때문에 더 용이하다. 예를 들어 변환 과정에서 이미지가 없는 부분은 다른 쪽의 이미지에서 누락된 부분을 복사하여 채울 수 있다.

3D 그레이딩의 역할

3D 그레이딩은 다음과 같이 다양한 경우에 필수적으로 사용된다.

- 감독이 예술적 이유로 장면의 깊이감를 조정하려고 할 때
- 두 개의 연속된 장면 전환에서 3D 그레이딩이 요구될 때
- 대형 스크린에서의 디버전스(divergence)를 피하기 위해 시차의 양을 줄이거나 TV, 블루레이 버전으로 시차의 양을 증폭시킬 때

이미 촬영된 숏으로 인해 두통이나 시각 피로가 유발될 경우, 시차의 양을 줄여야 할 때, 더 작은 양안 거리를 가진 어린이들을 위해 알맞은 입체 값을 적용해야 할 경우

2D-3D 변환 소프트웨어

뎁스 맵 방법에 기반을 둔 몇몇 2D-3D 변환 소프트웨어는 일반인들도 이용이 가능하나. 소프트웨어는 일반적으로 뎁스 맵 생성의 핵심적인 직업 쪽, 직업의 가장 이려운 부분을 사용자에게 맡긴다. 상당히 저렴한 또는 일부 경우 무료인 이런 소프트웨어들은 소량의 사진을 변환해 볼 수 있다. 빈 부분을 채우는 단계는 자동이며 다양한 성공도를 보여준다. 다음과 같은 예를 언급할 수 있다.

- 3DCombine (반자동 2D-3D 사진 변환, 50불): www.3dcombine.com
- DDD Tridef Photo Trnaformer (2D-3D 사진 변환, 50불): www.tridef.com/photo/transformer/overview.html

독립형 변환 소프트웨어가 유일한 대안은 아니다. 아마추어가 자신이 업로드한 2D 영상을 3D로 자동 변환 해주는 YouTube와 같은 온라인 서비스도 있다. 변환이 적용되면 (몇 분 또는 심지어 몇 시간이 걸릴 수 있음) 영상은 3D로 시청 가능하다. 변환 품질은 원본의 해상도, 이용 가능한 깊이 단서의 수와 종류 등의 요소에 따라 다르다. 카메라 움직임이 많은 장면은 전환이 더 잘된다. 이는 자동 알고리즘이 더 많은 깊이 정보를 제공받기 때문이다.

그림 05-09 3DCombine 소프트웨어는 매우 정확한 뎁스 맵을 수동으로 만들 경우에만 효율적이다.

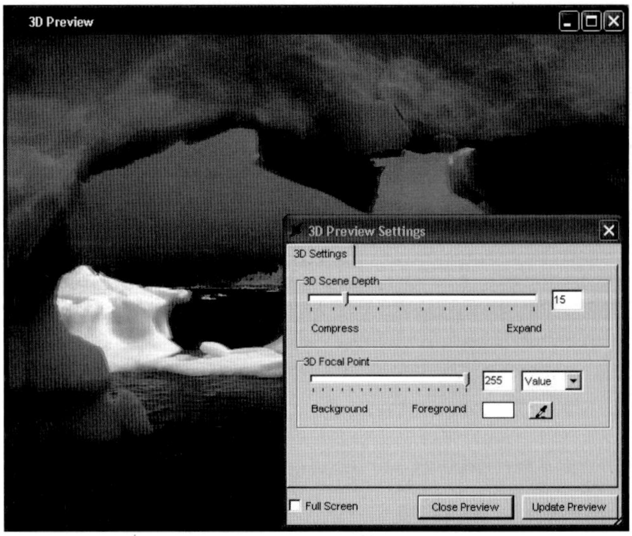

그림 05-10 TriDef Photo Transformer 또한 뎁스 맵의 반자동 생성에 기반을 두고 있다.

CHAPTER 6

후반 제작

- 3D 영상을 어떻게 편집하는가?
- 후반 작업에서 입체 오류는 어떻게 수정하는가?
- 로토스코핑과 3D 영상의 편집은 실제로 불가능한가?
- 최고의 3D 후반작업 툴은 무엇인가?
- 3D 영상에 자막(Closed Caption) 기능을 추가하는 것이 가능한가?
- 3D 영상의 깊이감을 어떻게 검증하고 깊이감이 두통을 유발하지 않는다는 것을 확신할 수 있는가?

촬영 단계 이후 영화 프로세싱은 관객에게 배급되기 위한 최종 이미지를 준비하는 모든 과정을 포함하고 있다. 작업의 순서를 *워크플로*(workflow)라고 한다. 워크플로의 복잡성은 장편 영화, TV 시리즈, 인터넷 방송, 아마추어 단편 영화 등 목표에 따라 다르다. 복잡성과 품질의 큰 차이에도 불구하고 몇몇 중요한 일정불변의 것들이 3D 콘텐츠 제작에서 나타난다. 우선 3D로 제작한다는 것은 2배나 많은 이미지를 제작한다는 것을 의미하며 더 많은 하드웨어와 소프트웨어의 사용으로 이어진다. 간단한 2D HD 콘텐츠는 50 Mbits/s 스트림으로 처리될 수 있다. 3D에서 100 Mbits/s의 필수적인 전송률(flow rate)은 I/O 인터페이스, 디스크 드라이브, 모니터 등을 통해 처리된다. 또한 최소 2K 해상도의 무압축 이미지를 가지고 작업하는 영화의 경우 두 개의 2K DPX 스트림을 편집할 때 하드 드라이브를 거치는 데이터 속도는 약 1,000 megabytes/second 이다. 중요한 작품들은 더 빠른 속도를 요구하며 종종 4K 이미지로도 작업한다.

이미 3D에서 2배가 된 데이터 속도는 2K에서 4K로 갈 때 4배가 되며 전체 케이블은 약 3.6 Gbytes/s의 속도를 수용해야 한다. 2D 2K 제작에 필요한 3,000 기가바이트의 저장 용량은 3D 4K에서 24,000 기가바이트로 늘어난다! 또한 RAID 구성에서 멀티 디스크가 필요하며 이는 더 빠른 속도와 더 큰 용량을 제공한다. 대형물 제작의 경우 RAID 전용 서버는 필요한 성능을 제공한다. 이 서버는 고속 네트워크(SAN, 10기가비트 Ethernet, SAS, 또는 Fibre Channel)를 통해 워크스테이션에 연결된다.

시스템은 물론 가장 강력한 멀티 코어 프로세서와 가능한 한 큰 메모리를 사용해야 한다. 이것은 Windows에서 4GB보다 큰 메모리를 사용하는 유일한 시스템인 64비트 시스템의 선택을 의미한다. 특히 초당 120번의 이미지 재생률(refresh rate)을 요구하는 액티브 방식의 안경이 사용되는 경우 그래픽 카드 역시 강력해야 한다. 물론 모니터 또한 액티브 방식의 안경이 요구하는 120 Hz 속도를 수용해야 한다. 또한 전문 3D 영사기에서 미리보기 작업을 해야 한다면 그래픽 카드는 이중 HD-SDI 출력으로 장착해야한다.

일반적인 이미지 크기

이미지 포맷은 수없이 많으며 아직 완전히 표준화되지 않았다. 종종 카메라에 촬영된 이미지의 크기는 배급되는 필름의 포맷과 동일하지 않다. 예술적 선택에 의해서나 기술적 제약, 배급, 재정적인 제약 등 여러 가지 이유가 있다.

화변비율과 이미지 크기

화변비율은 관객이 보는 이미지의 높이와 폭 사이의 비율이다. 텔레비전에서 이 비율은 높이로 나눈 폭으로 표시되며 콜론(L:H)으로 표시한다. 가장 널리 사용되는 화변비율은 4:3과 16:9이며 이것은 PAL 또는 NTSC TV, HDTV에 해당한다. 영화에서는 많은 포맷이 공존하고 있으며 일반적으로 일원화된 폭에 대한 화변비율로 정의된다. 1.85와 2.39의 화변비율은 각각 아카데믹(academic) 그리고 영화 포맷에 해당한다.

3D의 경우 2,048 x 1,080 픽셀에 해당하는 1.89 포맷은 영사기의 활성화 요소를 전부 사용하고 따라서 최고의 밝기를 만들어 내는 포맷이다.

픽셀 자체는 직사각형이거나 폭이 다양할 수 있기 때문에 물리적이건 디지털이건 간에 지원하는 이미지의 화변비율이 보이는 이미지와 항상 같은 것은 아니다. 다행히도 오늘날의 풀 디지털 세상에서 정사각형 픽셀은 거의 어디서나 표준이 되었다. 유일하게 눈에 띄는 예외는 HDV와 DVCPRO 포맷이다.

이미지 포맷 또는 3D의 두 이미지는 2개의 변수 즉 화변비율과 픽셀 크기에 의해 정의된다. 화변비율은 이미지의 확상사를 설명하며 종종 4:3이나 16.9처럼 두 개의 숫자 비율로 표시된다. 예를 들어 이미지 크기는 1,920 × 1,080 같이 수평과 수직 픽셀의 수로 나타낸다. 픽셀과 미터로 측정된 이미지 화면비율이 동일한 경우, 픽셀은 정사각형이다. 그러나 언제나 그런 것은 아니며 때때로 세로형 또는 가로형 직사각형이다. 추가적으로 혼란스러운 것은 일부 영화 포맷은 픽셀의 화면비율 표시와 함께 픽셀 수가 명시되어 있다는 것이다. 이러한 이미지의 화면비율을 추론하기 위해 제공되는 정보는 다음과 같다.

이미지 화면비율 = (폭/높이) × 픽셀 비율
예(PAL D1) : (720/576) × 1.07 = 1.33 (또는 4:3)

가장 일반적인 이미지 포맷

일반 명칭	종류	폭(픽셀)	높이(픽셀)	이미지 화면비율		픽셀 비율
IMAX						
	IMAX 11K	11753	8772	1.33	4:3	1.00
	IMAX 5.5K	5868	4386	1.33	4:3	1.00

일반 명칭	종류	폭(픽셀)	높이(픽셀)	이미지 화면비율		픽셀 비율
고해상도						
	RED 4K RAW 16:9	4096	2304	1.77 또는 16:9	16:9	1.00
	RED 4K RAW 2:1	4096	2048	2	2.0:1	1.00
4K	4K DCI Container	4096	2160	1.89	1.89:1	1.00
	2K Film Full Aperture (Apple ProRes 4444)	2048	1556	1.31	1.31:1	1.00
	RED 3K RAW 16:9	3072	1728	1.77 또는 16:9	16:9	1.00
	RED 3K RAW 2:1	3072	1536	2	2.0:1	1.00
	RED 2K RAW 16:9	2048	1152	1.77 또는 16:9	16:9	1.00
	RED 2K RAW 2:1	2048	1024	2	2.0:1	1.00
2K와 HD 포맷						
2K	2K DCI Container	2048	1080	1.89	1.89:1	1.00
2K Academic	2K DCI Flat	1998	1080	1.85	1.85:1	1.00
2K Flat	2K DCI Flat	2048	930	2.2	2.20:1	1.00
2K Scope	2K DCI CinemaScope	2048	858	2.36	2.36:1	1.00
HD	Full HD	1920	1080	1.77 또는 16:9	16:9	1.00
HDV 1080i와 HDV 1080p	HDV 1080	1440	1080	1.77 또는 16:9	16:9	1.33
HDV 720p	HDV 720	1280	720	1.77 또는 16:9	16:9	1.00
DVCPRO HD 1080i60	DVCPRO HD 1080i60	1280	1080	1.77 또는 16:9	16:9	1.50
DVCPRO HD 1080i50	DVCPRO HD 1080i50	1440	1080	1.77 또는 16:9	16:9	1.33
DVCPRO HD 720P	DVCPRO HD 720p	960	720	1.77 또는 16.:9	16:9	1.33
저해상도						
	NTSC	640	480	1.33 또는 4:3	4:4	1.00
	NTSC DV Widescreen	720	480	1.8	1.80:1	1.20
DV	PAL DV/IMX	720	576	1.33 또는 4:3	4:3	1.07
DV large	PAL DV Widescreen	768	576	1.86	1:86:1	1.42

종종 예술적인 이유로 감독은 1.85의 아카데믹 포맷(academic format) 사용을 결정한다. 예를 들어 1.37처럼 카메라가 원하는 이미지보다 더 정사각형 포맷으로 기록하는 경우 이미지 위와 아래의 수평 띠는 후반 편집 과정에서 제거된다.

최상의 품질은 항상 마지막 후반 편집 단계까지 풀 카메라 해상도를 유지하면 얻을 수 있다. 다양한 이유로 이것이 언제나 가능한 것은 아니다. 그래서 크기를 조정하기 전에 이미지 퀄리티를 가장 저해하는 작업을 수행해야 한다. 풀 해상도 이미지에서 크롭핑과 수평 오프셋(HIT)이 완료되는 경우 이미지 화질 저하는 덜 할 것이다.

전문 4K 워크스테이션은 피니싱과 색보정 작업에 주로 사용된다. 이미지의 원본 크기와 해상도를 가지고 무리 없이 작업할 수 있기 때문이다. 일반적으로 숏의 선택과 편집에서 원본 이미지를 보다 더 작고 가벼운 이미지로 만든 프록시(proxies) 파일을 사용한다. 작업 목록(편집 목록)은 Final Cut Pro 또는 다른 편집 소프트웨어에서 만들어진다. 색보정을 포함한 제작 단계의 마지막에 원본 이미지에 편집 목록(edit list)을 적용하여 중요한 원본 파일 처리 과정을 최소화 한다.

전문 그레이딩 워크스테이션

2K, 4K 또는 8K에서 원본 소스를 작업하기 위해 복합 CPU, 복수의 강력한 GPU, 대형 RAID 디스크 어레이(disk array)를 사용한다. 다음과 제품들이 있다(알파벳 순):

- FilmLight의 Baselight (www.filmlight.ltd.uk)
- BlackMagic의 DaVinci Resolve (www.backmagic-design.com)
- SGO의 Misika (www.sgo.es)
- Quantel의 Pablo (www.quantel.com)
- Assimilate의 Scratch (www.assimilatcin.com)
- Irida의 Speedgrade XR (www.iridas.com)

이러한 워크스테이션은 상호 접속 네트워크에서 작업하는데 최적화되어 있다. 일반적으로 Fibre Channel SAN (Storage Area Networks)과 같은 매우 높은 접속 처리량을 통해 파일을 공유한다.

후반 제작과 3D

3D 영상을 작업한다는 것은 2배나 많은 정보를 처리해야할 뿐만 아니라 클립의 매칭과 3D 확인과 같은 수많은 특정 단계를 워크플로에 추가한다는 것을 의미한다. 또한 깊이 정량, 깊이 전환, 오버레이 등의 창의적인 편집뿐만 아니라 정확한 깊이에 조심스럽게 자막을 배치하는 것을 포함한다.

후반 제작사들은 마감일과 제작 요건에 따라 워크플로를 구성하며 대부분 미리 고정되어있는 예산을 사용한다. 후반 제작 워크플로는 원본 이미지 처리와 프록시 이미지 처리라는 두 가지의 주요 범주로 나눌 수 있다.

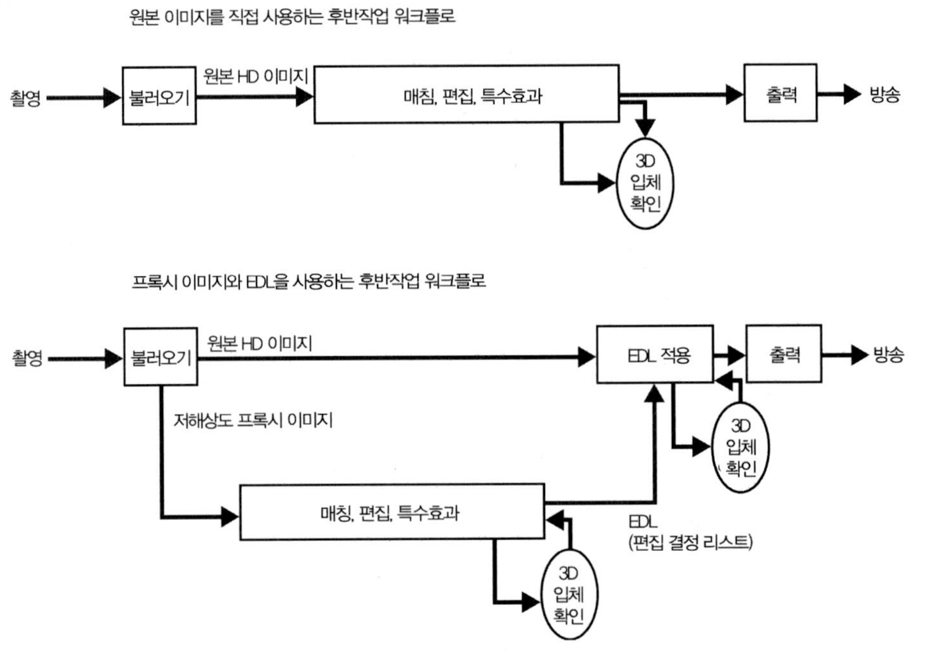

그림 06-01 두 가지 유형의 워크플로가 공존한다. 대형 작품의 경우 프록시 이미지 처리 방식을 사용하며 짧은 주기로 반복 제작되는 작품의 경우 원본이미지 처리 방식(라이브 편집에 더 가까움)을 주로 적용한다.

후반제작의 마지막 단계에서 이미지와 사운드는 최상의 완성된 필름을 포함하는 DI(Digital Intermediate)에서 결합된다. 극장 배급용 DCP 2K 또는 4K, TV 방송용 AVCHD, 블루레이, DVD 등 배급사는 각각의 필요한 채널에서 요구하는 최소한의 자격요건에 맞춰 DI 데이터의 양을 줄여야 한다.

직접적 후반 제작

러시를 불러와 확인이 되면 *워크플로*는 특수 효과와 편집 작업에 전념하게 된다. 워크스테이션에서 오리지널 포맷 이미지를 직접 조작한다. 다행히도 *edit suites*로도 알려진 편집 소프트웨어는 점점 더 많은 3D 고유의 기능을 포함한다. 편집 소프트웨어에 3D 기능이 없는 경우 플러그인(Plug-ins)이나 서드파티(third-party) 소프트웨어를 사용하여 툴의 기능을 향상시킨다. 가장 일반적인 편집 소프트웨어는 Apple Final Cut Pro와 Avid DS이다. Final Cut Pro에서 사용가능한 스테레오스코픽 부속 장치는 GoPro-CineForm의 Neo3D이다. Avid용 3D 부속 장치 툴은 MetaFuze이며 무료로 사용할 수 있다.

프록시 파일을 이용한 후반 제작

블록버스터 영화와 같이 큰 작품의 경우 데이터 크기가 너무나 커서 원본 파일 편집은 매우 힘들다. 따라서 원본의 저해상도 프록시 파일이 편집에 사용된다. 모든 편집 작업은 기록되며 오프라인의 렌더링 단계에서 원본 이미지에 적용된다. 기록된 작업 목록은 *edit list* 즉 EDL(edit decision list, 편집 결정 리스트)이라고 한다. 일반적으로 2D에서 편집 또는 가편집 작업을 한다. 3D 확인과 조정은 두 번째 차례에서 이루어지며 가편집에서 선택된 소스에 대해서만 이루어진다. 색보정과 3D 수정은 원본 입체 이미지의 거대한 데이터를 처리하기에 충분히 강력한 전문 편집 스테이션(그림 06-01 참조)에서 동시에 실행된다.

불러오기와 매칭

영화 산업에서 사용되는 가장 값비싼 문장인 "후반에서 그것을 수정할 것이다"는 촬영 단계에서 이미지를 받을 때부터 시작된다. 이미지를 불러오는 단계부터 엄격하게 작업이 진행되어야 하며 3D에서는 더더욱 그렇다.

파일명

입체영상의 두 이미지에서 불러온 왼쪽과 오른쪽 파일은 각각의 파일을 구별하기 위해 "-L"과 "-R" 접미사를 사용하여 동일하게 명명되어야 한다. 파일명이 정확하게 붙여졌다면 L/R이 뒤바뀌지 않았는지 3D 디스플레이에서 확인해야 한다. 또한 오버레이, 페이드, 크롭핑 등과 같은 파괴적인 처리 작업 후에는 불가능하지는 않지만 나중에 두 개의 파일을 도치시키는 것이 어려워질 것이다.

메타데이터

원칙적으로 워크플로에 사용되는 다양한 툴들은 이미지를 수반하는 모든 보조 데이터 즉, 메타데이터를 원래 상태로 유지해야 한다. 불행히도 이것이 언제나 가능한 것은 아니다. 이로 발생하는 많은 문제를 피하기 위해 메타데이터가 입수되자마자 저장하고 데이터베이스를 생성한다. 따라서 화면이 읽히고 있는 동안 촬영지에서 온 메타데이터(카메라의 수렴각과 축간격, 조리개, 줌, 초점, 위치, 카메라 방향)는 저장된다. 수많은 장치들은 이 유형의 데이터를 이미지에 삽입한다. 하지만 유감스럽게도 많은 프로그램들이 다음 단계에서 이 데이터들을 무시한다. 6단계 이후 워크플로는 초기에 아주 힘들게 삽입된 정보의 대부분을 잃는다. 따라서 워크플로 각각의 단계에서 접근할 수 있는 별도의 데이터베이스에 정보를 저장하는 것이 유리하다. 예를 들어 두 컷간의 오버레이, CG 이미지와 같이 후반단계에서 서로 다른 소스를 합성하고자 할 때 카메라의 수렴과 축간격을 포함한 모든 촬영 조건은 매우 중요한 매개변수로 작용하므로 이러한 데이터는 가치가 있다.

매칭

촬영 시 두 이미지가 매칭 된 품질에 따라 필요한 수정의 양은 적을 수도, 많을 수도 있다. 기본 규칙은 한 쌍의 왼쪽과 오른쪽 이미지 사이에서 유일하게 허용되는 차이는 수평 시차라는 점이다. 이외에 모든 차이는 편집 전에 제거되어야 한다. 따라서 다음을 수정한다.

- 기하학적 불균형: 확대, 회전, 수직 위치 차이

- 색 불균형: 노출, 감마, 게인, 콘트라스트
- 망막 경합: 단일 이미지 혹은 두 개의 이미지에서 서로 다른 위치에 존재하는 대상. 반사, 반짝거림 등.
- 동기화

대부분의 경합은 Final Cut Pro용 CineForm FirstLight 또는 무료 유틸리티인 Stereo-Movie Maker와 같이 특별히 개발된 툴을 사용하여 수정된다.

특히 상당한 에어브러싱(airbrushing)이 예상될 경우 단일 이미지를 손보는 것은 까다로우며 예상하지 못한 다른 경합을 끌어들일 수 있다. 그러므로 다른 촬영소스가 사용 가능한지 확인하는 게 낫다. 특정 소프트웨어를 사용하지 않고 시간 내에 양안 입체 이미지를 동일하게 채색하는 것은 거의 불가능하다. 그러나 다행히도 그러한 툴이 나타나기 시작했다!

색보정

그레이딩 또는 색상 조정은 L/R 이미지 매칭 작업과는 별도로 수행될 수 있다. 그러나 이러한 작업은 동일한 조작자의 손과 동일한 장비에서 수행되기 때문에 두 가지 작업은 종종 결합된다.

동기화

두 대의 카메라가 "젠록"이라고 하는 제어 신호에 의해 시간이 제어 된 경우, 이론적으로 두 이미지의 동기화가 완벽히 이루어졌다라고 말할 수 있다. 촬영 시 카메라가 동기화되지 않은 경우 시간상의 정렬이 필요하다. 양쪽 숏이 사운드트랙을 수반하는 경우에는 동기화 오류를 확인하기 위해 오디오 신호 파형을 겹쳐 보며 확인할 수 있다. 그렇지 않으면 테이크 시작 부분에 슬레이트와 같은 빠른 동작을 왼쪽 숏에 마킹해 두고 해당 오른쪽 숏에서도 동일한 부분을 찾아 두 숏을 매칭시킨다. 물론 정밀도는 덜 정확하며 최악의 경우 이미지의 반만큼 이동해야 할 위험성도 있다. 여기서 한 번 더 말하면 다양한 소프트웨어들이 이러한 작업을 자동으로 수행할 수 있다.

저장

양쪽 숏이 일치되면 트림 빈(trim bin)에 숏을 저장할 수 있다. Final Cut 편집 툴과 Neo3D에서 사용되는 CineForm Active Metadata와 같은 특정 3D 코덱을 통해 두 이미지 클립은 하나의 단일 파일로 묶인다. 3D에 그리 정통하지 않은 편집 소프트웨어라면 하드웨어의 퍼포먼스 한계 내에서 작업할 수 있는 최대로 비파괴적인 코덱을 사용하고 왼쪽과 오른쪽 파일을 명확하게 표시한다. "-L"과 "-R"로 끝나는 이름과 더불어 다양한 방법으로 클립을 분류할 수 있다. 예를 들어 Edius Grass Valley의 경우 붉은색은 왼쪽 숏의 아이콘, 청록색은 오른쪽 숏과 관련이 있다.

전통적인 소프트웨어에서 3D 소스 불러오기

Adobe Premiere 또는 Grass Valley Edius와 같이 특정 3D 기능이 없는 표준 편집 소프트웨어를 사용하는 경우 파일 불러오기와 매칭, 수정은 쉽지 않다. 다행히 무료 툴인 StereoMovie Maker는 1달러도 투자하지 않고 후반 단계 시작 부분에서 기본적인 조정을 할 수 있다. 일본의 마수지 수토(stereo.jpn.org)가 만든 이 소프트웨어는 아마추어를 위한 필수품이다. StereoMovie Maker는 숏마다 편집 전에 요구되는 타이밍, 기하학적 정합, 색 수정의 대부분을 수행한다. StereoMovie Maker는 양안이미지의 왼쪽과 오른쪽 클립을 각각 불러오거나 Fuji W1과 W3과 같은 일부 3D 캠코더와 카메라로부터 타임 인터리빙(time interleaving) 방식으로 코딩된 avi 파일을 받아들인다. 소프트웨어는 Window's MediaPlayer와 동일한 코덱을 사용하기 때문에 PC에서 읽을 수 있는 모든 avi 포맷을 포함한 다양한 출력 포맷을 지원한다. 소프트웨어는 수정된 파일을 각각 왼쪽, 오른쪽 클립으로 저장하거나 단일 사이드 바이 사이드 클립으로 저장한다. 작업 중 프리뷰는 애너글리프 또는 Nvidia의 3D Vision 키트와 적절한 120 Hz 3D 모니터에서 가능하다.

참고

StereoMovie Maker는 저자의 웹사이트(stereojpn.org)에서 쉽게 다운로드할 수 있다. 영어와 일본어 버전이 가장 완벽하다. 자주 업데이트 되지 않는 프랑스어 버전은 피하는 것이 좋다.

StereoMovie Maker에서 출력된 왼쪽과 오른쪽 파일은 일반적인 2D 편집 툴에서 멀티 트랙 모드로 편집할 수 있다. 하나의 트랙에는 좌안 이미지 파일, 또 다른 트랙에는 우안 이미지 파일을 전용으로 사용하며 두 개의 트랙에서 편집 작업이 동시에 실행되도록 주의를 기울어야 한다!

그림 06-02 StereoMovie Maker

3D 스크린에서 3D 확인하기

프로덕션 워크플로의 모든 단계에서 콘텐츠를 확인하는 것은 필수적이다. 입체영상의 경우 3D 확인은 색상의 확인만큼 중요하다. 이런 경우에는 애너글리프 모드에서 깊이를 확인하는 것으로도 충분할 수 있지만 풀 컬러 입체 디스플레이가 장착된 워크스테이션의 사용을 더 자주 선호하게 될 것이다. 가장 쉬운 방법 중 하나는 PC 그래픽 카드의 HDMI 출력을 통해 3DTV나 3D 영사기에 연결하는 것이다. 또한 DVI 또는 Displayport와 Nvidia의 3D Vision 시스템을 통해 연결된 120 Hz 스크린을 사용할 수 있다. 대부분 사용하고 있는 소프트웨어의 디스플레이 옵션에서 선택할 수 있다.

3D 품질은 스크린 크기에 의해 영향을 받기 때문에 종래의 2D 편집에서 하는 것보다 더 자주 실제 시청 환경에서 이미지를 확인해야 한다. 최종 사용자를 위해 계획된 조건

들은 영화용 대형 프로젝션 스크린과 방송 콘텐츠용 대형 3DTV 세트를 사용하여 가능한 잘 재현되어야 한다. 동일한 3D 콘텐츠가 몇몇 채널을 통해 다양하게 배급되는 경우 가장 큰 목표의 스크린에서 시험해봐야 한다.

컨트롤 모니터는 사용되는 안경의 유형을 고려하여 신중하게 조정되어야 한다. 가능한 한 최종 렌더링과 유사한 모양을 제공하기 위하여 대부분의 경우 색체를 위해 화면이 특별히 조정된다. 이러한 조정은 특정 3D LUT(Look-up Table)를 사용하여 비파괴적으로 수행된다.

Nvidia Quadro 그래픽 보드는 일부 소프트웨어를 통해 PC에서 풀 스크린 모드와 3D 모드를 제공한다. AJA Kona 3와 BlackMaic Decklink HD Extterme 보드는 Mac에서 바로 스테레오스코픽 HD 출력을 지원한다.

편집, 합성, 로토스코핑

한 쌍의 양안 이미지를 편집하는 것은 위험이 따른다. 더욱이 두 이미지 간의 본의 아닌 차이는 망막 경합이나 뎁스 에러를 끌어들인다. 이미지의 가장 작은 부분이라도 한 이미지에서 다른 이미지로 거의 동일한 방법으로 수정되어야 한다. 하지만 흐르는 시간에 따라 시차의 픽셀 값이 달라지기 때문에 완벽하게 수정될 수는 없다. 실제로 양질이 요구되는 경우 수동 채색 작업은 사실상 불가능하다. 아주 소수의 소프트웨어 패키지만이 3D로 깔끔한 채색 또는 로토스코핑 작업을 할 수 있다. SFX 회사의 전문 프로그램인 Silhouette와 Zenratai의 칼 릴제가 만든 저렴한 소프트웨어인 StereoPaint ESP가 그 중에서 가장 잘 알려져 있다.

Silhouette는 머리카락, 연기, 반사의 반자동 클리핑(clipping) 같은 많은 기능을 제공하는 전문가 프로그램이다. 채색시 프로그램은 블러 효과와 색상 수정을 하는 몇 가지 특수 브러시를 제공한다. 키 프레임을 활용하여 필터를 활성화하고 구성할 수 있다. 프로그램은 두 가지 유형의 워크플로 즉 직접 원본 소스를 가지고 작업하거나 프록시 파일을 가지고 작업하는 워크플로와 호환된다. 워크플로와 호환이 된다. 두 경우에서 결과물은 주요 전문 편집 소프트웨어와 호환 가능하다.

StereoPaint는 특히 가격(풀 버전이 50불)을 고려할 때 다양한 포맷(.jpb, .png, .bmp,

그림 06-03 Silhouette 소프트웨어

.tiff)과 크기의 무제한, 두 영상의 일관성 있고 재빠른 수정이 가능한 대단한 프로그램이다. 프로그램은 몇 가지 브러시, 필터, 기울기 기능을 제공하고 전환과 회전을 용이하게 하며 그래픽 태블릿(graphic tablet)을 입력 인터페이스로 사용할 수 있다. Silhouette와 동일한 수준의 서비스를 제공하지는 않지만 StereoPaint는 부적절한 반사와 같은 유사한 오류를 수정할 수 있다.

크롭핑 이후 실사 또는 CGI 이미지를 인레잉(inlaying)과 오버레잉(overlaying) 하는 것은 특수 효과를 생성하기 위한 필수 단계이다. 앞서 언급한 소프트웨어들이 스턴트 장면의 안전 케이블을 없앨 수 있다면 액션 장면에 실사 또는 합성 불꽃, 폭발, 차량 파편을 덮어씌우기 위해 한층 더 강력한 해결책이 필요하다. 다시 말하면 기존의 2D 툴들은 완벽한 결과에 미치지 못한다. 이 부분의 챔피언은 The Foundry(영국 회사: www.thefoundry.co.uk)의 NUKE X 소프트웨어이다. Adobe After Effects와 Apple Final Cut Pro처럼 잘 알려진 편집 프로그램을 위한 - 동일한 편집가가 만든 - 다양한 플러그인이 있다.

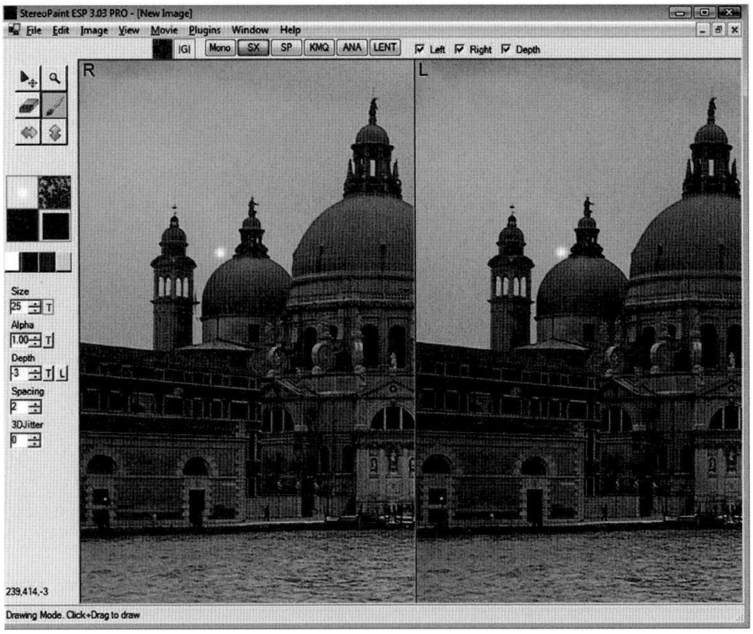

그림 06-04 StereoPaint 소프트웨어

3D 채색과 로토스코핑 프로그램

소프트웨어 이름	작동 시스템	편집자 및 웹 링크	용도	가격
Silhouette	Windows, Mac, Linux	SFX, www.silhouettefx.com	전문 채색 및 로토스코핑	US$1,000
StereoPaint	Windows	칼 릴제, 남아프리카 zenratai.com/software	채색	US$30

NUKE는 합성 기능으로 잘 알려져 있다. 게다가 Mac, Windows, Linux의 기존 워크플로에 균일하게 들어가는 능력은 이것을 최상의 도구로 만든다. NUKE의 변형인 NUKE X는 입체제작용이며 자동 3D 카메라 추적과 뎁스 맵 생성기를 포함하고 있다. 불러오기, CGI 오브젝트 합성 등이 아주 쉽게 이루어지며 오브젝트를 이동시키며 작업할 수 있는 실제 X, Y, Z 3D 공간에서 원근감과 깊이를 일치킬 수 있다. 품질을 보장하는 Pixar RenderMan Pro를 사용하여 최종 렌더링을 할 수 있다. NUKE X는 뎁스 맵을 이용하여 2개 이상의 이미지로 작업할 수 있어 필요한 경우 8개 혹은 9개 이미지를 가진 다시점 오토스테레오스코픽 스크린용 특수 영상을 만들 수 있다.

그림 06-05 NUKE X의 3D 카메라 트래킹. 숏을 안정화시키고 볼륨감 있는 오브젝트를 정확한 깊이에 겹쳐놓을 수 있다.
© B. Michel

깊이 제어

이 책의 목적은 영화 편집 방법을 상세하게 설명하는 것이 아니라 3D 영화 편집 고유의 단계를 설명하는 것이다. 따라서 2D 워크플로에는 없는 편집 단계 즉 뎁스 그레이딩으로도 알려진 깊이 조정을 더 자세히 살펴보기로 한다.

이미지에 존재하는 최소 및 최대 수평 시차는 깊이 자체보다 더 유용한 깊이 수치이다. 또한 스크린에서 동일한 오브젝트의 왼쪽과 오른쪽 이미지 간의 간격을 픽셀 단위로 측정하기 쉽다.

최대 양의 시차

위에서 언급한 대로 양의 시차(positive parallax)는 이미지가 영사되는 가장 큰 스크린의 크기에 따라 값이 제한되어야 한다. 이를 더 잘 이해하기 위해서 20미터 폭의 극장 스크린을 생각해 보자. 2K 이미지(약 2,000 픽셀)의 경우 한 픽셀은 1센티미터 폭이다. 따라서 스크린 상에서 두 이미지의 시차가 65mm를 초과하는 것을 원치 않는다면 후퇴 영역의 시차는 6.5픽셀을 초과하지 말아야 한다. 숏이 이 값을 초과하면 두 이미지를 이동시켜 간격을 좁혀야 한다. 이런 작업 후 최종 이미지는 왼쪽과 오른쪽 가장자리 부분의 픽셀이 서로 중첩되지 않은 단 장의 이미지로 보이게 될 것이다. 따라서 두 이미지를 살짝 확대하여 이미지를 잘라내야 한다. 이러한 HIT(수평 이미지 이동) 작업은 다양하게 이미지 품질을 저하시킨다. 따라서 필요한 경우에만 사용해야 한다. 카메라가 처음부터 정확하게 조정되어 있었다면 필요 없을 것이다. 하지만...

101%

몇몇의 경우 후반 작업에서 HIT의 융통성을 위해 프레임을 약간 넓게 촬영하기도 한다. 자주 사용되는 타협안은 1% 넓게 틀을 잡는 것이다. 이는 후반 편집에서 확대되어 크롭핑 될 부분을 위해 HD 이미지 가로 방향에 20 픽셀의 여백을 주는 것이다. 이 경우 클립은 101% 확대된다. 이미지 양쪽 가장자리의 약 10 픽셀의 여백은 손실되지만 왼쪽이나 오른쪽으로 몇 픽셀씩 이동하는 것은 화면에 어떠한 영향도 미치지 않아야 한다. 이러한 여백은 여러 가지의 매칭 단계에서 유용하게 사용될 수 있다.

그림 06-06 101% 불러오기 원칙, 약간의 수평 리프레이밍을 허용한다.
© C. Oury

페이드와 깊이

편집의 주요 목표는 테이크들을 연결하는 것이다. 두 숏 간의 전환(transition)은 단순한 삭제, 페이드 또는 기타 전환 효과로 이루어진다. 경우 하나의 3D 숏에서 다음 숏으로의 전환 중에 특히 관객이 초점을 맞추고 있는 영역에서 두 숏 간의 깊이 범위를 갑작스럽

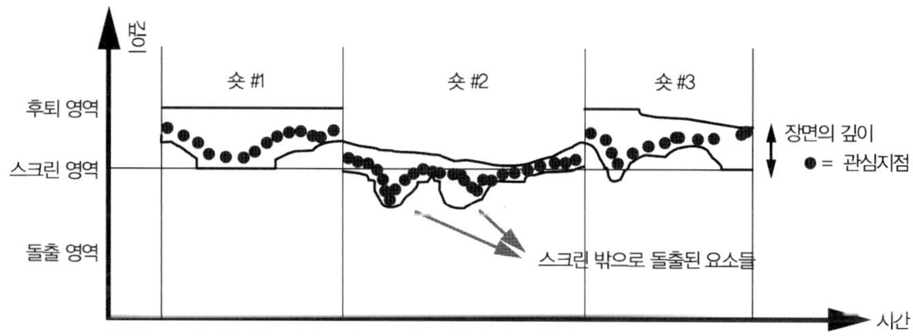

깊이를 부드럽게 연결시키기 전: 숏마다 관심지점이 단절되었다.

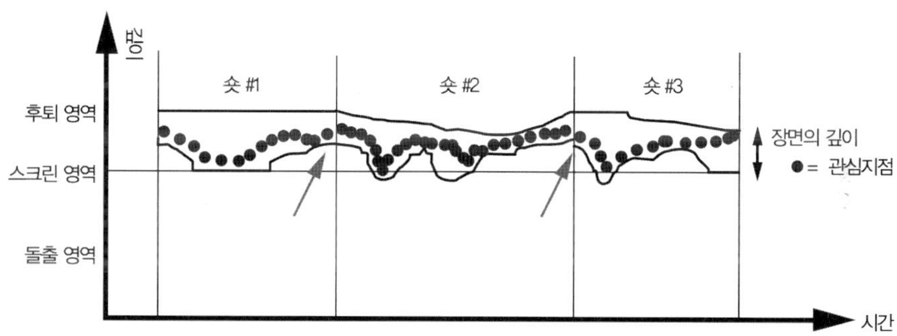

양의 시차를 넓게 이동시켜 깊이를 부드럽게 연결: 관심지점이 부드럽게 연결되었다.

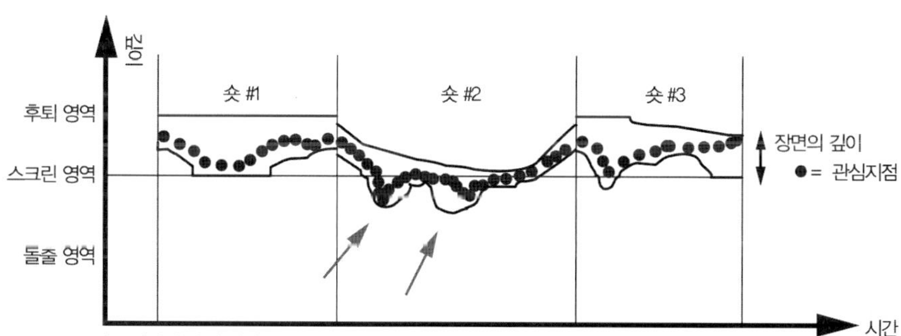

숏 2번에서 양의 시차를 시작과 끝 부분만 넓게 이동 시킨 후:
두 번째 수정 방법에 비해 돌출되어 있는 관심지점의 돌출 효과가 줄어들지 않았다.

그림 06-07 장면이 전환되는 동안 뎁스 점프의 수정

게 변화시키지 말아야 한다. 초점을 맞춘 부분의 깊이가 가장 중요한 부분이므로 더 나은 시각적 편안함을 위해 컷이 전환되는 동안 이 값의 연속성을 유지하도록 신경 써야 한다. 그리고 언제나처럼 전환된 부분이 어떻게 보이는지 대형 스크린에서 확인한다.

장면에서 초점은 어디에 있는가?

관심 지점은 유일하지도 절대적이지도 않다. 관심 지점은 관객의 연령, 문화 수준 또는 단지 영화를 처음 봤거나 아니면 처음 본 것이 아니라는 이유에 따라 다를 수 있다. 관심 대상은 종종 주인공의 얼굴이지만 때때로 전경에 갑자기 나타난 사물이거나 빠르게 움직이는 사물일 수도 있다. 따라서 장면 전환의 확인은 다소 주관적인 사안이다. 의심이 들면 문제가 되는 시퀀스를 알지 못하는 사람들에게 보여주고 의견을 구하라.

장면이 전환되는 동안 깊이를 개선시킬 두 가지 방법이 있다. 숏의 전체 깊이 값을 이동 시키거나 두 숏을 전환할 때에만 깊이를 변경하는 것이다. 예를 들어 전환이 이루어지는 동안 두 숏 간에 깊이 충돌이 일어난다면 후자의 방법을 택할 수 있다. 촬영하는 동안 깊이감을 변화시키는 경우 매우 신중하게 행동해야 한다. 깊이 양의 변경이 너무 느리거나 너무 빠른 경우 혹은 너무 강한 경우는 카메라가 앞이나 뒤로 이동한다고 착각할 수 있다. 이는 원하던 결과가 아니다.

HIT와 프로젝션 스크린 크기

편집의 마지막 부분에서 영화가 보여 지는 스크린의 크기에 따라 깊이를 보정한다. 스크린이 클수록 허용 가능한 양의 시차(positive parallax)는 더 작다. 각 작품들은 최대 시청 스크린 크기를 설정함으로써 최대 양의 시차를 추론할 수 있다. 위에서 언급했듯이 대형 영화 스크린은 고작 7픽셀(2K)을 사용할 수 있다. 깊이의 전환을 부드럽게 하기 위해 편집에서 추가된 HIT는 이러한 제약에 유의해야 한다. 편집의 마지막 부분에서 전체 영화를 검토하여 임계값을 초과하는 시차를 가진 장면이 없다는 것을 확인하는 것이 좋다. 만약 초과하는 장면이 있는 경우 두 이미지 간의 간격을 줄이는 HIT를 통해 문제가 되는 숏을 미세하게 수정해야 한다.

텔레비전 또는 컴퓨터 모니터용 콘텐츠는 최대 양의 시차가 더 크기 때문에 한계에 도달할 가능성이 훨씬 적다. 몇몇의 경우 영화 상영 동안 두 이미지의 후퇴영역 시차를 벌려 장면을 뒤로 밀고 돌출 효과를 줄이기도 한다. 언제나 그렇듯이 목표한 크기나 동일한 크기의 3D 디스플레이에서 깊이를 확인한다.

3D 편집

NUKE와 Ocula

The Foundry의 NUKE는 이미지에 다양한 작업을 조합하고 복잡한 스크립트를 작성할 수 있게 해주는 모듈식 구조를 가진 강력한 합성 도구이다. 이 툴은 대형 고해상도 작품에 많이 사용되며 최근에는 이와 관련된 CG 회사들이 3D 영화 시장의 요구에 발맞추고 있다.

NUKE는 일반적인 스테레오스코픽 문제를 효과적으로 해결할 수 있는 "Ocula"라는 플러그인을 갖고 있다. 제임스 카메론의 아바타는 마음에 떠오르는 첫 번째 작품이다. 아바타의 많은 장면들이 기하학적 구조 불균형과 색상을 교정하기 위해 Ocula를 거쳐갔다. 이들 플러그인은 다음의 기능을 제공한다.

- 수직 정렬과 수렴으로 인한 키스톤(keystone) 수정
- 특히 수직 리그로 촬영한 이후 색도를 수정할 수 있는 색상 매칭
- 카메라 수렴으로 인한 불균형 및 기하학적 불균형의 표시와 수정. 이 단계는 다른 수렴 값으로 촬영 혹은 계산된 두 이미지를 합성하기 전에 필수적으로 적용되어야 한다.
- 깊이의 양을 줄이거나 보간 될 시차의 생성, 다시점 오토스테레오스코픽 영상의 제작. 이 과정은 단순한 HIT보나 훨씬 더 복잡하지만 너무 큰 축간격으로 촬영된 숏들을 살릴 수 있다.
- 시차를 이용한 뎁스 맵 생성
- 하나의 이미지에서 두 개의 이미지 생성 그리고 뎁스 맵 생성

Neo3D, Stereo3D Toolbox 그리고 Mac 편집 소프트웨어

Apple의 Mac 컴퓨터는 메이저 스튜디오에서 매우 인기가 있다. Mac 컴퓨터에서 실행되는 Apple의 Final Cut Studio 소프트웨어는 흠잡을 데가 없다. 소프트웨어는 기존의 거의 모든 포맷(HDV, DVCPRO HD, AVC-Intra, XCDAM HD, XDCAM, XDCAM EX HD 422, HD 비압축 8비트와 10비트 등)을 수용한다. 가능한 이펙트의 수는 끝이 없으며 모두 미세한 제어가 가능하다. 그러나 이러한 기능에도 불구하고 이 소프트웨어는 우리가 관심 있는 3D 편집 기능을 제공하지 않는다. 다행히 이러한 부분을 보완해주는 Stereo3D Toolbox(www.dashwood3d.com)와 Neo3D라는 적어도 두 개의 프로그램이 있다. Final Cut은 가능한 모든 포맷으로 편집 결정 목록(EDL)을 출력하기 때문에 프록시를 사용한 워크플로에서 사용하는 경우에 이상적이다.

Stereo3D Toolbox

팀 대시우드의 Stereo3D Toolbox는 3D 이미지 보기와 편집에 대한 필수적인 기능을 제공한다. Final Cut Studio는 물론 몇몇 유명한 편집 프로그램에서 구동할 수 있으나 가격은 Final Cut Studio의 가격에 버금하는 단위(정가 약 1,500불. 라이트 버전은 99불 미만)이다. 하지만 이 툴의 독특한 기능으로 후반 편집 시간을 많이 절약해주기 때문에 빠르게 비용이 회수된다.

할리우드의 메이저 스튜디오에서 사용하는 Stereo3D Toolbox는 3D 사이드 바이 사이드, 인터레이스, 오버-언더(over-under) 포맷을 사용하며 일반적인 포맷으로 출력이 가능하다. 픽셀 이동은 서브픽셀 수준까지 제어할 수 있으며 이러한 픽셀의 이동으로 모든 매개 변수에 대한 매우 미세한 조정이 가능하다. 이 기능으로 직사각형 또는 복잡한 플로팅 윈도우를 생성하며 심지어 망막 경합을 줄이기 위한 디고스팅(defhosting) 옵션도 제공한다. 또한 뎁스 맵을 생성하기 때문에 2D-3D 전환과 효과, CGI 오브젝트 오버레이를 준비하는데 사용된다.

Stereo3D Toolbox는 플로팅 윈도우 모서리의 위치나 휘도 레벨 같은 모든 매개 변수를 키프레임에 의해 제어할 수 있는 장점이 있다. 따라서 이미지를 정확하게 수정하면 중간에 위치한 모든 프레임들을 자동으로 조절할 수 있다.

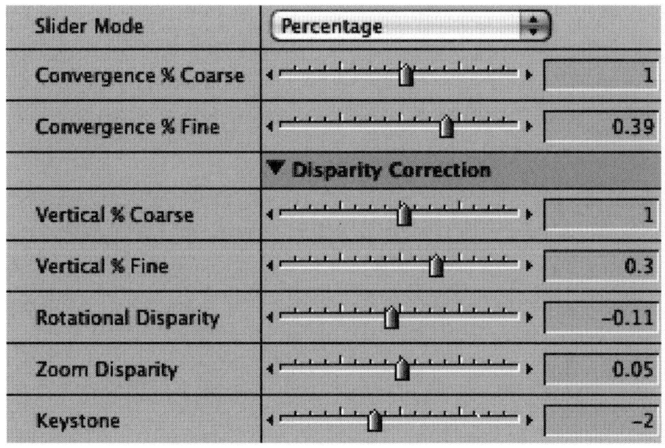

그림 06-08 Stereo3D Toolbox는 한 픽셀의 1/100만큼 미세하게 불균형을 처리한다.

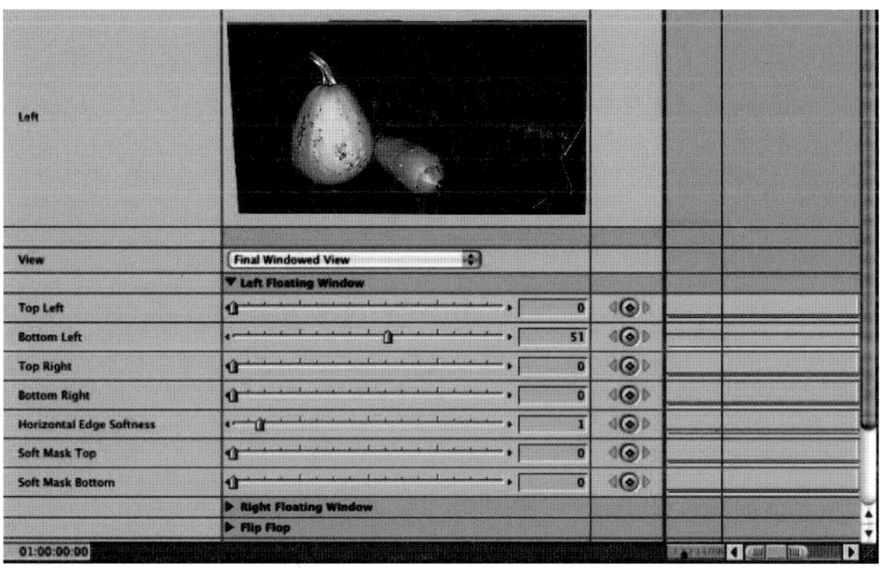

그림 06-09 Stereo3D Toolbox에서 각 모서리별로 플로팅 윈도우를 조정하는 장면

Neo3D

Neo3D는 모든 유형의 입력 파일을 허용하지만 주된 이점은 Silicon Imaging 카메라 SI 2K 3D와의 통합이다. 이 카메라는 왼쪽과 오른쪽 테이크의 동기화를 보장하는 Mini Deck 기록 장치에 이미지를 기록하고 Cineform Active Metadata 코덱으로 인코딩한다. Neo3D도 GoPro-CineForm에 의해 개발되었기 때문이다. 이 소프트웨어는 Final Cut Studio, After Effects, Adobe Premiere, Avid Media Composer, Sony Vegas Pro와 완벽하게 호환된다.

Neo3D는 3D 미리보기를 위해 적절한 그래픽 카드와 HDMI 인터페이스를 사용하며 3DTV에 전송할 수 있는 인터레이스 또는 사이드 바이 사이드 모드를 제공한다. AJA Kona 3 같은 전문 그래픽 카드는 HD-SDI 출력을 사용하여 각각의 눈에 풀 HD 해상도를 보여줄 수 있다. Neo3D는 Remaster와 FirstLight라는 두 애플리케이션으로 나누어 진다.

CineForm Active Metadata

이 코덱은 단일 이미지로 가장한 하나의 프레임에 두 개의 이미지를 포함하고 있으며 양안 이미지 쌍의 왼쪽과 오른쪽 이미지를 인코딩하는 독특한 기능이 있다! 따라서, Active Metadata로 인코딩된 QuickTime이나 AVI 파일을 사용하는 애플리케이션은 자신이 단일 클립을 처리하고 있다고 생각하며 그렇게 함으로써 무의식적으로 파일을 내내 동기화 한다. 이 수법은 3D를 인식하지 않는 소프트웨어를 가지고도 3D 영상을 편집할 수 있다. 파일은 편집 애플리케이션과 Neo3D 사이에서 삭제하고 붙이는 작업을 통해 간단히 교환되며 모든 것을 입체로 처리한다.

Remaster는 모든 비디오 포맷을 CineForm Active Metadata로 트랜스코딩하는 불러오기 툴이다. 인코딩의 품질은 의심의 여지가 없다. 구성 요소 당 12비트의 정밀도까지 유지하는 거의 손실이 없는 압축이다.

그림 06-10 Neo3D는 색채 미세 조정을 위한 RGB 오실로그램을 표시한다.

FirstLight는 조정 프로그램이다. 이것은 왼쪽과 오른쪽 클립의 쌍들을 가져오고 노출, 감마, 콘트라스트 등을 수정한다. 프로그램에서 사용하는 감시 및 확인 도구는 매우 포괄적이다. 파형 오실로그램(oscillogram)과 모든 시야의 색 측정을 제어하는 벡터스코프(vectorscope)는 색상의 불일치를 쉽게 확인할 수 있도록 겹쳐 놓을 수 있다.

Sony Vegas Pro

버전 10부터 Sony Vegas Pro는 스테레오스코픽 기능을 제공한다. 최신 Vegas Pro 출시에 관한 세부 정보는 Sony 웹사이트 www.sonycreativesoftware.com/vegaspro에서 찾을 수 있다.

Vegas Pro는 이미지를 불러올 때 두 개의 클립을 선택하고 클립을 3D 서브클립으로 만든다. 두 대의 별도 카메라에서 온 이미지의 경우 두 개의 클립은 사운드트랙의 파형을 시각적으로 보고 매칭하여 쉽게 동기화시킬 수 있다. 또한 단일 인터레이스, 사이드 바이 사이드, 오버-언더 파일로 이미 제작된 영상을 불러올 수 있는데 대부분 사이드 바이 사이드로 제공되는 YouTube나 3DTV 채널에서 다운로드한 영상에 유용하다. 또한 스틸 스테레오스코픽 3D 클립인 jps, pns, mpo 포맷을 지원한다. 기본적으로 CineForm Neo3D 코덱으로 인코딩한 3D 클립을 지원하며 *Stereoscopic 3D Adjust* 이펙트를 사용하여 두 이미지를 쉽게 매칭시킬 수 있다. *Horizontal Offset* 슬라이더는 깊이 조정에 사용되며 AutoCorrect 버튼은 수직 이동뿐 아니라 줌, 회전 오류 등을 자동으로 수정한다.

적/청 애너글리프, 3D TV 또는 Nvidia 3D Vision, 3D Vision Pro 셔터 안경(shutter glasses)을 사용하는 컴퓨터 모니터에서 3D 미리보기가 가능하다. 후자의 경우 애플리케이션은 전체 화면이 아닌 레퍼런스 윈도우에서 돌아가기 때문에 Nvidia Quadro 그래픽 보드가 있어야 한다. 모든 작업은 3D 창에서 직접적으로 3D를 확인하면서 편집할 수 있다. 다중 합성 작업은 각 레이어의 간편한 깊이 위치 설정을 통해 가능하다.

출력에서 사이드 바이 사이드, 인터리브(Interleaved) 또는 오버-언더 모드로 결합한 두 개의 별도 파일이나 이미지를 생성할 수 있다. 옵션을 통해 사이드 바이 사이드 이미지로 블루레이 디스크를 굽거나 직접적인 MVC-3D 코딩(10.0 출시판부터 시작)으로 진정한 3D 블루레이를 만들 수 있다. Neo3D가 컴퓨터에 설치되어 있다면 CineForm 포맷이 출력과 입력 모두에서 사용가능하다.

Vegas Pro의 가격은 약 600불이지만 더 소형 버전인 Movie Studio HD Platinum은 130불에 가능하며 거의 모든 3D 기능을 보유하고 있다.

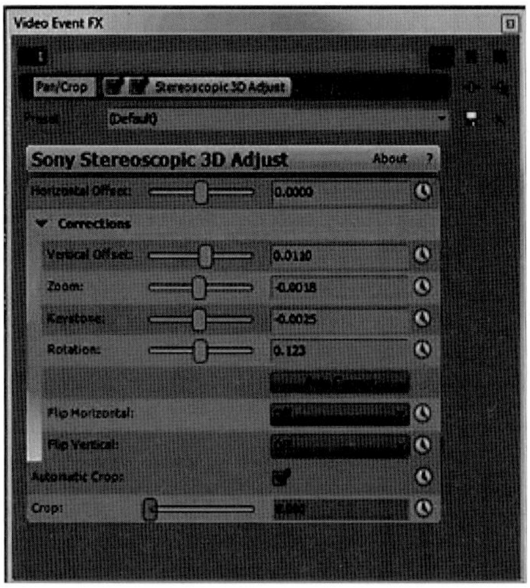

그림 06-11 Sony Vegas Pro의 Stereoscopic 3D Adjust 속성창

Magix Video 디럭스

Magix Movie Edit Pro MX (www.magix.com)는 약 70불이라는 매우 좋은 가격과 품질을 갖는 전형적인 소비자형 편집 소프트웨어 패키지이다. 불러오기, 비디오 및 음향 편집, 이펙트, 내보내기 기능이 존재하며 DVD와 블루레이 디스크용 기능을 만들어 내는 메뉴를 포함하고 있다. 더 완벽하지만 좀 더 가격이 나가는 버전(Vision Pro X4, www.videopro-x.com)은 약 400불에 Blackmagic output breakout box와 하드웨어 가속 지원 그리고 ProRes, MVC, DNxHD를 포함한 확장된 포맷을 지원한다. 스테레오스코픽 측면에서 Pro X4 버전은 개선된 원근감 수정 기능과 애너글리프 모드에서 더 나은 색상을 추가했지만 가장 중요한 이점은 더 신속한 MVC 파일 처리이다.

3D 영상 자막 처리

시청각 미디어와 방송은 점점 자막을 요구하고 있다. 그러나 3D 자막 표준화와 자동화

그림 06-12 Magix Movie Edit Pro MX Plus의 인터페이스와 3D Stereo Align 속성창

는 아직 초기 단계에 있다.

우리가 살펴보았듯이 피사체의 깊이감은 적절한 시차 변화로 인식된다. 자막은 이미지에 추가되는 인공적인 요소이지만 사실상 이미지의 일부는 아니다. 자막은 장면을 방해하지 않도록 적어도 의식적으로 보이는 것이 아니라 읽혀야 한다. 이를 위해 자막은 가능한 가장 짧은 시간 동안 나타나고, 매우 간결하고, 아주 읽기 쉬워야 하고, 주요 피사체를 시각적으로 방해하지 않아야 한다. 예를 들어 자막이 아래에서부터 튀어나온다 하더라도 주인공의 눈앞에 자막을 넣는 것은 금지되어 있다.

관객에 대한 불신의 유예를 방해하지 않고 필름에 자막을 입히는 것은 어렵다. 따라서 더빙을 선호하거나 검은 프레임(black frame)처럼 깊이 단서가 거의 없는 부분에 자막을 위치시켜야 한다. 화면비율이 허용하는 경우 일부는 필름 아래에 있는 검은 바에 자막을 삽입하는 것을 권장한다. 그러나 물론 이것이 항상 가능하지 않으며 바람직하지도 않다. 예를 들어 제임스 카메론의 *Avatar*에서 나비족의 대화는 자막이 있다. 아래의 예는 단어의 수가 열 마디 미만 그리고 5초 미만의 지속 시간을 갖는다는 것을 보여준다.

```
43
01:19:32,490 --> 01:19:37,063
<i>You are now a son of the Omaticaya.</i>
44
01:19:38,185 --> 01:19:42,672
<i>You are member of the Na'vi people.</i>
45
01:27:03,577 --> 01:27:06,033
<i>Tsu'tey will lead our army.</i>
```

제임스 카메론의 *Avatar*에서 나비족 대화에 사용된 영어 자막 발췌

디스플레이 시간

자막은 읽힐 수 있을 정도로 충분히 길게 나타나야 한다. 3D에서 관객은 시선을 서로 다른 깊이 레벨에 맞추고 있기 때문에 관객의 시선이 일반적으로 장면의 초점 앞에 있는 자막에 순응할 수 있도록 더 많은 시간을 주어야 한다. 재수렴은 1초에서 1초 반 사이가 걸리기 때문에 자막은 2D에서보다 더 길게 표시되어야 한다.

위치

자막은 장면 앞에 나타나야 한다. 전경 물체나 인물의 깊이 면을 가로지르는 것을 방지하기 위해 자막을 현명하게 배치해야 한다.

장면 상단에 겹쳐져 있는 자막의 경우 깊이의 위치(depth positioning)는 자막의 원래 위치에서 중심에 있도록, 양쪽 시야에서 동시에 그리고 대칭적으로 모든 자막 픽셀의 수평 시차를 수정하여 처리된다. 원칙적으로 전체 장면이 스크린 뒤에 위치하고 있다면 자막은 스크린 면에 있게 된다. 그러나 자막이 처리된 부분에 있는 장면의 요소들이 스크린을 벗어나는 경우(일반적으로 시간의 5%에 발생) 가장 돌출된 전경 물체의 음의 시차(negative parallax)보다 더 큰 음의 시차를 주어 자막을 이동해야 한다. 그러나 자막이 읽기 불편해지는 값을 초과하지 않도록 하고 특히 스크린 가장자리에서 너무 멀리 있지 않도록 조심한다. 한계 값은 최종 사용자의 스크린 폭에 의해 크게 의존되기 때문에 TV 자막과 영화 자막은 결코 같을 수 없다. 1미터 폭의 TV 세트를 위해 설정된

시차는 12미터 폭의 극장 스크린에서는 허용될 수 없다.

전경 위치

가장 분명한 해결책은 전체 영화에서 자막이 입혀진 영역 중 가장 앞에 있는 대상의 깊이 위치를 찾아서 그 위치보다 약간 더 낮게 일정한 거리에서 모든 자막을 설정하는 것이다. 이러한 방법으로 모든 자막들이 장면의 특정 요소에 의해 겹치지 않도록 할 수 있다.

불행히도 이것은 실제로는 용인될 수 없다. 왜냐하면, 예를 들어 야외 숏에서 관객은 경치를 살펴보고 동시에 자신의 시선을 멀리 있는 풍경과 자막 사이를 왔다 갔다 해야 하기 때문이다. 이로 인해 눈의 피로도가 커지고 다시 초점을 맞추는 시간은 약 1.5초로 추정되기 때문에 각각의 자막을 읽는데 거의 3초가 소비된다.

역동적 위치 선정

자막을 역동적으로 위치시켜야하는 이유는 장면을 손상시키는 것을 피하고 눈의 피로도를 최소화하기 위해서이다. 자막은 매번 수평과 수직 그리고 깊이 안에 배치된다. 가능한 자주 사용되어야 하는 기본 위치는 중앙, 스크린의 가장자리 그리고 스크린 면이다.

완벽한 결과를 위해 자막의 위치 조정은 상당한 3D 경험이 있는 숙련된 사람에 의해 이루어져야 하며 스테레오그래퍼는 지속 시간과 위치, 액션이나 주요 깊이 단서에 중첩이 없고 눈의 피로 정도를 확인하기 위해 충분히 큰 3D 디스플레이를 사용하게 된다.

깊이의 위치는 일반적으로 픽셀의 수로 평가될 수 없다. 장면에 가능한 알맞게 적용되기 위해 시차 조정이 종종 필요하다.

3D 자막은 시각계에 너무나 큰 과부하가 되기 때문에 장면이 전환되는 동안은 자막 사용을 피한다.

크기

장면의 깊이에서 역동인 위치 선정은 논리적이지만 짜증스러운 부작용으로도 이어진다. 자막이 스크린 면에 나타나면 자막은 장면에 존재하는 것처럼 정확한 크기를 가진 대상으로 해석된다. 하지만 크기 변경 없이 자막을 앞으로 이동시키면 뇌는 자막이 더 가까이 이동함에 따라 자막을 점점 작게 생각한다. 관객을 불안하게 하는 것을 피해야 한다면 자막의 크기를 다양하게 하는 것 즉, 자막이 더 가까워지면 자막을 더 크게 만들거나 스크린 면으로 혹은 스크린 면 뒤로 자막을 위치시키면 자막을 작게 만들어야 한다. 따라서 실제로 역동적인 위치 선정은 이론만큼 자유롭지 않다. 게다가 큰 자막들의 크기는 계속 제한되어야 하며 스크린을 침범해서는 안 된다.

그림 06-13 주인공 바로 앞에 위치한 자막. 자막은 스크린 앞으로 약간 돌출되어 있다.
© C.Oury

부피와 질감

장면에 있는 물체의 위치와 부피에 대한 우리의 해석은 자막의 2차원적 성향에 의해 방해될 수 있다. 장면에 나무, 천이나 돌 처럼 질감이 있는 재료가 풍부하다면 평평하고 단색인 자막은 불신의 유예를 깨트릴 수 있다.

엠보싱 효과와 같은 약간의 깊이감을 자막에 주거나 가벼운 석고 같은 질감을 적용할 수 있다. 이것은 관객에게 자막과 공간을 자연스럽게 인식시키는 것을 도우며 깊이 단서를 강화시킨다. 이러한 유형의 효과는 매우 정확하게 적용되어야 하며 언제나처럼 적절한 크기의 스크린에서 3D로 확인해야 한다.

이러한 의견은 이미지의 상단 오른쪽 모서리에 있는 채널 이름처럼 텔레비전에서 많이 사용되고 있는 로고 삽입에도 적용된다.

입체는 강한 대비와는 잘 섞이지 않는다. 특히 패시브 안경을 사용하는 대형 스크린에서 영화 상영이 예정되어 있는 경우 아주 어두운 배경 위의 하얀 자막은 원치 않는 고스팅을 야기할 수 있다. 따라서 자막의 대비를 현명하게 처리하고 야간 장면에서처럼 배경이 특히 어두운 경우 필요하면 자막을 어둡게 하는 것이 좋다.

3D 자막 소프트웨어

특정 3D 기능이 있는 소프트웨어는 일반적으로 자막 생성 기능을 포함하고 있다. 자막 생성이 포함되지 않은 경우 평범하게 자막을 만들고 왼쪽과 오른쪽으로 약간씩 이동시켜 자막을 깊이 영역에 넣는 것도 가능하다. 하지만 3D 자막 전용 플러그인은 많은 시간과 노력을 줄여준다. 예를 들어 3D ISP Title 플러그인(www.ksp.co.jp)은 Adobe premiere CS5나 After Effects CS5와 완벽히게 통합된다. 이 플러그인은 손쉽게 위치를 조정하고 애너글리프 미리 보기를 제공하며 사이드 바이 사이드와 오버-언더 같은 다양한 3DTV 디스플레이 모드를 지원한다.

그림 06-14 After Effects용 ISP 3D 플러그인은 손쉬운 자막의 삽입과 조정을 가능하게 한다.

자막 배급

자막이 필름 이미지에 직접 인쇄되지 않았다면 자막은 문자 다중 방송, DVB와 같은 다양한 채널을 통해 또는 래스터(raster) 형식으로 배급되어야 한다.

유럽 텔레비전이나 미국의 US Closed Captions 608/708의 경우 폰트명, 위치, 크기, 시차와 같은 메타데이터를 제공해야 하고 시차는 한 픽셀의 몇 분의 1 단위로 구체화되어야 한다. 이 정보는 메타데이터 스트림에 인코딩될 수 있지만 이것은 표준도 아니며 현재 셋톱박스 제조업체 간의 합의 대상도 아니다. 따라서 이 경로가 단기간에 발전할 것 같지는 않다.

텔레비전용 DVB 전송 표준은 사이드 바이 사이드 콘텐츠에 대한 자막을 제공한다. 그리고 자막은 시차 정보를 따라 비트맵 이미지로 전송된다. 현재까지 구체적으로 표준을 시행하는 방법에 대한 논의가 없으며 다양한 정보 처리 상호 운영 문제도 여전히 해결되어야 한다. 따라서 DVB 자막은 분명히 전망이 밝지만 아직 성숙하지는 않았다.

게다가 사이드 바이 사이드 포맷은 중기적으로 감당할 수 있을 것으로 보이는 반면 왼쪽과 오른쪽 이미지를 기타 다양한 방식으로 삽입하는 포맷은 엘리어싱(aliasing) 문제에 취약하다. 게다가 픽셀의 1/10만큼 자막을 이동시키는 것은 디스플레이 수준에서 이미지 리샘플링(resampling)이 필요하며 이것은 이미지가 장치 메모리 내의 인접 지역에 저장되지 않은 경우 매우 어렵다. 따라서 이러한 포맷은 자막이 고려되어야 하는 경우 권장하지 않는다.

영화의 경우 아직 완벽하지 않다는 것을 제외하고 사정은 나아 보인다. 게다가 디지털 영화에 사용되는 배급 포맷인 DCP는 SMPTE DCI 428-7에 정의되어 있다. 이 문서는 3D 영화의 자막 사용에 관한 정보를 제공하며 프로젝터에서 이미지 위로 생성되는 자막에 깊이를 주는 Z 매개 변수를 포함하고 있다.

참고

표준 권고는 아직 불충분하며 최대 품질을 보장하는 유일한 방법은 후반 단계에서 이미지에 자막을 삽입하는 것이다.

텔레비전과 영화 외에 자막을 사용하는 제3의 매체는 블루레이다. 블루레이는 가정으도 제공되는 미래의 입체 영화 전송 채널의 최상 매체이며 일반적으로 제공되는 언어의 다양성은 플레이어 자체에서 디스플레이에 겹쳐지는 자막의 사용을 필요로 한다. 블루레이 3D 표준의 첫 번째 출시 버전이 존재하지만 자막을 포함하는 부분은 아직 공개되지 않았다.

Sony의 XML

그럼에도 불구하고 Sony Creative Software는 타임 코드로 주어진 시간 함수인 Z에서 자막의 깊이를 제공하는 표준화된 XML 도식을 제공한다. 이 도식은 미래에 디지털 영화, 후반 작업에서의 DI(Digital Intermediate) 파일, TV 방송, 블루레이 디스크에 사용될 수 있다. Sony가 Z Depth라고 부르는 전문 애플리케이션은 이 제안과 호환되는 메타데이터를 생성한다(www.sonycreativesoftware.com/zdepth).

아래는 Sony가 제안한 사양을 따르는 XML 파일 샘플이다. <Event TC="01:01:21.08" ZValue="-3.5"/>라는 문장은 주어진 시간(여기 타임 코드에서 1시간, 1분, 21분, 그리고 8 프레임)에서 자막이 얼마나 깊어야 하는지를 표시한다는 것에 주목하자. 자막은 3.5 픽셀의 음의 시차를 갖게 된다. 블루레이 사양은 픽셀의 몇 분의 1 이동의 사용을 금지하기 때문에 값은 사용 전에 소수점 3자리까지 반올림된다. 분수 부분은 영화 애플리케이션에만 사용된다.

```
<?xml version="1.0" encoding="UTF-8"?>
<Document xsi:noNamespaceSchemaLocation="zvalue.xsd"
xmlns:xsi="http://www.w3.org/2001/ XMLSchema-instance">

  <Project>
    <Title>My Film Title</Title>
    <Content>feature</Content>
    <Version>Original</Version>
    <Resolution>2K</Resolution>
    <FrameRate>24</FrameRate>
    <DropFrame>NDF</DropFrame>
    <MediaNumber>123456</MediaNumber>
    <Revision>1</Revision>
    <Language Attribute="inserts">en-US</Language>
    <FFOP>01:00:08.00</FFOP>
    <LFOP>01:11:17.22</LFOP>
```

```
    <Reel>1</Reel>
    <TotalReels>6</TotalReels>
    <ValueType>pixel</ValueType>
  </Project>
  <Events>
    <Event TC="01:00:00.00" ZValue="0"/>
    <Event TC="01:01:21.08" ZValue="-3.5"/>
    <Event TC="01:01:35.13" ZValue="3.8"/>
    <Event TC="01:01:37.08" ZValue="4"/>
    <Event TC="01:01:59.12" ZValue="8.4"/>
  </Events>
</Document>
```

Stereoscopic Player를 활용한 자막 처리

Stereoscopic Player는 디스플레이 시간에 맞춰 입체 영화 위로 자막을 덮어씌울 수 있다. 그러나 이 프로그램은 .sub의 자막, 엄밀히 말하면 2D 포맷을 수용한다.

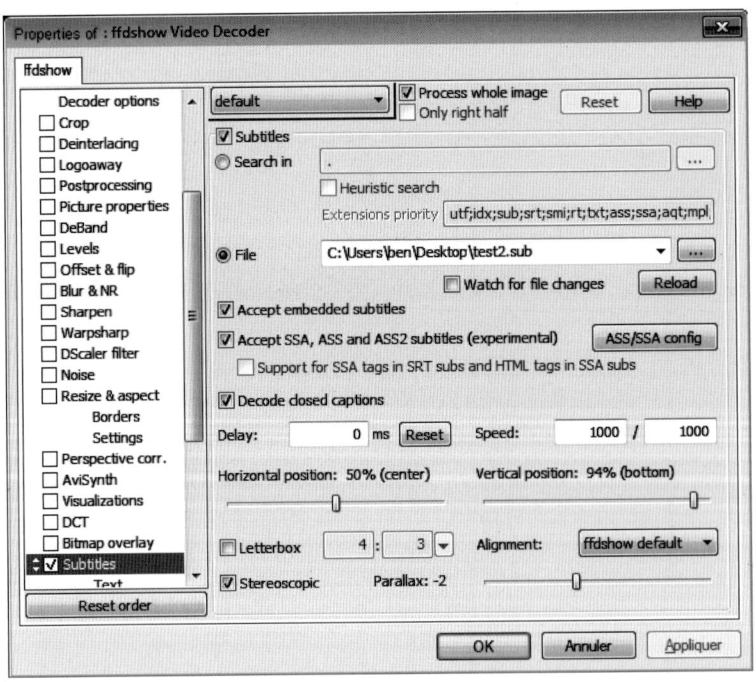

그림 06-15 Stereoscopic Player의 속성창은 자막 표시에 대한 선택권을 제시하고 자막에 대한 시차 값을 선택할 수 있다.

현재 자막을 표시하는 것은 오버-언더 모드와 “ffdshow MPEG-4 Video Decoder” 코덱에 제한되어 있다. ffdshow 코덱의 속성창은 “File〉Video〉Filter〉ffdshow Video Decoder〉Details” 메뉴에 있다. “Subtitles”와 “Stereoscopic” 속성창을 확인하고 자막이 표시되는 시차를 지정할 수 있다. 2 픽셀 값이 일반적으로 최고의 선택이다. 불행히도 이 값은 역동적으로 변화하는 것이 불가능하다. 따라서 이 값은 전체 영화에 적용된다.

“SubViewer 2.0” 포맷(파일 확장자 .sub)을 사용하는 자막 파일은 깊이의 지시가 없는 단순한 텍스트 파일이다. 이 포맷은 Microsoft의 MediaPlayer에서 널리 사용되는 DivX 코덱에 의해 채택되었으며 YouTube에 채택된 이후 수많은 비디오에 외국어의 접근을 허용하면서 필수가 되었다. 또한 이 포맷은 DVD에서 자막 처리된 비디오 시퀀스를 검색하는데 아주 유용하다. SubRIP 무료 프로그램의 경우 이 포맷의 디스크에서 모든 자막을 자동으로 추출할 수 있다.

SubViewer 2.0 문법은 간단하다. 정보를 제공하는 헤더(header), 키라인(keyline) “[SUBTITLE]”, 폰트를 밝히는 “[COLF]” 줄, 그리고 자막을 포함한다. 자막 당 두 줄로 이루어지며 첫 번째 줄은 쉼표로 분리되는 시작과 종료 타임 코드가 있고 두 번째 줄은 자막 텍스트가 있다.

URUWorks(www.urusoft.net)의 무료 소프트웨어인 “Subtitle Workshop”은 자막 제작자에게 유용하다. 이 소프트웨어는 .sub 포맷을 포함하여 50개가 넘는 서로 다른 포맷을 지원한다.

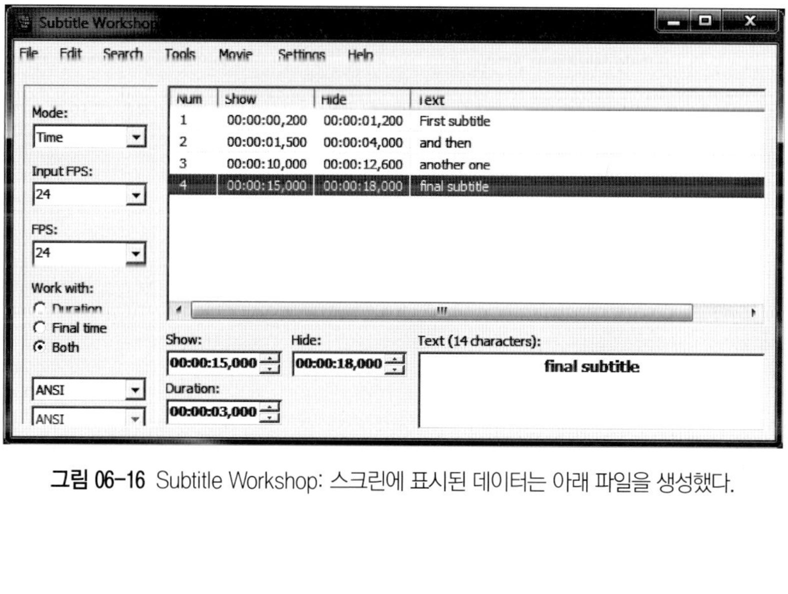

그림 06-16 Subtitle Workshop: 스크린에 표시된 데이터는 아래 파일을 생성했다.

.sub 파일의 예:

```
[INFORMATION]
[TITLE]Test video with subtitles
[AUTHOR]Benoit Michel
[SOURCE]www.mywebsite.com
[PRG]
[FILEPATH]
[DELAY]0
[CD TRACK]0
[COMMENT]first subtitle
[END INFORMATION]
[SUBTITLE]
[COLF]&HFFFFFF,[STYLE]bd,[SIZE]18,[FONT]Arial Narrow
00:00:00.20,00:00:01.20
first subtitle
00:00:01.20,00:00:04.20
and then
00:00:10.20,00:00:11.20
another one
00:00:11.20,00:00:12.20
final subtitle
```

음향 편집

언뜻 보면 영화의 음향 편집은 3D로의 전환에 영향을 받지 않는다고 생각할 수 있지만 그렇지 않다! 깊이감에서 장면의 배치 특히 이야기의 주인공 배치가 가장 중요하다. 가능하면 언제나 시청각환경에서 깊이감을 주는 5.1 서라운드 믹스가 필요하다. 스크린의 평평한 단일 면으로 제한된다고 정의되는 스테레오 음향은 다양한 깊이의 제한된 소스를 가지고 음향 환경을 복원하기 위해 애쓴다.

불가능한 완벽한 믹스

주로 스크린 면 뒤에 위치한 장면의 경우 음향의 위치 변경은 크게 중요하지 않다. 그러나 인물 또는 소리를 내는 물체가 스크린으로 밖으로 뛰어 나갈 때 음향은 스크린과 관객 사이의 3D 공간에서 만들어져야 한다. 스크린과 관객 사이 거리의 25%에 위치하고 중앙에 서서 있는 인물을 상상해보자. 해당 음향은 중앙에 있어야 하고 극장의 25% 주위에 위치해야 한다. 이 경우 정확히 말하면 음향은 마지막 줄의 관객을 위해 위치해 있다. 처음 몇 줄 중 하나에서 왼쪽 끝에 앉아 있는 관객의 경우 음향은 오른쪽에서 오는 것처럼 느껴지며 효과는 전혀 자연스럽게 느껴지지 않는다.

실제 상황에서 스크린 면 앞에서 들리는 적절한 서라운드 음향을 전체 관객에게 제공하는 것은 거의 불가능하다. 이상적인 해결책은 헤드폰을 통해 각 관객에게 소리를 보내는 것이다. 아주 완벽하게 하기 위해서는 관객의 양안 거리 감지기능을 추가해야 한다! 48 mm 양안 거리를 갖는 어린이의 경우 눈이 65 mm 떨어져 있는 어른의 경우보다 피사체가 25% 더 가까이 위치해 있기 때문이다.

영화 상연 시, 음향의 영향력

형편없게 균형이 잡힌 사운드트랙은 전체 작품을 망칠 수 있다. 가장 확실한 해결책은 스크린과 관객 사이의 음량에서 포인트 사운드 소스(point sound source)의 수를 최소화하는 것이다. 창조적인 상연의 완벽한 예는 애니메이션 영화 *Monsters vs. Aliens*에서 영화 초기에 jokari 공이 스크린을 벗어난 공간에서 앞뒤로 왔다 갔다 하는 부분에서 찾을 수 있다. 라켓에서의 공의 충돌은 요란하고 잘 국지화되어 있지만 음향은 정확히 스크린 면에 있기 때문에 엄밀히 말하면 모든 관객들에 대해 위치해 있다.

스크린 앞에 위치한 음향은 스크린 앞의 중앙에 있는 관객에게만 정확하게 이미지와 일치한다. 관객의 위치가 중심을 더 벗어날수록 인지된 음향과 돌출된 이미지 간의 거리는 더 커진다. 돌출 효과가 더 강할수록 이러한 결점은 더 강조된다. 따라서 펀치, 충돌, 산산 조각난 유리 등과 같이 매우 공간적으로 제한된 음향은 스크린 면을 너무 벗어난 곳에 배치하지 말아야 한다.

결론적으로 주인공이 스크린 면 부근에 위치해 있다면 3D 영화를 위한 사운드트랙 제작이 훨씬 더 쉬워지며 따라서 스크린 앞의 사운드에서 매우 제한된 효과를 피할 수 있다. 언제나처럼 예술적 창조성과 기술적 제약 간의 균형은 기호의 문제이다.

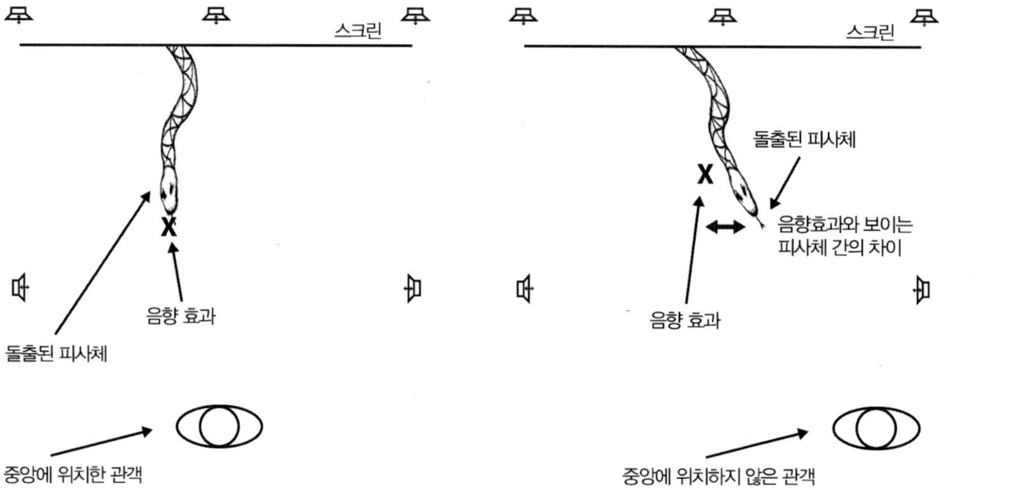

그림 06-17 스크린 축에 있지 않은 관객에게는 음향과 스크린 밖으로 돌출되는 피사체가 동일한 장소에 위치해 있지 않다.

화면 밖 음향

탁월하게 공간화된 음향 편집은 3D 영화에 많이 추가될 수 있다. 우리가 막 공부한 함정들을 피하면 시각적 깊이 단서를 강화하고 보완하기 위해 가능한 많은 음향 소스들을 공간에 위치시켜야 한다. 예를 들어 아바타에서 헬리콥터의 공격은 헬리콥터가 스크린 왼쪽 가장자리에 나타나기 전에 5.1 서라운드 믹스에 음향을 넣어두어야 하고 헬리콥터가 오른쪽으로 날아간 후에도 음향을 유지해야 한다. 헬리콥터가 나타나기 바로 전에 후방 왼쪽에서 전방 오른쪽으로 음향이 지나가게 함으로써 공간적 위치 효과를 강화한다. 따라서 관객들은 청각을 바탕으로 헬리콥터가 올바른 위치에 나타날 것을 기대하며 이들의 뇌는 이미 무의식적으로 자신의 눈을 헬리콥터의 등장 지점에 맞출 준비가 되어 있다. 따라서 훌륭한 전방-후방 믹스는 유용할 뿐 아니라 사물이 시야에 나타나기 전에 "무대를 설정"함으로써 시각적 불편함을 줄이는데 도움이 될 수 있다.

검증

입체영상은 촬영 단계, 후반 편집, 패키징, 배급 같은 제작 워크플로 상에서 검증이 필요하다. 육안 확인은 필수적이지만 자동화 툴은 가장 작은 문제를 발견하고 정확하게 문제의 위치를 찾을 수 있다.

자동 유효성 검사

몇몇 스테레오스코픽 분석기가 시장에 나와 있으며 이 분석기는 대형 블록버스터에서 소규모의 인디 영화까지 모든 제작에 사용되어야 한다. 입체영상 작품을 이중으로 확인하지 않은 경우 관객들의 눈을 정말 힘들게 할 위기에 처하기 때문이다. 그리고 이것이 의미하는 것은 하나이다. 관객은 다시는 3D 영화를 보지 않을 것이다!

소프트웨어를 이용한 검증은 결코 충분하지 않지만 많은 시간과 돈을 절약할 수 있으며 큰 실수를 방지할 수 있다. 또한 소프트웨어를 통해 공간 안에 다른 매개 변수가 있는지 확인하는 것이 용이한데 이는 BSkyB와 다른 배급사들이 깊이 영역 초과에 대해 언쟁할 수 없도록 돕는다.

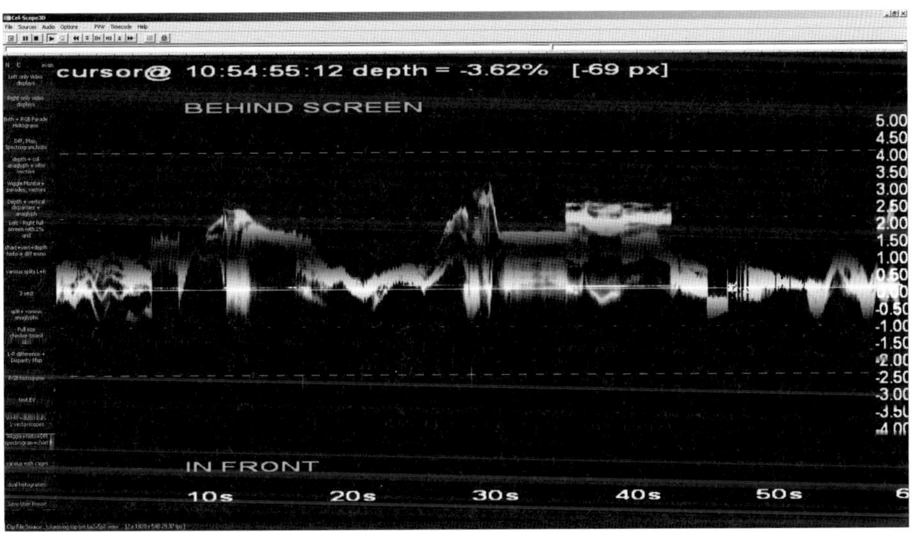

그림 06-18 Cel-Scope 뎁스 차트의 방향은 낮 조에서 낮 시간까지 시간 척도 상의 모든 깊이의 역학 관계를 보여준다. 위의 예에서 시차가 +4.0% 위로 또는 -2% 아래로 나타날 때 경보가 작동된다.

독일 Fraunhofer Institute (www.hhi.fraunhofer.de)와 Cel-Scope (www.cel-soft.com)의 STAN(STereoscopic ANalyzer) 스테레오스코픽 분석기는 일정 기간 동안 3D 매개

변수 즉 뎁스 버젯, 수직 불균형, 입체 분광 사진(depth spectrogram)의 변화를 표시하는 다양한 히스토그램을 제공한다. 매개 변수가 미리 설정된 최대 양의 시차나 음의 시차에 도달하면 경고가 울리도록 설정할 수 있다.

Cel-Scope 로깅(logging) 옵션은 기본 분석기의 전체 측정과 디스플레이 기능에 대한 포괄적인 보고와 분석 기능을 추가한다. 로그 보고서(log report)는 평가중인 영상의 모든 이벤트와 측정, 시스템 설정을 타임코드와 섬네일 사진(선택가능)과 함께 보여주는 완성된 문서이다.

STV(Stereographer Toolkit & Viewer, www.touchedu.com/stv)는 더 단순하지만 오직 스틸 이미지에 대한 검사 기능을 제공하는 매우 저렴한($9.99) 툴이다. STV는 iPad에서 작동하며 4K 해상도까지의 스테레오 이미지를 검사한다.

시각적 유효성 검사

대형 스크린에서 입체의 육안 확인은 필수이다. 확인 시 시청 조건은 다른 조명이 없고 극장과 같아야 하며 음향 설비는 최종 관객이 보는 극장의 상태와 유사하게 조정되어야 한다.

품질 검사는 사운드트랙도 포함한다. 모든 관객과 심지어 극장 중앙에 있지 않은 관객에게도 음향의 위치와 입체 이미지는 공간상 일치해야 한다. 아래 체크리스트는 숏마다 검토하고 유효성을 확인해야 한다.

3D 영화가 배급되기 전 제작의 끝 단계는 중간 단계보다 더 엄격한 품질 관리가 필요하다.

주의

단일시(single vision)에서 다음 표에 나와 있는 모든 사항을 확인하는 것은 숙련된 스테레오그래퍼를 포함하여 인간에게는 거의 불가능하며 자동화된 소프트웨어 조차도 그렇다. 주요 작품의 경우 전용 검증 프로그램의 사용 및 육안 점검을 통해 이중으로 확인하는 것이 필요하다.

가장 보편적인 입체 오류와 해결책

입체 오류	수정	중요도	수정 난이도
동기화 오류: 전체 프레임의 싱크 오류	재동기화 시킴	**	*
동기화 오류: 단일 프레임의 싱크 오류	재동기화 시킴	**	***
수직 불균형	재조정	*	*
배경의 수직 불균형	배경 흐릿하게 만들기	*	*
밝기와 색상 불일치	색 보정 다시 하기	*	*
초점 또는 피사계 심도 불균형	더 선명한 이미지 흐릿하게 만들기	**	**
3D 효과 없음(두 이미지 동일)	왼쪽과 오른쪽 이미지 조절 및 수정	*	*
가짜 입체시, 왼쪽과 오른쪽 이미지가 바뀜	왼쪽과 오른쪽 이미지 위치 바꾸기	***	*
스크린에서 65mm보다 큰 양의 시차	HIT로 두 이미지를 가까이 이동시켜 시차를 줄이고 리프레임하기	***	*
합성 시 몇몇 레이어에서 얕은 3D 효과	다시 합성하기	*	**
부분적 역입체시: 합성 시 몇몇 레이어에서 반전된 3D, 일반적으로 제목이나 자막	다시 합성하기	***	**
큰 망막 경합: 멀티 레이어 합성에서 누락된 대상	다시 합성하기	***	**
작은 망막 경합: 부정확한 픽셀, 플레어 또는 광학 수차(optical aberration) 불일치	StereoPaint로 수정하기	**	***
해당하는 이미지가 없는 측면 가장자리: 부정확하게 위치한 플로팅 윈도우	플로팅 윈도우 이동하기	***	*
측면 스크린 가장자리에 의해 가려진 돌출된 피사체	플로팅 윈도우 추가하기, 리프레임하기	***	*
스크린 상단에 의해 가려진 돌출된 피사체	대상의 밝기나 대비 감소시키기, 리프레임하기	**	**
스크린 하단에 의해 가려진 돌출된 피사체	대상의 밝기나 대비 감소시키기, 리프레임하기	*	**
너무 강한 돌출 효과	HIT를 통해 두 이미지를 서로 더 멀리 이동시키고 리프레임하기	**	*
고스팅: 왼쪽 또는 오른쪽 이미지가 다른 쪽 눈에 부분적으로 보임	해당 부분의 밝기나 대비 감소시키기, 제목과 자막의 경우 텍스트의 콘트라스트를 낮추거나 다른 위치로 옮기기	**	**
사운드트랙: 왼쪽에서 오른쪽으로 부정확하게 위치한 스테레오 효과 또는 한쪽으로 너무 멀리 있는 음원	중심을 다시 맞추고 소스를 스크린 면으로 다시 가져오기, 5.1 믹스 다시 하기	***	*

입체 오류	수정	중요도	수정 난이도
사운드트랙: 깊이에 따른 음향의 위치가 정확하지 않은 경우(스크린 앞이나 뒤로 너무 멀리 있을 경우)	소스를 스크린 면으로 다시 가져오기, 5.1ch 믹스 다시 하기	***	*

Technicolor는 유사한 15개 사항의 체크리스트를 제공하며 작품의 모든 숏을 인증하는 "Certifi3D"라는 인증서를 준다. Technicolor는 깊이 정량을 결정하고 원치 않는 불균형을 나타내는 보고서를 만드는 특정 품질 관리 소프트웨어를 사용한다.

CHAPTER 7

스테레오스코픽 영화 전송

- 동시에 2대의 카메라 영상을 어떻게 실시간으로 기록하거나 방송하는가?
- 3D 영상의 저장과 실시간 전송에는 어떤 포맷이 사용되는가?
- HD-3D로 경기를 어떻게 생중계하는가?
- 3DTV 피드를 보기위해 새로운 디코더가 필요한가?
- 3D TV 세트에서 3D 콘텐츠를 디스플레이하기 위해 HDMI 1.4가 필요한가?
- 3D DCP는 무엇인가?
- 영화를 극장에 전송하기 위해 3D DCP는 어떻게 인코딩 할 수 있는가?
- 3D 블루 레이 디스크는 어떻게 제작할 수 있는가?

배급 문제

주변 환경 분석

제작 현장에서 가정 또는 관객석까지의 3D 영화 배급에 대한 장애물은 공인된 산업 표준의 부재, 기존 인프라 변경에 필요한 높은 비용, 다양한 제품/장비 유형 간 기술적 호환의 어려움과 관련이 있다. 전송에 적합한 포맷 선택은 현재 그리고 가까운 미래에 요구되는 품질뿐 아니라, 저장 및 전송 효율성, 기존 2D 장비와의 호환성, 그리고 마지막으로 모든 변경에 필요한 비용에 따라 다르다. 주요 배급 채널은 케이블, 위성, DTT(Digital Terrestrial Television, 디지털 지상파 텔레비전), 광학 디스크이며 광학 디스크 집단 중에서 블루 레이 디스크만이 충분한 용량을 제공한다.

표준

국제 표준은 필수적이다. 표준이 없는 경우 영화관이나 개인에 대한 대량 배급은 어려울 것이다. 표준이 있는 경우 장비의 상호 운용성은 기술의 빠른 주류화와 저비용으로 이어질 것이다. 원칙적으로 표준은 세계적이어야 하며 하나의 제품이 독점적인 솔루션을 가지고 시장을 잠식하는 것을 방지하기 위해 매우 초기에 확립되어야 한다. 초기에 확립되지 않으면 표준 전쟁, 그리고 궁극적으로 엄청난 수의 표준에 의한 채택 지연으로 이어진다. VHS가 결국 BetaMAX를 이긴 비디오테이프 시장에 대한 표준 전쟁을 기억하자.

다행히도, 표준 기관은 조기에 디지털 스테레오스코피 분야에서 작업을 시작했고, 이미 셋톱박스와 텔레비전 간의 연결을 위한 HDMI 1.4 표준과 장편 영화 저장 및 전송을 위한 블루 레이 3D 디스크를 출시하였다. 텔레비전에는 필수인 실시간 전송을 위한 표준은 이미 진행 중이다.

주요 표준 기관

약어	조직	대상	3D 표준	표준의 범위
SMPTE	Society of Motion Picture and Television Engineers	영화와 방송 전문가	Digital Cinema Package(DCP)	디지털 영화 전송을 위한 2D와 3D 마스터
			WG10E40-3D Home Master	가정으로의 전송을 위한 3D 마스터

약어	조직	대상	3D 표준	표준의 범위
CEA	Consumer Electronics Association	대중 시장 장비 제조업체	WG7-R4.8-CEA-861.1 압축되지 않은 비디오 3D 프로파일	3D 방송 포맷
			WG 16-R4.8 3D 안경	능동형 안경을 위한 적외선 명령어
			CEA-708 자막 방송	TV용 2D와 3D 자막
ATSC	Advanced Television Systems Committee	미국의 디지털 TV, DTT, 케이블 전송	계속 진행 중인 작업	미국의 3D TV
EBU	European Broadcasting Union	유럽 방송사	계속 진행 중인 작업	유럽의 3D TV
ITU	International Telecommunication Union	전 세계 방송사	ITU-R BT.2160 Features of 3D TV	"프로파일"이라고 하는 3세대로 나누어진 3D TV 미래 계획
			ITU-T H.264 Multiview Video Coding	MPEG-4/H.264 MVC (2세대 3D 프로파일)
			ITU-T H.264 Scalable Video Coding	MPEG-4/H.264 SVC (3세대 3D 프로파일)
DVB	Digital Video Broadcasting Project	전 세계 방송사	DVB-3DTV (DBV 문서 A154)	메타데이터와 3D 자막을 포함하는 방송용 3D 포맷
SCTE	Society of Cable Telecommunications Engineers	케이블 TV 운영자(미국)	3DTV Content Encoding Profiles 3.0	방송용 3D 포맷
BDA	Blu-ray Disc Association	블루 레이 장비 제조업체	3D 사양	3D 블루 레이 디스크 사양
ISO/ IEC/ MPEG	International Standards Organization	디지털 방송	ISO/IEC 23002-3 (MEPG-C Part 3)	2D + 심도와 메타데이터를 포함하는 3D 포맷
			ISO/IEC 14996-10 MVC 확장자가 있는 AVC	MVC 2D + 심도 이미지의 압축과 전송
			계속 진행 중인 작업	MVC 2D + 심도 이미지 생성을 위한 소프트웨어와 방법
HDMI	HDMI Licensing	대중 시장 장비 제조업체	HDMI 1.4a	소스와 3D TV 또는 영사기 간의 단거리 전송 방법

주: WG는 실무 그룹(working group)을 나타낸다; WG의 목표는 아직 발표되지 않은 미래 표준을 준비하는 것이다.

제약

제작 중의 파일 전송은 무엇보다도 모든 촬영 및 제작 단계에서의 품질 보존뿐 아니라, 최종 사용자에게 전송하는 동안 전송 데이터의 용량 줄이기와 같은 다양한 제약을 받는다. 중간 단계에서의 저장 비용 절감을 위해 파일 압축이 필요하다. 무손실 압축은 손실 압축보다 덜 효율적이며 워크플로우의 매 단계에서 까다로운 타협을 해야 한다.

이것은 2D와 3D 모두에 적용된다. 그러나 스테레오스코피에 있어서는 2D에서 일반적인 아주 미세한 압축 손실이 각각의 두 시야에 대해 일치하지 않는 망막 경합을 야기하기 때문에 그 영향이 매우 두드러진다. 이러한 미세한 차이가 한쪽 영상에는 존재하고 다른 쪽에는 존재하지 않더라도 우리의 뇌는 그 차이를 심도 기형으로 해석한다.

두 이미지 스트림의 동기화는 아주 정확해야한다. 2D의 경우 16:9 화변비율이 4:3 비디오 영상으로 보여지거나 혹은 그 반대의 경우가 될 때 관객의 절반은 약간의 방해를 받는다. 여기에서 픽셀 위치의 오류는 12.5% 이다. 그러나 관객이 HD-3D 스포츠 경기를 보는 경우에는 두 이미지 간의 잘못된 픽셀 이동이 5 픽셀 정도만 되어도 3D 장면을 완전히 볼 수 없게 만든다. 장면은 모든 깊이감을 잃게 되고 두통만이 남게 된다, 5 픽셀은 단지 0.5%의 픽셀 오류이며 절반의 관객에 의해 약간 성가시게 여겨지는 2D 화면비율의 오류보다 25배 덜하지만 3D에서 그 영향은 실로 엄청난 것이다.

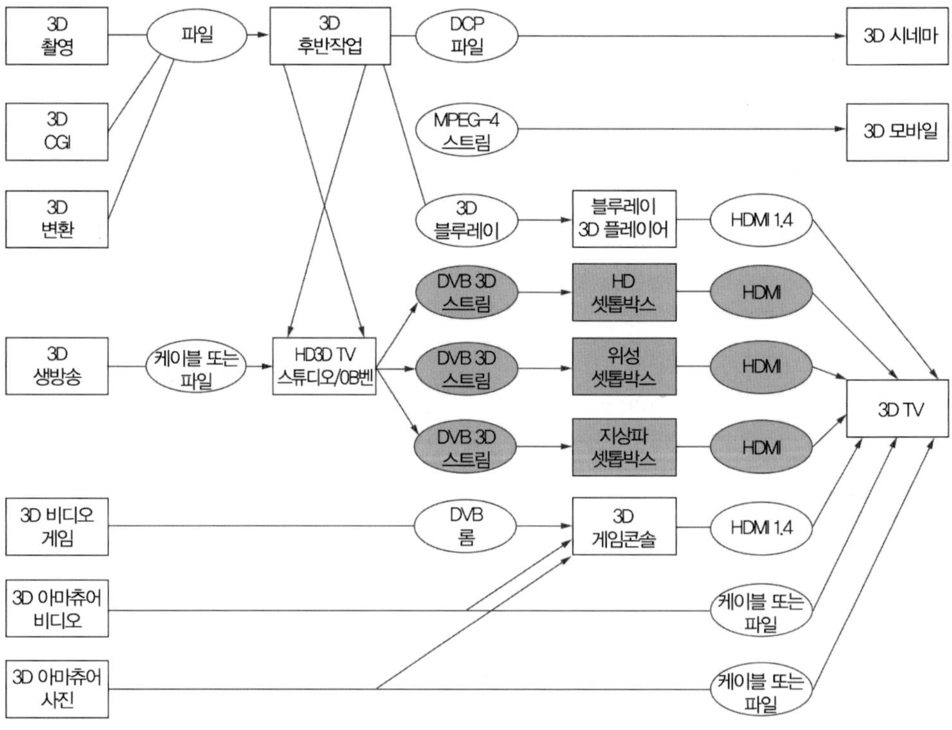

그림 07-01 3D 제작 단계 간의 전송. 약간 검게 표시된 부분은 3D 프레임 호환 가능 전송을 나타낸다.

전송의 다양한 형태는 3D 워크플로우의 많은 부분에 관련되어 있다. 아래 도표는 주요 전송 유형을 보여주지만 완전한 도표는 아니다. 어두운 부분은 기존 인프라와 호환할 수 있도록 신호 품질을 낮추는 소위 "프레임 호환 가능" 포맷으로 3D 이미지의 전송을 표시한다는 것을 주목하자. 궁극적으로, 이러한 전송은 "서비스 호환 가능"이 되며 나머지 전송 체인의 품질 수준에 도달할 것이다.

카메라에서 녹화 장치까지

듀얼 HD 촬영에서 기록이 언제나 카메라 내부에서 이루어지지는 않는다. 생방송의 경우 비디오 신호는 실시간으로 카메라에서 중계차로 전송되어야 한다. 듀얼 720p 또는 1080i HD 카메라에서 나온 비디오 신호는 2개의 독립적인 HD-SDI 케이블을 통해 전송된다. 각 케이블은 1.5 Gbits/s의 처리량을 가지며 SMPTE ST292 표준을 준수한다. 방송사는 점차적으로 두 개의 신호를 전송하기 위해 3 Gbits/s(SMPTE ST425)의 단일 3G-SDI 링크를 사용하고 있으며 이 링크는 배선을 절약하고 복잡성을 줄인다. 데이터 스트림의 특수 신호는 스트림이 3D인지 아닌지를 보여준다.

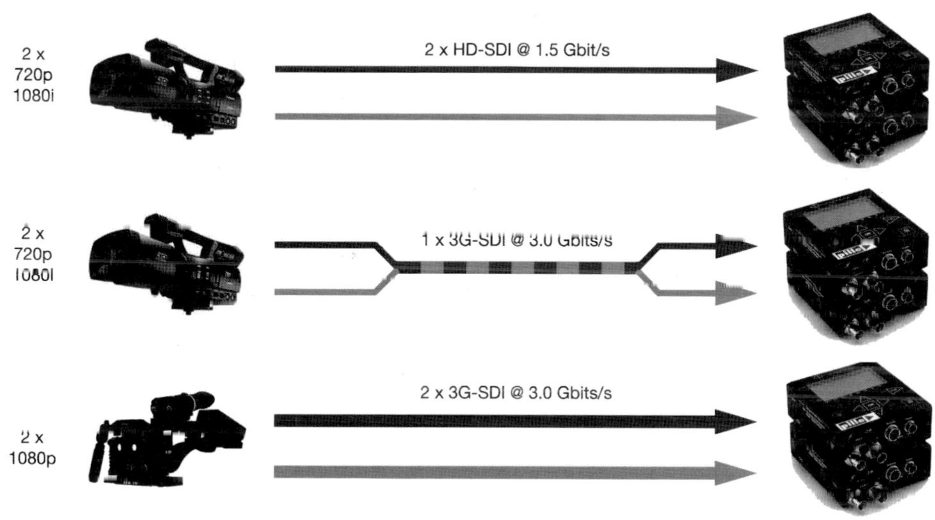

그림 07-02 카메라에서 녹화 장치까지의 전송은 매우 큰 대역폭이 필요하다.

Full HD 1920 x 1080의 최고 품질의 경우 이미지는 1080i(인터레이스 포맷)로 전송할 수 없지만 전체 처리량을 두 배로 만드는 1080p(프로그레시브 포맷)로는 전송 할 수 있다. 그 다음 각 카메라로부터의 3 Gbits/s 처리량을 보장하기 위해 2개의 3G-SDI 케이블이 필요하다.

점점 더 일반적으로 전기 신호는 카메라 내부에서 또는 출력에서 광학 신호로 전환되며 그 후 광섬유를 통해 전달된다. 이것은 전송 범위를 증가시키고 케이블의 수와 무게를 감소시키며 반환 경로의 편의성을 추가한다.

카메라-기록 장치 연결에 있어서의 주의사항

2대의 카메라 영상을 완벽하게 동기화하기 위해 모든 것이 완료됐다는 것이 분명하더라도 다시 한 번 주의해야할 사항들이 있다. 특히 미러 리그가 사용되었을 때 신호 경로는 함정이 산재해 있다. 중계차 초입이나 카메라에는 직접적으로 거울에 의해 뒤바뀐 스테레오 쌍의 이미지를 뒤집는 변환 장치가 있다. 원칙적으로, 이 변환 장치는 작업을 하는 데 풀 프레임의 시간이 걸린다. 따라서 동일한 시간만큼 다른 신호를 지연시켜야 한다. 좋은 3D 프로세서는 그것을 처리하지만 여전히 정확하게 설정되어 있어야 한다.

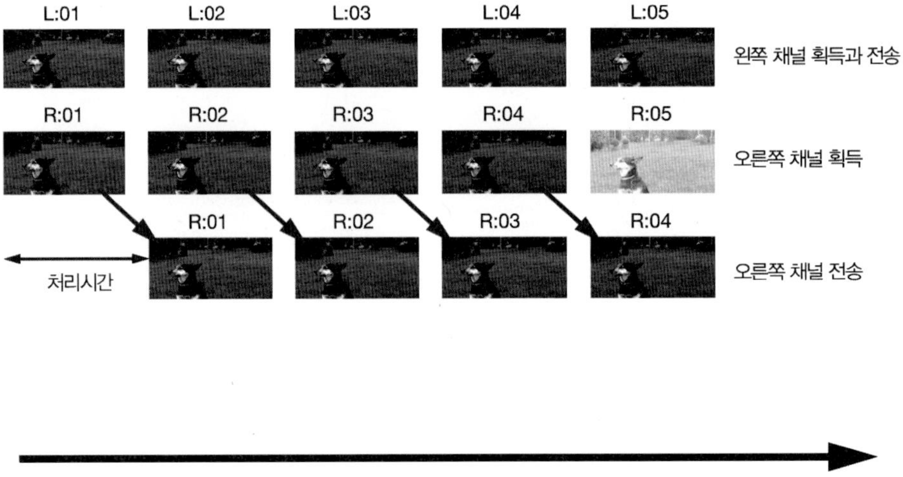

그림 07-03 3D 미러 리그로부터 온 한 이미지를 뒤집으면서 초래된 지연 시간은 카메라의 동기를 불일치시킬 수 있다.

생방송의 경우, 실시간 이미지 수정 단계는 SIP(Stereoscopic Image Processor) 또는 두 이미지 간의 원치 않는 불균형을 삭제하기 위해 조정된 한 쌍의 이미지 프로세서에 의해 처리된다. 예를 들어, 이 단계는 렌즈로 인한 또는 카메라의 부정확한 기계적 설정으로 인한 기하학적 왜곡을 일치시킨다. 다시 말하면, 이러한 장비에서의 프로세스가 정확하게 동일한 시간이 걸릴 것이라고 믿는 것은 잘못된 것이다. 따라서 신중한 동기화 확인이 필요하다.

그림 07-04 시야 중 하나를 뒤집은 후 거울 장치에서 온 왼쪽과 오른쪽 시야, 축간격이 0으로 설정된 경우라도 이미지는 전적으로 동일하지 않다. 오른쪽의 이미지는 두 시야 간의 차이이다. 이것은 줌 요소에서 발생하는 약간의 차이를 강조한다.
© B. Michel

위의 예에서, 0의 축간격으로 설정된 미러 리그는 거울에 의해 뒤집어진 이미지가 다시 뒤집어진 후 2개의 동일한 이미지를 보여주어야 한다. 그러나 두 이미지를 비교하면 두 줌 사이에 약간의 탈동기화로 인해 대략 두 이미지 간에 한 픽셀이 이동했다는 것을 알 수 있다. 이 차이는 수정되어야 한다. 영상 편집기에서 단순히 매개 변수가 변경되었기 때문에 방송 도중 나타나는 그러한 성가신 부조화는 피해야 한다. 따라서 신호 수정은 모든 경우에 3D 스트림의 2개 이미지에 대해 동일한 처리 시간을 보장하는 SIP에 위임된다

압축 문제

최대 품질을 위해 이미지는 압축되지 않거나 예를 들면, JPEG2000 코덱을 사용하여 손실 없이 압축된다. 그러나 많은 경우 저장 공간을 아끼기 위해 MPEG-2 또는 H.264/MPEG-4 손실 압축을 사용한다. 이러한 압축 방법은 신호를 압축하기 위해 연속적인 프레임 간의 여분을 사용하기 때문에 효율적이다. 작업은 "GOPs"라는 사진 집단에서 이루어진다. GOP는 일반적으로 12개의 이미지를 포함하지만, 항상 그런 것은 아니다.

매번 새로운 GOP에서 압축기는 완전한 이미지를 기록함으로써 작동된다. 그리고 다음 이미지는 GOP의 첫 번째 프레임보다 더 작은 공간을 차지하기 위해 GOP 내 차이로 인해 압축된다.

2대의 카메라와 연관된 압축기는 동기화되어 있고 항상 동기화되어 있을 거라고 생각할 수 있지만 사실은 그렇지 않다. 복잡한 MPEG-2와 MPEG-4 압축 알고리즘은 이미지에서 특정 변화를 감지했을 경우 계획된 것보다 더 일찍 GOP 시작을 결정할 수 있다. 압축기 결정의 일부가 콘텐츠를 기반으로 한다는 것을 고려하자. 촬영 후 2대의 카메라에서 나오는 GOP가 엄밀히 동일한 2대의 압축기를 가지고 있더라도, 더 이상 동일한 이미지에서 시작하지 않는다는 것을 확신할 수 있다. 압축과 압축 해제 작업은 이미지에 인공적인 손실을 가져오며 때문에 이러한 손실은 동일하지 않다. 3D의 경우 망막 경합 문제를 야기한다. 이 유형의 압축의 경우, 왼쪽과 오른쪽 스트림 간의 일정한 GOP 동기화를 보장하는 3D용으로 특별히 설계된 듀얼 압축기를 사용하여 3D 오류를 방지할 수 있다.

촬영 데이터 포맷

후반 편집에서 사용되는 포맷은 대부분의 경우 손실이 없거나 압축되지 않은 것이다. 이미지는 비디오 스트림이나 별도의 이미지로 저장되며 디렉토리(DPX, TGA)에 체계화된다. Red One 또는 Arris Alexa 같은 전문 카메라의 본래 포맷은 “RAW”라고 하며, 그것은 카메라 센서가 포착한 데이터의 정확한 본사본이라는 것을 의미한다. 이러한 포맷은 부피가 있지만 포착된 모든 정보를 보존하며 후반 편집에서 최대의 융통성을 제공한다. 이 포맷은 거의 언제나 카메라에 저장하기에는 너무 크며 전용 기록 장치로 전송되어야 한다. 일반적인 캠코더가 내부적으로 사용하는 포맷은 비디오그래퍼들에게 잘 알려져 있다. 이 포맷은 모두 카메라 내부의 메모리 카드나 하드 드라이브에 저장되도록 롱 시퀀스를 허용하는 손실 압축의 일부 형태를 포함한다.

이미지의 품질은 확실히 해상도뿐 아니라 각 픽셀에 대해 저장된 비트의 수에 따라 다르다. 게다가 카메라 센서는 빨강, 녹색, 파랑의 3가지 하위픽셀로 구성되는 통상적인 하나의 RGB 픽셀로 이루어지지 않는다. 많은 카메라는 예를 들어, R, G, R, B라는 4개의 하위픽셀을 갖고 있으며 이것은 더 많은 밝기 정보를 저장하는 이점이 있다. 각 하위픽셀의 밝기는 어느 정도 정확하게 인코딩되어 있다. 일반적으로, 8, 10, 그리고 때로 12나 14 비트의 정보가 RAW 이미지의 한 픽셀에 저장된다.

러시 파일의 품질 수준과 크기는 제작과 예산 유형에 따라 조절된다. 예를 들어, 시네마 품질의 영화 제작은 RAW 포맷을 요구할 수 있다. 또한, 조금 낮은 품질의 경우 한 단계의 정밀도를 희생하고 간단히 압축된 12비트 ProRes444 파일을 사용하면 장비와 저장 크기의 상당한 절감을 가져온다. 첫 번째 경우에서는 외부 하드 디스크 기록 장치가 필수이다. 두 번째 경우 Arri Alexa 같은 동일한 전문 카메라는 ProRes444 포맷으로 자체 통합 메모리 카드에 기록한다. 따라서 기록 장치, 케이블링 등 RAW 영상 관련 처리 장치가 없어도 되며 편집기에서 즉시 사용할 수 있는 RAW 이미지로 변환할 수 있다.

물론, 3D로 촬영하는 것은 저장과 기록 비용을 두 배로 만드는 경향이 있다. 손실이 매우 낮은 압축을 사용하는 소형 기록 장치는 매우 유용하다. 현재 기록된 장면의 즉시 확인을 위한 소형 스크린이 부착되어 있는 Cinedeck(www.cinedeck.com) 같은 고성능 소형 기록 장치가 시장에 나와 있다. 소형 기록 장치는 노트북 컴퓨터에 사용되는 것과 같이 움직이는 부품이 없는 솔리드 스테이트 드라이브(SSD) 덕분에 크기가 작다.

동일한 포맷으로 기록하도록 양쪽 카메라가 정확하게 구성되었는지 확인하는 것은 매우 중요하다. 파일명을 확인하는 것도 똑같이 중요하다. 파일명은 일련번호와 함께 카메라에 의해 자동으로 생성된다. 한 쌍의 두 카메라가 동일한 번호를 생성하도록 설정되어 있어야 한다. 조금이라도 가능하다면, 기본 명칭이 "L"과 "R" 접두사를 포함하도록 변경한다. 불행히도, 소수의 카메라만이 이 기능을 제공한다. 모든 경우에, 왼쪽 이미지를 오른쪽 이미지와 구분하기 위해 글자 "L"과 "R"을 가지고 읽기 쉽게 메모리 카드와 하드 드라이브에 꼬리표를 달자.

후반 편집 포맷

후반 편집에서 사용되는 파일 포맷은 소프트웨어에 의해 부과된다. 따라서 여기서는 이 주제를 다루지 않는다. 그러나 왼쪽과 오른쪽 파일이 동일한 파일 유형뿐 아니라 동일한 옵션(코덱, 압축 비율 등)을 사용하는지 확인해야 한다. 동일한 파일 유형의 변형은 일반적으로 파일을 저장할 때 대화 상자를 통해 사용할 수 있다.

코덱, 컨테이너, 그리고 표준

코덱은 표준화된 포맷에 따라 오디오 또는 비디오 데이터를 압축 및 압축 해제할 수 있는 하드웨어 또는 소프트웨어 공정이다. 컨테이너는 하나 이상의 코덱으로 인코딩된 오디오 그리고/또는 비디오 데이터 스트림을 포함하는 파일 포맷이다. 코딩(coding) 표준은 압축된 오디오와 비디오 데이터 포맷을 정의한다. 예를 들어, 파일 test3D.avi는 비디오 스트림을 저장하기 위해 .avi 용기를 사용하며 자체는 MPEG-4 표준에 따라 XVID 코덱을 가지고 인코딩되었다. 가장 일반적으로 사용되는 컨테이너는 AVI(Microsoft), MPEG, FLV(Adobe Flash Video), MOV(Apple QuickTime)이다.

RGB와 YUV

그림 07-05 왼쪽은 한 이미지에 대한 3개의 R, G, B 레이어. 오른쪽은 YUV로 코드화된 동일한 이미지의 3개 레이어.

RGB: 비디오 스트림의 3 가지 색상 요소는 빨강, 녹색, 파랑이다. 영화 스크린이나 텔레비전에서 보이는 색상은 모두 이들 세 가지 요소의 서로 다른 양의 조합에 의해 형성된다. 이들 세 가지 색상은 또한 인간의 눈이 민감한 색상들이다.

YUV: Y, U, V는 마찬가지로 픽셀의 색상을 설명하는 3 가지 숫자 값이다. "YcbCr"이라고도 불리는 YUV 인코딩은 휘도 신호 Y가 흑백텔레비전과의 호환성을 이유로 유지되어야 했던 초기 컬러 텔레비전 시대로 거슬러 올라간다. 색상과 함께 밝기 Y는 그대로 보존되며 나머지 색상 정보는 "채도"라고도 하는 2개의 U와 V 값을 통해 전달된다.

이미지의 U와 V 레이어는 Y 레이어보다 더 적은 변형을 포함하고 있으며 따라서 아주 잘 압축된다. 사실 U와 V 레이어는 크기를 더 줄이기 위해 종종 하위 샘플링 된다. 이것은 "4:4:4"(전송된 신호 내 Y, U, V 각각의 구성 요소의 비율을 표시하는 숫자) 대신 "4:2:2" 코딩이라고 한다.

작품에 따라 후반 편집 스튜디오가 받는 파일은 HD, 2K 또는 4K 해상도를 가지며 적절한 코덱을 가지고 인코딩된 스트림 형식을 취하거나 파일(대개 TIFF 또는 DPX)을 포함하는 별도의 디렉토리 형식을 취할 수 있다. 3D는 입력되는 데이터의 양을 두 배로 만들기 때문에 "압축된 스트림" 포맷이 종종 선호된다. 상당히 많은 프로젝트가 XDCAM HD, R3D, 또는 AVCHD로 임포트된다.

코덱

많은 경우 후반 편집은 스튜디오와 다양한 원격지 사이트, 서로 다른 소프트웨어 옵션, Mac과 PC 컴퓨터 간에 많은 파일 교환을 수반한다. 따라서 모두가 이해할 수 있고, 신뢰할 수 있고, 충분히 품질을 보존할 수 있는 하나의 전송 포맷을 선택하는 것이 현명하다. 만일 .avi 확장자로 된 파일만을 사용하면 호환성이 보장되지 않는다! 품질을 보존하는 코덱은 많이 있다. 그중 소수만이 실시간으로 HD 비디오, 심지어 모노스코픽 HD를 재생할 수 있는 기능을 제공한다. "네 글자 코드"(이진 파일(binary file) 시작 부분의 처음 4개 바이트)를 통해 .avi와 .wmf 파일에서 사용되는 서로 다른 코덱은 쉽게 구분된다. 전 세계에서 제일 인기 있는 코덱은 www.codecsdb.com의 웹사이트에 이용 가능한 데이터베이스가 열거되어 있다. 무손실 압축의 경우 많은 가능한 선택 중에서 Huffyuv와 Ut 비디오 코덱을 추천한다.

Huffyuv 코덱(fourcc = HFYU)은 벤 골드 루디악이 개발한 Windows용 무료 코덱이다.

이 코덱은 무손실 Huffman 인코더(따라서 Huffyuv라는 이름이 붙여짐)를 사용하여 JPEG 압축과 유사한 방법을 사용한다. 각 색상 채널은 RGB와 YUV 모드 양쪽에 대해 개별적으로 인코딩된다.

Ut Video 코덱(Fourcc = ULY0)은 다케시 우메자와가 개발한 Windows용 무료 코덱이며 VfW(Video for Windows) 코덱처럼 실행된다. 이 코덱은 2개의 가장 일반적인 모드인 RGB 또는 YUV로 코드화된 무손실 이미지를 압축한다. 인코딩과 디코딩에서의 성능이 뛰어나며(일반적으로 Huffyuv의 2배) 코덱 32비트와 64비트 버전이 있다. 그러나 Edius(Grass Valley)와 Vegas(Sony) 편집 프로그램과의 호환성 문제가 있는 것으로 알려져 있다.

CineForm 코덱: CineForm 코덱의 다양한 버전, 특히 Final Cut과의 버전은 Apple 하드웨어를 설치한 후반 편집 현장에서 아주 인기가 있다.

CineForm Active Metadata 코덱은 3D Cinedeck 기록 장치, Silicon Imaging의 SI 2K 3D 카메라, Neo3D 소프트웨어에서 사용된다. 이 코덱은 양쪽 시야에 대해 단일 파일을 생성할 수 있는 장점이 있으며 이것은 양쪽 시야가 후반 편집에서 항상 일치한 상태로 있다는 걸 보장한다.

실시간 스트리밍을 위한 배급 포맷

최종 사용자로의 배송을 위해 파일을 준비할 때 이미지 포맷과 코딩 유형이라는 두 가지 선택에 직면한다. 이들 2개의 선택은 파일의 사용용도 즉 TV 방송, 블루 레이 3D, 영사기에 연결된 컴퓨터, 디지털 영화 등에 매우 의존한다.

미래에는 2개의 풀 HD 프레임을 전송하는 것이 필수가 될 것이다. 그러나 이것이 수반하는 전체 배급 워크플로우에서의 변화가 너무나 커서 워크플로우가 표준화되고 스튜디오에서 가정 셋톱박스까지 전체 배급망이 장비를 갖추는데 몇 년을 기다려야 할 것이다. 현재, 유일하게 경제적으로 허용되는 솔루션은 3D 이미지가 기존 HD 채널에 맞게 전환되는 것을 의미하는 프레임 호환이라고 하는 것이다. 품질은 악화되지만 3D로의 이동 추가 비용은 참을 만하다. 따라서 첫 번째 표준화 노력은 장비 제조업체가 가능한 빨리 상호 운용이 가능한 솔루션을 제공할 수 있도록 이와 같은 프레임 호환 포맷에 초점을 주었다.

프레임 호환 가능 포맷

기존 배급 인프라를 사용하는 포맷의 전형적인 예는 수평으로 압축된 사이드 바이 사이드 포맷이다. 이 포맷은 육상, 케이블, 위성 네트워크를 걸쳐 수정 없이 셋톱박스를 통해 가정 시청자의 3D TV까지 전송된다. 배급망에서 사용되는 장치 중 어느 것도 3D 신호를 전달하고 있다는 것을 인식하지 못한다. 이러한 포맷의 주요 단점은 또 다른 채널을 통해 전송되기 위해 동일한 영화의 표준 2D 버전이 필요하다는 것이다. 따라서 2D와 3D 버전 모두를 전송하기 위해 2개의 HD 채널 대역폭을 점유해야 하며 3D의 해상도는 크게 불리해진다. 게다가 신호도 더 복잡하기 때문에 인코더에 의해 쉽게 압축되지 않는다. 따라서 3D 채널 대역폭은 동일한 품질의 2D 채널 보다 10%-30% 더 크다.

그림 07-06 프레임 호환 가능 포맷의 예

인터위브(interweave) 라인(인터레이스 모드)이나 픽셀(오점형(quincunx))을 뒤섞은 프레임 호환 가능 포맷이 HDMI 표준에 존재하지만 이 포맷들은 인코딩되면 압축에 매우 적합하지 않다. 따라서 이 포맷은 전송 중 추가 압축이나 압축 해체 단계에 의해 손상될 수 있는 위험이 있다. 그것이 이 포맷들이 장거리 전송 방법에 포함되지 않는 이유이다.

서비스 호환 가능 포맷

DVB 전송 표준을 준수하면 왼쪽 눈에 대한 일반 화면과 오른쪽 시야를 재구성하기 위한 정보가 포함된 서비스 데이터를 전송하는 것이 가능하다. 긍정적인 측면에서 이 방법은 2D를 위한 두 번째 채널이 필요 없다. 게다가 종래의 텔레비전은 서비스 데이터를 무시하며 특별한 일이 없었다는 듯이 왼쪽 이미지를 표시하였다. 3D TV에서는 서비스 데이터를 고려하며 자동으로 데이터를 3D 모드로 전환하고 풀 해상도로 스테레오스코픽 이미지를 표시한다. 부정적인 측면에서 오른쪽 이미지를 포함하는 서비스 데이터가 인코딩 방식에 따라 전송 스트림의 크기를 30%에서 70%까지 증가시키면 대역폭은 증가한다. 게다가 표준이 충족되지 않고 전송 인프라는 변경되지 않았음에도 불구하고 인코더와 디코더는 더 상급 모델로 교체되어야 한다.

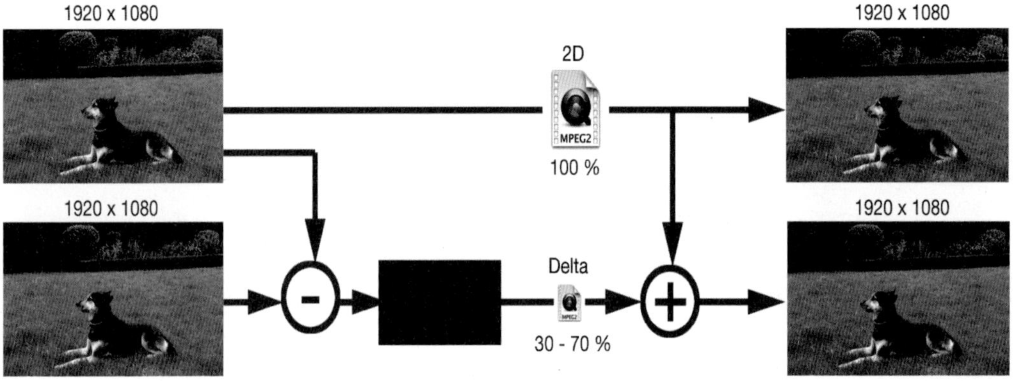

그림 07-07 2D + Delta 서비스 호환 전송: 이미지 차이는 풀 이미지보다 공간을 덜 차지한다. 사용되는 대역폭은 일반적으로 2D 피드의 130%와 170% 사이에 있다.

서비스 호환 가능 포맷은 아직 완전히 표준화되지 않았지만 다양한 계획이 존재한다. 가장 숙고한 계획 중 하나는 TDVision(www.tdvision.com)이 제안한 것이다. 그들의 코딩 시스템은 "TDVCodec"이라고 알려져 있으며 표준 H.264 AVC의 확장자인 MPEG-4 VMC의 일부로 제안되었다. 이 2D + Delta 기능을 포함한 첫 번째 셋톱박스는 2011년에 시장에 등장했다.

과도기 포맷

서비스 호환 가능 포맷의 출현을 기다리는 동안 Dolby와 Sensio는 이미 소위 "향상 계층(enhancement layer)이 있는 프레임 호환" 솔루션을 제공하였다. 위에서도 설명했듯이 이 방법의 경우 스테레오스코픽 쌍은 예를 들어 오버-언더 모드로 단일 프레임으로 전송되지만 언패킹(unpacking) 시 이미지 해상도를 개선하기 위해 피드에 추가 정보가 포함된다.

오늘날의 프레임 호환 가능한 디코더는 3D 흐름을 처리할 수 있지만 일반적으로 한 쪽 눈 당 절반의 해상도를 갖는다. 반면 Dolby나 Sensio 기술을 포함한 디코더는 3D TV 세트에 HD 품질에 가까운 풀 스크린 이미지를 보낼 수 있다. 향상 계층은 총 스트림 크기의 10%-15%로 허용 가능한 크기이며 해상도가 반이 된 기본 이중 이미지에서 누락된 공간 정보를 포함한다. 표준은 아니지만, 이 유형의 솔루션은 특히 주문형 비디오 시스템(VOD) 공급업체의 관심을 끄는 즉각적인 가용성이라는 이점이 있다. VOD 공급업체들은 프레임 호환 가능 모드보다 더 낮은 품질일지라도 가능한 빨리 3D 서비스를 시작하길 원한다.

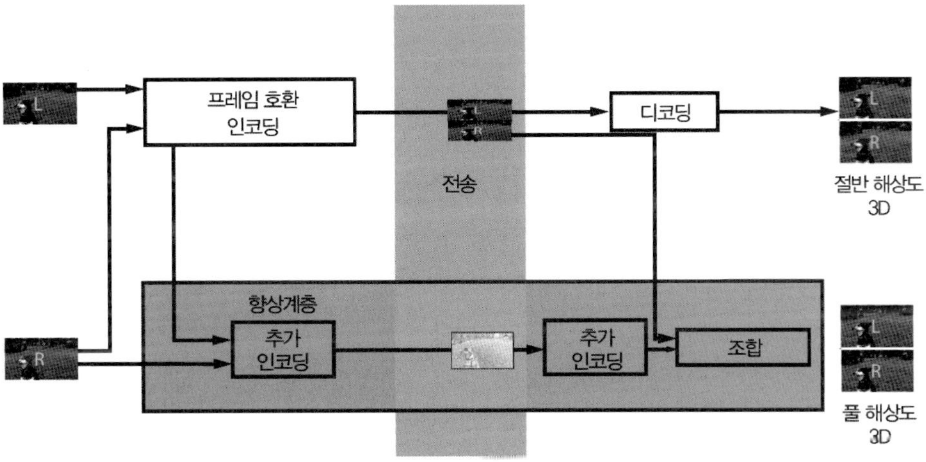

그림 07-08 향상 계층이 있는 프레임 호환 전송의 이론적 도표. 위는 전통적인 프레임 호환 전송, 아래는 양쪽 눈에 대해 Full HD 이미지를 제공하는 향상된 솔루션.

Sisvel 서비스 호환 가능 포맷

프레임 호환 가능 모드의 아주 흥미로운 특별 사례는 Sky Italia가 사용하는 Sisvel 방법(www.sisveltech.com)이며 이것은 프레임 호환 및 서비스 호환 모두가 가능하다. 그러나 1080p 채널 내에서 720 p 포맷으로 전송되는 이미지의 특별한 경우로 제한된다. 이 방법은 두 가지 결과에서 기인한다.

- 1080p (1920 × 1080 픽셀) 이미지는 2,073,600 픽셀을 포함하는 반면, 720p 스테레오스코픽 쌍(2 × 1280 × 720 픽셀)은 1,843,200 픽셀, 즉 1080p 이미지의 89%를 차지한다. 따라서 단일 Full HD 이미지에서 3D 720p 이미지를 얻는 것이 가능하다(아래 왼쪽 그림 참조).
- H.264 표준을 충족하는 전송 스트림은 많은 메타데이터를 포함한다. 메타데이터 중 하나는 "크로핑 사각형"이라고 한다. 이 매개 변수는 이미지를 조정하는 인코더가 16 × 16 픽셀 매크로 블록(macro block)에서 작업하며 숫자 1080은 16으로 나눌 수 없기 때문에 도입되었다. 따라서 1920 × 1080 픽셀 이미지를 생성하기 위해 인코더는 사실상 1920 × 1088 픽셀 이미지를 생성해야 하고 남은 8줄을 빼야 한다. H.264를 통해 전송된 정보는 사실 1088 라인에 해당하며 크로핑 사각형 메타데이터는 유용한 1920 × 1080 사각형만을 표시할 것을 디코더에게 요구한다(아래 오른쪽 그림 참조).

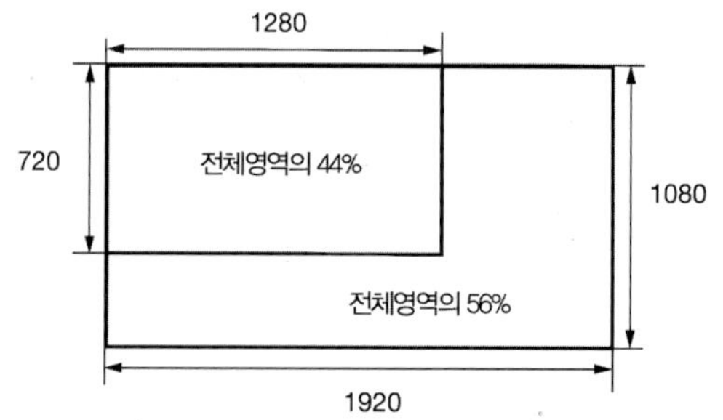

그림 07-09 1080p 이미지 내에서 왼쪽 상단에 틀을 잡은 720p 이미지

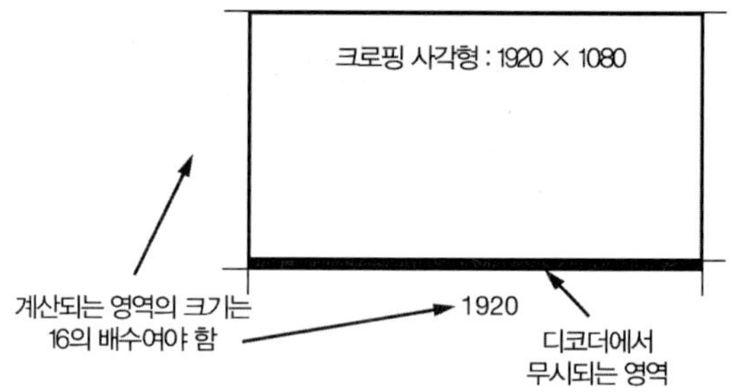

그림 07-10 H.264 AVC 표준에 따른 Full HD 이미지의 크로핑 사각형

이것을 이해한 다음 720p 3D 쌍의 왼쪽 이미지를 Full HD 이미지 프레임의 왼쪽 상단에 끼워 넣고, 프레임의 나머지 부분에 오른쪽 이미지를 밀어 넣고, 1280 x 720의 크로

핑 사각형 값을 스트림에 써서 삽입한다. 표준 HDTV 디코더는 스트림을 받아서 해독하고, 프레임의 나머지 부분을 무시하고 단순히 왼쪽 이미지를 표시한다. 게다가 이것은 기존 HDTV 인프라와 100% 호환 가능하기 때문에 서비스 호환 가능 전송이다. 분명히, 이 포맷을 검색하도록 업데이트된 디코더는 오른쪽 이미지를 쉽게 재구성하고 그것을 HDMI 링크를 통해 3D TV에 전송할 수 있다. 이러한 검색이 발생하도록 적절한 H.264 SEI 메시지가 스트림에 삽입된다(SEI 메시지는 이 장에서 나중에 설명한다).

처리되는 픽셀의 양이 2D Full HD 전송에서보다 크지 않기 때문에 디코더는 추가적인 연산력이 필요 없다. 이 기능은 내부 소프트웨어의 간단한 원격 업데이트를 통해 쉽게 기존 디코더에 추가될 수 있다.

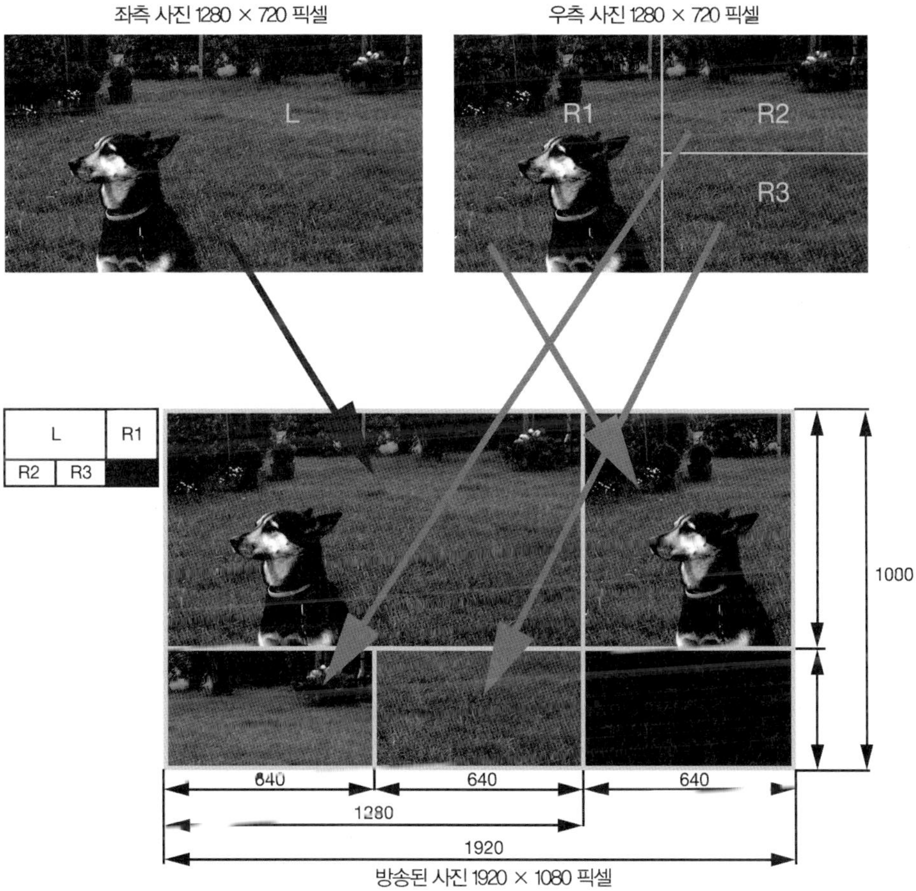

그림 07-11 Sisvel 서비스 호환 가능 인코딩을 통한 3D 이미지 쌍의 개편

TV 스트림 전송

표준 화질 텔레비전(PAL 또는 NTSC)은 일반적으로 유비쿼터스 MPEG-2 인코딩을 통해 디지털로 전송된다. 고화질(High Definition, HD) 스트림은 MPEG-2 또는 MPEG-4로 인코딩된다. 3DTV는 표준 화질을 무시하기 때문에 아래 논의에서 표준 화질은 제외한다.

DTT, 케이블, 위성 TV 운영자는 ISO, ITU, DVB 같은 주요 국제 표준 기구가 발표한 권고안을 따른다. 다음 절은 TV 스트림에서 스테레오스코픽 3D의 포함을 공식화한 첫 기구 중 하나인 Cable Television Labs(www.cablelabs.com)의 표준 *Content Encoding Profiles 3.0*뿐 아니라 DVB 컨소시엄(www.dvb.org)에서 발표한 *Commercial Requirement for 3D-TV note*에서 도출한 것이다.

배급망은 모두 가능한 많은 가입자를 끌어들이려고 노력하고 있다. 따라서 그들이 취급하는 콘텐츠는 시장에 있는 모든 영사기와 TV 세트와 호환 가능해야 한다. 그것이 DVB 컨소시엄이 발표한 "Commercial Requirement for 3D TV"가 가능한 3D 포맷의 수를 8개로 제한안 이유이며 모든 포맷은 이 장에서 나중에 설명되는 HDMI 1.4 표준에 포함된다. 더 좋은 것은 방송사가 처음 다섯 개의 포맷만 사용한다면 HDMI 1.4 설비가 있는 모든 TV 세트는 5개 포맷을 표시할 수 있는 것이 확실하다. 게다가 이들 5개 포맷은 물론 모든 제품에서 지원된다.

DVB의 Commercial Requirement for 3D TV에 의해 승인된 3D 포맷

프레임 호환 가능 포맷	크기 (픽셀)	타이밍	빈도 (이미지/초)	배치	HDMI 1.4a에서 존재유무
720p@50 TaB	1280×720	Progressive	50	상단과 하단	필수
1080i@50 SbS	1920×1080	Interlaced	50	사이드 바이 사이드	필수
720p@59.94/60 TaB	1280×720	Progressive	59.94 또는 60	상단과 하단	필수
1080i@59.94/60 SbS	1920×1080	Interlaced	59.94 또는 60	사이드 바이 사이드	필수
1080p@23.97/24 Tab	1920×1080	Progressive	23.97 또는 24	상단과 하단	필수
720p@50 SbS	1280×720	Progressive	50	사이드 바이 사이드	선택
720p@59.94/60 SbS	1280×720	Progressive	59.94 또는 60	사이드 바이 사이드	선택
1080p@23.97/24 SbS	1920×1080	Progressive	23.97 또는 24	사이드 바이 사이드	선택

인터레이스 포맷에 대한 프레임 속도는 프레임 전송 빈도이다(프레임은 풀 이미지의 홀수 또는 짝수 줄로 만든 절반의 이미지이다). 초당 풀 이미지의 수를 얻기 위해 이 값을 2로 나눈다.

- 처음 5 개의 포맷은 모든 3D TV에서 자동적으로 인식된다.
- 처음 2 개는 유럽에서의 배급에 추천된다.

유럽에서 소매업자는 더 제한적이다. 따라서 SES ASTRA는 3D 스트림이 720P@50 TaB 또는 1080i@50 SbS의 두 포맷 중 하나로 만들고 MPEG-4 AVC로만 압축할 것을 요구한다.

Brava3D, Sky 3D, Astra 3D, HighTV 3D 등과 같은 3D 위성 채널이 유럽에서 서서히 늘어나고 있다. 3D 그래픽을 방송할 수 있는 장비 능력에 관한 혼란을 피하기 위해 SES ASTRA는 프레임 호환 가능 3D 포맷으로 호환 가능한 장치(TV와 셋톱박스)를 "Made for 3D" 로고로 식별할 것을 제안한다.

그림 07-12 3D 호환 장비에 대해 SES ASTRA가 제안한 Made for 3D 로고
© www.ses-astra.com

이전 기종과의 호환성

프레임 호환 표준의 주된 목표는 작품 수정 없이 HD용으로 설계된 기존 네트워크에 3D 작품의 전송을 가능하게 하는 것이다. 인코딩 포맷의 자막은 다음을 사실상 허용해야 한다.

- 배급 라인의 끝 부분에서 콘텐츠를 정확히 해독하는 방법을 표시하는 메타데이터 삽입과 3D 자막의 삽입을 포함한 3D 콘텐츠 획득. 그리고 이 모든 것은 기존 전송 인프라를 건드리지 않고 이루어져야 함

- 특별히 업데이트된 소프트웨어가 있는 HD 셋톱박스나 3D 존재 자체를 인식하지 못하는 기존 디코더에 연결된 3D TV에서 그러한 3D 콘텐츠를 받아서 표시
- 선택적으로 3D 업그레이드한 HD 셋톱박스를 포함하여 동일한 인프라를 통해 HD 콘텐츠 획득 및 전송 그리고 HDTV나 3D TV에 이미지 표시
- 인공물을 건드리지 않으며 3D TV뿐 아니라 HDTV에서 HD 콘텐츠와 3D 콘텐츠 간의 또는 다르게 코드화된 3D 콘텐츠 간의 깨끗한 전환. 3D 영상의 경우 HDTV는 3D 이미지를 표시하지 않지만 3D 콘텐츠가 존재한다는 것을 시각적으로 감지만 하더라도 어떠한 방식으로든 여전히 3D 이미지를 표시할 수 있어야 함
- 3D 신호가 존재할 경우 3D 모드에서 3DTV를 자동으로 구성하거나 그것이 실패할 경우 적어도 사용자가 수동으로 3DTV 구성을 할 수 있도록 허용

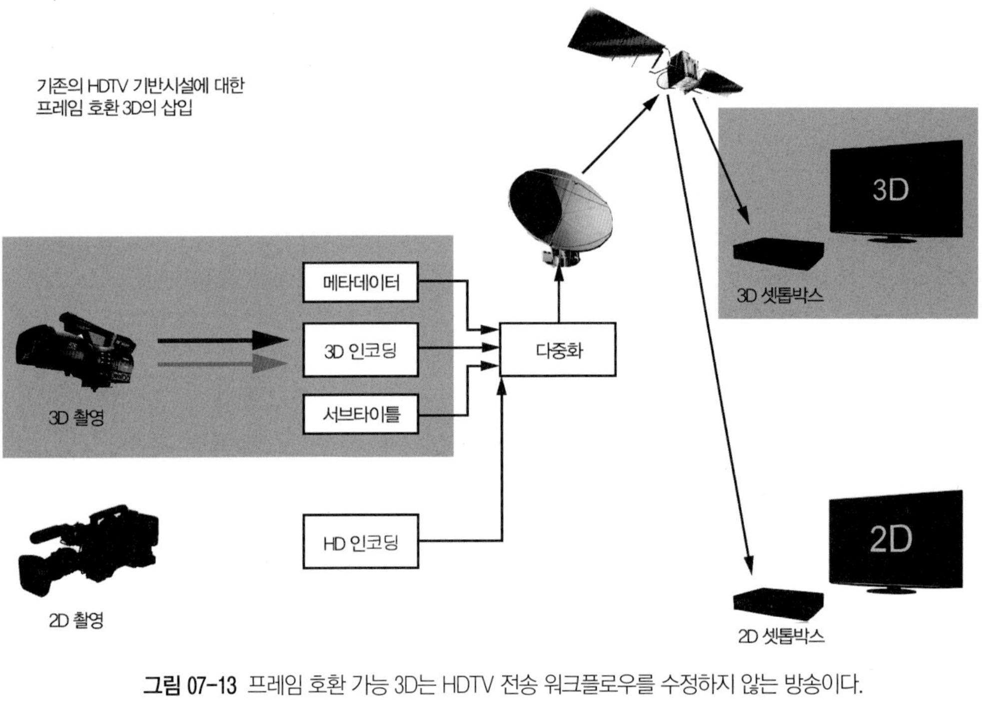

그림 07-13 프레임 호환 가능 3D는 HDTV 전송 워크플로우를 수정하지 않는 방송이다.

적어도 TV 세트가 조정되어야 하기 때문에 이 공인 목표는 완전히 달성될 수 없다. 디코더가 3D 인코딩 방법과 3D 자막 같은 3D 메타데이터를 이해하기 위해 업데이트되었다면 디코더는 자동적으로 적절한 HDMI 케이블을 사용하여 TV에서 모드 스위치를

제어할 것이다. 이러한 최소한의 인프라 조정을 통해 3D TV는 현실이 되고 있다. 이 목표를 달성하기 위해 그림 07-13에 설명된 전송 방식은 때때로 불필요하게 복잡하다는 인상을 줄 수 있다. 하지만 3D가 TV 스튜디오에서 가정까지 뻗어 있는 복잡한 전송망에서 저렴한 비용을 통합될 수 있도록 해주는 것이 바로 이 통합화이다.

HDTV 인코딩

오디오 코딩은 일반적으로 192 Kbits/s에서 인코딩된 2개의 오디오 채널(왼쪽과 오른쪽)이 있는 스테레오이다. 멀티채널 음향이 가능하면 음향은 448 Kbits/s의 이상적인 속도로 AC-3 5.1(왼쪽, 오른쪽, 후방 왼쪽, 후방 오른쪽, 중앙, 베이스)에서 인코딩된다. 어떤 경우에도 샘플링은 48,000 샘플/초에서 이루어진다.

비디오 샘플링은 영화 콘텐츠의 경우 23.97 Hz의 주파수에서 그리고 Full HD(1920 x 1080 픽셀) 콘텐츠의 경우 25 Hz 또는 29.97 Hz에서 이루어진다. "720p"라고 불리는 일부 HD 비디오 스트림은 50 Hz 또는 59.94 Hz (또는 더 드물게 23.97 Hz, 29.97 Hz, 또는 25 Hz)에서 인코딩되지만 해상도는 1280 × 720 픽셀뿐이다.

인코딩 속도

비디오 인코딩의 최대 비트 속도는 오디오에서 사용되는 것을 제외하고 전송 스트림의 대역폭에 의해 설정된다. 5.1 사운드를 갖는 일부 영화의 경우 단일 전송 스트림에 다중 오디오 채널을 가질 수 있기 때문에 주의해야 한다. 이것은 특정 국가에 몇몇 언어로 대화가 전달될 때 발생할 수 있다. 그러한 경우, 오디오 전송은 이미지 부분에 대해 사용할 수 있는 대역폭을 상당히 줄일 수 있다.

이 처리량은 사용되는 인프라(케이블, 위성, 응답기, 지상파 디지털 TV 송신기)에 따라 다르다. 예를 들어, MPEG-4 HD 채널에 대한 미국 케이블 운영자의 전송 스트림에 대해 추천하는 속도가 있다. 5,625 Mbits/s, 7,500 Mbits/s, 9,375 Mbits/s, 11,250 Mbits/s, 15,000 Mbits/s, 18,750 Mbits/s이 그것이다. 이 마지막 값은 실제 사용가능한 최대에 해당한다. 마지막 값은 거의 사용되지 않으며 약 19 Mbits/s 이 위성 응답기의 최대 처리량이다.

MPEG-2

MPEG-2 인코딩 방법을 자세하게 설명하는 것은 이 책의 범주를 벗어나지만 목표가 연속적인 프레임 간의 여분을 제거하여 비디오 스트림에서 전달되는 정보의 양을 줄이는 것이라는 점은 기억할만한 가치가 있다. 비디오 스트림은 일반적으로 12 프레임 또는 15 프레임의 사진 집단(GOP)으로 구성되어 있다. GOP는 풀 프레임 이미지(I-프레임이라고 함), 이전 I-프레임과의 차이에 의해 인코딩 된 이미지(P-프레임이라고 함), 이전 그리고 다음 이미지와의 차이에 의해 인코딩 된 이미지(B-프레임이라고 함)를 포함한다.

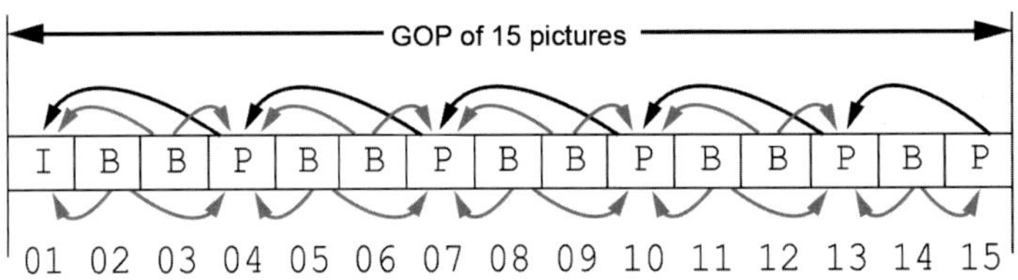

GOP 생성

```
1) Full frame encoding                        Creation of 01 (I)
2) Difference between frames 04 and 01        Creation of 04 (P)
   Difference between frames 07 and 04        Creation of 07 (P)
   Difference between frames 10 and 07        Creation of 10 (P)
   Difference between frames 13 and 10        Creation of 13 (P)
3) Interpolation between 01 and 04            Creation of 02 and 03 (B)
   Interpolation between 04 and 07            Creation of 05 and 06 (B)
   Interpolation between 07 and 10            Creation of 08 and 09 (B)
   Interpolation between 10 and 13            Creation of 11 and 12 (B)
   Interpolation between 13 and 15            Creation of 14(B)
```

인코드된 데이터 크기

GOP 디코딩

```
1) Uncompression of I data          Creation of 01
2) Reconstruction of P pictures     Creation of 04, 07, 10, 13, and 15
3) Reconstruction of B pictures     Creation of 02, 03, 05, 06, 08,
                                    11, 12, and 14.
```

그림 07-14 I-프레임, P-프레임, B-프레임의 생성과 디코딩 순서를 보여주는 MPEG-2 코딩의 예

3D HDTV 인코딩

스테레오스코픽 콘텐츠는 현재 거의 독점적으로 프레임 호환 모드에서 전송되고 있으며 이 상황은 인프라가 발전할 때까지 지속될 것이다. 이것은 프레임 호환 가능 포맷에

서 이미지를 인코딩하고, 하나 이상의 오디오 채널과 모든 필요한 메타데이터를 추가하고, 19 Mbits/s 한계 아래에 있으면서 모든 일을 한다는 것을 의미한다.

DVB 컨소시엄과 Cable Television Labs의 사양은 기본 원칙을 명확히 한다.

- 인코딩, 전송, 디코딩 이후 왼쪽과 오른쪽 이미지의 해상도와 품질은 동일한 상태여야 한다. 한쪽 시야의 품질을 다른 것보다 현저히 떨어트리는 방식으로 두 시야 중 하나를 압축하는 것은 고려할 가치도 없다.
- 이미지는 MPEG-2나 H.264 ("MPEG-4 AVC"라고도 알려짐) 방법을 가지고 압축될 수 있다.

오버-언더 모드

오버-언더 (상단-하단이라고도 함) 모드는 2라는 인수를 통해 정보의 양을 줄일지라도, 3D 품질을 감소시키지 않기 때문에 가장 흥미로운 프레임 호환 가능 모드이다. 3D 정보는 수평 픽셀 이동에 의해서만 주어지기 때문에 수직 해상도 손실은 방해가 되지 않는다. 오버-언더 모드는 다음의 특징을 갖는다.

- 이 방법은 항상 동기화된 하위 이미지가 있으며 왼쪽이 상단에 위치해 있다.
- 오버-언더 모드와 사이드 바이 사이드 모드의 경우, 이미지는 수평으로 또는 수직으로 뒤집히지 않는다.
- 이 모드는 인터레이스 되지 않은 풀 프레임만을 사용하며, 유일하게 수용할 수 있는 전송 모드는 단지 720p HD 또는 1080p Full-HD이다.
- 720p 모드에서, 왼쪽 이미지는 26에서 385의 라인을 차지하며 오른쪽 이미지는 386에서 745 라인을 차지한다.
- 1080p 모드에서, 왼쪽 이미지는 42에서 581 라인을 차지하며 오른쪽 이미지 라인은 582에서 1121이다.
- 오버-언더 모드의 경우, 이미지는 수직 해상도만을 감소시키는 알고리즘에 의해 압축된다. 왼쪽과 오른쪽 하위 이미지가 동일한 경우, 알고리즘은 양쪽에 동일한 결과를 제공한다.

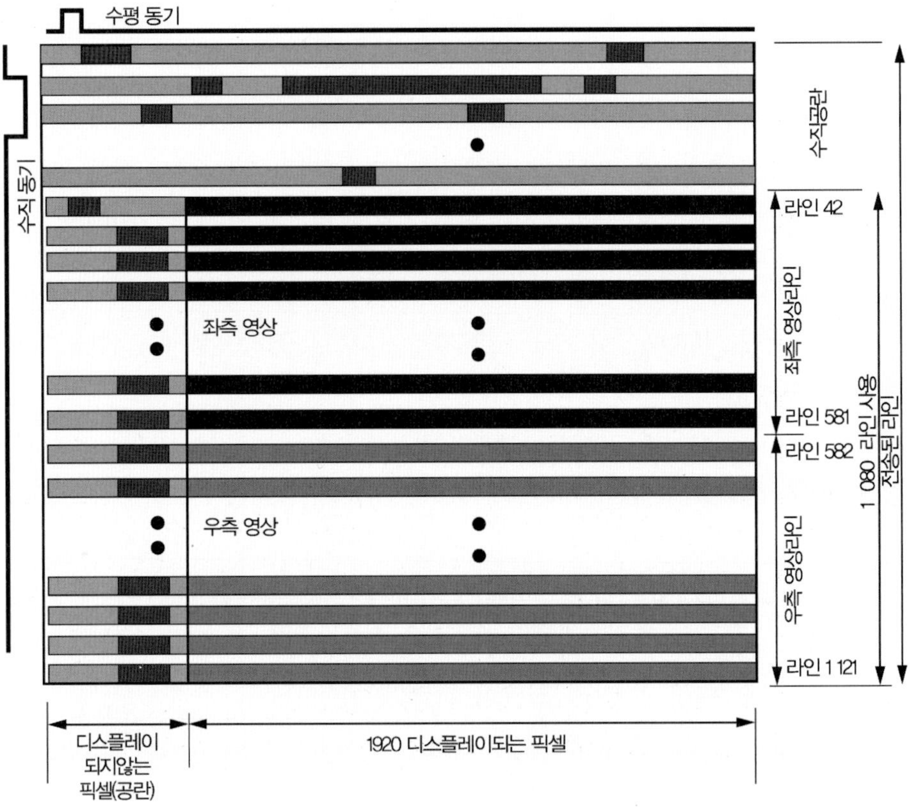

그림 07-15 오버-언더 모드에서 1080p 3D 이미지 전송

사이드 바이 사이드 모드

사이드 바이 사이드 또한 프레임 호환 가능 모드이며 그것이 사이드 바이 사이드 모드가 2의 인수를 통해 정보의 양을 줄이는 이유이다. 하지만 이 경우 수평 해상도를 희생한다. 이 모드는 인식된 심도 정확도를 줄이지만 디코더 내부의 적은 리소스(resource)를 요구하는 장점이 있다. 게다가 전송된 신호로부터 2개의 시야를 재생하기 위해 동시에 한 줄에 저장할 필요가 있다. 반면 오버-언더 모드에서 전체 이미지는 두 시야를 재생하기 전에 기억되어야 한다. 사이드 바이 사이드 모드의 특징은 다음과 같다.

- 이 모드는 항상 라인 수준에서 동기화되는 2개의 하위 이미지를 가지며 왼쪽 이미지는 왼쪽에 있다.
- 인터레이스 모드가 사용될 수 있기 때문에 허용되는 HD 포맷은 720p와 1080p(프로

그레시브) 또는 1080i(인터레이스)이다.

- 사이드 바이 사이드 모드에서, 이미지는 수평 해상도만을 감소시키는 알고리즘으로 압축된다. 왼쪽과 오른쪽 이미지가 동일한 경우, 약화된 알고리즘은 양쪽에 정확하게 동일한 결과를 주어야 한다.
- 1080 사이드 바이 사이드 모드에서, 왼쪽 이미지는 0에서 959까지의 픽셀을 차지하며 오른쪽 이미지는 960에서 1919까지의 픽셀을 차지한다.

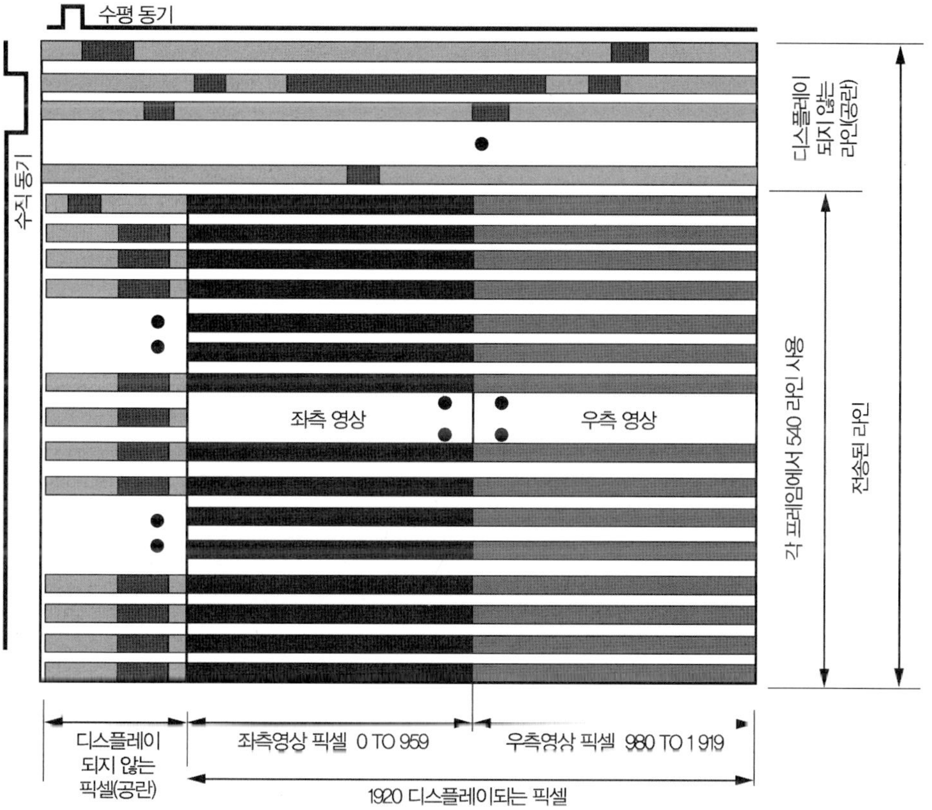

그림 07-16 사이드 바이 사이드 모드에서 3D 1080i 프레임 전송. 홀수 라인을 위한 하나와 짝수 라인을 위한 다른 해나로 구성되는 2개의 프레임은 각 이미지에 대해 전송된다.

레터박스와 필러박스

많은 3D 콘텐츠는 16:9보다 넓은 화변비율을 갖는다. 그 결과 콘텐츠는 이미지 위와 아래에 검은 색 띠가 포함된 소위 "레터박스(letterbox)" 포맷으로 표시된다.

몇몇의 경우 16:9보다 더 좁은 화변비율을 가진 콘텐츠가 전송된다. 그것은 일반적으로 4:3으로 녹화된 옛날 TV 쇼의 경우이다. 이러한 이미지는 검은 색 띠가 이미지의 왼쪽과 오른쪽 측면에서 화면을 마무리하는 소위 "필러박스(pillarbox)" 포맷으로 표시된다. 이 포맷은 3D에서 아주 매력적이지 않지만 여전히 고려되어야 한다.

노트
스크린에 표시되는 검은 색 줄은 아날로그 시대까지 거슬러 올라가는 역사적인 이유로 "공란"이라고 불린다.

- 1080 라인에서 표시되고 오버-언더 모드로 전송되는 "레터박스" 콘텐츠는 정확하게 540 라인이 양쪽 이미지의 요소와 양쪽 수평 블랙 바를 분리할 수 있도록 배치되어야 한다. 이미지가 압축 전에 정확하게 전체 프레임을 차지하지 않는다면 블랙 바 없이 스크린 중앙에 있는 서로에게 두 이미지를 덧붙일 수 없다. 다음의 그림 07-17에서, 62 라인과 602 라인이 부합되는 것을 볼 수 있다.

그림 07-17 1920 x 1080 컨테이너의 오버-언더 "레터박스" 모드에서 1.85:1 화변비율을 가진 3D 이미지

• 1080 라인에서 표시되고 사이드 바이 사이드 포맷으로 전송되는 "필러박스" 콘텐츠는 왼쪽과 오른쪽의 많은 검정 색 픽셀과 함께 중앙에 배치된다. 두 이미지가 압축 전에 정확하게 전체 프레임을 차지하지 않는다면 블랙 바 없이 수직 대칭축을 따라 서로에게 두 이미지를 덧붙일 수 없다. 다음의 그림 07-18에서, 픽셀 20과 픽셀 980 그리고 픽셀 939와 픽셀 1899가 정확하게 일치하는 것을 볼 수 있다.

그림 07-18 1920 x 1080컨테이너에서 검정 기둥이 있는 사이드 바이 사이드 모드의 4:3 화변비율을 갖는 3D 이미지

메타데이터

TV 스트림은 어느 지점에서나 볼 수 있다. 따라서 스트림을 특성짓는 필수 데이터가 초당 수차례 나오는 것이 중요하다. 방송 비디오 전송은 시작도 끝도 아니며 잘 정의된 크기의 개체인 파일과 구별 짓기 위한 "스트림"이다. 디지털 전송 스트림은 MPEG-2 TS 표준을 준수하며 MPEG-2나 MPEG-4 AVC 표준에 따라 압축된 이미지를 포함할 수 있다. MPEG-2 TS(transport stream) 인코딩의 자세한 설명은 이 책의 범주를 벗어나지만 디코더가 3D 이미지를 인식해야 하고 그것을 정확하게 해독해야 하는 경우, 데이터의 특정 숫자가 스트림에 존재해야 한다는 것을 알고 있어야 한다. 데이터를 설명하는 이

러한 데이터를 "메타데이터'라고 하며 정기적인 간격으로 반복된다.

가장 중요한 메타데이터는 (물론, 프레임 호환 가능 모드에서) 2개의 이미지를 단일 프레임에 삽입하는데 어떤 방법이 사용되는지를 설명한다.

MPEG-4 AVC로 인코딩된 3D 스트림에서 SEI 0x2D 메타데이터 블록에 대한 설명(블록 길이는 48비트)

명칭	크기 (비트)	값	의미
frame_packing_arrangement_id	1	0	3D 스트림 설명이 존재한다는 것을 디코더에 암시
frame_packing_arrangement_cancel_flag	1	0	항상 0
frame_packing_arrangement_type	7	3 또는 4	3 = 사이드 바이 사이드, 4 = 오버-언더
quincunx_sampling_flag	1	0	오점형 코딩은 사용 안 됨
content_interpretation_type	6	1	1 = 왼쪽-오른쪽, 8 = 오른쪽-왼쪽(값 8은 이미지가 항상 왼쪽/오른쪽으로 배치되기 때문에 금지되어 있다)
spatial_flipped_flag	1	0	뒤집힌 이미지 없음
frame0_flipped_flag	1	0	뒤집힌 이미지 없음
field_views_flag	1	0	이미지는 한 줄씩 인터레이스 되지 않음
current_frame_is_frame0_flag	1	0	항상 0
frame0_self_containing_flag	1	0	일시적으로 인터레이스 되지 않은 이미지
frame1_self_containing_flag	1	0	일시적으로 인터레이스 되지 않은 이미지
frame0_grid_position_x	4	0.4 또는 8	일반적으로 0; 4와 8은 가능한 옵션
frame0_grid_position_y	4	0.4 또는 8	일반적으로 0; 4와 8은 가능한 옵션
frame1_grid_position_x	4	0.4 또는 8	일반적으로 0; 4와 8은 가능한 옵션
frame1_grid_position_y	4	0.4 또는 8	일반적으로 0; 4와 8은 가능한 옵션
frame_packing_arrangement_reserved_byte	8	0	항상 0
frame_packing_arrangement_repetition_period	1	0	항상 0
frame_packing_arrangement_extension_flag	1	0	항상 0

MPEG-4 AVC 코딩의 경우 "SEI 메타데이터"라는 블록을 사용하며 가장 큰 SEI 메타데이터는 아래 설명된 0x2D(10진수 45) 메타데이터 블록 유형이다. SEI는 "Supplemental Enhancement Information"을 의미한다.

MPEG-2는 더 정교한 MPEG-4/h.264 코딩을 지지하며 일반 3D 전송 방식에서 어느 날 사라질 것이다. 그럼에도 불구하고, 미국 케이블 운영자를 포함한 많은 인프라들은 여전히 배급을 위해 MPEG-2를 사용한다. 이것은 또한 모든 DVD의 인코딩 표준이다.

MPEG-2는 2D 시퀀스에서 3D 시퀀스로의 전환, 또는 두 3D 시퀀스 간의 3D 모드 전환이 GOP의 끝부분에서만 발생할 것을 요구한다. 새로운 시퀀스는 풀 I-프레임 이미지와 함께 시작하는 새 GOP로 시작해야 한다. MPEG-2 인코딩의 경우, 해당 메타데이터는 "user_data()" 메타데이터 블록의 일부인 "S3D_video_format_signaling()"이라고 한다. Cable Labs 사양은 3D 시퀀스 내내 프레임 당 한번씩 이 블록의 전송을 권고한다.

MPEG-2로 인코딩된 3D 스트림에 대한 "User Data - S3D Video 포맷" 블록(블록 길이는 96비트)

명칭	크기 (비트)	값	의미
user_data_start_code	32	0x1B2	(= 10진 434): user_data 블록의 시작 부분
S3D_video_format_signaling_identifier	32	JP3D	"3D 이미지 존재"를 암시; 이 코드는 가능한 다른 코드와 다르게 선택됨
S3D_video_format_length	8	3	다음 데이터의 크기는 3바이트임
reserved_bit	1	1	디코더에 의해 무시된 값
S3D_video_format_type	7	3, 4, 8	3=사이드 바이 사이드, 4=오버-언더, 8=2D; 다른 값은 나중에 쓸 수 있도록 남겨둠
reserved_data	16	0x04FF	(=10진 1279): 디코더에 의해 무시된 값

셋톱박스

새로운 포맷에 대한 추가 비용은 유료 가입자의 소규모 증가를 통해 쉽게 보상받을 수 있기 때문에 주문형 비디오 시스템(VOD) 운영자는 3D의 얼리 어답터(early adopter)였다.

표준 셋톱박스

기존 가정용 셋톱박스는 사이드-바이-사이드와 오버-언더 같은 프레임 호환 기능 포맷을 해독하고 전송한다. 수정 없이도 셋톱박스는 HD 신호를 해독하고 이미지의 3D 특징 인식 없이 HDMI로 연결된 3D TV에 신호를 전송한다. 가정용 설정의 호환성은 TV 세트와 HDMI 연결에 따라서만 달라진다.

프레임 호환 3D 셋톱박스

이 호환성의 단점은 비디오 스트림의 3D 성질을 TV에 알려주는 HDMI 신호가 디코더에 의해 생성되지 않는다는 점이다. 따라서 시청자는 TV 세트의 리모콘을 가지고 수동으로 3D 모드로 전환해야 한다. 특정 3D 펌웨어가 설치된 표준 디코더는 3D 메타데이터를 감지할 수 있으며 해당 메시지를 HDMI 출력 스트림에 삽입할 수 있다. 다행히, 이 정보를 관리하고 HDMI 출력에 전달하는 것은 추가적인 연산력이 필요 없다. (물론, TV 세트가 자동 3D용으로 구성된 경우) 운영자에 의한 간단한 원격 셋톱박스 업데이트는 이 문제를 해결할 수 있으며 2D/3D 전환을 자동으로 만들 수 있다.

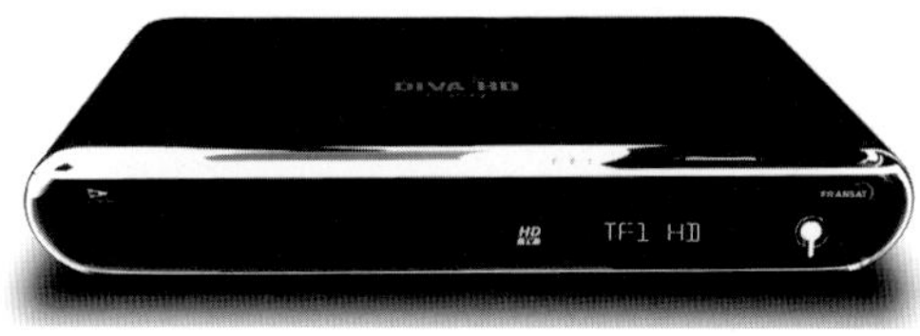

그림 07-19 이 Aston DIVA HD Easy 셋톱박스는 대부분의 3D 채널과 호환 가능한 프레임 호환 가능 디코더를 장착했다.
© Aston

서비스 호환 3D 셋톱박스

더 높은 대역폭을 대가로 3D 이미지의 품질을 두 배로 만드는 "서비스 호환 가능"이라고 알려진 미래의 전송 표준은 새롭고 더 강력한 디코더가 필요하다. 그리고 3D 블루레이와 동일한 품질인 초당 50 또는 60 풀 HD(1920 x 1080 픽셀) 프레임에 도달할 것이다. TV 세트에 픽셀의 두 배를 해독하고 재전송할 수 있도록 하기위한 디코더는 더 강력해야 할 뿐 아니라 현재 존재하지 않는 구성 요소를 사용해야 한다. 디코더 내부 전자 장치의 세부 사항을 명시하는 표준은 아직 완전히 공개되지 않았다. 이러한 표준에서 현실이 되는 첫 번째 것은 아마도 기존 HD 인코더 및 디코더와 호환 가능한 MPEG-4 MVC(Multiview Video Coding)의 특정 구현일 것이다. 물론, 스트림의 3D 부분을 해독하고 결과를 3D TV로 보내기 위해 새로운 디코더가 필요하다. 필요한 많은 하드웨어와 소프트웨어가 블루 레이 플레이어의 디코딩 부분과 유사하기 때문에 추가 비용은 다소 낮은 수준에 머물 가능성이 있다. 규모가 있는 경제는 사실상 공통 부품 사용을 통해 나타날 것이다.

HDMI 1.4와 3D TV

상호 운용 표준의 채택은 새로운 기술 성공의 열쇠이다. 전체 전송망에서 가장 중요한 링크는 3D 소스(디지털 TV 디코더, 블루 레이 플레이어, 또는 게임 콘솔)와 TV 세트간의 링크이다. 따라서 이 링크는 첫 번째로 노력해야 하는 표준화 대상이었으며 그 노력은 2010년에 첫 결과물을 내놓았다.

스테레오스코픽 영화에 대한 가정 배급의 경우 3D TV와 3D 소스 간의 그리고 디코더와 3D 블루 레이 플레이어 간의 인터페이스가 "HDMI 1.4"라는 이름하에 표준화되었다. HDMI 컨소시엄(HDMI Licensing, LLC)은 Hitachi, Panasonic, Philips, Silicon Imaging, Sony, Technicolor, Toshiba로 구성되어 있다. 컨소시엄은 2010년 숫자 1.4의 이름하에 HDMI 표준의 3D 확장자를 발표하였다.

따라서 TV와 블루 레이 플레이어 제조업체는 서둘러 이 표준을 채택했나. 그것은 폭넓은 합의를 얻어낸 유일한 표준이다. HDMI 호환 가능 제품만이 공식적인 HDMI 로고를 가질 권한이 있다.

HDMI™
HIGH-DEFINITION MULTIMEDIA INTERFACE

그림 07-20 공식 HDMI 인터페이스 로고

HDMI 케이블

3D를 지원하는 것 외에 HDMI 1.4는 Ethernet 프로토콜 역시 지원한다(이 경우 "HDMI Ethernet Channel"이라고 불림). 그렇게 함으로써 호환 장치가 100Mbits/s까지의 속도에서 더 간단한 방법으로 데이터를 교환하고 공유하는 것이 가능해졌다. HDMI 호환 장치는 추가 네트워크 케이블 필요 없이 인터넷에 접속할 수 있으며 그것은 종종 Ethernet 스위치에 대한 필요성을 없앨 것이다.

새로운 "Audio Return Channel" 기능도 추가되었다. TV의 음향은 TV를 앰프에 연결하는 동일한 HDMI 케이블을 통해 오디오/비디오 앰프로 다시 보내진다. 마지막으로, 높은 처리량 잠재력 때문에 HDMI 1.4는 24, 25, 30 Hz에서 3840 x 2160 그리고 24 Hz에서 4096 x 2160 같은 더 큰 해상도를 지원한다.

따라서 우리의 목적에 이익이 되는 HDMI 케이블은 몇몇 범주로 나누어진다.

- 720p와 1080i HD용 HDMI 표준 케이블
- 1080p와 3D용 HDMI 고속 케이블
- Ethernet을 이용하는 HDMI 고속 케이블

이 세 범주의 케이블에 사용되는 HDMI 커넥터는 연결되는 장치의 유형에 따라 세 가지 크기 즉, 표준, 미니, 초미니로 구분할 수 있다. 초미니 HDMI D형 커넥터는 HDMI 1.3에서 이미 정의된 미니 C형보다 50% 더 작다. 이 커넥터는 3D 카메라와 같은 휴대기기에 대해 1080p까지의 해상도를 지원한다.

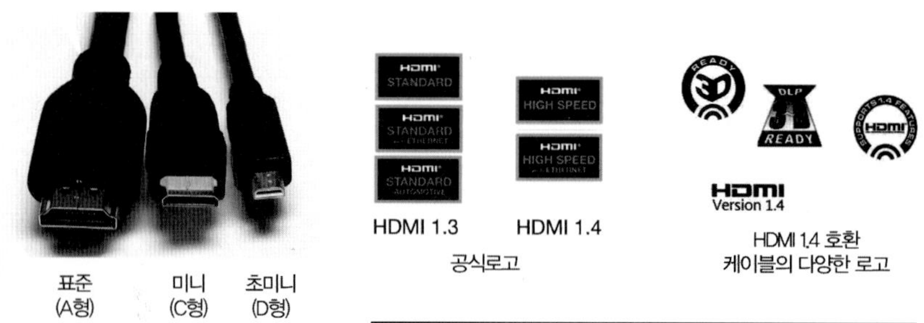

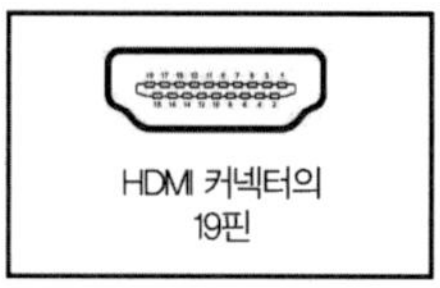

HDMI	폭	1.4 호환
A형	15.0 mm	때때로
C형	11.2 mm	항상
D형	6.4 mm	항상

그림 07-21 3 가지 HDMI 커넥터의 특징

HDMI 전송 프로토콜

시청각 콘텐츠 소스와 디스플레이 간의 HDMI 교환은 2개의 데이터 블록으로 구성된다. 이들 두 블록은 "HDMI Vendor Specific Data Block"과 "HDMI Vendor Specific InfoFrame"이라고 한다. 스테레오스코픽 이미지 코딩에 관한 데이터 블록들이 TV 세트와 소스 장치의 기술적 한계를 결정하기 때문에 여기서는 이들 블록만을 자세히 이야기 할 것이다. 오디오, 암호화, 이미지 크기 등을 처리하는 HDMI 사양의 다른 부분은 HDMI 컨소시엄 웹사이트(www.hdmi.org)에서 직접 살펴볼 수 있다.

HDMI Vendor Specific InfoFrame(VSI)

VSI 데이터 블록은 이 InfoFrame이 HDMI 컨소시엄에 의해 정의되었다는 것을 나타내는 0x000C03 값을 갖는 24 비트 길이의 선택적 기록 선별자로 시작한다. 블록의 나머지 부분은 이래 정의되어 있다. 하지만 소스 장치가 HDMI 1.4 사양에서 지정된 3D 포맷에 상응하는 데이터를 보내는 경우, 데이터는 적어도 두 비디오 프레임마다 한 번, 또는 적어도 초당 12번, 3D에 사용된 정보 코딩 방법을 포함하는 이 블록을 포함해야 한다. 수신 장치를 통한이 데이터 패킷의 판독과 해석은 선택 사항이다(예를 들어, 오래된 HDMI 1.3 TV 세트의 경우 수신 TV 세트는 3D 정보를 무시한다).

비디오의 유형을 설명하는 VIC(Video Identification Code, 비디오 인식 코드) 매개 변수는 (여기서 설명되지 않은 HDMI 표준의 부분에서) "AVI InfoFrame"라는 데이터 블록으로 전송된다. 이 VIC 매개 변수는 비디오 데이터를 전송하는데 사용되는 포맷을 설정하기 때문에 매우 중요하다. 이 매개 변수는 많은 서로 다른 값을 취할 수 있으며, 가장 중요한 값은 4, 19, 32로 각각 DVD와 블루 레이에서 사용되는 720p-60Hz, 720p-50Hz, 1080p-24Hz 포맷에 해당한다. 이 VSI(Vendor Specific InfoFrame HDMI) 패킷이 전송되던 안 되던 상관없이 AVI InfoFrame 데이터 블록의 모든 기타 값들은 유효하다. VSI 패키지의 유용한 콘텐츠는 아래에 설명되어 있다.

HDMI VSI 헤더

바이트\비트	7	6	5	4	3	2	1	0
HB0	패킷 유형 = 0x01							
HB1	버전 = 0x01							
HB2	0	0	0	다음 데이터의 바이트 단위 길이(= Nv)				

5 비트 "다음 데이터의 바이트 단위 길이 (= Nv)" 필드는 32바이트의 최대 크기를 갖는 전체 VSI 데이터 블록의 바이트 단위 길이를 정의한다. 이 크기는 3바이트 헤더를 포함하지 않는다.

HDMI VSI 데이터

<table>
<tr><th>바이트\비트</th><th>7</th><th>6</th><th>5</th><th>4</th><th>3</th><th>2</th><th>1</th><th>0</th></tr>
<tr><td>PB0</td><td colspan="8">검사 합계</td></tr>
<tr><td>PB1</td><td colspan="8" rowspan="3">InfoFrame 인디케이터(0X000C03)
(첫 번째 최하위 비트)</td></tr>
<tr><td>PB2</td></tr>
<tr><td>PB3</td></tr>
<tr><td>PB4</td><td colspan="3">HDMI 3D 비디오 포맷</td><td>보류(0)</td><td>보류(0)</td><td>보류(0)</td><td>보류(0)</td><td>보류(0)</td></tr>
<tr><td>(PB5)</td><td colspan="4">3D_Structure</td><td>3D_Meta_Present</td><td>보류(0)</td><td>보류(0)</td><td>보류(0)</td></tr>
<tr><td>(PB6)</td><td colspan="4">3D_Ext_Data</td><td colspan="4">보류(0)</td></tr>
<tr><td>(PB7)</td><td colspan="3">3D_Metadata_type</td><td colspan="5">3D_Metadata_Length(=N)</td></tr>
<tr><td>(PB8)</td><td colspan="8">3D_Metadate_1</td></tr>
<tr><td>...</td><td colspan="8"></td></tr>
<tr><td>PB (Nv)</td><td colspan="8">보류(0)</td></tr>
</table>

PB4(HDMI 3D Video Format)의 3 가지 유용한 비트는 아래 설명된 것처럼 3D 인코딩의 유형을 정의한다. 이 필드의 가능한 값은 0, 1, 2이다. 3에서 7까지의 값은 나중에 쓸 수 있도록 남겨 놓는다.

PB4 "HDMI 3D Video Format"의 3 가지 유용한 비트(비트 7, 비트 6, 비트 5)

값	3D 비디오 포맷용 허용 값에 대한 설명
000	이 패킷에는 특별한 HDMI 3D 포맷 없음
001	"프레임 패킹" 디폴트 3D 전송 방법
010	또 다른 3D 포맷이 존재. 다음의 3D_Structure는 PB5와 따라오는 바이트에서 설명되어 있다.
011에서 111	나중에 쓸 수 있게 보류

디폴트 3D 전송 방법

다음 데이터 블록을 이해하기 위해서는 우선 일반 2D 이미지가 HDMI 인터페이스를 통해 어떻게 전송되는지를 이해해야 한다. 1080p와 720p 포맷의 경우 각 이미지는 언제나 순차적으로 한 번에 하나씩, 절대 표시되지 않는 (그리고 재미있게도 "귀선 소거(blanking)이라고 불리는) 검은색 선에 의해 분리된 일련의 연속 라인으로써 전송된다.

3D 이미지의 디폴트 전송(PB4 비트 7, 6, 5 = 001 경우)은 단순히 이 방법을 확장하고 검은색 선의 집단으로 분리된 왼쪽과 오른쪽 이미지를 잇달아 내보낸다. 이 모드는 “프레임 패킹(frame packing)”이라고 한다. 이것은 3D 블루 레이 플레이어 같은 하나의 소스와 수신기, 일반적으로 3D TV 간에 이미지를 전송하는 가장 간단한 방법이다. 이 모드의 단점은 전송된 데이터의 크기가 2배 이상이 된다는 것이다.

그러나 이 모드는 매우 간단하고 이전 버전과 호환 가능하다는 장점이 있다. 즉, HDMI 표준의 이전 버전을 따르는 오래된 TV 세트가 신호를 수용하고 TV가 이해하는 부분, 즉 오른쪽 이미지만을 사용한다. TV는 나머지 데이터에 관심이 없으며 2D로 정확하게 수신된 이미지를 표시한다.

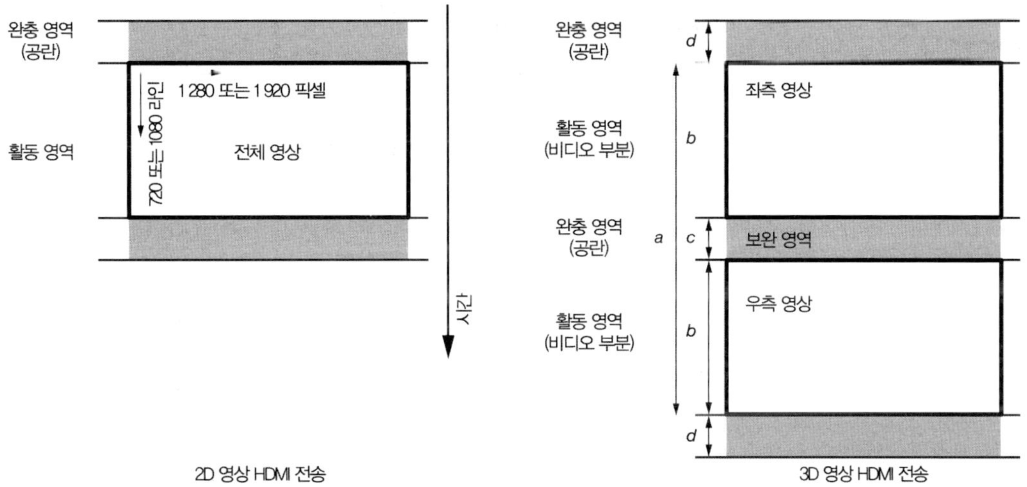

그림 07-22 2D(왼쪽) 이미지와 3D(오른쪽) 이미지의 HDMI 전송

이미지 포맷과 해당 비디오 인식 코드(VIC) 값 – (a, b, c, d는 위의 그림과 관련 있다.)

비디오 인식 코드(VIC)	포맷 종류	픽셀/라인	라인/이미지	라인 a의 수	라인 b의 수	라인 c의 수	라인 d의 수
32	1080p/23.98Hz 또는 24Hz	1920	1080	2205	1080	45	45
4	720p/59.94Hz 또는 60Hz	1280	720	1470	720	30	30
19	720p/50Hz	1280	720	1470	720	30	30

이미지의 데이터가 3D인 경우 프레임 당 전송 라인의 수는 두 배가 된다. 전체 구조가 3D 확장자는 무시하지만 여전히 2개의 전송된 이미지 중 하나를 표시할 수 있는 HDMI 1.3과의 호환성을 위해 유지된다. HDMI의 경우 전송되는 것은 언제나 왼쪽 이미지(첫 번째 이미지)이며 오래된 장비에 의해 무시되는 것은 오른쪽 이미지이다. 한 쌍의 두 이미지 간의 귀선 소거 영역은 일반적으로 검은 색이며 "활성 구역"이라고 한다. 이 영역은 HDMI 1.3 장치가 전송 오류로 인해 하나 이상의 추가 라인을 표시해야 할 때 인공물을 방지하기 위한 전통적인 귀선 소거의 길이에 해당한다. 이 영역은 인접 비디오 영역과 동일한 방식으로 코드화되어야 하며 균일한 색상을 포함해야 한다. 검은 색에 해당하는 0의 사용을 권한다. 이 영역은 수신 장치에 의해 무시되어야 한다.

기타 3D 전송 모드

PB4 "HDMI Video Format"의 값이 010으로 설정되면 3D_Structure 필드는 디폴트 방법과는 다른 3D 이미지 전송의 알려진 방법을 정의하기 위해 사용된다. 아직 안 알려진 다른 유형의 3D 포맷은 미래의 3D TV 세트에 의해 처리될 것이다. 그들 포맷은 "HDMI Video Format" 필드의 011에서 111까지의 값에 의해 정의될 것이다.

"3D_Structure" 필드(VSI 블록 내 PB5 바이트의 처음 절반)는 어떤 3D 전송 모드가 사용되었는지 선언한다. 모드는 수신기가 소스를 받아들이는 것을 확인한 후 소스 장치에 의해 정의되는데 이것은 HDMI "Vendor Specific Data Block"(VSDB)에 의해 표시된다. VSDB는 나중에 상세히 설명할 것이다. 디폴트 방법(프레임 패킹) 외에 6개의 기타 방법들이 정의되어 있다. 이러한 방법들은 아래 설명되어 있다.

3D_Structure 필드

4 비트 3D_Structure 필드 값	3D 디스플레이 방법
0	프레임 패킹 - 디폴트 방법
1	필드 대체
2	라인 대체
3	사이드 바이 사이드(최대)
4	L + 깊이
5	L + 깊이 + 그래픽 + 그래픽-깊이

4 비트 3D_Structure 필드 값	3D 디스플레이 방법
6	보류 (=0)
7	보류 (=0)
8	사이드 바이 사이드(절반) – 하위 샘플링 방법은 3D_Detail_X에 설명되어 있다
9에서 15	보류 (=0)

"3D_Ext_Data" 필드(VSI 블록에서 PB6 바이트의 첫 절반)는 사이드 바이 사이드(절반) 방법의 경우에 사용된 하위 샘플링을 정의한다(3D_Structure = 8). 이 필드는 이 경우 왼쪽과 오른쪽 이미지 간에 픽셀이 어떻게 나누어지는지를 정의하며 다른 모든 경우에서 무시된다.

하위 샘플링은 각 이미지의 해상도가 절반이 되어야 하기 때문에 필요하다. 단순한 하위 샘플링의 경우 한 열 걸러서 있는 모든 픽셀은 무시된다. 오점형 방법의 경우 하부 샘플링은 한 줄 걸러 하나의 픽셀에 의해 변화되며, 그것은 수직 줄무늬와 기타 유사한 질감의 정밀도 손실을 완화한다. 그러나 이미지 재생성 동안 물결무늬 같은 인공 잡음이 만들어질 위험이 증가한다.

3D_Ext_Data 필드

<table>
<tr><th>3D_Detail_X 필드의 4 비트 값</th><th colspan="2">사용된 하위 샘플링 방법</th></tr>
<tr><td>0</td><td colspan="2">8가지 모든 방법이 지원됨</td></tr>
<tr><td>1</td><td rowspan="5">수평 하위 샘플링</td><td>4가지 모든 방법이 지원됨</td></tr>
<tr><td>2</td><td>홀수 왼쪽, 홀수 오른쪽</td></tr>
<tr><td>3</td><td>홀수 왼쪽, 짝수 오른쪽</td></tr>
<tr><td>4</td><td>짝수 왼쪽, 홀수 오른쪽</td></tr>
<tr><td>5</td><td>짝수 왼쪽, 짝수 오른쪽</td></tr>
<tr><td>6</td><td rowspan="5">오점형 하위 샘플링</td><td>4가지 모든 방법이 지원됨</td></tr>
<tr><td>7</td><td>홀수 왼쪽, 홀수 오른쪽</td></tr>
<tr><td>8</td><td>홀수 왼쪽, 짝수 오른쪽</td></tr>
<tr><td>9</td><td>짝수 왼쪽, 홀수 오른쪽</td></tr>
<tr><td>10</td><td>짝수 왼쪽, 짝수 오른쪽</td></tr>
<tr><td>11에서 15</td><td colspan="2">보류</td></tr>
</table>

3D 전송 모드 표

3D 전송의 서로 다른 모드가 모든 해상도에 자동으로 적용되지는 않는다. 사실상, 전송 포맷은 VIC 값(이미지 포맷)의 쌍과 3D_Structure(3D 전송 모드)에 따라 다르다. 물론, 사용되는 모드는 모드를 해석하는 수신 장치에 의해 좌우된다. 아래 표는 완벽한 것이 아니다.

다양한 가능성 있는 3D 전송 모드

3D_Structure 값	3D 모드	VIC 코드	설명	픽셀	라인	전송된 활성 픽셀	전송된 활성 라인
0	프레임 패킹	31	1080p – 50 Hz	1920	1080	1920	2205
0	프레임 패킹	16	1080p – 60 Hz	1920	1080	1920	2205
0	프레임 패킹	5	1080i – 60 Hz	1920	1080	1920	2228
0	프레임 패킹	20	1080i – 50 Hz	1920	1080	1920	2228
1	필드 대체	5	1080i – 60 Hz	1920	1080	1920	2272
1	필드 대체	20	1080i – 50 Hz	1920	1080	1920	2272
2	라인 대체	16	1080p – 60 Hz	1920	1080	1920	2160
2	라인 대체	31	1080p – 50 Hz	1920	1080	1920	1260
3	사이드 바이 사이드(최대)	16	1080p – 60 Hz	1920	1080	3840	1080
3	사이드 바이 사이드(최대)	31	1080p – 50 Hz	1920	1080	3840	1080
4	L+Z	19	720p – 50 Hz	1280	720	1280	2190
5	L+Z+GFX+G-Z	19	720p – 50 Hz	1280	720	1280	2250
8	사이드 바이 사이드(절반)	16	1080p – 60 Hz	1920	1080	1920	1080
8	사이드 바이 사이드(절반)	2 or 3	480p – 60 Hz	720	480	720	480

필드 대체 인터레이스 3D 전송 모드

이 모드는 3D_Structure = 1인 경우 사용된다. 이것은 일반적으로 지상파 TV 방송, 위성, 케이블에 의해 사용된다.

라인 대체 인터레이스 3D 전송 방식

이 모드는 3D_Structure = 2 경우 사용된다. 이것은 TV가 왼쪽과 오른쪽 이미지를 동시에 그리고 한 줄씩 표시하는 경우 프레임 패킹 모드보다 더 흥미롭다. 이 모드는 프레임 표시를 시작하기 전에 완전한 프레임을 받기 위해 기다릴 필요가 없다.

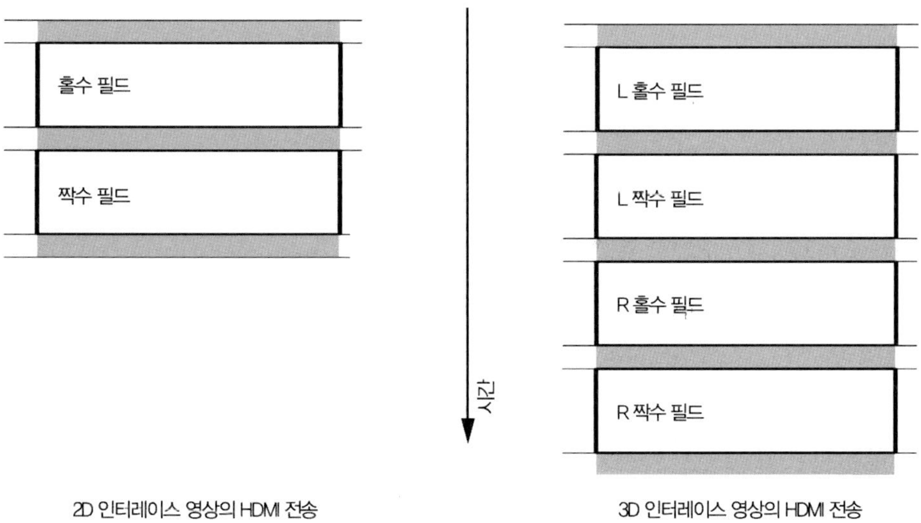

그림 07-23 필드 인터레이스 영상의 HDMI 전송 타이밍: 왼쪽은 2D 영상, 오른쪽은 3D 영상

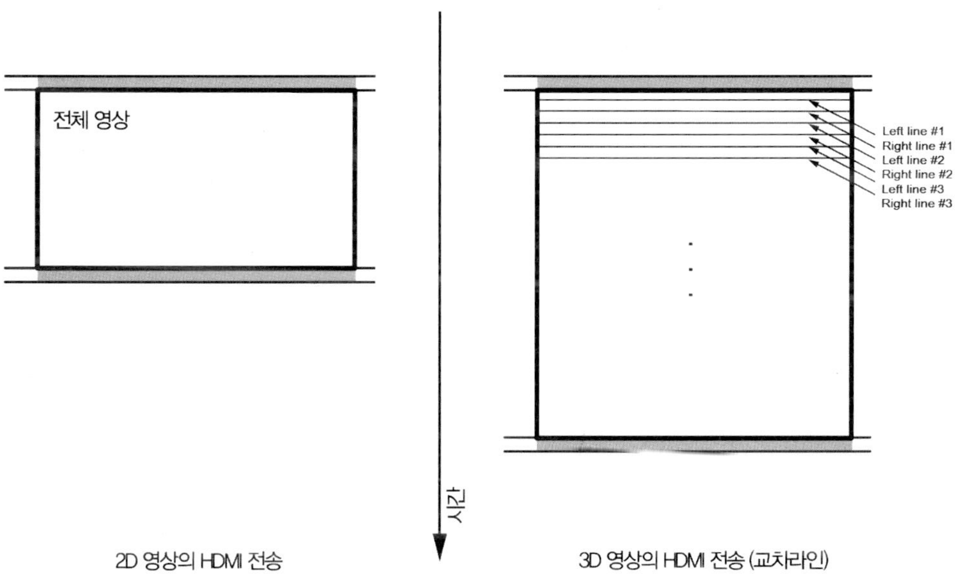

그림 07-24 라인 인터레이스 영상의 HDMI 전송 타이밍: 왼쪽은 2D 영상, 오른쪽은 3D 영상

사이드 바이 사이드(전체) 3D 전송 모드

이 모드는 3D_Structure = 3인 경우 사용된다. 이것은 라인 대체 모드만큼 흥미롭다. 유일한 차이는 라인이 정렬되는 방식이다. 라인은 쌓이는 대신 나란히 놓인다.

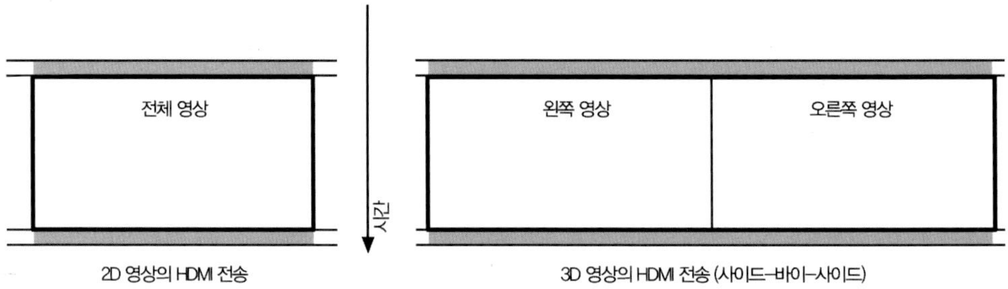

그림 07-25 2D 이미지(왼쪽)와 3D 사이드 바이 사이드 이미지(오른쪽)의 HDMI 전송 비교

L + Depth 전송 모드

"2D + Z"라고도 불리는 이것은 아마도 미래의 모드이다. 현재 거의 사용되지 않지만 그럼에도 불구하고 몇 가지 장점이 있다. 보통은 이미지 픽셀이 전송되지만 "2D + Z"의 경우각 픽셀은 깊이 값(일반적으로 수평 축 및 수직 축에 대한 X와 Y 이후 이미지의 세 번째 축을 명명하는데 사용되는 Depth 또는 "Z")과 관련이 있다. 이들 깊이 값은 유추에 의해 깊이 지도 또는 Z-Map이라고 하는 메모리 영역에 저장된다. 또한 여기서, 디스플레이 장치는 3D 이미지의 각 포인트의 색상과 거리를 변경해야 한다. 미래의 오토스테레오스코픽 디스플레이는 현재 HDMI 인터페이스의 처리량 능력을 초과하는 서

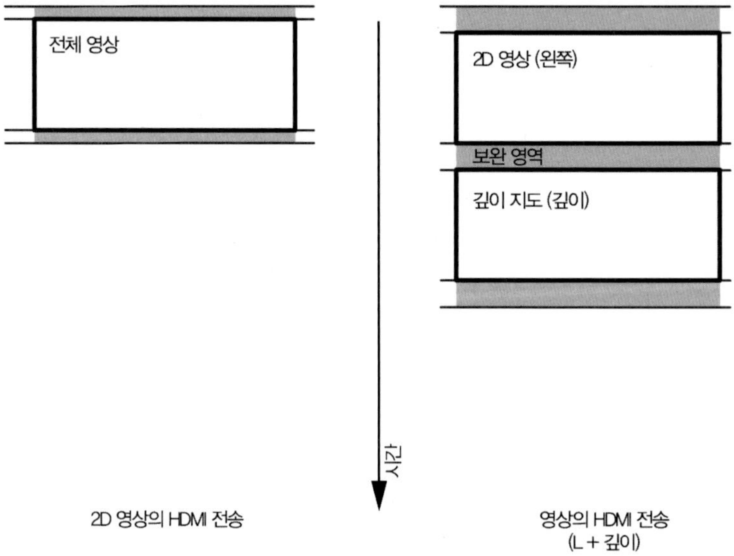

그림 07-26 2D와 3D(L+ Depth) 영상의 HDMI 전송

로 다른 수많은 시야를 요구할 것이다. 이러한 다중 시야는 2D + Z 데이터로부터의 계산에 의해 생성된다.

참조

다양한 시야를 생성하는 알고리즘은 표준으로 정의되지 않으며 스크린 제조업체에게 일임되어 있다는 점을 주목하자. 깊이 값은 일반 픽셀의 색상 정보와 동일한 수의 비트를 차지하기 때문에 깊이 지도는 일반 이미지로 전송된다.

이것은 TV 세트에서 고도의 연산력을 가정하지만 오늘날 거의 해결되었다. 그리고 2D + Z 방법은 관객이 3D 효과의 강도를 조정할 수 있게 해주는 중요한 장점을 갖고 있다.

L + Depth + GFX + G-Depth 전송 모드

이전 모드보다 약간 더 복잡한 이 모드는 이미지가 2D 왼쪽 이미지에 대한 "L"과 이미지에서 겹쳐진 그래픽 레이어에 대한 "GFX"라는 두 레이어로 이미지가 구성되어 있는 L + Depth의 확장자이다. 이 구역은 일반적으로 텍스트나 로고를 포함한다. 이들 각각의 두 레이어는 자체 깊이 지도(L 레이어를 위한 Z 또는 Depth 그리고 GFX 레이어를

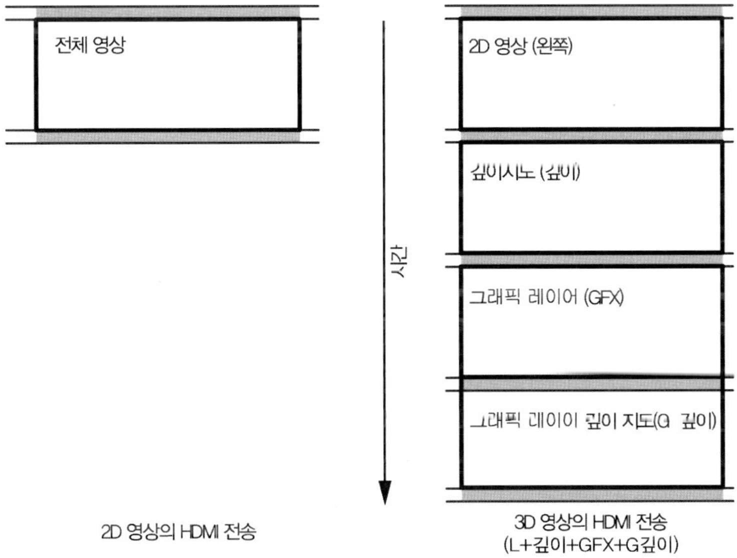

그림 07-27 2D 이미지(왼쪽)와 3D(L+심도+GFX+G심도) 이미지(오른쪽)의 HDMI 전송

위한 G-Z 또는 G-Depth)에 의해 수반되는 볼 수 있는 이미지이다. 다시 말하면, 디스플레이 장치는 각각의 두 레이어에 있는 각 포인트의 색상과 거리를 단일 스테레오스코픽 이미지로 전환하는 것을 담당한다. 이 방법은 기본 이미지에 겹쳐진 텍스트와 로고에 더 나은 해상도를 제공해야한다. 게다가, 이미지가 미리 이미지에 포함되어 있는 경우 깊이를 바꾸기 위해 TV에 의해 행해진 크기 조정은 가장 자리를 따라 인공잡음이 발생될 수 있다. 그러나 그것은 전체 품질을 떨어뜨린다. 두 레이어로의 세분화를 제외하고 전송 방법은 이전 것과 동일하다.

사이드 바이 사이드(절반) 전송 모드

이 방법은 3D 이미지가 제작 워크플로우에서 약간의 수정만으로도 하나의 일반 해상도 이미지인 것처럼 처리될 수 있도록 해주기 때문에 요즘 같은 3D TV 초창기에 자주 사용된다. 그러나 수평 해상도의 50%가 손실되는 단점을 가지고 있다. 이것은 미래를 위한 솔루션이 아니며 전통적인 솔루션이다. 이러한 포맷은 이미지의 수평 해상도를 절반으로 만들기 때문에 TV 세트는 보간에 의해 누락된 픽셀을 재생성해야 한다.

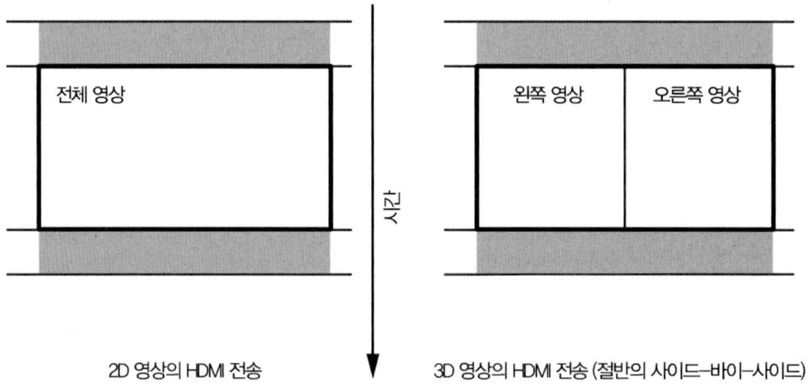

그림 07-28 2D 영상(왼쪽)과 3D 사이드-바이-사이드(절반) 영상(오른쪽)의 HDMI 전송

HDMI Vendor Specific Data Block(VSDB)

VSDB 데이터 블록은 수신 장치 - 일반적으로 TV 세트 - 에 의해 정의되고 받아들이는 포맷 중 하나로 데이터 전송으로 고려하는 수신 장치의 디스플레이 능력을 명시한다. VSDB 블록 크기는 6 바이트와 32 바이트 사이이다(N = 5에서 31). 수신기가 아래 확장

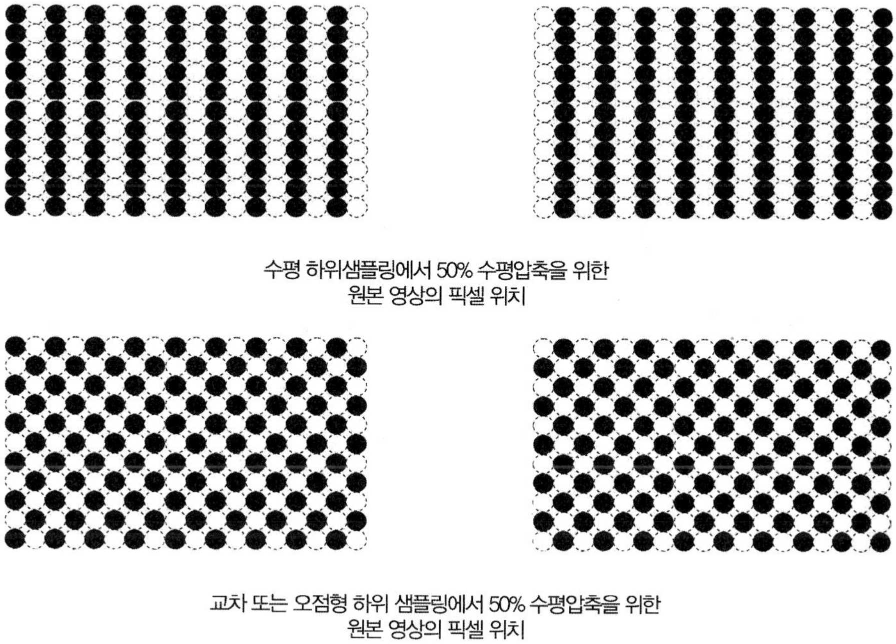

그림 07-29 HDMI 사이드-바이-사이드 전송을 위한 2개의 하위 샘플링 방법

자에서 설명된 기능 중 하나 이상을 지원하는 경우 충분한 크기의 VSDB에서 기능을 표시해야 한다. VSDB 크기는 HDMI 표준의 차후 버전에서 증가할 수 있기 때문에 전송 장치는 어떠한 길이의 VSDB도 이해할 수 있어야 한다. VSDB를 수신한 이후 송신기는 수진 장치에 의해 받아들여지는 포맷 중 하나로 비디오 데이터를 전송한다.

Vendor Specific Data Block(VSDB)의 종류

바이트 \비트	7	6	5	4	3	2	1	0
PB0	태그(+3)			길이(=N)				
PB1	InfoFrame 식별자 (0x000C03)							
PB2	(첫 번째 최하위 비트 있음)							
PB3								
PB4	A				B			
PB5	C				D			
PB6	Supports _AI	DC_48 bits	DC_36 bits	DC_30 bits	DC-Y444	보류(0)	보류(0)	DVI-Dual

바이트 ＼비트	7	6	5	4	3	2	1	0
PB7	Max_TMDS_Clock							
PB8	Latency_Fields_ Present		HDMI_ Video_ Present	보류(0)	HDMI 1.4 참조			
PB9에서 PB12	오디오 및 비디오 대기 시간 정보							
PB13	3D_ Present	보류(0)	보류(0)	보류(0)	보류(0)	보류(0)	보류(0)	보류(0)
PB14	HDMI_S_LEN			HDMI_3D_LEN				
PB15	3D_MASK(HDMI_XX_LEN〉0 그리고 HDMI_3D_LEN 경우에만)							
...	VIC_order_X(HDMI_XX_LEN〉0 그리고 HDMI_3D_LEN 경우에만)							
...	3D_Structure_X(HDMI_XX_LEN〉0 그리고 HDMI_3D_LEN 경우에만)							
...	3D_Detail_X(HDMI_XX_LEN〉0 그리고 HDMI_3D_LEN 경우에만)							
...	(...)							
...	보류(0)							

바이트 6에서 N까지는 표준에서 선택 사항이지만 3D 포맷을 정의하는 데는 필수이다. 바이트 PB0에서 PB5에 있는 정보는 모든 HDMI 수신기에 대해 존재하며 3D에 관여하지 않는다. 오디오 및 비디오 대기 시간과 관련된 선택적 바이트에는 관심이 없지만 바이트 PB8의 6비트와 7비트의 값에 따라 선택적 바이트가 존재하거나 없기 때문에 선택적 바이트들에게 다음 바이트의 위치를 알게 할 필요가 있다.

대기 시간 정보가 없는 경우 PB9의 번호를 다시 매기는 바이트 PB13은 가장 중요한 바이트이다. 비트 7=1인 경우 3D 비디오는 존재한다(PB13 = 0x80).

바이트 PB14는 확장 블록의 길이 - 따라서 VSDB의 나머지의 길이 - 와 3D 블록의 길이를 제공한다.

나머지 바이트 - 그 중 HDMI_3D_LEN이 있다 - 는 지원되는 3D 포맷에 대한 상세한 정보를 포함한다. 이들 바이트가 반드시 존재하지는 않는다. 그 바이트들은 "3D_Structure_ALL"(2바이트), "3D_MASK"(2바이트), "VIC_order_X"(4비트), "3D_Structure_X"(4비트), "3D_Detail_X"(4비트)라고 한다. 그들은 3 가지 기본 포맷 외에 3D 모드를 수신하는 능력을 명시하는데 사용된다.

수신기가 적어도 60 Hz에서 하나의 2D 포맷을 받아들인다면 1080p-24 Hz와 720p-60 Hz 포맷도 받아들여야 한다. 수신기가 적어도 50 Hz에서 하나의 2D 포맷을 받아들인다면 1080p-24 Hz와 720p-50 Hz 포맷도 받아들여야 한다. 양쪽 경우에서, 수신기가 3D_Present = 1을 선언하면 수신기는 적어도 위에서 설명한 세 가지 기본 포맷을 받아들여야 한다. 이 경우, HDMI_3D_LEN은 0이며 수신기의 디스플레이 능력을 정의하기 위해 추가 바이트를 추가할 필요가 없다. 그러나 많은 3D 텔레비전은 서로 다른 데이터 구성을 요구하는 상이한 기술을 사용한다. 그리고 TV는 TV가 데이터를 수신하기 원하는 포맷에서 소스 장치에 신호를 보내야 한다. 3D_Structure_ALL 바이트와 이들 바이트를 뒤따르는 바이트를 통해 소스 장치에 신호를 보낸다.

HDMI 1.4 표준은 아직도 첫 번째 버전(HDMI 1.4a)이지만 이미 3D를 보여주기 위한 가장 일반적인 방법의 목록을 작성하였다. TV 세트가 3 가지 기본 방법 외의 방법을 사용한다면, (VIC 숫자에 의해 주어진) 바이트 PB15에서 PB(n)에 지원되는 이미지 포맷과 각각에 사용된 3D 디스플레이 방법의 목록을 작성해야 한다. 16개 입력까지의 표는 제공되며 따라서 3D TV는 16개의 서로 다른 이미지 포맷에 대한 16개의 특정 3D 포맷을 제공할 수 있다. 이로 인해 필요한 경우 모든 PAL, NTSC, HD 포맷을 포함하는 것이 가능하다.

HDMI 1.4 표준이 아직 3D 디스플레이 옵션의 포괄적인 선택을 제공할 만큼 성숙하지는 않았지만 주된 옵션은 이미 목록이 작성되어 있다. 일반 텔레비전은 각 이미지 포맷에 대해 하나의 3D 디스플레이 방법을 제안하지만 이것이 필수 조건은 아니다. 수신 장치에 의해 받아들여지는 방법은 각각 "3D_Structure_ALL"이라고 하는 16비트 단어로 비트를 통해 표시되어 있다. 따라서 목록에 있는 각각의 디스플레이 포맷의 경우 장치는 3D 모드를 지원하는 각 포맷에 해당하는 비트에 값 1을 할당해야 한다.

HDMI 1.4에서 있는 방법은 아래 표에 열거되어 있다. 표준의 미래 버전에서 표는 추가 방법을 포함하기 위해 확장되어야 한다.

일반적으로 3D TV는 보는 지원 이미지 포맷에 대해 동일한 3D 디스플레이 방법을 사용하며 4:3과 16:9의 화변비율을 갖는 SD와 HD TV 신호의 일반적인 범위, 50 Hz와 60Hz 주파수, 그리고 1080p-24 Hz 모드를 포함한다. (1080p-24 Hz는 3D 블루 레이에서 선호되는 모드이기 때문에 가장 중요한 것 중 하나이며 영화 콘텐츠는 현재 대부분 24 프레임/초로만 촬영된다.)

HDMI 1.4 표준에서의 3D 디스플레이 방법

3D_Structure_ALL의 비트	3D 디스플레이 방법
0	프레임 패킹 – 디폴트 방법
1	필드 대체
2	라인 대체
3	사이드 바이 사이드(전체)
4	L + 깊이
5	L + 깊이 + 그래픽 + 그래픽–깊이
6	보류 (= 0)
7	보류 (= 0)
8	사이드 바이 사이드(절반) – 하위 샘플링 방법은 3D_Detail_X에 설명되어 있다
9 에서 15	보류 (= 0)

HDMI 1.4는 동일한 픽셀 수의 두 이미지가 하나의 이미지로 전송되기 위해 3D 이미지가 하향 샘플링(down-sample)(사이드 바이 사이드 (절반), 3D)_Structure_ALL_8=1)된 경우 추가적인 복잡성을 고려한다. 앞에서 언급했듯이, 이러한 포맷은 각각의 시야에 대해 하나 걸러 한 픽셀만을 전달하기 때문에 확실히 이미지의 수평 해상도를 반으로 줄인다. TV는 보간을 통해 손실된 픽셀을 재생성 한다. 또한 어떤 하위 샘플링 방법이 사용-되었는지 보고할 필요가 있다. 그것은 목록의 각 입력에 딸려 있는 "3D_Detail_X"_structure(4비트)의 역할이다.

프레임 호환 HDMI 전송에 대한 하위 샘플링 방법

3D_Detail_X 필드의 4비트 값	사용된 수평 하위 샘플링 방법	
0000	8가지 방법이 지원됨	
0001	수평 하위 샘플링	4가지 방법이 지원됨
0010		홀수 왼쪽, 홀수 오른쪽
0011		홀수 왼쪽, 짝수 오른쪽
0100		짝수 왼쪽, 홀수 오른쪽
0101		짝수 왼쪽, 짝수 오른쪽

3D_Detail_X 필드의 4비트 값	사용된 수평 하위 샘플링 방법	
0111	오점형 하위 샘플링	4가지 방법이 지원됨
0111		홀수 왼쪽, 홀수 오른쪽
1000		홀수 왼쪽, 짝수 오른쪽
1001		짝수 왼쪽, 홀수 오른쪽
1010		짝수 왼쪽, 짝수 오른쪽
1011에서 1111	보류	

HDMI 수신기가 하향 샘플링(3D_Structure_All_8=1)을 지원하는 경우, 수신기는 적어도 0010 모드를 지원해야 하며 3D 이미지 라인을 표시하기 위해 각각의 왼쪽과 오른쪽 이미지에 대한 홀수 픽셀을 사용해야 한다.

특허와 지적 재산권

TDVision Systems는 특허에 대한 라이선스를 판매하는 특허 포트폴리오를 가지고 있다. 이 포트폴리오는 "TDVCodec"이라고도 알려진 2D + Delta 코딩을 포함한다. "TDVCodec"은 "MPEG-ISO-14496-10:2008-Amendment 1" 코덱의 일반 명칭인 MVC 코덱의 핵심 구성 요소이다. 이 코덱은 자체로 AVC(ITU-H.264 Advanced Video Codec)의 확장자이며 3D 블루 레이 인코딩에 대한 포맷으로서 특히 Blu-ray Disc Association에 의해 채택되었다. 특허는 수집, 인코딩, 디코딩, 2D + Delta 스테레오스코픽 콘텐츠 표시의 분야를 포함한다. TDVision 특허 포트폴리오에 대한 독점적 권리는 "3D Licensing Program"라는 이름하에 Sisvel(www.sisvel.com)에 의해 협상된다.

블루 레이 3D 디스크

블루 레이 디스크는 풀 HD 해상도 그리고 압축이 최소한 되게 한다. 따라서 뛰어난 화면과 음향 품질을 보상하는 고성능 때문에 3D 영화에 있어 최상의 매체이다. 블루 레이 단일 레이어 디스크는 25GB까지의 데이터를 수용하며 이중 레이어 디스크는 50GB까지 수용한다. 3개 또는 4개의 레이어가 있는 BDXL 블루 레이는 2010년 이래 블루 레이 사양에 존재하고 있으며 각각 100GB와 120GB의 저장 용량을 제공한다.

Blu-ray Profile 1 디스크의 최대 비트 속도는 처음에 36 Mbits/s로 설정되었고, 그 다음 Profile 2에서 48 Mbits/s로 증가되었다. Profile 5의 경우, HDMI 1.4-연결이 등장했고 처리량은 72 Mbits/s로 증가했다.

BDA(Blu-ray Disc Association)

BDA(미국 Universal City, www.blu-raydisc.com)는 2005년에 설립되었다. 이 블루 레이 하드웨어 제조업체 협회는 소비자 가전제품의 모든 거물들을 포함하고 있다. Dolby, Intel, LG, Panasonic, Philips, Samsung, Sony, Technicolor, 그리고 160개 이상의 기타 회사가 그것이다. 협회는 *Blue-ray Disc Format* 같은 기술적 권고 사항을 발표한다. "Blu-ray Disc" 명칭과 관련 로고는 블루 레이 디스크 협회의 등록 상표이다.

그림 07-30 블루 레이 디스크를 식별하는 공식 로고

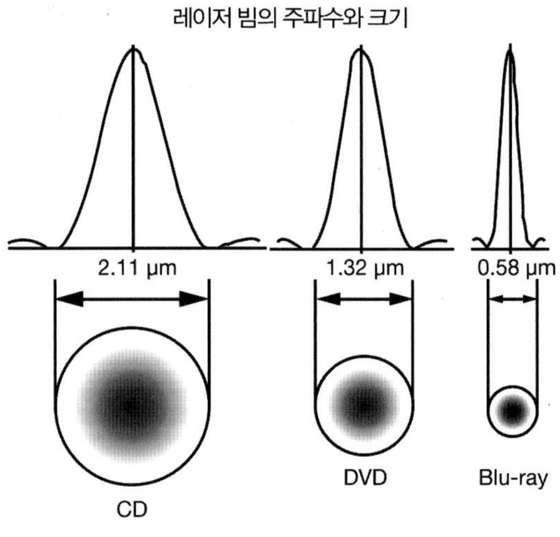

그림 07-31 광학 디스크의 판독 빔 비교

동일한 크기에도 불구하고 블루 레이 디스크의 저장 공간이 동일한 개념의 초기 세대인 CD와 DVD의 저장 공간보다 더 크다는 것에 주목하자. 12 cm 직경의 광학 디스크

는 디지털 코드가 레이저로 새겨지는 나선형 트랙으로 덮여 있다. 레이저의 주파수가 높을수록 무늬가 더 작으며 따라서 밀도가 증가한다. 블루 레이 플레이어 내부에서, 판독 레이저는 가시 스펙트럼의 자외선 끝 쪽의 한계에 있다. 이들 레이저는 디스크 내의 서로 다른 4개의 심도에서 빛을 집중할 수 있다. 따라서 저장 정보에 대해 사용할 수 있는 영역이 4배가 된다.

다양한 유형의 광학 디스크 용량. 일반적으로 플레이어는 표에 있는 포맷을 선행하는 모든 포맷을 읽을 수 있지만 그 다음 포맷은 읽을 수 없다. 양면 DVD는 두 번째 면을 읽기 위해 수동으로 뒤집어야 한다.

디스크 유형	레이저 파장 길이	색상	레이어의 수	양면	레이어 당 용량 (GB)	최대 용량(GB)
CD	780 nm	적외선	1	불가능	0.7	0.7
DVD	650 nm 또는 635 nm	빨강	1 또는 2	가능	4.7	9.4
Blu-ray	405 nm	파랑	1 또는 2	불가능	25	50
BDXLBlu-ray	405 nm	파랑	3 또는 4	불가능	33.4 또는 32	100 또는 128

코딩에 관한 한 블루 레이 표준은 H.264 MVC 이외에, (DVD 등에서) MPEG-2의 사용과 VC-1(Microsoft Windows Media 코덱)의 사용을 허용한다. 그러나 이들 코딩은 3D 영화에 사용될 수 없기 때문에 우리의 관심을 끌지 못한다.

3D 이미지는 HD의 2배의 픽셀을 가지고 있으며 따라서 블루 레이 3D의 데이터 속도는 더 높다. H.264 MVC 코딩은 두 번째 이미지와 기본 이미지 간의 많은 여분을 사용하여 두 번째 이미지를 효과적으로 압축한다. 따라서 데이터는 100%가 아니라 크기에서 약 50% 증가한다. 표준 블루 레이의 최대 처리량은 40 Mbits/s를 초과하지 않지만 3D 블루 레이의 경우 이 최대 처리량은 72 Mbits/s까지 증가해야 한다.

블루 레이 하드웨어 및 소프트웨어 제조업체 협회 BDA는 2009년 12월 블루 레이의 3D 취급을 표준화하였다. 3D 표준 BDMV V2.4는 다양한 심도에서 메뉴와 자막 인코딩하는 방법을 설명한다. 이로 인해 그래픽 요소가 항상 현재 장면 앞에 있도록 보장하는 방식으로 이미지에 중첩된 그래픽 요소를 표시하는 것이 가능해 졌다.

가능한 한 3D 블루 레이 디스크는 기존 장비와 호환 가능하다. 따라서 컴퓨터나 Play-

Station 3에서 블루 레이 판독기가 표준 속도의 2배에서 디스크를 읽을 수 있는 한, 소프트웨어 업데이트는 블루 레이가 새로운 포맷과 호환 가능하다는 것을 보장하기에 충분하다. 그러나 일부 오래된 블루 레이 플레이어는 업데이트 가능성이 없으며 따라서 3D 블루 레이 재생에는 부적합하다.

3D 블루 레이 디스크(BD3D)는 H.264 MVC 코딩 덕분에 HDTV에서 2D로 읽을 수 있다. 블루 레이는 720p-60Hz, 720p-50Hz, 1080p-24Hz 포맷을 사용한다. 동영상의 고유 빈도는 24 프레임이기 때문에 후자가 단연코 가장 많이 사용되고 있다. 스테레오스코픽 영화는 프레임 패킹 모드로 HDMI를 통해 TV나 영사기로 전송된다. 이 방법은 방송에 사용되는 프레임 호환 모드와는 달리 해상도를 희생하지 않는다.

3D 블루 레이 디스크의 세 가지 이미지 포맷

3D 블루 레이 가능 포맷	해상도	영상 주파수
720p-60 Hz	1280x720	59.94 Hz
720p-50 Hz	1280x720	50 Hz
1080p-24 Hz	1920x1080	23.976 Hz

중요한 경고

블루 레이 디스크로 배급하려는 의도를 갖고 3D 영화를 촬영하는 경우, 3D 블루 레이는 풀 해상도에서 초당 24 프레임만을 지원한다는 것을 명심하자. 1080p-24Hz 3D는 표준에 의해 수용되는 유일한 Full HD 포맷이다. 주파수 변환 부호화를 각오하고 25 프레임이나 30 프레임에서 촬영하려고 하지 마라. 그것은 언제나 품질에 매우 유해하다. 그러나 영화가 빠른 액션 장면을 많이 포함하는 경우 해상도 감소를 대가로 더 매끄러운 움직임을 주는 720p-60Hz 포맷을 사용하도록 하자.

PC에서 BD3D 디스크 재생

PC에서 Stereoscopic Player, Corel WinDVD, PowerDVD Ultra 같은 몇몇 애플리케이션은 적절히 구성된 3D 디스플레이에서 3D 블루 레이를 재생할 수 있다. 물론 충분한 그래픽 처리 능력이 회로기판 상에 내장돼 있어야 한다. 3D와 최근 멀티코어 프로세서(Intel Core i5 또는 i7)에 대해 승인된 Nvidia 또는 ATI 3D 그래픽 보드를 추천한다.

그림 07-32 블루 레이 플레이어 소프트웨어 CyberLink PowerDVD Ultra의 사진; 3D 구성 대화 상자가 스크린 중앙에 보인다.

블루 레이 3D 전문 인코딩

MPEG-4 MVC 인코더는 다행히도 Profile 5 드라이브 출현 이전부터 블루 레이 플레이어와 호환 가능한 스트림을 전달한다. Profile 4나 이전 드라이브에서 이미지는 해상도 손실 없이 HD로 표시되었지만 3D는 아니었다. MPEG-4 MVC로 인코딩된 3D 파일의 크기는 대략 완벽한 왼쪽 그림을 포함하는 기본 레이어에 대한 2/3와 왼쪽 이미지로부터 오른쪽 이미지를 재구성하는데 필요한 정보를 포함한 종속 레이어에 대한 1/3로 나누어진다.

720p 또는 1080p 영화를 블루 레이 3D로 인코딩하려면 영화를 BD3D에 부합하는 MPEG-4 MVC 코덱을 가지고 인코딩해야 한다. 인코더에는 압축되지 않은 왼쪽과 오른쪽 이미지가 주어져야 한다. 예를 들어, NetBlender의 MVC 인코더는 QuickTime, AVI, YUV 포맷을 받아들인다. 인코더에 명시해야 하는 가장 중요한 매개 변수는 비트 속도(Mbits/s)이다.

인코더는 3 가지 출력 파일을 생성한다. 하나는 기본 레이어와 종속 레이어를 포함한다(my3Dmovie.264). 두 번째 파일은 이중 레이어로써 동일한 이름을 갖는 기본 레이어를 포함하며 확장자 앞에 0이 붙는다(my3Dmovie0.264). 세 번째 파일은 종속 레이어만을 포함하며 파일 이름은 1로 완료된다(my3Dmovie1.264). 사용하는 저작 프로그램에 따라 결합된 파일이나 2개의 개별 파일을 제공해야 한다. 이 마지막 솔루션은 다중화 단계 동안 비트 속도 미세 조정에 더 많은 융통성을 제공한다. 그러나 결합 파일은 물론 3D로 많은 블루 레이 애플리케이션에서 직접 읽을 수 있으며 그것은 테스트 디스크를 굽지 않고 인코딩 품질의 매우 신속한 테스트를 가능케 해준다!

블루 레이용 MPEG-4 MVC 인코더는 어디서 찾을 수 있는가? 다양한 회사가 인코더를 제공하며 다음 신상품 출시를 발표했다. 회사에는 Cinema Draft, Sony, Sonic Solutions, DoStudio MVC 인코더를 갖고 있는 NetBlender가 포함된다. 영화가 MPEG-4 MVC로 변환된 경우 영화는 적절한 저작 프로그램을 사용하여 디스크로 전송될 준비가 되어 있다.

블루 레이 3D 전문 저작

콘텐츠 캡슐화 과정을 저작(authoring)이라고 한다. 상황이 나아지고 있지만 블루 레이 저작 소프트웨어의 선택은 여전히 제한적이다. 3D 블루 레이 저작 소프트웨어는 더욱 드물며 대개 전문 분야에 한정되어 있다.

상위 2개의 블루 레이 저작 애플리케이션은 NetBlender의 DoStudio와 Sony의 Blu-print이다. NetBlender DoStudio Full 3D Bundle (www.netblender.com) 소프트웨어 묶음은 가격이 약 2만 불이다. Sony의 Blu-print 제작 묶음은 전문 범주의 가장 상위 부분에 위치해 있다. 묶음은 Blu-print, 3D 자막 배치를 위한 Z-Depth, 3D 인코더 DualStream MVC를 포함한다(www.snycreatesoftware.com/blueprint). 글을 쓰는 시점에서 Sony는 Blu-print를 40% 할인을 포함한 임시 할인가인 약 8만 불에 판매하고 있었다. 연간 유지 보수의 경우 가격의 10%를 추가하자.

블루 레이 저작은 처음에 생각한 것보다 더 복잡하다. 일반적으로 많은 포맷과 언어의 변형에 따라 모든 영화 시퀀스 그리고 시퀀스의 사운드트랙과 자막을 선택해야한다. 그 다음, 상당히 복잡한 파일 트리(file tree)를 생성하고, 영화를 장으로 자르고, 삭제 장면, 메이킹 필름, 영화 예고편 등 추가 보너스 트랙을 준비해야 한다. 어느 것보다 우

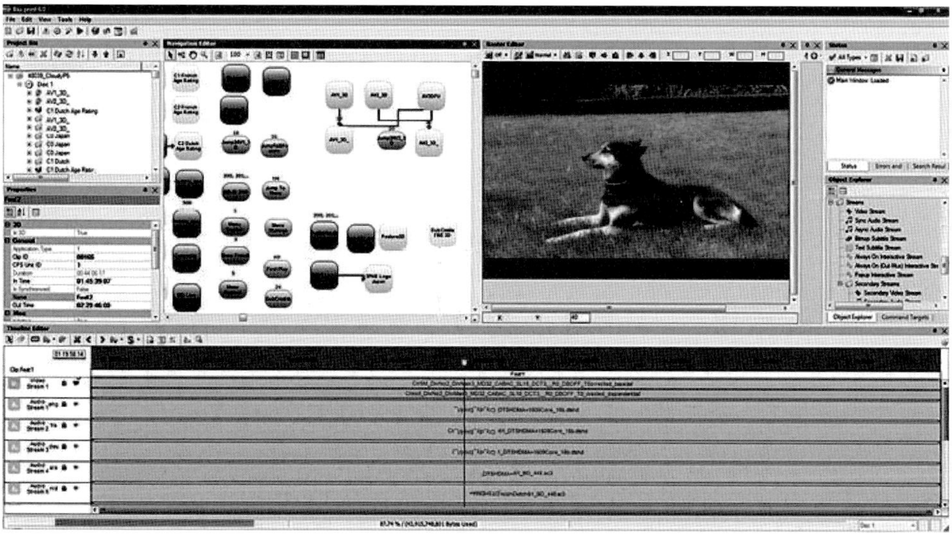

그림 07-33 Sony의 Blu-print 저작 시스템 사용자 인터페이스

선적으로 보여 져야 하는 그래픽 면에서 매력적인 메뉴 체계와 가능한 법적 공지가 제작되어야 한다. 그리고 모든 것은 최종적으로 하나의 디스크에 인코딩되어야 한다. 사용하는 레이어 수의 설정, 한 레이어에서 다른 것으로의 전환 방법 결정, 가능한 복제 방지 암호화, 지역 코드 활성화 같은 더 기술적인 일련의 행위를 잊지 말자. 양질의 블루 레이 저작은 일반적으로 3주간의 고된 작업이 필요하며 메뉴와의 상호 작용을 관리하는 모든 스크립트를 쓰기 위한 강력한 프로그래밍 기술이 필요하다.

디스크에 인코딩 되도록 각 스트림에 대해 몇 가지 요소를 확인해야 한다.

- 전체 3D 비디오 + 오디오 + 자막 처리량은 허용된 최대를 초과하지 않아야 한다.
- 비디오와 오디오 트랙의 길이는 동일해야 한다. 그리고,
- 자막과 이미지의 타임 코드는 동기화되어야 한다.

메뉴 항목에 대한 차이점을 확인해야 한다.

- 모든 이미지는 RGB 색상 외에 투명한 구성 요소를 갖고 있다. 따라서 32 bits/pixel로 코드화된다.
- 메뉴 항목이 반드시 클 필요는 없다. 거의 모든 메뉴의 경우 스크린의 1/3이면 충분하다.

저작 단계는 다음과 같다.

- 모든 비디오 스트림을 연결하여 재생 목록을 만든다. 2D와 3D 스트림은 순서에 상관없이 섞일 수 있다.
- 일반적인 디스크 정보를 정의한다(디스크 ID, 발행인 ID 등).
- 테스트를 위한 디스크 이미지를 생성하는 다중화 과정을 시작한다.
- 3D 모드를 활성화하여 소프트웨어 플레이어 또는 Sony PlanStation 3에서 디스크 이미지를 확인한다.

노트

이 단계에서 결과가 정확해 보이면 오디오, 비디오나 자막 스트림, 또는 디스크 정보가 변경되지 않는 한 다중화는 더 이상 반복하지 않는다.

- 주요 네비게이션 로직(navigation logic), 애니메이션, 버튼, 기타 효과를 가지고 메뉴와 하위메뉴를 생성하고 자체 깊이(Z값)를 할당한다.
- 프로젝트를 컴파일(compile)하고 소프트웨어 플레이어에서 시험한다.
- 불법 복제로부터 디스크를 보호하기 위해 선택적으로 AACS(Advanced Access Content System) 암호화를 추가한다.
- 인코딩이 이 단계를 통과하면 메뉴가 플레이어에서 예상한 것보다 더 많은 메모리를 사용하지 않는다는 것을 보증하기 위해 Sony PlayStation 3 같은 기준 드라이브에서 모든 것을 재시험한다. 마지막으로 3D를 확인한다. 특히 메뉴와 이미지 위에 중첩된 그래픽 요소의 깊이를 확인하자. 이들은 언제나 장면 앞의 전경에 나타나야 한다.

대규모 배급 전에 블루 레이 디스크가 Sony PlayStation3, Panasonic DMP-BDT350, 또는 Sony BDp-S470 같은 몇몇 기준 플레이어에서 적절하게 돌아가는지 항상 확인할 필요가 있다.

블루 레이 3D 아마추어 저작

10번째 출시 판부터 편집 소프트웨어 Sony Vegas Pro는 편집하는 동안 3D 미리보기를 볼 수 있을 뿐 아니라 진정한 MVC 압축기를 가지고 3D 블루 레이를 구울 수 있다. 이 기능들로 인해 이 소프트웨어가 위에서 언급된 "Pro" 버전과 동일한 수준의 풀 사이즈의 저작 소프트웨어 패키지가 되지는 않지만 시장에 나와 있는 가장 저렴한 3D 블루 레이 제작용 솔루션이라는 Sony의 주장을 뒷받침한다.

그림 07-34 Sony의 편집 소프트웨어 Vegas Pro 11은 MVC 코딩이 있는 3D 블루 레이 구축을 포함한다.

절반 해상도의 블루 레이 3D 저작

위의 방법 외에도 약간의 품질이 손실되더라도 한정된 예산으로 3D 블루 레이를 제작할 수 있는 방법은 다양하다. 하나의 해결책은 간단하게 DVD용이지만 HD 옵션이 있는 저작 소프트웨어를 사용하는 것이다. 그 경우, 소프트웨어는 예를 들어 이미지를 사이드-바이-사이드 또는 언더-오버 포맷에서 측면으로 압축함으로써 프레임 호환 가능한 HD 화면을 인코딩하기 위해 사용된다. 그리고 저작 소프트웨어는 3D 고유의 기능 없이 사용된다. 영화는 다른 영화처럼 AVCHD로 블루 레이에 인코딩된다. 아직도 스테레오스코픽 프레임 호환 콘텐츠를 사용하여 소프트웨어를 속여야 한다. 이 콘텐츠는 메뉴와 비디오라는 두 부분으로 나누어진다. 비디오는 일반적인 편집 소프트웨어를 가지고 사이드-바이-사이드 포맷으로 준비하고, 왼쪽과 오른쪽 이미지는 측면으로 50% 축소하고 다른 이미지 옆에 한 이미지를 밀어 넣는다.

힘든 부분은 예를 들어, 커서가 앞을 지나갈 때 색상을 변경하는 메뉴 항목, 선택 영역 등의 상호 작용을 방해하지 않고 동일한 사이드-바이-사이드 포맷을 일치시키는 메뉴를 만드는 것이다. 다행히도, 약간의 제약을 대가로 문제를 회피할 수 있는 가능성이 있다. 하나의 가로 열에 정렬된 클릭 가능한 영역을 만들고 스크린의 전체 폭에 걸쳐 나타나야 한다. 이 경우 상호 작용은 2D에서처럼 3D에서도 잘 작동된다.

예를 들어, Trailers, Film, Bonus라는 3 가지 선택을 가지고 간단한 메뉴를 만드는 다양한 방법을 살펴보자. 3D TV에서 보길 원하는 결과 - 시작부터 가능한 3D 모드 - 는 아래 그림에 나와 있다.

그림 07-35 3D 블루 레이 디스크의 메뉴는 3D로 보이지만 이 그림에서는 스크린 평면 위에 위치해 있다.

1. 프레임 호환 가능한 사이드-바이-사이드 모드의 영화에서 한 장면을 선택하고 2 × 960 × 1080 픽셀 사이즈로 만든다. 배경과 메뉴 사이의 대비가 적절하고, 특히 이미지에 스크린 이탈 효과가 없다는 것을 확인해야 한다. 스크린 평면에 있는 메뉴가 배경 이미지 앞에 나타나도록 메뉴 배경의 모든 픽셀은 스크린 평면 뒤에 있어야 한다.
2. 이제 3 가지 버튼의 이미지를 생성한다. 이미지는 투명한 배경과 스크린의 폭을 뒤덮는 직사각형 포맷을 갖는다. 여기서 우리는 150 × 1920 픽셀을 선택한다.
3. 이 버튼을 복제하고 측면으로 50% 압착한다. 이로써 동일한 크기(150 × 1920 픽셀)를 얻을 수 있지만 콘텐츠는 배경 이미지와 같은 정도로 일그러져 보인다. 그리고 버튼 이미지는 투명성을 유지하면서 .png 포맷으로 저장된다.

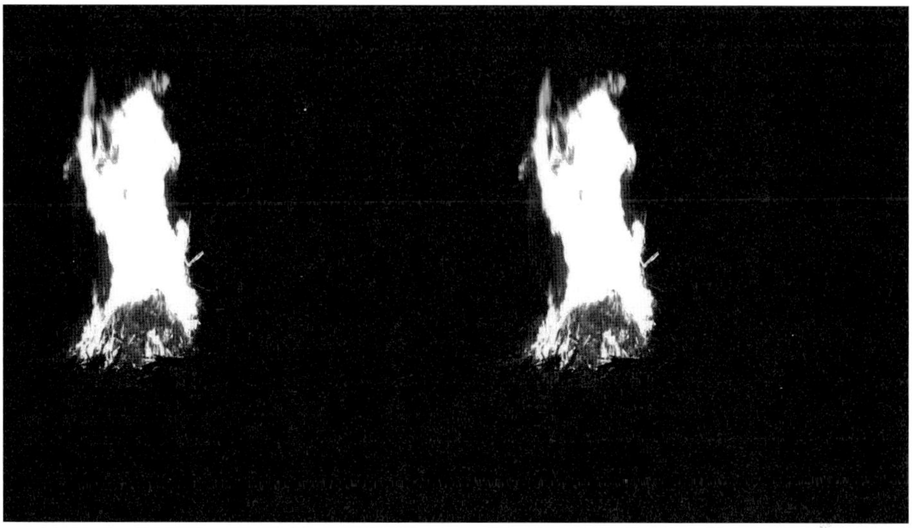

그림 07-36 3D 블루 레이 메뉴를 위한 3D 배경 이미지는 프레임 호환 가능한 사이드-바이-사이드 모드이다.
© B. Michel

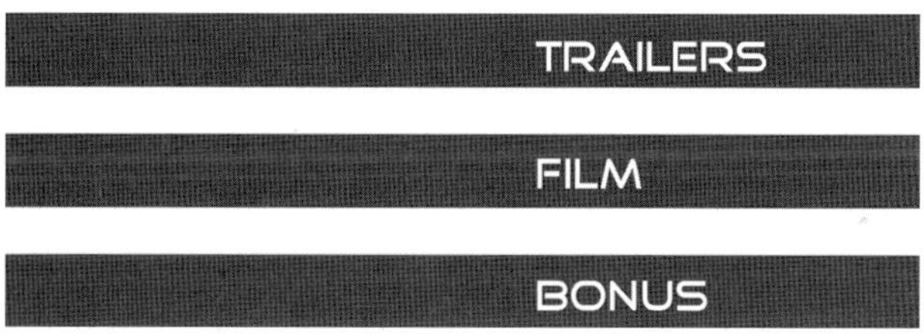

그림 07-37 3 버튼의 크기는 150 x 1920 픽셀이다(핑크색 부분은 투명하다).

그림 07-38 여기서, 동일한 3개의 버튼이 복제되었고 수평으로 입착되었다(핑크색 부분은 투명하다).

4. 마지막 단계는 해당 동작을 시작하기 위한 3개 버튼을 사용하기 위해 저작 소프트웨어 환경을 설정하고 나서 디스크를 굽는 것이다.

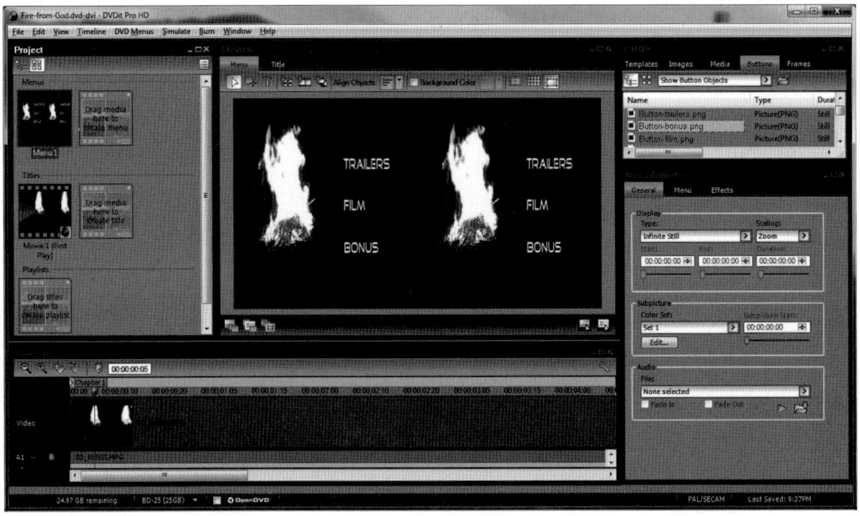

그림 07-39 완성된 메뉴가 있는 Roxio DVDit의 모습. 사이드-바이-사이드 포맷으로 3D 블루 레이 디스크에서 구울 준비가 되어 있음.

프레임 호환 가능 3D 블루 레이 만들기

이와 같은 디스크를 만들려면 상호 작용을 관리하고 메뉴를 생성하는 프로그램을 속이기 위해 사이드-바이-사이드 모드를 사용한다. 사이드-바이-사이드 이미지를 표시하는 3D 화면에서 클릭의 X, Y 위치가 무엇이던지 프로그램은 X 값을 정확한 것으로 간주한다. 그리고 액션이 스크린의 왼쪽 또는 오른쪽에 위치하는 것으로 보이는 것에 상관없이 수평 버튼 클릭의 수직 위치만이 문제가 되기 때문에 이것은 사실이다. 오버-언더 포맷과 유사한 무엇인 경우 레이아웃에서 버튼은 하나의 열이 아닌 하나의 줄에 있어야 하며 그로 인해 버튼에는 매우 짧은 텍스트가 주어진다.

이 방법의 장점은 간단함, 낮은 비용, 그리고 전용 3D 블루 레이 소프트웨어가 필요 없다는 점이다. 반면, 단점에는 해상도의 반감, 일부 3D TV에서 수동으로 3D 사이드-바이-사이드 모드를 켜야 하는 필요성, 버튼 정렬에 대한 제약(버튼은 전체 화면 크기의 단일 열에 있어야 함)이 있다.

그럼에도 불구하고 절반 해상도의 Full HD는 일반 DVD보다 3배는 더 선명하다는 것을 기억하자! H.264 MVC 인코더와 3D 블루 레이 저작 프로그램의 비용이 여전히 높은 한 "절반 해상도" 방법의 비용/성능 비율은 타의 추종을 불허할 것이다!

절반 해상도와 호환 가능한 블루 레이 저작 프로그램

위의 방법과 일치하는 소프트웨어 애플리케이션은 매우 많다. 그러나 블루 레이 디스크를 굽는데 가장 탁월한 것에는 Adobe의 Encore, Sonic의 DVDit Pro HD, 그리고 더 이용이 쉬운 솔루션으로는 CyberLink의 PowerProducer가 있다.

Adobe Encore는 Adobe의 Creative Suite Production Premium의 일부(대략 €2,500)이며 Adobe Premiere의 논리적인 보완물이다. 이 소프트웨어는 그 중에서도 스테레오스코픽 영화를 인코딩하기 위해 관심 있는 포맷인 1920 x 1080 픽셀의 16:9 포맷을 처리한다. 불러오기 단계에서 처리되는 비디오 포맷은 MPEG-2, MPEG-4, H.264, MOV, AVI, WMV 같은 가장 일반적인 경우를 포함한다. 이것은 MP3, AAC, AC3, DTS 오디오 포맷을 받아들인다. 출력 면에서 Encore는 디스크를 굽거나 테스트하고 나중에 디스크로 굽기 위해 하드 드라이브에 디스크 이미지를 저장할 수 있다. BD-R, BD-RE, BD-ROM 블루 레이 포맷, 그리고 지역 코드, 복사 방지 체계, 레이어의 수(단일 또는 이중)를 선택할 수 있다. 이 소프트웨어를 전문 제품으로 만드는 기능 중에서 Encore는 4K에서 제작된 마스터를 허용하고 초당 24 프레임에서 촬영된 프로젝트가 구어질 동안 정확한 메타데이터를 갖춘다는 것을 보장한다. 주요 단점은 Adobe Premiere에 포함되어 있다는 것이며 그로 인해 다른 편집 소프트웨어를 사용하는 사람들에게는 비용이 많이 든다(www.adobe.com).

Roxio Creator Pro는 Roxio의 DVD 저작 프로그램의 전문 버전이다(약 $109). 이 소프트웨어의 인터페이스는 Adobe Encore의 것과 유사하며 출력으로 동일한 비디오와 오디오 포맷을 지원한다. 지역 코드, 보호책, 블루 레이 디스크의 유형, 레이어의 수 같은 출력 옵션 또한 유사하다. 사용하는 편집 프로그램과의 독립성으로 인해 Adobe Premiere를 가지고 편집을 하지 않는 사람들에게는 뛰어난 선택이다(www.roxio.com). 이것은 또한 저작 단계와 지루한 메뉴 생성을 반복하지 않고 단일 프로젝트에서 블루 레이나 DVD를 생성할 수 있다는 장점이 있다. 블루 레이 디스크는 최대 40 Mbits/s의 속도에서 720p 또는 1080p를 생성할 수 있다. 복사 방지 추가가 가능하며 서라운드 음향은 5.1과 7.1 최대 640 Kbits/s에서 처리된다.

Roxio Creator Pro는 선택적인 “HD/Blu-ray Disc Plug-In for Roxio Creater” 모듈($19.99)을 추가하면 AVCHD를 처리하고 3D 블루 레이 디스크를 구울 수 있다. 이 추

가 모듈은 모든 블루 레이 기술 개발업체에게 부과되는 라이선스 수수료 가격을 포함하기 때문에 무료가 아니다. HD/Blu-ray Disc Plug-in은 20개의 고해상 메뉴 스타일을 포함하며 가족 활동에서 스포츠 등까지 광범위한 주제를 포함한다. Roxio Creator로 만든 영화는 Sony PlayStation 3를 포함한 모든 표준 블루 레이 플레이어에서 재생가능하다.

노트

이 프로그램은 애너글리프 비디오를 생성하고 심지어 자동 2D/3D 전환 모드를 포함하기 때문에 자신을 "3D 호환이 가능" 하다고 지칭한다. 이들 옵션이 양질의 스테레오스코픽 영화를 만들 가능성은 없다. 프레임 호환 가능 Full HD 포맷에서 비디오를 만들기 위해서는 일반 HD 편집 소프트웨어를 신뢰하라. 메뉴를 생성하고 디스크를 구울 경우에만 Roxio Creator Pro를 사용하라(www.roxio.fr)

CyberLink PowerDirector Ultra는 일반 대중을 대상으로 하고 있으며 가격이 매우 저렴하다(약 $85). 이것은 또한 다양한 블루 레이 디스크 기록기 구매에 자주 포함된다. 이 소프트웨어는 범용 영화 편집기를 메뉴 생성기와 디스크 정보 기록 장치와 결합시킨다. 출시 버전 10과 그 이후의 출시 버전은 3D 편집 기능을 포함한다. 따라서 3D 타이틀, 3D 입자, 3D 효과, 3D 메뉴 등을 추가하기가 쉽다. 게다가, 광범위한 3D 포맷 출력과 굽기 옵션(3층과 4층 블루 레이 디스크 포함), 그리고 심지어 YouTube에 직접 3D 비디오를 업로드 하는 옵션이 있다. 생성된 메뉴는 단순하고 Encore와 Creator Pro HD에서 가능한 것보다는 확실히 덜 복잡하지만 대부분의 경우 충분히 강력하다. 소프트웨어는 또한 자동 메뉴 생성기를 제공한다. 단지 다양한 비디오 파일을 애플리케이션에 (붙여 넣기를 통해) 떨어뜨려 놓으면 자동적으로 메뉴가 생성된다. 때때로 실망스러운 인간 공학에도 불구하고 이 모든 것은 3D 블루 레이 제작의 첫 걸음을 내딛기에는 훌륭한 선택이다(www.cyberlink.com).

영화관으로의 전송

3D 콘텐츠를 영화관에 배급하는 것은 다행히도 3D 블루 레이를 만드는 것보다 훨씬 간단하다. 게다가 이 작업은 2개의 비디오 스트림, 사운드트랙, 극장 배급에서 더 선호되는 포맷의 자막, 즉 DCP(Digital Cinema Package)로 인코딩하는 걸로 충분하다.

3D DCP 포맷

DCP는 파일이 아니라 여러 개의 파일을 포함하는 디렉토리이다. DCP 포맷은 모든 메이저 할리우드 스튜디오를 포함하는 컨소시엄인 DCI(Digital Cinema Initiative, www.dcimoves.com)가 제안했으며 SMPTE(Society of Motion Picture and Television Engineers, www.smpte.org)에 의해 정식으로 채택되어 발표되었다. DCI Specification Version 1.2는 DCI 웹사이트에서 무료로 구할 수 있다.

DCP 인코딩 하드웨어와 소프트웨어

DCP 포맷은 상당히 복잡하지만 다행히도 다양한 소프트웨어 애플리케이션이 원본 스트림에서 DCP 포맷을 만들 수 있다. DCP에서 이미지는 JPEG2000 압축 방법을 사용하여 인코딩된다. DCP 인코딩을 위한 하드웨어 및 소프트웨어 솔루션이 있다. DCP 하드웨어 인코더 시장의 선두 주자는 Rapid 그리고 Rapid 워크스테이션이 있는 Doremi Cinema (www.doremicinema.com)이다. 많은 DCP 인코딩 프로그램도 존재하며 일부는 무료로 사용할 수 있다!

그림 07-40 Doremi Cinema DCP 인코딩 워크스테이션

© Doremi Technologies

소프트웨어 방식의 주된 단점은 연산력을 길망하는 공정인 영화에서 각 프레임에 대한 JPEG2000 인코딩에 따른 느린 속도이다. 다행히도 공정은 Image Matters의 IM-XL (www.image.matters.pro) 또는 intoPIX의 Pristine (www.intopix.com) 같은 특정 JPEG2000 압축 보드를 통해 가속화될 수 있다.

그림 07-41 intoPIX의 JPEG2000 압축-압축 해제 하드웨어 보드. DCP 인코딩을 가속화하는 이상적인 솔루션.
© www.intopix.com

가장 잘 알려진 인코딩 소프트웨어 패키지 중 하나는 의심할 여지없이 독일의 Fraunhofer Institute가 개발한 *easyDCP Creator+*이다. 약 €3,500에 구할 수 있는 easyDCP Creator+는 불법 복제에 대한 완벽한 보호를 위해 암호화된 3D DCP를 생성할 수 있다. 이것은 또한 특정 기간 동안 특정 영사기에 판독 권리를 부여하는데 사용되는 키(KDM)를 생성한다.

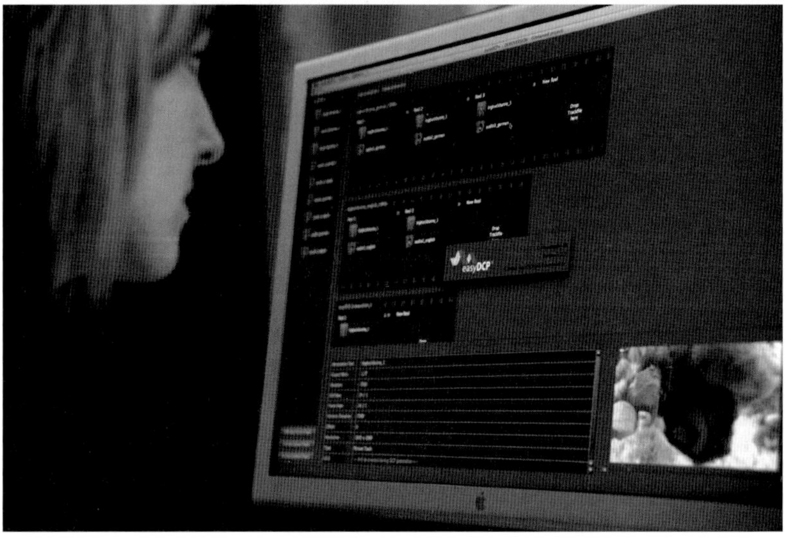

그림 07-42 easyDCP Creator+ 소프트웨어는 암호화된 DCP와 해당 KDM 키를 생성한다.

DCPC, 모두의 DCP 인코더

DCPC는 2D 또는 3D DCP 생성 소프트웨어이다(cinema.terminl-entry.de). 이것은 복사 방지 암호화가 없는 무료 버전과 그러한 암호화를 포함하는 "Pro" 버전, 두 가지가 있다.

DCPC 무료 버전

복제에 대한 보호 이외에 DCPC의 무료 버전은 대부분의 영화 서버와 호환 가능한 3D DCP를 생성하는 포괄적인 도구이다. 이것은 Doremi, XDC, Dolby, Sony의 서버에서 성공적으로 테스트되었다. DCPC는 32비트와 64비트 Windosw XP, Windows Vista, Windows 7에서 구동한다. 인터페이스는 여러 언어를 사용한다. 영어, 독일어, 불어가 지원된다. 여기에서는 DCPC를 사용하여 3D 영화에서 암호화되지 않은 DCP를 인코딩하는 방법을 설명한다.

1. DCPC를 다운로드하여 설치하라. 그리고 DCPC가 JPEG2000 인코딩에 사용하는 ImageMagick 유틸리티를 설치하라. 편집 도구 출력에 별도의 이미지가 없다면, .wmv, .avi, 또는 .mov 포맷의 스트림으로부터 별도 시야를 생성하기 위해 VirtualDub나 다른 유틸리티를 사용할 수 있다.

2. "L"과 "R" 이름이 붙은 2개의 디렉토리에서 분리되어져 있고 연속적으로 번호가 매겨진 .tif, .bmp, 또는 .dpx 포맷으로 된 이미지 묶음으로 왼쪽과 오른쪽 비디오 스트림을 준비하라. 프레임 속도는 24 프레임이어야 한다. DCPC가 24, 25, 30, 50 프레임의 속도를 수용함에도 불구하고 대부분의 디지털 영화 영사기는 3D의 경우 24 프레임하고만 호환이 된다.

   이미지는 1920 x 1080 또는 2048 x 1080 픽셀 윈도우 안에 들어맞아야 한다. 따라서 영화화변비율이 16:9와 다르다면 원하는 치수를 얻기 위해 적절한 검은 색 띠가 나타난다. 그럼에도 불구하고, DCP 표준을 충족시키기 위해 적어도 한 이미지의 치수는 프레임을 채워야 한다. 사실상, 이미지는 1920이나 2048 픽셀 폭이며 높이는 필름의 화변비율에 따라 다르다. 예를 들어, "Flat 1.85" 포맷은 1998 x 1080 픽셀을 사용한다.

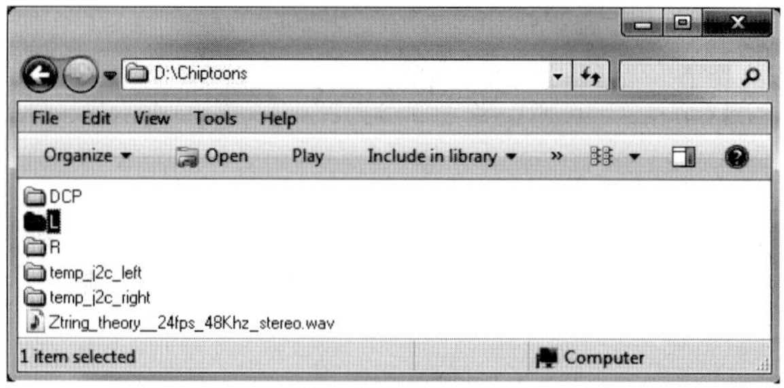

그림 07-43 DCP 생성: 디렉토리 트리는 소스(L과 R)와 대상(DCP) 디렉토리, 그리고 중간 JPEG2000 이미지를 저장하기 위해 DCPC에 의해 생성된 2개의 임시 디렉토리를 보여준다. 하단에서 "24비트 부호를 지닌" 포맷으로 전환된 음향이 있는 스테레오 음향 파일을 볼 수 있다.

3. 오디오 스트림을 .wav 파일(PCM, 48 kHz, 샘플 당 24비트, 모노 또는 스테레오)로 준비하라. 음향이 5.1 서라운드인 경우, 단일 .wav 파일 또는 3개의 스테레오 파일에 6개의 오디오채널을 삽입해야 한다. 음향은 DCP 표준에 의해 명시된 .wav PCM 24비트 부호를 지닌 포맷으로 저장된다.

4. ImageMagick 같은 지원 프로그램에 대한 경로를 DCPC에게 전달하라. 디렉토리 이름에 간격을 넣지 않도록 주의하라. 이것은 ImageMagick을 사용하는 대부분의 스크립트를 혼란시키는 경향이 있다.

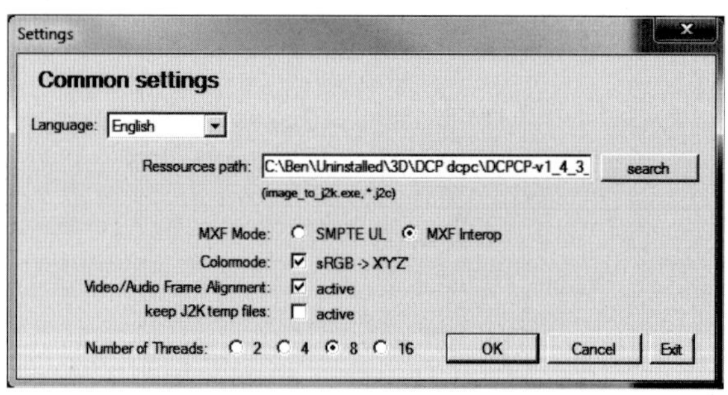

그림 07-44 DCPC 설정 대화 상자

5. 영화의 유형을 선택하라. 3D Still Image 옵션은 중간 휴식(디스플레이 타임은 한정할 수 있다. 영사 기사가 "일시 정지" 버튼을 누르기에 충분한 시간을 가질 수 있도록 10초가 사용된다) 동안 메시지를 표시하는데 유용할 수 있는 단일 이미지로 DCP를 생성하기 위해 선택될 수 있다.

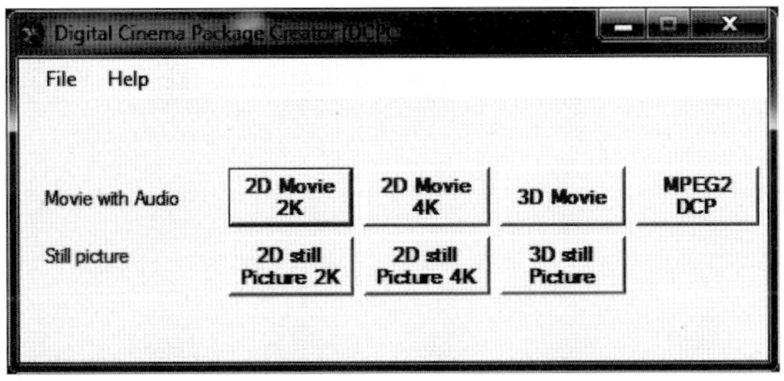

그림 07-45 이 윈도우는 DCPC가 인코딩되는 2D 또는 3D 영화의 유형을 선택하게 한다. 또한 미리 정해진 시간의 고정 패널을 생성할 수 있다.

6. 오디오 및 이미지 파일이 위치해 있는 곳을 DCPC에 전달하라. 스테레오 음향이 있는 영화의 경우, 첫 번째 텍스트 박스에 단일 파일을 명시하라. 5.1 또는 7.1 서라운드 음향 영화의 경우 채널은 다음과 같이 6개 또는 8개의 모노소닉 파일, 아니면 3개 또는 4개 스테레오 파일로 나누어진다.

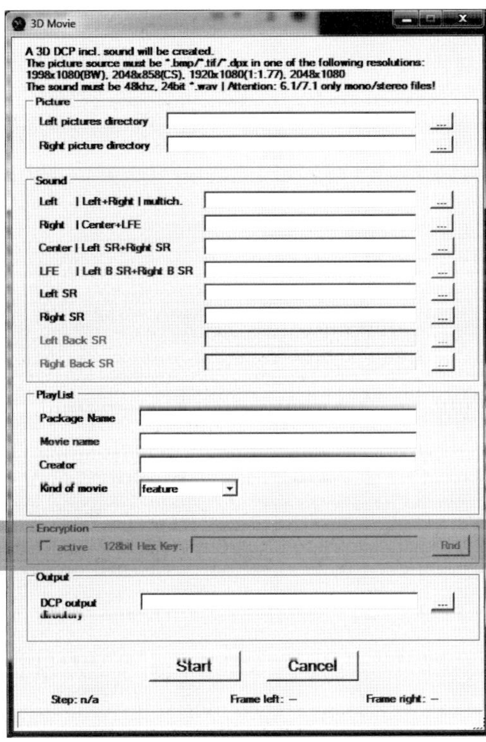

그림 07-46 이 화면에서 왼쪽과 오른쪽 이미지가 위치한 디렉토리의 이름을 붙이고 나서 음향 파일(여기서는 단일 스테레오 파일) 위치의 이름을 붙인다. "Playlist" 하에서 영사실에 표시되는 이름을 붙인다. "Output" 하에서 새로운 DCP가 생성되는 디렉토리 이름을 붙인다. 강조된 부분은 Pro 버전에서만 활성화된다.

- 왼쪽과 오른쪽
- 중앙과 베이스
- 왼쪽 서라운드와 오른쪽 서라운드
- 후방 왼쪽 서라운드와 후방 오른쪽 서라운드(7.1의 경우)

7. Start를 클릭하고 확인 대화 상자의 설정을 확인하고 나서 몇 시간 기다려라...! 작업 드라이브에 충분히 큰 임시 디스크 공간을 준비하는 것을 잊지 마라. 압축되지 않은 소스 데이터뿐 아니라 DCPC는 일반적으로 공정 동안 이들 데이터 크기의 2배를 사용한다. 24프레임의 1920 x 1080 영화의 경우 필요한 디스크 공간은 소스 이미지를 포함하여 대략 다음과 같다:

N. minutes × 24 × 60 × 2 × 3 × 6.22 Mb = 영화 분 당 53.7 Gb,
또는 영화 시간 당 3,200 기가바이트.

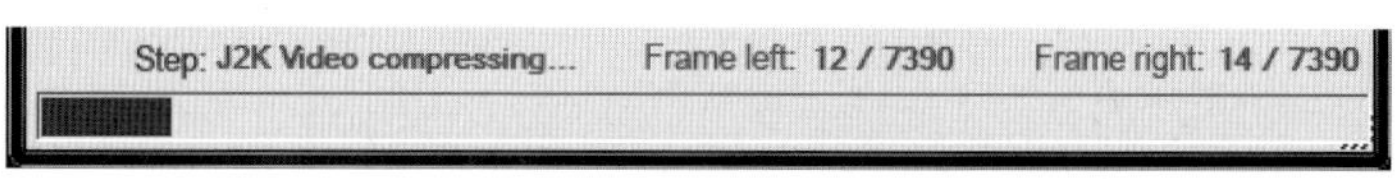

그림 07-47 DCPC 상태 바는 압축되고 있는 프레임의 수를 보여준다. 단순한 보간법은 필요한 전체 계산 시간을 추정할 수 있게 해준다.

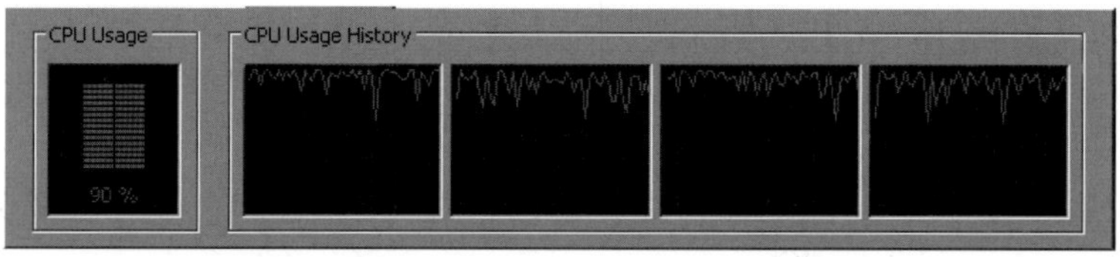

그림 07-48 PC의 4개 코어(core)는 DCPC 프로그램의 4개 분기에 의해 사용된다. 각 코어는 이미지의 1/4을 JPEG2000 포맷으로 압축한다.

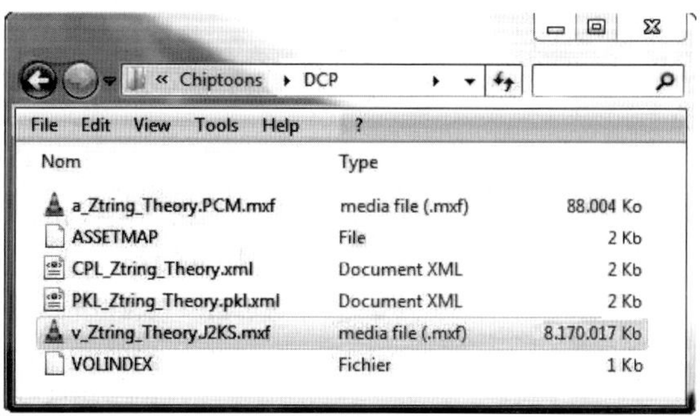

그림 07-49 DCPC 디렉토리에 있는 파일들. 극장에 전송될 준비가 됨.

DCP는 파일이 아니다. 더 정확히 말해서 몇몇 파일을 포함하고 있는 디렉토리이다.

- 영화가 만들어져 있는 분량의 수를 표시하는 짧은 텍스트 파일; 일반적으로 하나(VOLINDEX)
- 오디오 및 비디오 파일 목록(ASSETMAP)
- 오디오 콘텐츠(xxx.PCM.mxf)
- 비디오 콘텐츠(xxx.J2KS.mxf)
- 영화, 영화 유형, 저작자의 이름이 포함된 패킹 목록(xxx.pkl.xml)
- 3D 또는 비3D, 초당 이미지 수 등 콘텐츠 재생 방법을 표시하는 구성 재생 목록(CPLxxx.xml)

2개의 .xml 파일은 이진법 콘텐츠를 갖고 있다. 다른 모든 파일은 단순한 텍스트 파일이다(이것은 때때로 기본 영화 매개 변수를 찾기 위해 파일 내부를 보는데 유용하다). 3D DCP는 구성 재생 목록에 포함된 일부 매개 변수에 의해 2D DCP와 다르다. 다음은 3D 영화 CPL을 발췌한 것이다. 〈FrameRate〉 매개 변수가 24 프레임 3D 영화의 경우 48로 설정되어 있는 걸 볼 수 있다.

```
<?xml version="1.0" encoding="UTF-8"?>
<CompositionPlaylist xmlns=
"http://www.digicine.com/PROTO-ASDCP-CPL-20040511#">
….
<msp-cpl:MainStereoscopicPicture ….>
  <Id>urn:uuid:65acac74-72ff-43f1-92b1-607fc1355a8b</Id>
  <EditRate>24 1</EditRate>
  <IntrinsicDuration>7390</IntrinsicDuration>
  <EntryPoint>0</EntryPoint>
  <Duration>7390</Duration>
  <Hash>QiHxmPLaPp0yadFz/DB1uJFiBmc=</Hash>
  <FrameRate>48 1</FrameRate>
  <ScreenAspectRatio>1.78</ScreenAspectRatio>
  </msp-cpl:MainStereoscopicPicture>
…
  </CompositionPlaylist>
```

DCPC Pro 유료 버전

DCPC의 유료 버전인 DCPC Pro는 암호화 기능(€650)과 7.1 사운드 모듈(€125)을 추가한다. 자막에 대한 지원과 KDM 생성기도 제공된다.

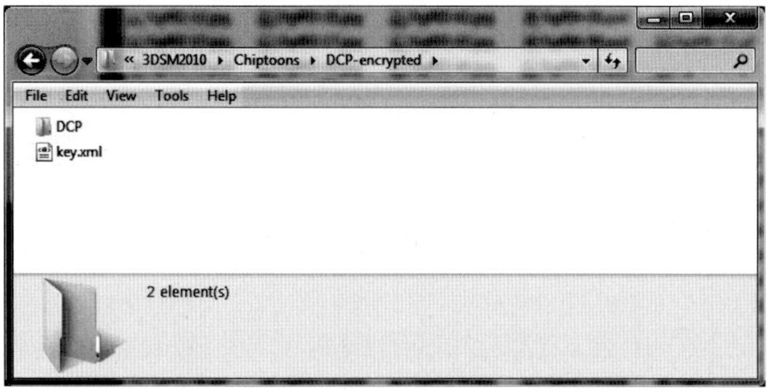

그림 07-50 DCPC Pro에 의해 생성된 key.xml 파일은 극장에서의 영화 해독을 위한 작은 파일인 KDM(Key Delivery Message)을 생성하는데 필요한 암호화키를 포함한다.

애너글리프 배급

앞에 말한 것을 고려하여 애너글리프로 된 영화나 스틸 이미지를 배급하는 것은 한물간 솔루션이다. 그럼에도 불구하고 몇몇 이유로 인해 아직도 사용되고 있다. 주로 애너글리프가 3D 이미지를 인쇄하는 유일한 방법이기 때문이다. 게다가, 애너글리프로 인코딩된 이미지는 가장 오래된 것일 지라고 모든 기존 전자 매체에서 볼 수 있다. 유일한 제약은 보기 흉하고, 전체가 빨간 색으로 매우 대비되는 대상에 대해 불쾌한 시야를 제공하는 적-청 안경을 사용한다는 점이다. 그러나 이것은 너무 저렴하다!

스테레오스코픽 비디오를 애너글리프 포맷으로 배급할 계획이라면 압축률이 높은 코덱은 피하고 코덱이 어떻게 작동하는지 주의 깊게 확인하라. 대부분의 코덱은 색상 정보를 확연히 저하시키는 경향이 있기 때문이다. 애너글리프의 경우 그것은 3D 품질에 매우 큰 손상을 입힌다.

애너글리프 비디오를 제작하기 위해서는 왼쪽 영화의 R 구성 요소(빨강)와 오른쪽 영화의 G 및 B 구성 요소(녹색과 파랑)를 유지하고 구성 요소들을 단일 필름으로 결합하라. Magix Movie Edit Pro 같은 3D 기능이 있는 편집 소프트웨어는 3D 출력 옵션에서 이 기능을 제공한다.

CHAPTER 8

스테레오스코픽 디스플레이

- 3D 시청 방법: 모니터 또는 스크린
- 편광방식의 장점과 단점은 무엇인가?
- 3D 프로젝터의 선택
- 3D 디스플레이 포트(DisplayPort)
- 능동형 셔터 안경 방식이 더 좋은가?
- 3D 사진을 인쇄할 수 있는가?
- PC에서 3D 영화를 보는 것은 쉬운가?

3D 표현 방법

3D 시청 방법은 스크린, 프로젝터, 종이, 플라스틱, 필름으로 분류된다. 가장 보편적인 매체는 전자 스크린이다. 전자 스크린은 정지 영상과 동영상을 표시할 수 있을 뿐 아니라 몇 센티미터부터 수 미터까지의 다양한 사이즈가 있다. 종이와 같은 고정 매체는 고가의 추가적인 장비 없이 어디서나 사용할 수 있는 이점이 있고, 낮은 비용으로 배포할 수 있다.

전통적인 실버 필름(silver film) 형태의 3D 영화 배급 방식은 머지않아 사라질 전망이다. 테크니컬러(Technicolor)와 같은 회사들은 단기적 수요를 만족시키기 위해 필름 형태의 배급을 유지하고 있다. 하지만 경제적, 생태학적 이유뿐 아니라, 일관된 품질의 부족으로 중기적으로 소멸될 운명이다.

3DTV

80cm와 150cm 사이의 크기를 갖는 3D 디스플레이는 TV 시청, 광고, 비디오 게임을 즐기기 위한 대부분의 사용자 요구를 충족한다. 최신 평면 스크린 TV는 영화관의 품질과 거의 동일한 풀 HD 해상도 이미지를 보여줄 수 있을 뿐 아니라 높은 밝기를 제공한다.HDTV를 3DTV로 전환하는데 많은 비용이 추가되지 않는다. 즉 전자 회로 장치의 업그레이드를 통해 초당 2배 빠른 프레임을 보여주어야 하고, 적외선을 통한 능동형 셔터 안경을 제어하는 방법들이 추가되는데 이러한 비용 증가는 겨우 몇 달러에 지나지 않

그림 08-01 Panasonic 3D TV
© B. Michel

는다. 반면, 3D 콘텐츠 판매 가격의 증가는 대략 10%에서 40% 이상이기 때문에 3DTV에 대한 광고 활동을 정당화시킨다. 3DTV는 일반적으로 능동형 셔터 안경과 함께 제공되지만, 최근 몇 달 동안 극장과 동일한 방식의 편광 안경을 사용하는 수동형 방식의 세트가 점점 더 많이 제안되고 있다.

또한 제조회사들은 HDMI 1.4 인터페이스 커넥터를 통해 디지털 셋톱박스, 블루 레이, DVD 플레이어, 게임 콘텐츠를 3D로 즐길 수 있도록 하였다.

능동형 또는 수동형 3DTV?

주로 40인치에서 65인치 사이즈 (대각선 100 cm에서 160 cm)에 있는 각양각색의 능동형 및 수동형 3DTV가 2010년 이래 시장에 출시되고 있으며, 대부분 16:9의 화변비율을 갖는다. Panasonic, Samsung, LG, Sony 등의 모든 주요 브랜드회사는 자체 3D 제품을 갖추고 있다.

각각의 눈에 빠른 속도로 이미지를 번갈아 보여주는 고가의 능동형 셔터 안경 방식 대신에 수동형 3DTV는 영화관에서 사용되는 RealD 같은 저렴한 편광 안경을 사용한다. 수동형 3DTV는 한 방향으로 이미지의 홀수 라인을 그리고 다른 방향으로 이미지의 짝수 라인을 편광 시키는 특수 필터를 갖는다. 이것은 픽셀의 절반만이 안경을 통해 각각의 눈에 보인다는 것을 의미하기 때문에 사실상 해상도는 절반이 된다.

수동형 3DTV의 장점과 단점. 수동형 안경은 가볍고 저렴하며, 능동형 셔터 안경에서 나타나는 플리커 현상이 없다. 반면, 픽셀의 절반만이 각각의 눈에 보이기 때문에 이미지 품질은 더 낮다. 하지만 인간의 뇌는 2개의 시야에서 들어오는 정보로부터 세부 사항을 재구성할 수 있는 놀라운 능력을 가지고 있기 때문에 생각보다는 좋은 품질의 영상이 제공된다.

수동형 방식은 많은 사람들이 시청하고, 무겁고 비싼 능동형 셔터 안경이 도난당하거나 부서질 위험이 있는 경우에는 좋은 솔루션이 된다.

반면, 능동형 방식은 어두운 환경에서 고품질의 3D 블루 레이를 시청하는 일부 사람에게는 좋은 선택이 될 수 있다.

고해상도 무안경 3DTV 세트가 가까운 미래에 상용화 되길 희망하지만, 현재까지의 실질적인 선택은 능동형 또는 수동형 안경방식이다.

능동형과 수동형 TV 세트를 선택할 시에는 장단점을 고려할 뿐 아니라 예산과 스크린 사이즈도 고려되어야 한다. 3D는 스크린의 크기가 충분히 큰 경우에 진정으로 몰입할 수 있기 때문에 스크린 사이즈 요소가 가장 중요하다는 것을 잊지 말자.

능동형 셔터 안경

능동형 셔터 안경은 영사기 또는 TV와 동기화되어 각각의 대한 시야를 번갈아 차단하는 액정 셔터를 갖고 있다. 일반적으로 Nvidia 또는 SpanD와 같은 안경은 적외선 통신에 의해 동기화를 한다. 그러나 "Nvidia 3D Vision Pro" 시스템 같이 라디오 주파수 동기화를 사용하는 솔루션이 있다. 후자의 방법은 다소 비용이 비싸지만 회의에서 동시통역을 위한 무선 헤드폰, 전시회나 박물관에서 이웃 진열대에서 나오는 IR 신호, 대형 제어실의 3D 스크린 등과 같이 기타의 적외선 신호가 나오는 환경에서는 충돌 위험이 적다.

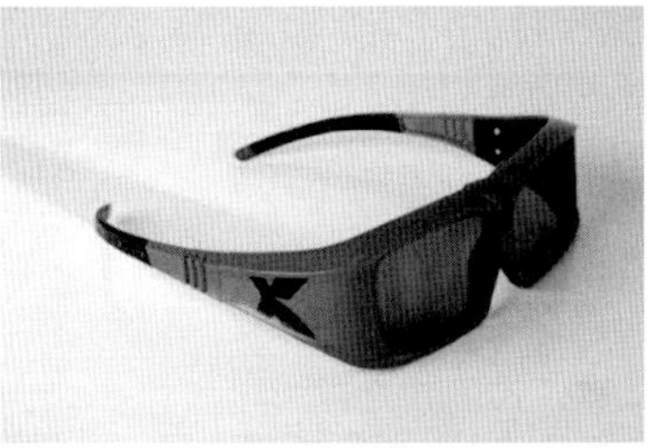

그림 08-02 XpanD의 X101 적외선 제어 능동형 셔터 안경
© XpanD

영화 상영의 경우 영사기에 연결된 IR 에미터(emitter)는 일반적으로 영사기 옆에 위치하고 있으며 스크린을 향해 신호를 보낸다. 보통 프로젝션 스크린은 필름 영사에 방해받지 않고 관객의 안경에 적외선 신호를 다시 보낼 수 있을 만큼 빛을 반사한다. 텔레비전과 컴퓨터 모니터의 경우 적외선 에미터는 관객을 마주하고 있는 스크린 근처에 위치하고 있으며 USB 케이블을 통해 PC에 연결된다.

능동형 셔터 안경 시스템의 주요 단점은 비용이다. 하나당 약 100불이다! 관객의 수가 많아지면, 안경 비용은 영사기 보다 초과될 수 있다. 극장에서 능동형 셔터 안경은 입구에서 배포되고 관객들이 퇴장할 때 직원이 수거한다. 그리고 안경 확인 후 다시 사용되기 전에 세척해야 한다. 이러한 모든 작업 비용은 무시할 수 없다.

그러나 능동형 셔터 안경은 광 효율 측면에 있어 가장 효율적인 솔루션이다. 각각의 액정은 한 주기의 반 정도만 불투명한 시간을 갖기 때문에 빛의 손실은 대략 50% 정도이다. 활성화 단계에서의 안경은 무채색이기 때문에 색의 변화는 없다.

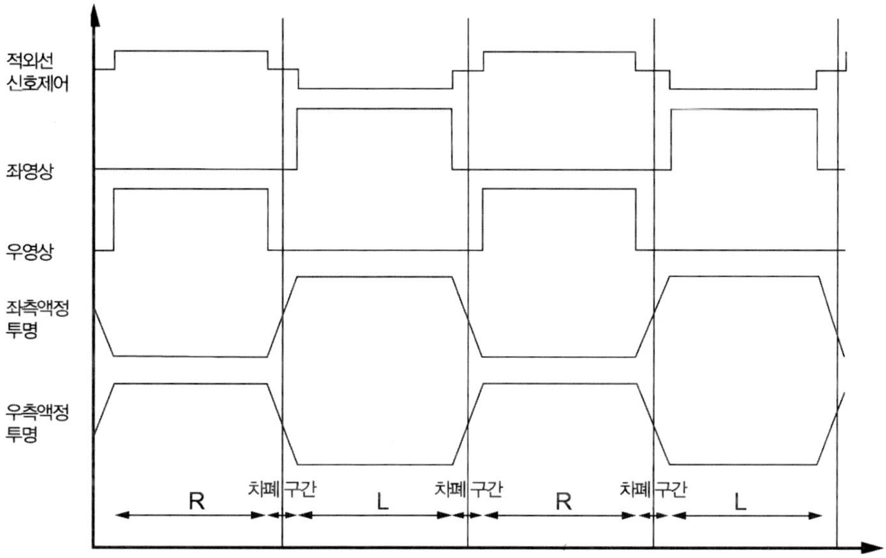

그림 08-03 능동형 셔터 안경 디스플레이의 타이밍 도표. R과 L은 오른쪽과 왼쪽 이미지에 대한 디스플레이 타임이다. 차폐구간(blanking)는 이미지가 표시되지 않는 간격이다.

3DTV와 영화 장비의 다양한 공급업체뿐 아니라 컴퓨터 모니터 그래픽 업체인 Nvidia는 각각 최적 솔루션을 개발했지만 상호간에 호환되지 않는다. X-103 모델이 있는 XpanD와 일본 안경 제조업제 Swana는 현재 시장에 나온 대부분의 3D TV의 신호를 처리할 수 있는 "보편적인" 안경을 제공하고 있기 때문에, 이러한 비호환성 문제는 곧 해결될 것이다. 그러나 국제 표준의 확립 없이는 아무 것도 진전되지 않을 것이다. 2011년 M-3DI (m-3di.com)를 출시한 XpanD와 Panasonic, CEA(www.ec.org)에 의해 표준 확립에 진전이 있었다. CEA의 R4-WG16 실무 집단은 "CEA-2038 IR-Synchronized Active Eyewear Standard"라고 불리는 적외선 능동형 안경의 미래 표준을 개발하고 있다. 그러나 이러한 표준 정립의 채택을 기다리는 동안 항상 안경을 구입하기 전에 테스트 해보는 것이 현명하다!

결론적으로 능동형 안경은 고품질의 솔루션을 제공하지만 총 관객 수에 따라 비용이 요구된다. 가정용과 같이 1명에서 6명까지의 관객정도는 어느 정도 수용이 되지만 공개 쇼와 같은 경우는 사업자나 관객이 추가 비용을 부담해야 할 것이다.

디지털 영사

큰 사이즈의 콘텐츠들은 능동형 평면 스크린에서 표시할 수 없다. 패널 사이즈가 150cm를 초과하는 경우 수많은 기술적 장벽에 직면하기 때문이다. 일부 디스플레이는 수 미터에 이르러 상영이 되기도 하였지만 이는 산업 적 측면에서 재현되기는 어렵다. 디지털 영사기는 스크린 패널에서 구현되기 힘든 사이즈로부터 시작되어 30M 폭까지의 이미지를 표시할 수 있어야 한다. 필요성과 스크린 크기에 따라 단일 또는 이중 영사와 같은 다양한 솔루션이 사용되고 있다.

단일 영사기와 능동형 안경

가장 간단한 영사 솔루션은 단일 영사기와 동기화된 능동형 안경을 사용하는 것이다. 특별한 설정이나 매칭 과정이 없기 때문에 동기화의 안정성이 보장된다. 고급 프로젝션 홈 시네마와 영화관은 모두 단일 영사기 솔루션을 사용한다. 영사기는 일반 영사 속도의 2배, 즉 60Hz 대신 120Hz에서 연속 이미지를 보여줄 수 있어야 한다. 이러한 영사 방식을 가진 Acer, DepthQ, Mitsubishi, NEC, Viewsonic 같은 제조업체의 수가 늘어나고 있다.

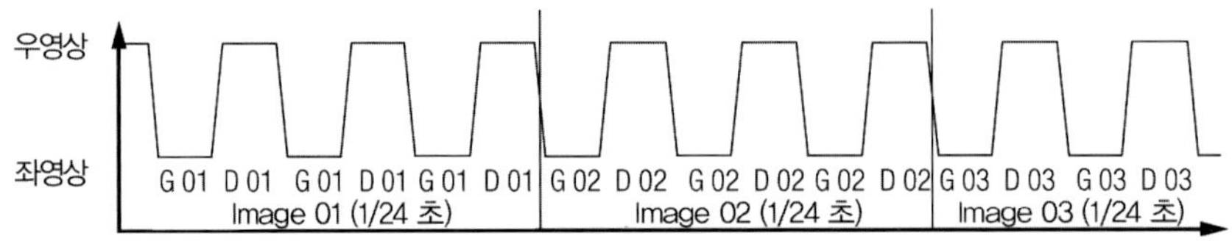

그림 08-04 3D 디지털 영화 능동형 셔터 안경 방식의 트리플 플래시 방법

극장 영사기의 경우 24프레임 속도는 깜박거림이 나타나기 때문에 일반적으로 각 이미지가 세 번 표시되는 "트리플 플래시(triple flash)"라는 방법이 사용된다. 이미지는 144 프레임 속도로 번갈아 나오기 때문에 깜박거림은 줄어든다.

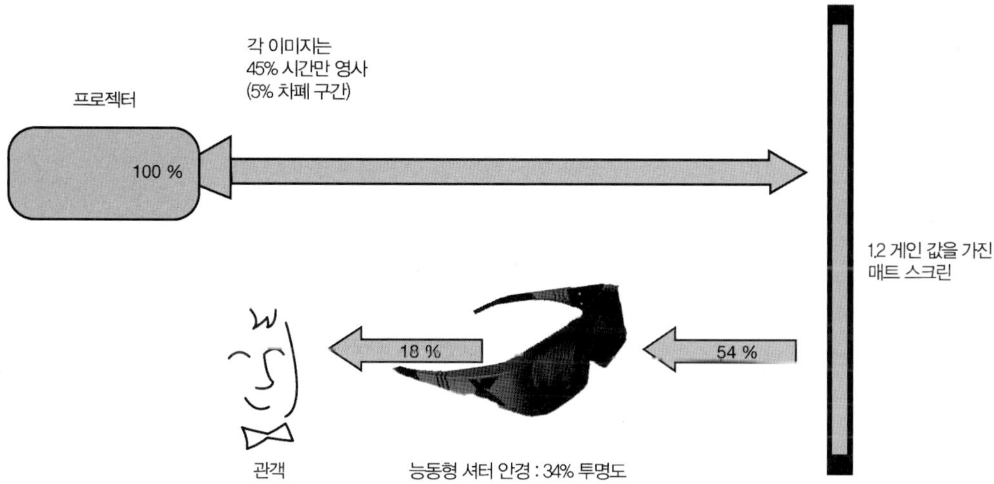

그림 08-05 능동형 셔터 안경 시스템의 밝기 균형

단일 영사기와 Dolby 수동형 안경

본 방식을 개발한 회사 이름에서 유래하여 한때는 "infitec"이라고 불린 Dolby 3D 안경 시스템은 애너글리프처럼 이미지를 서로 다른 색상으로 분리하는 것을 바탕으로 한다. 각각의 필터는 빨강, 녹색, 파랑을 투과하기 때문에 모든 색상을 각각의 눈으로 전달한다. 이는 파장 다중 시각화라고 하는 방법을 사용하는데 각각의 필터는 눈이 가장 민감한 3 영역의 서로 다른 파장 영역을 통과시킨다.

Dolby 안경을 통해 왼쪽 눈은 629 nm(적색), 532 nm(녹색), 446 nm(청색)에 집중된 3개의 스펙트럼 띠를 인식한다. 오른쪽 눈은 약간 더 짧은 파장인 615 nm(적색), 518 nm(녹색), 432 nm(청색)을 받아들인다. 불행히도 Dolby 2색성 필터는 영사기에 의해 방출된 원래 빛의 약 7%만이 관객의 눈에 도달하여 매우 어둡다.

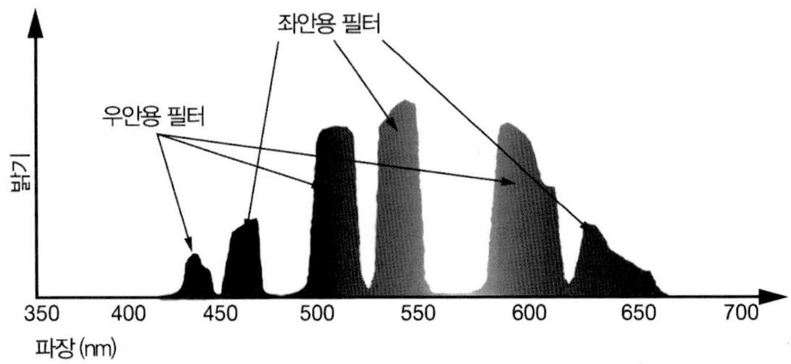

그림 08-06 Dolby 안경의 파장 다중 시각화 필터링 방법

Dolby 안경은 전자 장치가 없는 수동형 필터이지만 수많은 중첩 필터 레이어 (한 눈에 50 레이어, 다른 한 눈에 23 레이어)가 있으며 구조적으로 복잡하다. 이 수많은 중첩 필터 레이어로 인해 안경은 매우 고가이다. 영사기에 사용되는 필터는 고속으로 회전하면서 번갈아 영사되는 왼쪽과 오른쪽 이미지와 동기화된다. 이 필터는 영사기 램프와 프로젝션 헤드의 전자 변조기 사이에 삽입되기 때문에 명암을 보존하고 전자 장치를 발열시키는 빛의 강도를 감소시킨다. Dolby 디스플레이 시스템의 타이밍은 능동형 안경에서 사용되는 트리플 플래시 방법과 동일하다.

Dolby 시스템의 가격은 고가이다. 회전 변조기가 약 8,000불이며 안경의 가격 또한 싸지 않다. 능동형 안경과 같이 Dolby 안경은 사용 후 회수하여 세척하고 여러 번 재사용되어야 한다. 고가의 안경 가격과 낮은 밝기를 갖기는 하지만 안경에 여타의 전자 장치가 없으며 높은 신뢰성과 훌륭한 색상 렌더링을 갖는다. 이 시스템은 편광 시스템이 필요로 하는 실버 스크린이 필요 없이 일반 스크린에서도 작동하는 큰 장점을 갖는다. 그러나 Dolby용으로 상영이 계획된 영화는 인코딩 시 특정 색상 처리가 필요하다는 점에 주목해야 한다.

그림 08-07 Dolby 안경

그림 08-08 Dolby 영사기 내에 삽입된 회전 휠
© Dolby

단일 영사기 편광 영사

능동형 셔터 안경 방식에 비해 수동형 솔루션은 저렴하다. 편광에 의한 이미지의 분리는 거의 1세기를 거슬러 올라가며 안경의 수가 많이 필요로 하는 경우에 더욱 유리하다. 하나에 2달러라는 저렴한 가격은 능동형 안경 가격의 2%에 지나지 않는다. 따라서 관객의 수가 12 명보다 더 큰 경우는 편광 영사 시스템을 설치하는 것이 타당하다. 많은 아마추어 사진 및 비디오 클럽과 일부 영화관은 한 쌍의 편광 영사기를 사용한다.

기술은 단순하다. 왼쪽과 오른쪽 이미지는 영사기에서 각각 편광화 된다. 관객은 원하는 이미지만을 각각의 눈으로 통과하게 하는 일치된 편광 필터 안경을 쓴다. 원칙은 간단하지만 여전히 큰 제약들이 있다. 편광이 변형되지 않고 빛을 반사하는 실버 스크린이 필요하다. 또한 편광 필터는 영사기의 빛을 절반 이상 차단하고 다시 안경에 남아 있는 빛의 절반을 차단한다. 따라서 빛 출력은 능동형 방법보다 더 엉망이라는 것을 이해할 수 있으며, 이러한 빛 부족은 더 강력한 영사기에 의해 상쇄된다. 실버 스크린은 빛을 반사하는 방식에서 매우 지향적이기 때문에 해당 편광 방식의 경우는 반드시 실버 스크린이 필요하다. 즉 게인(gain)이 더 크다고 할 수 있는데 그것은 영사 축에 가까운 관객은 일반 스크린에서 보다 더 많은 빛을 받는다는 것을 의미한다. 그러나 가장자리에 있는 관객들은 빛을 덜 받는 등 균일하지 않게 퍼진다. 결국 편광 시스템이 있는 극장에서 최고의 밝기와 최상의 광 효율 혜택을 누리려면 가능한 좌석 열의 중간에 앉아야 한다.

그림 08-09 RealD 원형 편광 안경
© RealD

그림 08-10 영사기 렌즈 앞에 위치한 해당 필터
© RealD

선형 또는 원형 편광

선형과 원형이라는 두 가지 유형의 편광 방식이 있다. 선형 필터는 편광 선글라스의 필터와 동일하지만 기울기가 다르다. 편광 선글라스의 필터는 둘 다 수평(0°)을 향하는 대신 왼쪽과 오른쪽 필터는 일반적으로 45°와 135°로 서로에 대해 90도 각을 이룬다. 이 방법의 단점은 관객이 머리를 끄덕이면 안경이 더 이상 정확하게 각을 이루지 못하고 왼쪽 이미지의 "고스트" 부분이 오른쪽에서 보게 되는 현상이 발생한다.

원형 편광 필터는 머리를 기울이는 것에 둔감 하다는 장점이 있으나 원형 편광기를 제조하기에 더 까다롭고 조금 더 비싸다.

영사 방식은 두 가지가 있는데 각각 고정된 필터가 있는 2대의 영사기를 사용하거나, 2배의 속도를 가지며 이미지 디스플레이 배열과 동기화된 편광을 제공하는 동적 필터가 있는 단일 영사기를 사용하는 경우가 있다.

고스트 현상이 개선된 시스템

고스팅 또는 크로스톡은 편광 시스템의 고전적인 결함 중 하나이다. 필터가 완벽하지 않기 때문에 통과해서는 안 되는 이미지를 낮은 비율로 통과시켜 이중으로 보이는 불쾌한 장면을 준나. 최근에 편광 극장을 위한 특수한 시스템이 계획되고 있다. 왼쪽 이미지 밝기의 일부(보통 2%)를 오른쪽 이미지에서 빼고, 그 반대도 마찬가지로 진행한다. 그리고 관객에게 정확한 이미지를 주기 위해 결함에 대해 사전 수정(precorrection) 과정을 거친다. 그러한 고스트 현상이 개선된 영화를 만드는 것은 현재 영사기 단에서 전문 알고리즘에 의해 직접적으로 처리됨에 따라 점차 사라지고 있다. 따라서 현재 영사기가 고스트 제거(deghosting) 방법을 활성화하도록 단순하게 구성함으로써 일반적인 스트레오스코픽 버전으로 사용 될 것이다.

2대의 편광 영사기에서의 영사

각각 하나의 눈에 하나의 이미지를 표시하는 2대의 영사기는 서로 수직 방향으로 된 편광 필터가 장착되어 있다. 두 이미지는 동일한 실버스크린에 영사되고 실버스크린은 영사기 필터와 일치하는 안경을 쓰고 있는 관객에게 편광 된 빛을 다시 반사한다. 해당 방법은 단순함과 동시에 저렴하다. 그러나 광량의 손실, 고스트 현상, 영사기의 결함 같은 단점들을 고려해야 한다.

편광 필터

편광 필터는 필터를 통과하는 빛의 절반 이상을 흡수한다. 빛의 출력은 42%와 46% 사이이다. 필터 또한 심한 열응력(thermal stress)을 견뎌야 한다. 유리 필터는 플라스틱 필터보다 열응력을 더 잘 견딜 수 있다. 영사기의 빛 출력은 대형 스크린에서 더 커질 수 있기 때문에 이에 따라 필터 사이즈를 조정해야 한다. 게다가 필터 설치시 필터의 적절한 냉각을 가능하게 해야 한다. 가열을 최소화하기 위해 필터 크기에 따라 영사기에서 가능한 멀리 위치시켜야 한다. 예를 들어, 10 x 10 cm 편광 필터에서 오식 7 x 7 cm 사각형만이 사용된다면, (동일한 빛은 100cm^2 대신 49cm^{2}를 통과하기 때문에) 빛을 받는 부분은 필터의 전체 표면이 사용된 것처럼 2배나 많은 열을 받는다. 영사 이후 필터의 온도는 온도계를 사용하여 쉽게 확인할 수 있다. 온도가 70℃를 초과하면 필터의 수명은 줄어든다. 간단한 저압 소형 팬을 사용함으로서 시스템의 안정성을 향상시키기에 충분하다.

듀얼 영사기 설치

듀얼 영사기는 경제적인 면에서 우수한 방식이지만 다양한 상영 설정이 요구된다. 2개의 개별 동기화된 비디오 소스가 필요하다. 듀얼 DVI 또는 HDMI 비디오 출력이 있는 PC를 사용하며, 시중에 나와 있는 디스플레이 드라이버와 소프트웨어를 사용하여 듀얼 이미지 상영을 가능하게 한다.

3D 영사 시스템을 구축하기 위해서는 다음의 조건을 필요로 한다.

- 듀얼 DVI 또는 HDMI 출력을 갖춘 강력한 그래픽 카드가 있는 컴퓨터. "게이머(gamer)" 표시가 있는 많은 PC는 3D 영화를 보여주는 데 필요한 연산력과 그래픽 능력을 갖고 있다. 컴퓨터는 많은 콘텐츠를 저장하기에 충분한 하드 드라이브를 포함해야 한다. 3D 영화는 2D 영화보다 2배나 많은 디스크 공간을 차지한다는 것을 명심하자.
- 풀 HD 해상도와 편광 필터의 손실을 상쇄하기에 충분한 밝기를 가진 2대의 동일한 영사기. 동등한 가격에서는 가장 높은 대비를 갖는 모델을 택해야 한다. 3,000:1을 초과하는 값을 갖는 DLP 영사기는 이런 점에서 종종 최고이다.
- 한 쌍의 편광 필터. 여기서 선형 또는 원형 편광이라는 두 가지의 솔루션이 가능하다. 원형 필터는 더 비싸지만 고스트를 제거하는데 약간 더 낫고 관객 머리의 기울어짐에 둔감하다. 그러나 선형 필터는 더 쉽게 구할 수 있고 저렴하다. 따라서 가장 많이 채택되는 솔루션이다.
- 적정한 크기의 실버스크린. 주의하자! 공급업체들은 실버스크린이 말 수 있고 세척 가능하다고 광고하더라도 이들 스크린은 손상되기 쉬우며 너무 자주 손을 대는 것은 권하지 않는다. 스크린의 중요한 매개 변수는 게인(gain)이다. 일반적으로 실버스크린은 밝기를 증가시키는 높은 게인을 갖고 있다.
- 영사기에 사용된 필터와 동일한 타입의 선형 또는 원형 편광 3D 안경을 사용해야 한다. 원형 편광은 비용을 증가시킨다.

참고

대부분 중앙을 벗어난 관객의 위치는 과도한 밝기 변화를 볼 수 있기 때문에, 관객이 스크린 축을 따라 중앙에 잘 집중되어 있지 않다면 너무 큰 게인의 스크린은 피하도록 주의한다.

- 2대의 영사기를 단단히 고정. 획득되는 3D의 품질은 영사기가 얼마나 정확하게 정렬되었느냐에 따라 다르기 때문에 이 점을 간과해서는 안 된다. 원칙적으로 영사기는 정렬을 이루기 위해 이미지의 수직 조정만이 필요하도록 수직 배열로 장착한다. 동일한 조립 방식으로 영사기 앞에 있는 2개의 편광 필터에도 수직 배열 설치한다. 장치의 환기에 주의하자. 영사기의 공기구멍 (흡입구와 배출구)을 막지 말고 필터에 충분한 냉각이 주어지고 있는지 확인하라.

예산

참고로 3미터 폭의 스크린이 있고 20개 좌석이 있는 방에 대한 설치비용(컴퓨터 제외)은 대략 다음과 같다:

- 2대의 3,500 루멘 풀 HD 영사기: 2 x $900
- 한 쌍의 선형 편광 필터: 2 x $100
- 2.5 게인이 있는 3.4 x 1.9m 실버스크린(캔버스와 프레임): $1,000
- 6개의 스피커가 있는 홈시어터 앰프: $500
- 20개의 선형 편광 안경: $100
- 전송, 소형 하드웨어, 커넥터, 기타 액세서리: $400

합계: $4,000

듀얼 영사기 캘리브레이션

듀얼 영사기가 설치되면 영사기를 캘리브레이션해야 한다. 벽, 바닥, 또는 천장 같은 곳에 설치하는 것이 좋다. 이러한 방법의 설치는 최적의 상태를 더 오래 유지한다.

왼쪽 프레임이 스크린을 채우도록 왼쪽 영사기의 프레임 설정부터 시작한다. 그리고 왼쪽 것을 끄고 오른쪽 영사기에 동일한 작업을 한다. 이후 두 영사기를 켜고 동일한 이미지를 표시하게 한 후, 이미지가 완전히 겹칠 때까지 영사기의 물리적 위치와 내부 설정을 조정한다.

두 영사기의 기하학적 구조의 미세 조정이 필수이지만 완벽하게 만족스러운 효과를 얻기에는 충분하지 않다. 밝기, 대비, 색상 또한 균형을 맞춰야 한다. 이를 위해 소위 “total disparity” 테스트 이미지가 사용된다. 한 쌍의 두 이미지는 안경 없이 봤을 때 완벽하게 연속적인 일련의 라인과 색이 있는 영역이 겹쳐진다. 게다가 이미지의 해당 픽셀에 색이 있는 경우 왼쪽 이미지의 픽셀은 검은 색 이외에는 포함하지 않으며, 그 반대도 마찬가지이다. 따라서 이미지가 프로젝션 스크린에서 겹쳐지면, 총 불균형 쌍의 두 이미지는 아주 매끄러운 이미지를 형성해야 한다. 색상이나 밝기의 가벼운 차이는 확실히 보인다. 각 영사기에 의해 투사된 부분을 쉽게 구별하고, 해당 영사기의 조정을 위해 글자 L과 R에 의해 식별한다.

그림 08-11 “total disparity” 조정 이미지의 예

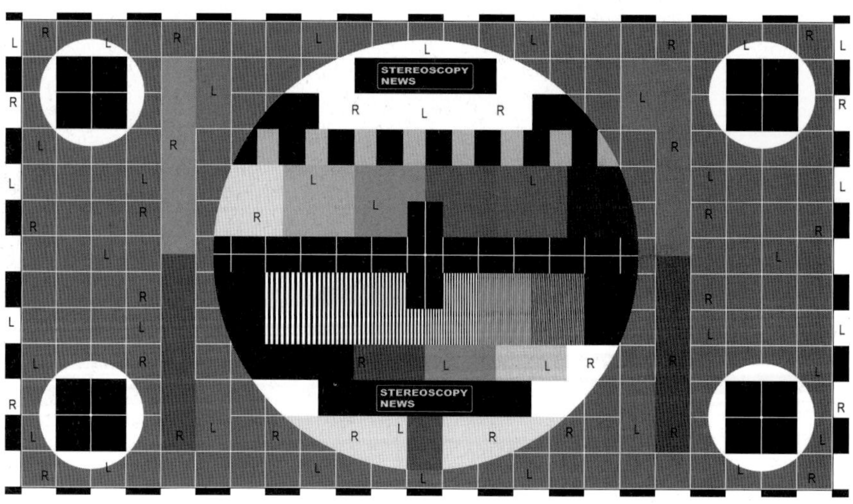

그림 08-12 양쪽 시야가 완벽하게 겹쳐졌을 경우의 이미지

편광 시스템

위에서 언급했듯이 하나의 영사기로 편광 시스템을 사용하는 것이 가능하다. 이 경우, 능동형 안경과 마찬가지로 평소 속도의 2배 정도 상영 할 수 있는 영사기가 필요하다. 또한 연속 이미지를 한쪽 방향으로 그리고 다른 쪽 방향으로 편광 시키기 위한 교자 동기화 필터를 추가해야 한다. 영화관에서 교차 속도는 이미 언급한 144 Hz 트리플 플래시이다.

능동형 편광기

동기화 필터는 전자식 또는 기계식일 수 있다. 영사기 앞에 "Z-Screen"이라는 전자 필터를 사용하는 RealD와 영사기 렌즈 앞에 위치한 회전 디스크를 사용하는 Maste-Image라는 두 공급업체가 이 시장의 대부분을 차시하고 있다.

그림 08-13 RealD의 Z-Screen 편광기
© RealD

그림 08-14 MasterImage의 회전 편광기는 일반적으로 영상기와 분리되어 별도 카트에 설치되기 때문에 이동하기가 편리하다.
© MasterImage

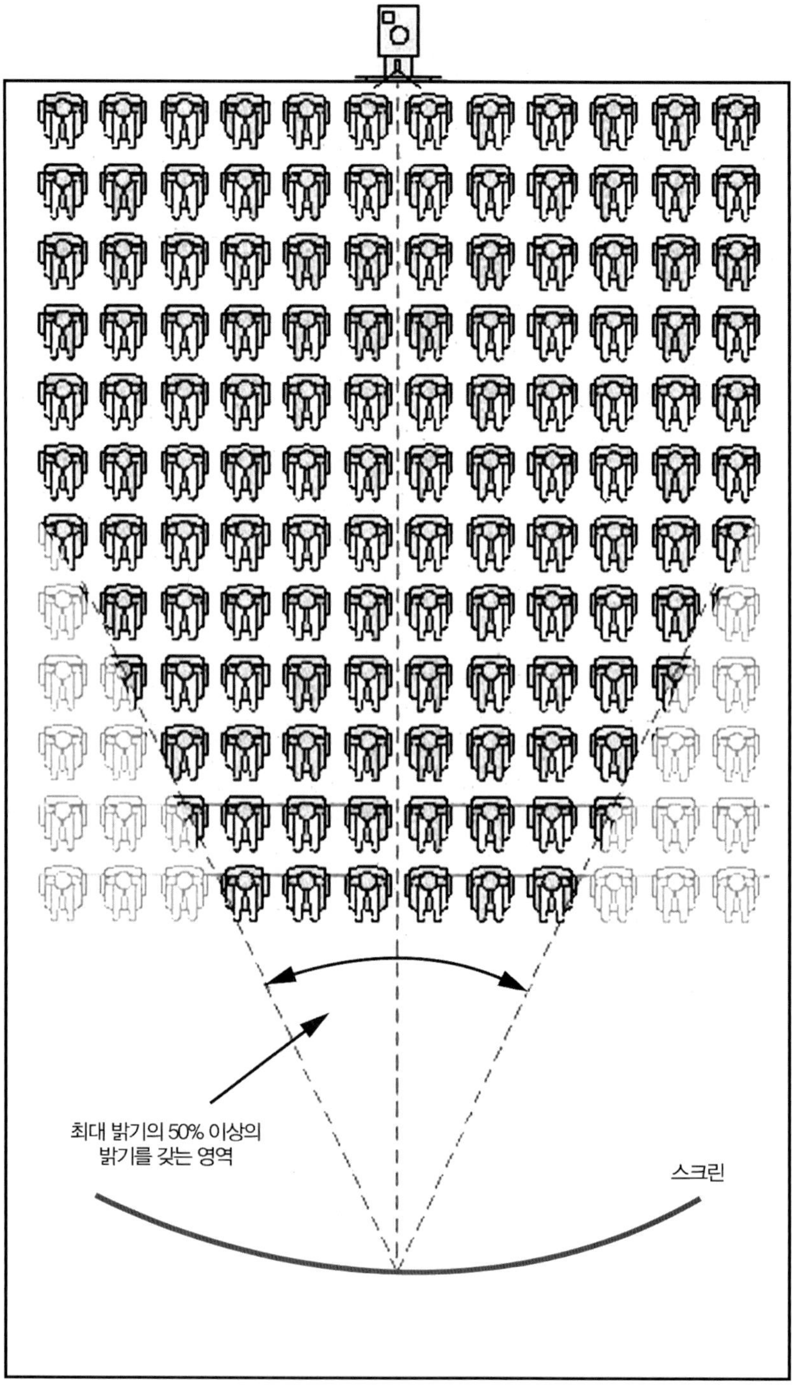

그림 08-15 3D 영화관의 최적 시야 구역

저렴한 비용 이외에 이 시스템을 사용하는 수동형 편광 안경은 극장 운영을 상당히 단순화한다. 저렴한 안경은 간단히 관객에게 판매할 수 있고, 관객은 향후 관람을 위해 안경을 간직할 수 있다. 이것은 안경 수거, 확인, 세척 단계를 없앤다. RealD는 2.3 또는 2.4 게인의 실버스크린 사용을 권장한다. 이 유형의 스크린의 경우, 위치를 잘 잡은 관객에 대한 외관상 밝기는 상당히 개선되며, 다양한 필터에 의해 손실된 빛의 일부를 회복하는 것이 가능하다. 게인이 더 높을수록 최적 영역은 더 좁다.

넓은 극장에서는 측면에 위치한 관객을 불리하게 적용하지 않게 하면서 높은 게인의 스크린을 사용하는 것은 불가능하다. 2.4 게인 스크린에 대한 관람 위치는 (1.4 게인 스크린에 대한 50°와 비교하여) 영사 방향의 17° 각도 내에 있어야 한다. 중심을 벗어난 관객에 대한 최소 게인은 절반이 된다. 큰 장소의 경우, RealD는 영사기 앞에 위치한 필터에 의해 차단된 빛의 일부를 회복하고 그것을 스크린으로 되돌리는 RealD XL 시스템을 제공한다. 이것은 설치의 복잡성과 어려움을 증가시키지만 밝기와 효율성은 향상된다.

관객에게 더 많은 빛을 반사하고 편안한 시각 영역을 확대하기 위한 또 다른 방법은 평평한 스크린 대신 원통형 스크린을 사용하는 것이다. 곡률은 일반적으로 5%이다. (스크린은 폭의 5%인 곡률 심도). 12미터 폭의 영화 스크린의 경우, 스크린의 최대 곡률 심도는 60cm가 된다. 구부러진 스크린은 3D 영화에 매우 적합하다.

Sony 4K에서의 수동형 편광기

Sony 4K 영사기는 다소 특별하다. 이것은 사실상 특별한 광학 설정 덕분에 두 개의 서로 다른 이미지를 동시에 방출할 수 있는 단일 영사기이다.

아래 도표에서 보듯이 4096 x 2160 픽셀 해상도를 가진 Sony 4K 영사기는 다른 하나 위에 하나를 영사하는 방식으로 왼쪽과 오른쪽 이미지를 동시에 영사하는데 사용된다. 그리고 렌스와 프리즘 세트는 이 두 이미지를 스크린의 동일한 위치에 투시한다. 각 렌즈는 RealD 원형 편광 필터가 제공되고 전체 설정은 듀얼 영사기 설정처럼 작동한다. 물론, 광학 시스템은 듀얼 영사기를 사용한 것처럼, 두 이미지가 완벽하게 겹치도록 조정되어야 한다. 듀얼 영사기 시스템보다 Sony 4K의 유리한 점은 단일 램프의 사용이다. 따라서 전구의 노화로 인한 밝기 차이가 없다. 이미지는 전통적인 단일 영사기 시스템에서처럼 높은 주파수에서 번갈아 나올 필요도 없다. 이것은 두 이미지가 번갈아 나오는 간격이 필요 없으므로 가동 휴지 시간이 방지가 되어 인식되는 밝기를 증가시킨다. Doremi와 Sony의 DCI 규격 영화 서버만이 현재 이러한 영사기를 충족시킬 수 있다.

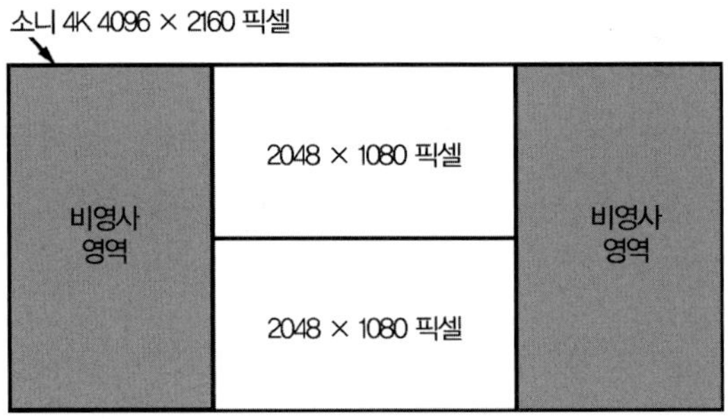

그림 08-16 Sony 4K 영사기의 프레임에서 두 개의 2K 영상 배치

그림 08-17 Sony 4K 영사기의 3D 광학 어댑터
© Sony

스크린 게인

스크린 게인은 스크린 반사력의 척도이다. 높은 게인의 스크린은 추가적인 빛을 생성하지 하지 않는다. 스크린은 그저 더 많은 빛을 중앙으로 향하게 하고 가장자리로 덜 향하게 한다. 게인은 *British Standard BS5550*으로 알려진 표준에 따라 기준(탄산마그네슘)에 비교하여 측정된다. 무광 흰색 스크린 게인은 0.8-1.0이다. 스크린은 일반적으로 1.2-1.4의 게인을 갖고 있다. 스테레오스코픽 영사에 사용되는 실버스크린으로 된 높은 게인의 스크린은 1.8과 2.5 사이의 게인을 갖고 있다. 1.8 이상에서는 "핫 스폿(hot spot)" 즉 영사기 램프의 반사를 관찰하게 될 위험은 꽤 커진다. 현재 시장에서 특별히 Dolby 시스템용으로 만들어진 2.2 게인 무광 흰색 프로젝션 스크린을 찾을 수 있다. 스크린의 높은 게인은 밝기의 증가를 제공하며 종래의 2D 영사와 호환할 수 있다.

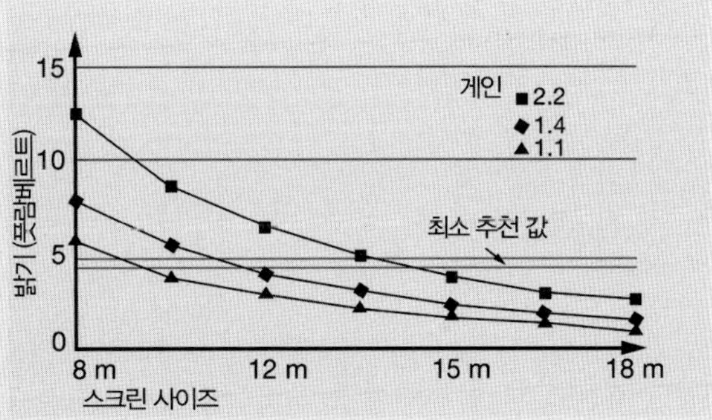

그림 08-18 실버스크린에서 게인과 밝기 사이의 비율(20,000 루멘 영사기의 경우)

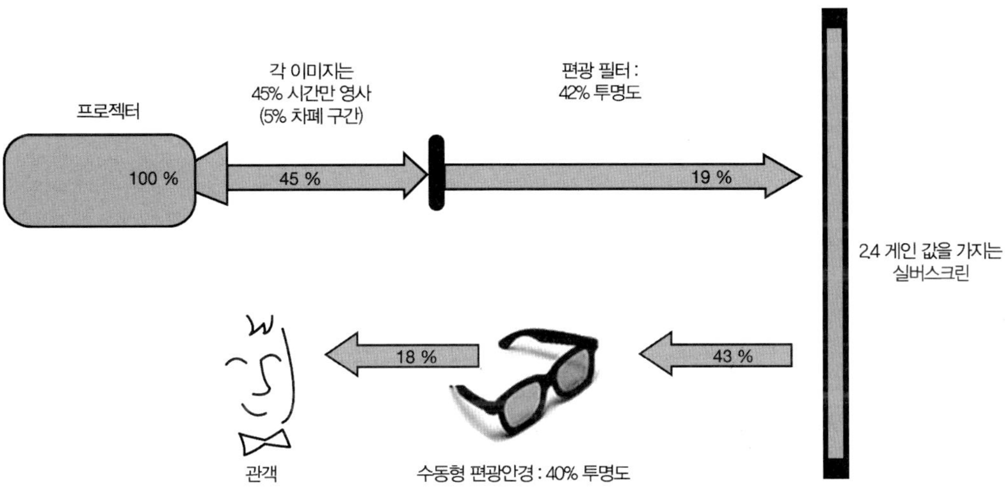

그림 08-19 편광 영사의 밝기 균형

레이저와 밝기

미래의 영화 영사기는 오늘날 사용되는 크세논램프보다 더 효율적이고, 더 오래 지속되는 레이저가 사용될 것이다.

레이저는 615, 546, 455 나노미터의 파장을 갖는 3개 조합을 갖는다. 이 조합은 스펙트럼의 모든 색상을 제공하기 위해 결합하는 세 가지 구성 요소 적색, 녹색, 청색을 생성한다. "색 영역(color gamut)"이라고 하는 색상 범위는 크세논 프로젝터의 범위보다 더 넓으며 공식적인 DCI 표준을 초과한다.

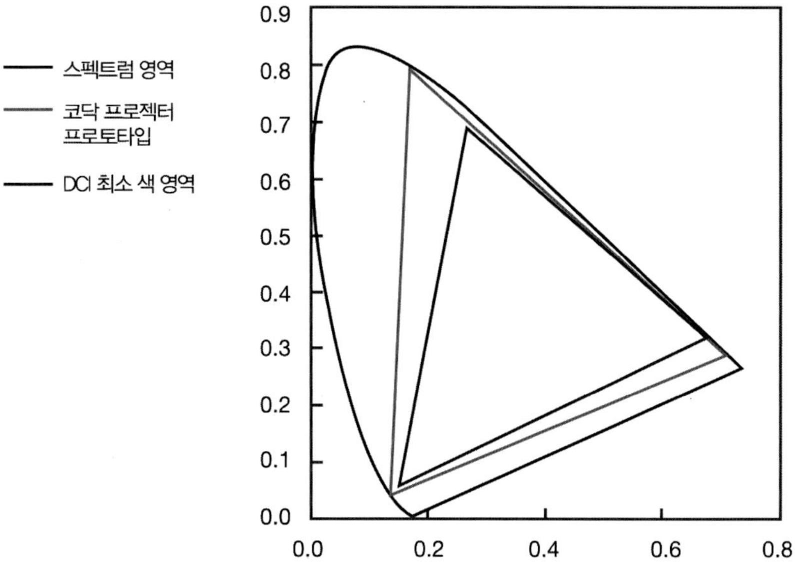

그림 08-20 Kodak의 원형 레이저 영사기의 색 영역

레이저

레이저 다이오드는 단 하나의 특정 색상을 갖고 있는 광원이며, 좁은 스펙트럼 띠를 포함하고 약간 넘쳐난다. 따라서 레이저는 전통적인 크세논램프와는 달리 에너지의 5%만이 유용한 빛으로 전환되는 적외선이나 자외선을 방출하지 않는다. 게다가 레이저는 특정 방향으로 빛을 방출하기 때문에 프로젝션 헤드를 향해 빛을 겨누기 위한 반사판이 필요 없으며, 또 다른 효율성의 개선을 제공한다. 레이저 빛은 사방으로 거의 분산되지 않기 때문에 어둠은 어둠으로 남아 있는 반면, 스크린의 밝은 구역은 매우 밝을 수 있다. 따라서 레이저 영사기는 20,000:1까지의 두드러진 명암을 제공한다.

레이저의 적은 크기와 방향성은 또 다른 장점을 제공한다. 영사기의 렌즈는 더 이상 클 필요가 없다. 지금 사용되는 f/2.4 대신 f/6 렌즈 조리개를 가지고 편하게 작업할 수 있으며, 이것은 렌즈 직경을 60% 그리고 길이를 80% 줄일 수 있다. 레이저가 쉽게 광섬유를 통해 영사기에 전송될 수 있다면 영사기의 크기는 극적으로 감소될 것이다.

무엇보다도 레이저는 매우 긴 수명을 갖고 있으며, 그것은 사실상 영사기의 수명 동안 광원을 변경할 필요가 없다는 것을 의미한다. 반면, 대형 크세논램프는 500불이 넘으며 1천 시간 정도만 유지된다. 반면 전구가 깨지기 쉽고 고압가스로 가득 차있기 때문에 램프 교체는 언제나 위험하다. 램프 교체에는 보호복, 마스크, 장갑이 필요하다. 짧은 수명 때문에 영사기 전구는 일 년에 수차례 바꿔야 한다.

스테레오스코피에서 광량의 부족은 레이저로 해결이 가능하다. 7 풋람베르트와 8 풋람베르트 사이의 레이저 밝기는 문제없이 도달할 수 있다고 한다. 6 kW 크세논램프가 있는 기존 영사기는 3.5 풋람베르트를 제공하는 것은 매우 어렵다. 레이저는 또 다른 장점을 제공한다. 레이저의 빛은 자연적으로 편광화된다. 따라서 짝수개의 레이저 다이오드를 가지고, 하나 걸러 한 이미지에 대해 편광을 제공 하는 것이 쉽다. 3D는 영사기 앞에 장착된 편광기 없이 간단한 수동형 안경을 가지고 이용할 수 있게 되고, 이 단계에서 밝기의 절반이 손실되지 않는다. 전체 밝기 게인은 기존 3D 영사기와 비교하여 65%가 된다.

그림 08-21 2D와 3D 영화를 위한 원형 레이저 영사기
© Kodak

레이저는 컬러 렌더링, 비용, 효율성, 밝기, 스테레오스코픽 수동형 안경에 대해 모든 중요한 사안에 대해 유리하다. 그러면 레이저는 왜 아직 모든 영사기에 장착되지 않을

까? 레이저가 거친 표면을 비출 때 관찰되는 특정 깜박거림(작은 반점이라고 알려짐)을 제거해야 하는데 아직 기술 구현이 어렵다. 이러한 번쩍임은 프로젝션 스크린 표면의 울퉁불퉁함으로 인한 위상 변이(phase variation)에 의한 것이다. 이 분야의 선두에 있는 두 회사인 Kodak과 Laser Light Engines에 의해 2010년부터 이 문제에 대한 해결책을 제공하고 있다. 깜박거림 문제 중 일부는 레이저원에서 고주파 편광을 다르게 전환하여 해결하였다. 이 편광 변경은 레이저 단에서 이루어지기 때문에 추가 비용이 들지 않는다.

주된 기술적 장벽은 현재 해결된 것으로 보아 가까운 미래에 최초의 레이저 영화 영사기를 기대할 수 있다.

레이저 영사기의 이점

레이저의 주류화는 원가의 점진적인 감소로 이어져야 한다. 레이저 영사기의 수많은 장점들은 원가의 감소를 촉진시킬 것으로 기대된다. 장점은 다음과 같다.

- 35%에서 50%까지 운영비용 감소(전기, 냉각)
- 더 이상 램프 교체 없음(램프 수명 〉30,000시간)
- 영사기 수명 이상의 일정한 밝기와 색상
- 밝기와 대비 증가
- 수동형 안경을 사용하는 3D 프로젝터를 위한 편광기 필요 없음

상업화 이전의 마지막 단계는 법적 장애물을 극복하는 것이다. 프로젝션 레이저는 심각한 규제를 받는 조명 쇼와 동일한 토대에 놓여 있다. 레이저 빔은 넓은 구역, 즉 스크린에 퍼지고, 조명 쇼처럼 집중되지 않기 때문에 용도가 다르다. 그것이 레이저 제조업체들이 2010년 미국 규정을 수정 요구하는 LIPA(Laser Illuminated Projection Association, www.lipainfo.org) 단체를 만든 이유이다. 이 목표가 달성되면 다른 국가들이 선례를 따를 것이라는 것은 의심의 여지가 없다. LIPA의 설립 회원에는 Varco, Christie Digital, Disney, IMAX, Kodak, Laser Light Engines, NEC, Necsel, Sony가 있다.

LIPA
Laser Illuminated Projector Association

그림 08-22 LIPA의 로고

3D 영사 시스템 선택

모든 가능한 기술 중에 최고의 선택은 무엇인가? 수요 기준은 예산, 관객의 수와 유형, 품질이다. 능동형 솔루션은 최신이지만 관객 당 비용이 너무 비싸고 따라서 주로 작은 회의 장소에 사용된다. 영사할 콘텐츠의 유형, 안경 취급의 용이성(일회용 여부), 쇼의 횟수 또한 결정에 영향을 미친다. 아래 표는 3D 영사 시스템을 선택하는데 도움이 된다.

3D 영사 솔루션 비교

3D 디스플레이	안경	스크린 (m)	관객의 수	소스	비용 (K$)	품질	사용의 용이성
LCD 모니터	능동형	0.4-0.5	1-3	TV/PC	〈1	++	++
제어 모니터	능동형	0.4-0.7	1-3	서버	5-10	+++	++
3D TV	능동형	0.7-1.4	1-5	TV	2-6	+++	+++
영사기	능동형	2-3	5-15	TV/PC	4-10	++	+
영사기	수동형	2-3*	10-30	TV/PC	4-15	++	++
2중 영사기	수동형	2.5-4*	10-100	TV/PC	4-30	++	++
D-Cinema 2K 영사기	수동형	10-17*	100-500	DCI 서버	60-90	+++	++++
D-Cinema 2K 영사기	능동형	10-22	100 800	DCI 서버	70-130	++++	++
D-Cinema 4K 영사기	수동형	15-30*	300-1	DCI 서버 (Sony 또는 Doremi)	〉130	++++	++

주: (*)가 표시된 스크린은 2D 영화도 상영되어야 하는 경우 특수 실버 캔버스가 필요하다.

극장 크기

상영 공간 특성에 따라 이상적인 영사기와 스크린을 선택해야 한다. 스크린에 대한 영사기의 위치는 극장의 기하학적 구조에 의해 결정되며, 극장의 구조는 렌즈 영사 거리를 결정한다. 필요한 밝기는 영사기의 능력에 영향을 준다. 또한 밝기는 영사용 램프의 수명시간 (600시간에서 2,500시간) 동안 거의 40% 떨어질 수 있다는 사실을 고려해야 한다. 언제라도 최소한의 밝기를 원하는 경우 "램프 마모 한계(lamp-wear margin)"를 고려해야 한다.

최적의 3D 영사의 경우 어두운 조건하에서 밝기는 이상적으로 4.5 풋람베르트와 7 풋람베르트 사이 또는 17-24 니트여야 한다. 최적의 2D 영사의 경우 값은 11 풋람베트트에서 17 풋람베르트까지 또는 38-58 니트로 일반적으로 더 크다.

영화관 영사에 필요한 밝기

스크린	밝기 (풋람베르트)	밝기(니트)
SMPTE D-Cinema 표준	11–17	38–58
SMPTE 35mm 시네마 표준	16	55
3D에 허용된 최소값	4.5	15
최적의 3D	7	24
램프 마모 한계가 있는 최적의 3D	10	34

주: 1 풋람베르트 = 3.426 니트 = 3.426 루멘/평방미터/스테라디안
1 니트(nit) = 0.291 풋람베르트 = 1 루멘/평방미터/스테라디안

밝기

영사기의 특징을 알고 있다면 정확한 이미지 크기를 얻기 위해 필요한 줌 값을 결정하고 밝기를 계산할 수 있다. 이것은 단순한 계산이 아니며 계산 오류는 심각한 결과를 가져올 수 있다. 다행히도 일반적인 구성으로 밝기를 알아낼 수 있는 계산기가 Projector Central(www.projectorcentral.com)에서 확인할 수 있다. 빛의 수준이 요건을 충족시키기에 충분한지 확인해야 한다.

계산의 입력 매개 변수는 다음과 같다.

- 영사기 모델(램프의 능력과 줌의 극값을 제공)
- 스크린 크기
- 스크린 게인
- 영사기와 스크린 간의 거리(영사 거리)
- 화변비율: 4:3, 16:9, 또는 다른 비율

온라인 계산기는 평면(2D) 영사를 위한 일반적인 상황 하에서 스크린의 밝기를 결정한다. 스테레오스코픽 시스템 손실을 설명하기 위해 니트(1 nit = 1 candela/㎡)로 주어진 밝기 결과를 3D 시스템에서 사용되는 효율인자로 곱한다. 이 인자는 필터의 유형, 안경의 유형, 영사기의 수(1 또는 2)에 따라 다르다.

다양한 영사 시스템을 위한 효율인자

3D 안경 시스템	영사기의 수	스크린 게인	표준 영사기 명목 밝기의 효율성 백분율(추정)
능동형 XpanD, Nvidia	1	1.2	18%
능동형 XpanD, Nvidia	1	2.2	32%
수동형 Dolby	1	1.2	7%
수동형 Dolby	1	2.2	12%
편광, 동적 필터 (MasterImage, RealD, 기타)	1	2.4*	18%
편광 RealD	1	2.4*	25%
편광, 수동형 필터	2	2.4*	36

주: * 표시가 된 스크린은 실버로 코팅되어 있다.

솔루션을 찾는 중에서 니트나 풋람베르트로 표시된 서로 다른 밝기 단위에 직면할 수 있는 가능성이 있다. 밝기 단위를 전문으로 다루는 온라인 변환기도 있다.

- 프로젝션 매개 변수 컴퓨터:
  http://www.projectorcentral.com/projection-calculator-pro.cfm.
- 밝기 단위 변환:
  http://www.unitconversion.org/luminance/foot-lamberts-to-nits-conversion.html.

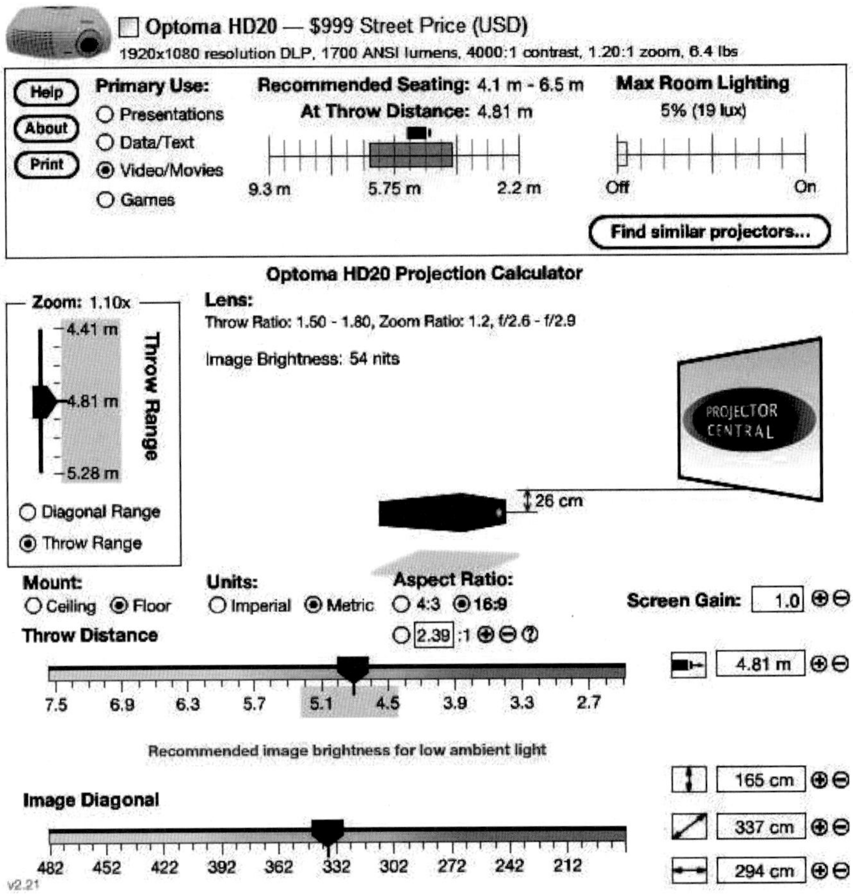

그림 08-23 www.projectorcentral.com의 온라인 밝기 계산기

캔버스 스크린

위에서 언급했듯이 상영 공간의 크기와 영사기 파워로 인해 때로는 높은 게인의 스크린이나 실버스크린을 선택해야 할 수 있다. 중간 게인의 캔버스 선택이 가능하다면 이는 스크린 앞의 영사기 배치 선정 시 유리하다. 실버 스크린의 경우 취약성도 고려해야 한다. 캔버스 스크린을 자주 옮길 계획이라면 가능한 실버스크린은 피한다. 그러나 캔버스 스크린을 옮겨야 한다면 수중에 적절한 원통형 운송수단을 갖추자. 접힌 흔적을 남기기 때문에 실버 스크린은 절대 구부리면 안 된다!

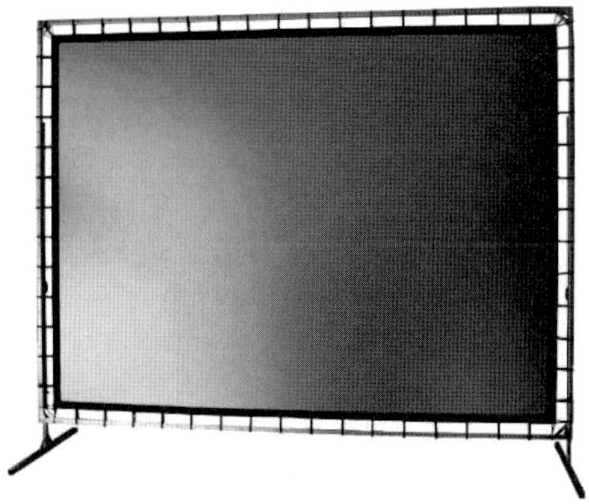

그림 08-24 프레임과 장력 고무 밴드가 있는 3미터 실버스크린
© D. Michel

프레임: 스크린의 프레임을 잊지 말자! 좋은 스크린은 팽팽한 스크린이다. 따라서 표면에 균일한 장력을 유지하고 주름을 피하기 위한 고무 링크가 있는 단단한 프레임에 화면을 고정하는 것이 필요하다.

곡률: 스크린이 클수록 필요한 밝기도 더 크다. 더 큰 크기에서 영사기 능력을 늘이기보다는 스크린을 관객 쪽으로 원통형으로 구부림으로써 외관상 스크린 밝기를 증가시키는 것이 더 좋다. 영사기 초점 설정은 허용 가능한 곡률을 제한할 수 있다는 점에 주목하자. 곡선 스크린 프레임을 주문하기 전에 항상 스크린 공급업체와 상의하는 것이 낫다.

구멍: 3미터 폭 스크린과 그 이상의 스크린의 경우 스피커는 스크린 뒤에 위치해야 한다. 그리고 최고 음역 음향 왜곡을 방지하기 위해 구멍이 뚫린 천을 선택해야 한다. 소형 스크린의 경우 구멍이 앞줄에서 보이지 않도록 미세구멍이 선호된다.

실감 디스플레이: 곡선 스크린은 밝기 면에서 이점이 있지만 이미지의 더 나은 몰입감도 제공한다. 따라서 전문 시뮬레이터에서처럼 구형 스크린을 설치하는 것이 어떨까? 1미터에서 5미터의 크기를 갖는 개인용 구형 스크린이 있으며 능동형 안경과 120 Hz 영사기와 호환 가능하다. 이 유형의 솔루션 공급업체로는 TOOB(Think Out Of Box, www.thikoutofbox.com)가 있다.

그림 08-25 3D 영사에 사용되는 개인용 반구형 TOOB
© ThinkOutOfBox

화변비율과 마스킹

극장 스크린의 사용하지 않는 부분은 일반적으로 이미지의 흰색과 검은 색 부분 사이의 최대 대비를 허용하도록 숨겨진다. 마스킹(masking)은 전동 검은색 커튼이나 영사기 내 기계 또는 전자 마스킹에 의해 이루어진다. 마스킹은 영화 크기와 화변비율이 표준화되지 않았기 때문에 종종 변할 수 있다.

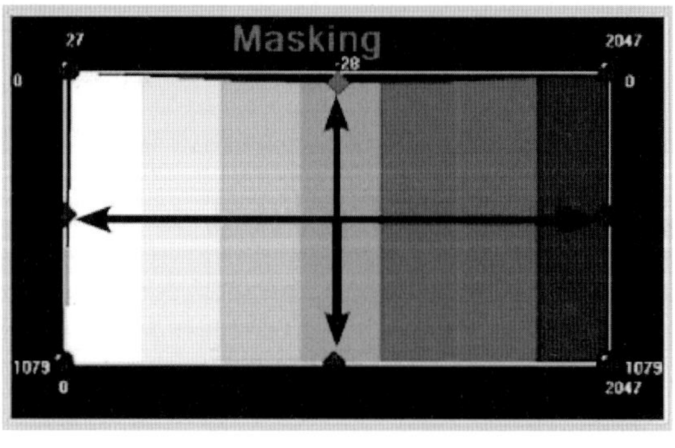

그림 08-26 Barco D-Cinema 영사기의 마스킹 사용자 인터페이스

스코프 온 플랫

스코프 온 플랫(Scope on flat)은 CinemaScope 크기(2.29:1의 화변비율)에서 영사되는 필름보다 더 큰 "Flat 1.85" (1.85:1 화변비율)가 영사 될 때 일 부분을 마스킹 함으로서, 특정 순간에 이미지가 프레임 영역을 벗어나는 것을 허용하는 특수 마스킹 기법이다.

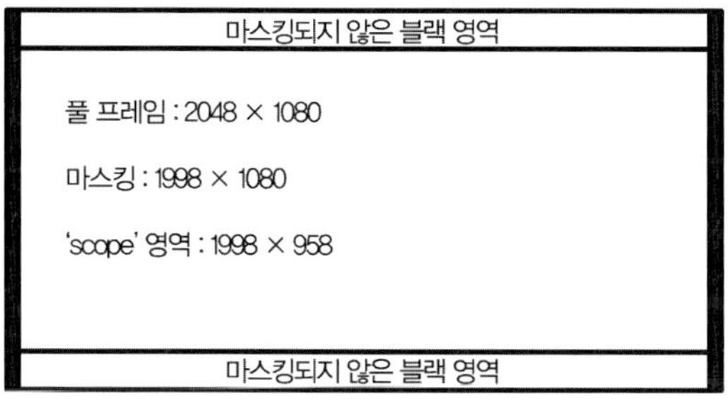

필름의 99% 정도 사용되는 스코프(scope) 포맷

상, 하 프레임 영역을 벗어난 스코프 온 플랫(scope on flat) 포맷

그림 08-27 스코프 온 플랫 마스킹은 인물과 소품이 스크린 프레임 밖으로 튀어 나오는 것을 허용하며 특정 순간들을 강화한다.

Walt Disney Picture의 *G-Force*와 Lionsgate의 *Dredd 3D*는 이 기법을 사용한다. D-Cinema 2K 영사기에서 영사되는 이미지의 최대 크기는 2048×1080 픽셀이다. *G-Force*는 Scope 필름이며 따라서 필름의 크기는 1998 x 858 픽셀이어야 하지만 스튜디오에 의해 주어진 마스킹은 1998 x 1080 픽셀로 영화 상영 시간의 약 1% 동안 상단과 하단의 검은 색 밴드를 침범하기 위한 스크린 이탈 효과를 허용한다. 그리고 그 효과는 특정 순간을 더 인상적으로 만든다. 마스킹 절차는 영사기사가 실제 영화의 일부인 검은 색 밴드를 잘못 가리는 것을 방지하기 위해 프리쇼(preshow) 테스트 절차에서 명확하게 해결한다.

영화관 영사

자신의 극장을 3D로 전환하고자 하는 영화관 운영자는 많은 딜레마에 직면한다. 각각의 경우는 다르지만 묻는 질문은 언제나 같다. 질문들을 간단히 살펴보기로 하자.

디지털 전환

소수의 극장만이 디지털 전환 재원을 대기 위한 공금을 받는다. 가능한 해결책은 자체 자금 조달, 스튜디오와의 스폰서십 계약("VPF" 즉 Virtual Print Fee(가상 인화 수수료)로 알려짐), 제3자 융자이다. 후자의 경우 기술 및 재정 중개인은 월 임대에 대한 모든 법적 그리고 재정적 문제를 다룬다. 미국에서 제3자는 일반적으로 대형 스튜디오들이다. 유럽에서 Dcinex(www.dcinex.com), Europa Cinemas(www.europa-cinemas.org), Arts Alliance Media (www.arsalliancemedia.com)이 가장 큰 제3자들 중 일부이다. 일반적으로 전 세계 디지털 극장의 수는 2011년 말 35mm 극장의 수를 능가한 것으로 여겨진다. 전환 비율은 계속 증가할 것이며, 전반적으로 전 세계 영화 산업이 2020년 전에 완전히 디지털화 될 것이라고 전망된다.

장비 비용

극장을 디지털로 전환하는 것은 60,000불에서 두 배 이상까지 비용이 들 수 있으며, 그것은 크기, 작업양, 35mm 영사기가 영사실 안에 유지될 수 있는지 여부에 따라 다르다. 디지털 장비의 안정성이 옛날 35mm 영사기만큼 좋다고 하더라고, 유지 보수는 영사기사가 갖고 있는 않는 기술을 필요로 하기 때문에 유지 비용을 무시할 수 없다.

3D의 추가 비용

3D의 추가 비용은 디지털 장비 비용의 10%와 20% 사이이며, 선택된 옵션에 따라 차이가 있다. 그럼에도 불구하고 3D 영화는 더 높은 수입을 벌어다 주며 그것 자체만으로 종종 디지털 전환을 정당화한다. 그리고 극장이 이미 디지털 영사기를 갖추고 있는 경우, 특히 3D로 전환하는 것이 근처에서 유일한 극장 (또는 적어도 첫 번째 극장)이라면

3D로의 전환은 일반적으로 상당히 빨리 본전을 뽑을 수 있다. 소모품의 비용은 3D 극장에서 더 높다. 고출력 램프가 필요하기 때문에 교체 비용과 전력 소비는 약간 더 높다. 안경의 관리는 특히 능동형과 Dolby 안경인 경우 비쌀 수 있고, 관객 수에 비례한다. 스테레오스코픽 파일은 디스크에서 더 많은 공간을 차지하기 때문에 서버에 저장할 수 있는 영화는 더 적다. 따라서 2D 극장에서처럼 동일한 상영조건을 제공하려면 더 큰 용량이 서버가 필요하다.

3D 시스템 선택

위에서 논의했듯이 선택은 간단하지 않고 물리적 그리고 경제적 조건은 경우에 따라 다양하다. 물론, 영화관의 경우 운영비용은 스크린 선택만큼 아주 중요한 기준이다. 상영 공간이 3D 전용이 아닌 경우 실버 스크린은 많은 유지 비용이 필요하다. 그러나 진적으로 3D 전용인 극장에서는 문제가 되지 않는다.

영사기사의 역할

서버에서 필름과 암호화키를 로딩하고 콘텐츠(색 측정, 화변비율, 음향, 마스킹)를 확인하는 것 이외에 3D 영사기사는 3D로 상영이 되는지, 그리고 뒤집히지 않았는지를 확인해야 한다. 이것은 시간 소모적이지만 매우 중요한 작업이다. 디지털 장비를 사용하도록 영사기사를 훈련하는 것이 필수이듯이 3D의 경우 또한 이것은 필수 불가결한 보완을 필요로 한다

후반작업용 모니터

3D의 열 번째 계명은 "항상 3D로 3D 장면을 확인하라"라고 말한다. 이것은 촬영 단계에도 적용된다. 카메라맨은 자신의 프레임을 확인하기 위해 소형 모니터를 사용하지만 나머지 팀원, 촬영기사, 조명기사, 기타 사람들의 경우는 현장에서 가능한 큰 모니터를 사용하는 것이 좋다. 스튜디오에 완벽한 상영실을 설치하는 것이 항상 쉬운 것은 아니며 야외에서 완벽한 상영실을 설치하는 것 또한 어렵다. 큰 모니터가 사용된다면 3D의

품질은 매우 좋을 것이다.

Transvideo

Transvideo(transvideo.eu) 제어 모니터는 지금까지 3D 제작에서 실시간 카메라 제어에 가장 널리 사용되고 있다. 세 가지 크기(6인치, 10인치, 15인치)가 있는 Transvideo의 CineMonitorHD 3D는 HD-SDI를 통해 한 쌍의 카메라 출력에 연결되며 720p와 1080i 모드를 받아들인다. 미러 리그를 사용한 카메라를 고려하여 이미지를 표시하기 전에 수평 또는 수직으로 두 이미지 중 하나를 뒤집을 수 있다. 줌과 같은 기능, 정렬 확인을 위한 기준 격자, 애너글리프 또는 셔터 안경 디스플레이로 인해 이 모니터는 매우 유익한 제어 도구가 된다. 견고한 금속 구조와 6인치(15cm) 스크린은 카메라 스탠드나 장치에 직접 부착할 수 있다.

그림 08-28 Transvideo 제어 모니터
© B. Michel

Transvideo 모니터는 4:3 화변비율을 가지며, 스크린 상단에 16:9 이미지를 표시하고 하단에 기술 정보를 표시하는 것이 가능하다. 모니터는 오디오 또는 비디오 신호 파형, HD-SDI 입력 스트림의 타임코드, 기타 정보를 표시한다. 가장 작은 CineMonitorHD 3D 모니터는 약 7천 불에 판매되고 있다.

편광 스크린

편광 모니터는 넓은 시야각, 적절한 밝기, 낮은 안경 가격, 이동성 같은 모든 구성 요소는 현장에서 3D로 확인하는데 안성맞춤이다!

아주 넓은 시야각을 가지는 미국 제조업체 Planar(www.planar3d.com)의 StereoMirror 더블 스크린은 깜박거림 없이 또는 해상도나 색상을 보장한다. 동시에 여러 사람들이 풀 HD 해상도 영상을 볼 수 있게 해준다. 저렴한 능동형 안경은 많은 사람들이 동시에 이미지를 확인할 수 있게 해준다. 17인치 버전이 있지만 더 큰 사이즈를 가지는 모델만이 Full HD 해상도가 제공된다. 1920 x 1080은 22인치 모델에서 받아들여지며, 1920 x 1200 조차도 26인치 버전에서 받아들여진다. 입력 커넥터는 2개의 DVI 커넥터로 각각의 시야에 대해 하나씩이다.

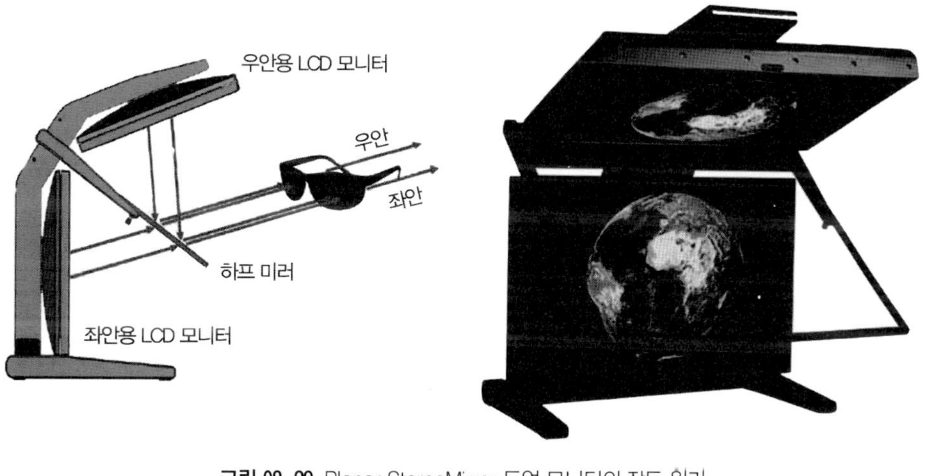

그림 08-29 Planar StereoMirror 듀얼 모니터의 작동 원리

한국 제조업체 RedRover는 True3Di 브랜드(www.true3di.com) 하에 8인치에서 24인치까지의 편광 이중 스크린을 시장에 내놓았다.

다른 편광 스크린도 사용할 수 있지만, 하나 걸러 한 줄이 두 시야 중 하나를 표시하는데 사용되기 때문에 대부분 수직으로 절반이 된 해상도를 갖는다. 그러나 각각의 눈에 540 라인을 전송하는 1080i 인터레이스 모드에서 HD 3D 신호로 시각화하는 경우에는 이것은 단점이 되지 않는다. 이 경우, 편광 스크린은 전송된 모든 픽셀을 효과적으로 표시한다. JVC 46인치 전문 모니터(GD-463D10E 포함)는 이러한 유형의 전형적인 예이다.

3D TV

3D TV 또한 현장에서 장면을 확인하기 위한 좋은 해결책이다. 밝기가 높고 크로스톡이 적은 플라즈마 디스플레이가 가장 인기 있다. 편광 모니터와 마찬가지로 큰 사이즈일수록 미세한 세부 사항을 확인하는데 좋다. 그러나 촬영 단계에서 필요한 여러 개의 안경 때문에 비용이 증가할 것이다. 46인치에서 65인치 크기의 모델은 크기와 이동성을 고려하였을 때 최적의 모델이 될 수 있다. HDMI 1.4 연결은 풀 HD 3D 디스플레이를 지원한다. 그러나 주의하자. 스크린이 능동형 셔터 안경 방식을 사용하는 경우는 항상 풀 해상도를 제공하는 것은 아니다. 몇몇 전송 모드에서 해상도는 반으로 줄어들 수 있다(예를 들어, 1080i 모드에서 인터레이스 프레임 전달).

컴퓨터 스크린

컴퓨터는 새로운 기술의 혜택을 받기 위한 최상의 도구이다. 오늘날 3D 디스플레이는 그래픽 어댑터 성능 혜택을 받고 있다. 다양한 디스플레이 방법이 PC에서 가능하다. 가장 잘 알려진 것은 이중 편광 영사와 능동형 셔터 안경을 사용하는 120 Hz 모니터이지만, 편광 모니터 또한 존재한다. 몇몇 그래픽 카드 드라이버와 기타 소프트웨어 애플리케이션은 많은 3D 포맷의 사진과 비디오를 보여준다. 가장 잘 알려진 애플리케이션은 3dtv.at 회사의 Stereoscopic Player 소프트웨어이며, 이 소프트웨어는 그래픽 카드, 모니터, 능동형 셔터 안경 같은 PC용 3D 하드웨어에 같이 출시된다.

능동형 안경

컴퓨터 스크린용 능동형 안경은 디스플레이와 동기화되어야 한다. 가장 일반적인 방법은 3D Vision과 3D Vision 2 시스템에서 Nvidia가 사용하는 적외선(IR) 제어이다. 이것은 120 Hz 이상의 재생률을 제공하는 스크린에서만 가능하다. 삼성과 Panasonic 같은 다양한 OEM이 이러한 스크린을 제공한다.

무역 박람회, 전시회, 박물관, 멀티스크린 통제실 같은 수많은 장소에서 적외선은 전파 방해를 받는다. 예를 들어, 나란히 위치한 2대의 3D 스크린은 서로의 신호를 변환시킬 수 있다. 이 경우 Nvidia 3D Vision Pro 같이 라디오 주파수 제어 시스템으로 전환해야 한다.

수동형 안경

수동형 안경을 사용하는 편광 모니터는 적외선 간섭이 많은 환경 또는 많은 수의 안경이 배포되어야 하는 경우에 대한 또 다른 대안이 될 수 있다. 22인치와 24인치가 있고 원형 편광 안경을 사용하는 Zalman 3D LCD 모니터(www.zalman.co.kr) 같은 소수의 편광 PC 모니터가 있다. 해상도는 1920 x 1080 Full HD이며 입력 커넥터는 DVI 포맷을 사용한다. 편광 필터는 각각의 두 이미지에 대해 디스플레이의 한 줄 걸러 한 라인을 사용하기 때문에 3D 이미지를 표시할 때 실질적인 수직 해상도는 절반이 된다.

비디오 월

멀티스크린 애플리케이션은 하드웨어에 두는 제약 때문에 애플리케이션의 수는 많지 않으나 유용한 솔루션이 존재한다. 하나는 단일 PC가 서로 옆에 설치된 3대의 3D 스크린을 제어하게 해주는 NVIDIA 3D Surround이다. PC는 SLI 모드(SLI 호환 가능 마더보드가 필요하다. 자세한 내용은 www.slizone.com 참조)에 연결된 2개의 Nvidia 그래픽 카드를 지나거나, 하나의 GeForce GTX680 또는 유사 모델을 지나는 3개의 호환 가능 비디오 출력을 갖고 있어야 한다. 다양한 기존 소프트웨어 패키지는 특정 게임 같이 이러한 작업 모드를 지원한다. 합성 이미지의 해상도는 Full HD 3배인 5760 × 1080 픽셀이다.

그림 08-30 Nvidia의 3D Vision Surround 기술을 사용한 비디오 게임
© www.nvidia.com

대형 3D 비디오 월(video wall)을 만들려면 다수의 PC 디스플레이를 동기화해야 한다. 그리고 이러한 솔루션은 서로 다른 그래픽 카드의 젠록(Genlock)을 수반한다. 가장 선

호되는 솔루션은 현재 Nvidia가 NVIDIA Quadro G-Sync II를 통해 제공하고 있다. 이것은 각각의 Quadro FX 유형의 그래픽 보드에 추가된다. 그리고 나서 이미지가 완벽하게 일치되어 단일 PC로 제어되는 안경은 모든 상호 연결된 스크린에서 정확하게 3D 비디오를 보여준다.

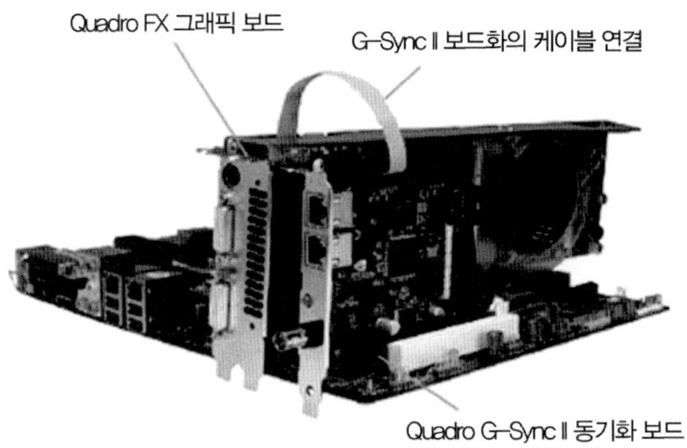

그림 08-31 멀티 PC Nvidia Quadro G-Sync II 동기화 보드
© B. Michel

드라이버

하드웨어 구성 요소를 관리하는 효율적인 드라이버는 모든 컴퓨터 시스템의 토대이다. 3D 디스플레이의 경우 아래와 같이 3개의 드라이버가 있다.

- Nvidia의 GeForce 3D Vision (www.nvidia.com)
- iZ3D의 3D 디스플레이 드라이버 (www.iz3d.com)
- DDD의 TriDef Experience 패키지 (www.ddd.com)

그림 08-32 Nvidia 로고
© www.nvidia.com

그림 08-33 iZ3D 로고
© iZ3D Inc

그림 08-34 DDD 로고
© DDD Group plc

GeForce 3D Vision

Nvidia 3D Vision 드라이버는 동일한 제조업체의 그래픽 카드와 해당 능동형 안경에서만 작동한다. 드라이버는 무료이지만 (ATI 같은) 다른 제조업체의 그래픽 카드와 호환이 안되며 이중 영사를 처리하지 않는다.

3D 디스플레이 드라이버

이 드라이버는 그래픽 카드와는 독립적이며 따라서 ATI와 Nvidia 양쪽의 그래픽 카드에서 작동한다. 이것은 무엇보다도 게임 애플리케이션에 방향을 맞추고 있다. 이 드라이버는 특히 왼쪽과 오른쪽 시야에 해당하는 2개의 DVI 입력이 내장된 iZ3D와 Zalman 3D 편광 모니터와 잘 호환된다(그러나 유일한 것은 아님). 따라서 편광 듀얼 영사기를 구동하기 위해 이 드라이버를 사용할 수 있지만, 일반 스크린에서 애니글리프 이미지도 표시할 수 있다. 이 드라이버는 AMD에 의해 3DTV에서의 사용은 무료로 제공된다. 드라이버는 애너글리프 모드에 대해 무료이며 iZ3D가 판매하는 스크린에 같이 제공된다. 다른 디스플레이 유형에 대한 가격은 50불이다.

TriDef Experience 패키지

DDD(Digital Dynamic Depth)는 하드웨어에 대해서는 OEM이 아니지만, Hyundai 3D 모니터에 대한 드라이버, 2D/3D 전환 솔루션, 사진에 관한 소프트웨어를 제공한다. 50불에 TriDef Experience 패키지 솔루션은 드라이버, TriDef Media Player, 사진 소프트웨어를 포함한다. TriDef Media Player는 2D나 3D 영화를 표시할 수 있으며 자동 실시간 2D에서 3D 전환 모드를 제공한다. 포함된 사진 소프트웨어 또한 스틸 사진에 대해 이 기능을 제공한다. 해당 패키지는 종종 삼성 3D 장치에 같이 제공된다.

필수 3D 소프트웨어

StereoMovie Maker

StereoPhoto Maker와 쌍을 이루는 이 프로그램은 일본인 마스지 수토(stereo.jpn.org)에 의해 무료로 제공된다. StereoMovie Maker는 HD 포맷에서도 스테레오스코픽 쌍의

그림 08-35 무료인 StereoMovie Maker 소프트웨어는 얼라인먼트를 자동 보정한다.

두 비디오 시퀀스를 동기화할 수 있게 해준다. 프로그램은 자동으로 얼라인먼트를 수정하고, 다양한 포맷으로 표시하고 저장한다. 프로그램은 금액에 걸맞은 탁월한 가치가 있지만 주된 한계는 처리되는 파일의 크기로 2GB를 초과할 수 없다. 프로그램은 Nvidia 3D Vision과 iZ3D 디스플레이 드라이버를 사용하며 다양한 애너글리프 모드도 지원한다.

StereoPhoto Maker

StereoMovie Maker와 동일한 저작자의 이 프리웨어는 3D 스틸 사진을 조작하기 위한 강력한 도구 상자이다. 이것은 Windows의 모든 버전과 (Windows 에뮬레이터가 있는) Intel Macs에서 돌아간다. 스테레오스코픽 이미지 쌍을 위해서 이 프리웨어는 필요한 모든 수정을 처리하며 수정된 이미지를 다양한 3D 포맷으로 표시하고 저장한다. 배치(batch) 모드는 이미지 쌍의 집단 처리를 가능하게 하며 이 프리웨어를 테스트용 뿐 아니라 일상적 작업을 위한 효과적인 도구로 만든다.

그림 08-36 Fuji 3D W3 카메라로 촬영한 사진에 대해 소프트웨어 StereoPhoto Maker로 보정

Stereoscopic Player

많은 소프트웨어 패키지가 PC에서 3D 영화를 표시할 수 있지만, Peter Wimmer가 개발한 애플리케이션인 Stereoscopic Player만한 것은 없다(www.3dtv.at). 이 소프트웨어는 사실상 모든 3D 인코딩과 디스플레이 모드를 지원한다. 5분으로 제한된 무료 버전을 구할 수 있다. 개인 라이선스는 €39에 구입할 수 있다.

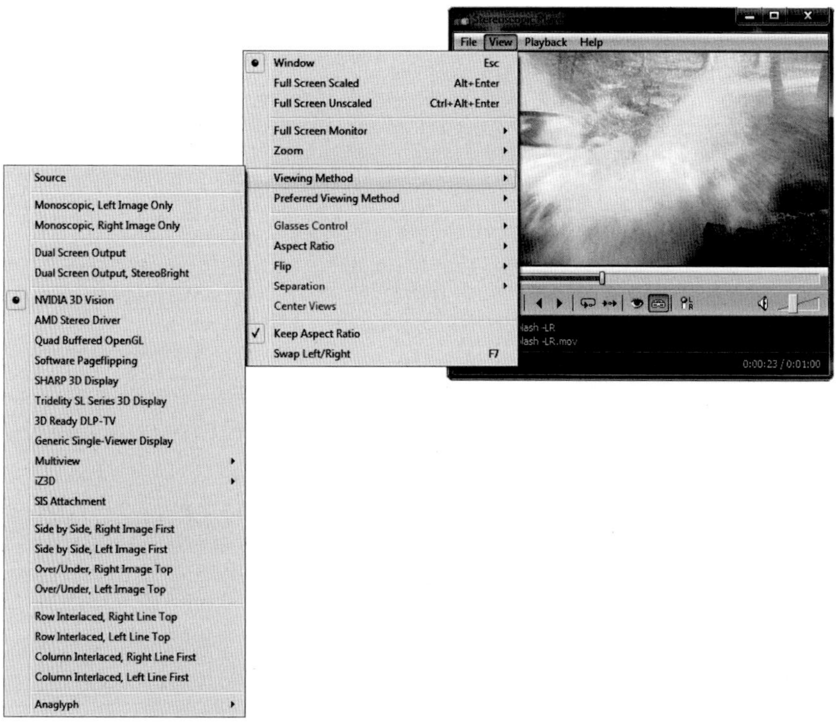

그림 08-37 Stereoscopic Player와 다양한 디스플레이 모드

DisplayPort : 3D 전송의 미래

VGA와 DVI 커넥터는 수년 간 컴퓨터와 모니터 전송에 사용되어 왔다. 그러나 해상도와 프레임 수의 증가로 인해 해당 유형의 방식은 한계를 가지게 되었다. 디지털 스테레오스코피와 인터페이스 디바이스가 등장하면서, 디스플레이 시스템은 2배 이상의 성능이 요구되어 지고 있다. 컴퓨터 전자 장치, 그래픽 카드, 컴퓨터 모니터 제조업체의 95%가 가입되어 있는 VESA 협회는 DisplayPort (ANIS/CEA-2017-A)라는 고속 이미지

전송을 위한 새로운 시스템의 표준화가 진행중이다. 현재 1.2 버전 출시 이후 자리를 잡아가고 있다.

그림 08-38 곧 모든 컴퓨터에서 볼 수 있는 DisplayPort의 공식 로고
© www.displayport.org

DisplayPort는 Apple, Dell, Hewlett-Packard, Nvidia, Intel과 같은 대부분의 PC 및 모니터 제조업체가 채택한 로열티가 없는 공개된 표준이다. 이 표준은 장기간 지속될 것으로 예상된다. 표준은 일반 케이블을 통해 21.6 Gbits/s의 대역폭으로 신호 전송이 가능하며, 스테레오스코피와 고선명도를 지원하는 다수의 고해상 스크린에 연결 가능하다. DisplayPort 커넥터는 두 가지 버전, 즉 스탠다드(DP)와 미니(mDP)가 사용된다.

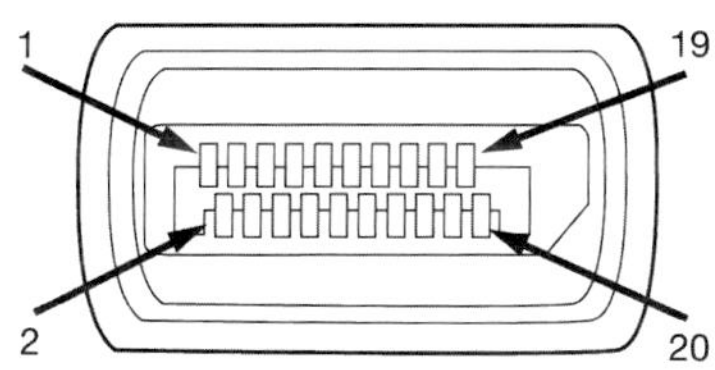

그림 08-39 DisplayPort 커넥터의 20개 핀

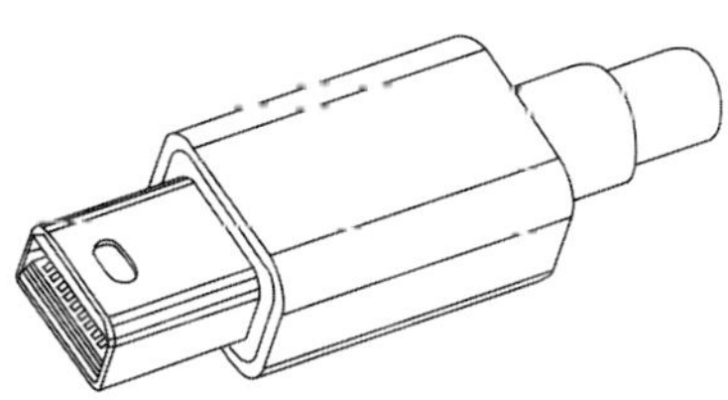

그림 08-40 mDP 미니 커넥터

DisplayPort 프로토콜은 2010년 2월 Consumer Electronics Association(CEA)에 의해 디스플레이 스크린과 휴대용 미디어 장치 간의 연결 표준인 PDMI(Portable Digital Media Interface) 인터페이스의 일부로 채택되었다.

그림 08-41 PDMI 커넥터

몇몇 해당 방식의 지지자들에 따르면, DisplayPort는 2013년 모든 컴퓨터, 모니터, 휴대용 기기에서 보편적으로 사용될 것으로 예견하고 있다.

DisplayPort는 시작부터 3D 블루 레이 플레이어의 신호를 지원하기 위해 설계되었다. 15미터의 최대 케이블 길이는 회의장부터 홈시어터 설치에 이르는 장소에서 단일 및 듀얼 영사기의 간편한 연결을 가능하게 한다. 표준에 대한 최신 정보는 전용 웹사이트 www.displayport.org에서 구할 수 있다.

DisplayPort와 HDMI 및 DVI 비교

HDMI와 DVI	DisplayPort
동기화된 픽셀 전송	패킷 직렬 통신
디지털 비디오 구성 요소를 위한 3쌍의 데이터	내장형 클록을 가지고 8B/10B 인코딩
디스플레이와 동기화된 픽셀 타이밍, 아날로그 시대의 유물	필요에 따라 변형가능한 전송률(1.6, 2.7, 또는 5.4 Gbps)
다양한 클록(clock) 주파수	필요에 따라 1, 2, 4개의 서로 다른 쌍(레인(lane)이라고 함) 이용
디스플레이 장치 내부에 메모리 없음	디스플레이 장치 내부에 메모리
12C/CEC-유형 이면경로	양방향 보조 데이터 채널
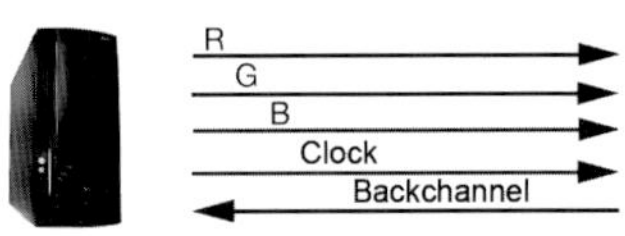	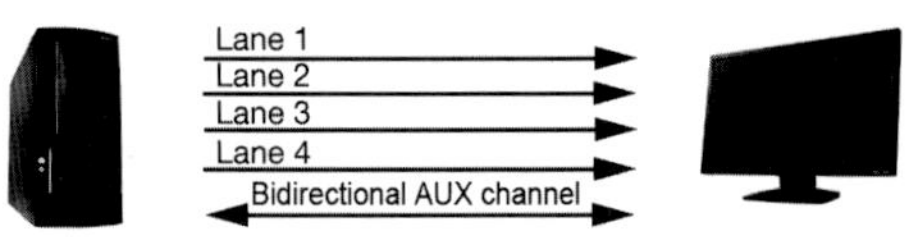

그림 08-42와 그림 08-43

비디오 인터페이스 비교

특징	VGA	DVI	HDMI	Display Port
로킹 가능한(lockable) 커넥터	√	√	선택	선택
통합된 오디오 연결	No	No	√	선택
USB 크기 커넥터	No	No	√	√
3D 블루 레이 지원	No	선택	√	√
내장형 전원 장치	No	No	No	√
광섬유 케이블 호환성	No	No	No	√
2560 x 1600 그리고 그 이상의 해상도	No	선택(이중 DVI)	선택(Cat 2 케이블)	√
120 Hz 재생률	No	No		√
2× (2560×1600) 120 Hz 스테레오스코피	No	No	No	√
10비트 색상 선명도	No	No	선택	√
15미터 케이블	No	No	No	√
양방향 보조 채널	No	No	No	√
초평면 스크린 호환성	No	No	No	√
확장성	No	No	제한적	√

호환성

DisplayPort(DP) 케이블은 비디오 신호 뿐 아니라 다양한 컨버터에 전력을 공급하기에 충분한 전원 장치를 갖고 있다. DP-HDMI, DP-DVI, DP-VGA 어댑터 또한 쉽게 사용 되어 질수 있다. 광섬유 케이블을 통한 DisplayPort 신호 전송 능력으로 인해 큰 회의장과 경기장 등 15미터 이상에서의 전송과 시스템 호환도 가능하다.

시청각 데이터

DisplayPort는 24 bits/sample의 192 kHz에서 1 ms까지 비디오와 동기화되는 8개까지의 오디오 채널을 지원한다.

DP 1.2는 240 Hz 1080p 신호와 6~16 bits/component 색상 선명도를 지원한다. 이것은 RGB, YCbCr 4:4:4, YCbCr 4:2:2 색 공간을 처리한다.

스테레오스코픽 데이터

3D 전송 프로토콜은 DisplayPort 사양에 포함되었다. DP 1.1의 10.8 Gbits/s 처리량은 현재 1.2 버전에서 21.6 Gibts/s로 증가하였다. 그것은 다양한 인터레이스 주사 방식뿐만 아니라 720p 60, 1080p 24, 1080p 60 같은 프로그레시브 주사 방식의 스테레오스코픽 이미지를 전달하는데 충분하다. 해당 표준은 120 Hz 스테레오(각 눈에 대해 초당 120 프레임)에 대해 각 눈 당 2560 x 1600 픽셀의 두 배 크기까지의 해상도 처리가 가능하다.

스테레오스코픽 프로토콜을 제어하는 데이터 패킷은 "MSA(Main Stream Attribute)"라고 한다. 이 패킷은 수직 귀선 소거 간격 동안 각 프레임에 전송된다. MSA 패킷의 1과 2 비트는 전달되는 이미지의 유형을 나타낸다(아래 표 참조).

DisplayPort 인터페이스 MSA 패킷의 1비트와 2비트

2와 1 비트 값	의미
00	전송된 스테레오 비디오 없음
01	프로그레시브 비디오의 경우, 다음 비디오 프레임은 오른쪽 눈을 위한 것임 인터레이스 비디오의 경우, 상단 영역은 오른쪽 눈 그리고 하단 영역은 왼쪽 눈을 위한 것임
10	보류
11	프로그레시브 비디오의 경우, 다음 프레임은 왼쪽 눈을 위한 것임 인터레이스 비디오의 경우, 상단 영역은 왼쪽, 하단 영역은 오른쪽 눈을 위한 것임

보조 채널

DisplayPort 보조 데이터 채널은 720 Mbits/s의 속도로 양방향으로 데이터를 전달한다. 따라서 마이크의 음향, 스크린에 내장된 웹캠 이미지, USB 2.0 장치로부터의 정보 포함이 가능하다.

보안

DisplayPort는 HDMI 1.3과 1.4에서 정의된 보안 프로토콜을 지원하기 때문에 복제 방지가 가능하다.

CRT 스크린에서의 순차적 디스플레이

3D 순차 비디오 디스플레이 방법은 1990년대에 매우 인기가 있었다. 능동형 셔터 안경은 케이블 또는 적외선 인터페이스를 통해 CRT 재생률과 동기화되었다. 두 경우 모두 전자 스크린과의 물리적 연결이 필요했는데 이는 "VESA 커넥터"라는 표준화 방식을 사용하였다.

스테레오스코픽 비디오가 교번 자장(alternating field)에 의해 순차적으로 표시되면, VESA 커넥터는 어떤 프레임이 현재 표시되고 있는지를 나타낸다. 커넥터는 1997년에 VESA(Video Electronics Standards Association, 미국 캘리포니아주 밀리타스)가 발표한 *VESA Enhanced Video Connector and Plug and Display Standards*에서 표준화되었다.

VESA 커넥터는 물리적으로 3개의 핀이 있는 IEC-1076-4-105 커넥터이며, "mini-DIN"라고도 한다.

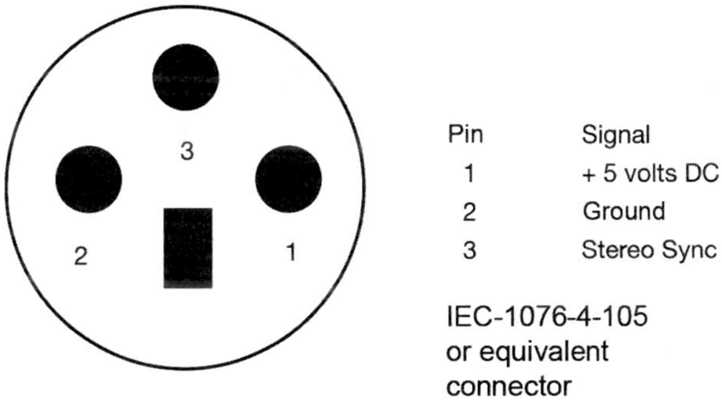

그림 08-44 VESA 커넥터는 3개의 핀이 있는 mini-DIN 인지를 사용한다.

스테레오 동기화 신호는 TTL 레벨(0.8볼트보다 적으면 = 0, 2.4볼트 이상이면 = 1)을 사용한다. 왼쪽 이미지가 표시되면 신호는 1로 설정되며, 오른쪽 이미지가 표시되면 0으로 설정된다. 수직 동기화 펄스 이후 처음 3개의 주사 스캐닝 동안에 이미지 전환이 발생한다.

VESA 커넥터는 연결된 장치에 +5 볼트 전력을 공급한다. 사용 가능한 전류는 300 ~ 1000 mA 이다. 커넥터는 PC, 그래픽카드, DVD 플레이어과 같은 소스 장비에 위치하며, 모니터나 TV 세트에 내장 통합되어 있다. 몇몇 PC에서의 Open GL 그래픽 카드는

VESA 커넥터 (Nvidia Quadro, ATI FireGL)가 장착되어 있다. 잘 알려진 VESA 커넥터 방식의 능동형 셔터 안경 방식 모델로는 VRLogic(www.vrlogic.com)사의 Crystal Eyes가 있다.

3D 순차 비디오 디스플레이 방법은 CRT(Cathode Ray Tube) 모니터로 작업해야 하는 것에 주목하자. 현재의 평면 스크린이 인터레이브 주사 방식의 비디오 시그널을 지원하지만, 이미지들은 특정시간에 어느 한 순간 메모리에 저장된다. 프로그레시브 주사 방식의 디스플레이는 더 이상 존재하지 않으며, VESA 커넥터가 있는 LCD, 플라즈마 스크린에서의 어떠한 동기화 시도를 할지라도 더 이상 지원 불가능하다.

슈도스테레오스코픽 디스플레이

사람들이 무안경 방식의 스크린을 통해 깊이감 지각을 원한다면 우리는 무엇을 해야 하나? 컴퓨터 모니터들은 이미지들의 모션효과를 줄 수 있기 때문에 "운동시차" 깊이 단서를 통해 스틸 이미지에 3D 느낌을 줄 수 있다.

위글(Wiggle) 방식

"위글링(wiggling)"이라는 의미에서 유래된 위글(wiggle) 3D 디스플레이 방식이 있다. 원리는 빠른 속도로 번갈아 스테레오스코픽 쌍의 두 시야를 표시하는 것이며, .GIF, .PNG 애니메이션 이미지 포맷이나 Flash, Java, 또는 JavaScript 애플릿으로 표현할 수 있다. 동영상으로 된 GIF는 모든 인터넷 브라우저에서 볼 수 있다. Flash 애플릿의 경우 브라우저는 Flash와 Java를 지원해야 한다. iPhone과 같은 Apple 제품은 Flash 지원을 안하는 것에 주목하자. 대부분의 사람들 (심지어 한쪽 눈만 있는 사람들도) 플래시 속도가 초당 2번 또는 4번 교체 주기로 선택되면 3D를 인식할 수 있다. 효과는 머리를 빠르게 앞뒤로 또는 좌우로 움직이는 동안 가까이 있는 사물을 관찰하는 것과 유사하다. 가까이 있는 사물은 더 큰 시차를 갖기 때문에, 사물은 이미지 평면에서 더 많이 움직이며, 반면 멀리 있는 사물은 정지 상태를 유지한다. 이 방법은 진정한 스테레오스코픽 방법은 아니며 인쇄 매체에 적합하지 않다. 게다가 끊임없이 움직이기 때문에 사물의 세부 사항을 보기 어렵다.

참조

양안시차 시력이 거의 없거나 또는 아예 없는 많은 동물들은 부족한 거리 정보를 얻기 위해 머리를 정기적으로 흔든다.

동영상으로 된 .gif에서 위글

슈도스테레오스코픽 .GIF 애니메이션 이미지를 생성하는 것은 StereoPhoto Maker 프로그램을 사용하면 아주 간단하다. 웹사이트 http://stereo.jpn.org/eng/stphmkr/index.html에서 프로그램의 가장 최신 버전을 찾을 수 있다.

마스지 수토의 웹사이트는 일본어, 영어, 독일어, 프랑스어를 지원하며, Windows에서 작동하는 무료 프로그램인 StereoPhoto Maker를 제공한다. 설치 절차 없이 당신의 디스크에 복사되면 애플리케이션은 사용 준비가 된 것이다. File〉Open〉Open Left-Right Images로 2개의 이미지를 열자. 필요한 경우 이미지를 수정하고(자동 모드를 위해 Alt+A를 눌러라), 그리고 File〉Make Animation Gif로 동영상을 만든 후 .GIF 파일을 저장하라.

Make Animation Gif 모드에서, 초당 1/100의 정확도로 플래싱(flashing) 속도를 수정할 수 있다. 또한 제한된 값을 갖긴 하지만 파일 크기를 줄이기 위해 색상 모드를 변경할 수 있다.

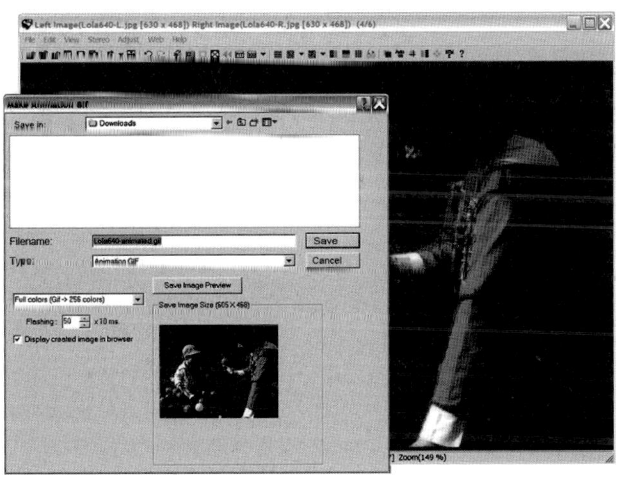

그림 08-45 StereoPhoto Maker 애플리케이션과 "Make Animation GIF" 모드

웹 페이지에서 위글

JavaScript + Flash 애플릿을 생성할 수 있게 해주는 무료 소프트웨어가 있다. 그것은 "Wiggle Stereoscopic (3D) Viewer"라고 하며 sourceforge.net/projects/wiggle/files/에서 다운로드 할 수 있다.

애플리케이션을 포함하는 .ZIP 파일을 다운로드한 후 컴퓨터 디렉토리에서 압출 파일을 풀고 애플리케이션을 시작하기 위해 HTML 소스 파일을 클릭한다. 왼쪽과 오른쪽 이미지 파일명을 프로그램에 입력해야 하며, 가장 먼 지점과 가장 가까운 지점이 정의되어야 한다. 또한 이미지 하단에 위치하게 될 제목을 입력할 수 있다. 그리고 애플릿은 웹페이지로 삽입할 수 있는 하나의 HTML 코드를 생성한다.

Piku-Piku

Piku-Pike("wiggling"으로 번역되는 일본어 용어) 기법은 위에 설명한 위글과 유사하지만 더 개량되어 있다. 좌, 우 이미지 모두를 표시하는 것 외에 보간 기법에 의해 생성된 일련의 중간 이미지도 표시한다. 차례로 표시되는 이미지의 수는 2개에서 5개, 또는 그 이상이 되며 매우 효과적이다. Piku-Piku 컨버터는 Start 3D 회사의 웹사이트(www.start3d.com)에서 온라인으로 사용가능하다. 무료 서비스를 제공하지만 사실상 이미지 인쇄를 위해 렌티큘러로 주문할 것을 권장하고 있다. 게다가 Piku-Piku 방법에 의해 생성된 중간 이미지는 양질의 렌티큘러 인쇄 제작에 필수이다. Start 3D는 웹사이트에서 직접 이미지를 저장하거나 JavaScript처럼 웹 페이지에서 직접 이미지를 내보낼 수 있는 기능을 제공한다. 생성 작업 동안 Piku-Piku 컨버터는 자동으로 일련의 정렬 조정과 밝기 수정을 적용하여 양질의 이미지를 만든다.

렌티큘러 프린팅

일반 대중은 동영상에 훨씬 더 많은 관심을 갖긴 하지만 사진의 인쇄 보급은 아직 미래가 밝다. 인쇄 보급의 주요 장점은 낮은 비용이다. 통상적으로 인쇄된 3D 이미지를 보기위해 필요한 것은 유색 안경이다. 렌티큘러 인쇄의 경우 별도의 안경 없이 3D로 볼 수 있다. 또한 스테레오스코프를 통해 보도록 만들어진 스테레오 이미지 쌍을 인쇄하는 것은 낮은 인쇄비용과 양질의 품질을 제공한다.

특수 안경을 써야 하는 필요성과 낮은 애너글리프 품질 또는 렌티큘러 방식에서의 특정한 시야각과 적절한 조명 선택 같은 까다로움 때문에 종이 매체에서의 3D 이미지는 결코 전통적인 사진술을 대체할 수 없다. 이러한 단점에도 불구하고 3D 인쇄는 깊이 감각을 지원하는 덕분에 특수한 경우에 사용할 수 있다. 따라서 3D 인쇄는 박람회나 전시장, 또는 전통적인 미디어가 최신 시청각 3D 뉴스를 보도하고자 하는 경우에 주로 사용된다. 종이에 하는 3D 인쇄는 렌티큘러, 애너글리프, 스테레오스코프의 세 가지 범주로 나누어진다.

원칙

렌티큘러 인쇄는 오토스테레오스코피의 종이 버전이다. 제작이 까다롭고 비싸지만 아주 자연스럽고 액세서리, 안경, 스테레오스코프, 기타 장치를 사용할 필요가 없기 때문에 매우 효율적이다. 렌티큘러 이미지는 작은 병렬 원통형 렌즈가 새겨진 플라스틱 시트 후면에 인쇄된다. 렌즈의 폭은 0.25 mm와 1.6 mm 사이이며 용도에 따라 다르다. 일반적으로 더 작은 렌즈는 가까이에서 보는 소형 인쇄물에 사용되고, 큰 렌즈는 대형 시각적 디스플레이, 포스터 등에 사용된다.

렌티큘(lenticule, 미소 볼록렌즈)이라고 하는 일련의 병렬 수직 렌즈는 각각의 눈이 각 렌티큘 뒤에 있는 이미지의 일부만을 볼 수 있도록 빛을 굴절시킨다. 한 쪽 눈 또는 다른 쪽 눈으로 본 이미지의 일부는 이미지의 입사각과 렌즈 유형에 따라 달라진다. 렌즈는 재활용 PET 플라스틱(음료수 병을 만들기 위해 사용되는 폴리에틸렌 테레프탈연산)으로 만든다. 렌티큘러 필름은 크기와 두께, 그리고 렌티큘의 피치(pitch)로 특징지어진다. 렌즈가 품질이 좋고 크기가 충분한 경우 2장의 이미지뿐 아니라 더 많은 이미지를 렌즈 뒤에 표시할 수 있다. 만약 하나의 장면을 약간 다른 각도에서 촬영하여 부드럽고 연속된 시야가 제공된다면, 이미지는 정면에서 왼쪽에서 오른쪽으로 움직일 때 사물을 회전시키는 느낌을 얻을 수 있다. 최고의 3D 효과는 약 10번의 촬영으로 얻을 수 있다. 당연히 필요한 이미지의 최소 장수는 2장이며 가장 넓은 렌즈를 사용한 최대 이미지 수는 64 장이다.

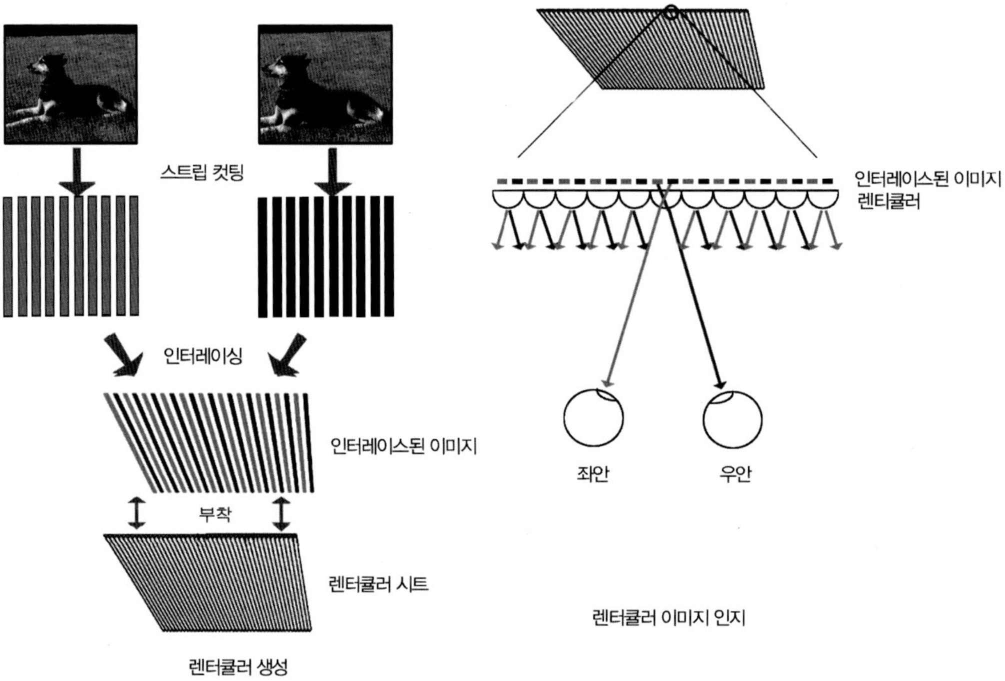

그림 8-46 스테레오스코픽 렌티큘러 패널 생성 및 인지

방향

렌티큘은 눈이 동시에 서로 다른 이미지를 인식할 수 있도록 수직을 향해야 한다는 점이 중요하다. 일부 렌티큘러 이미지는 뒤판을 향해 수평으로 고정되어 있다. 그러한 이미지는 스테레오스코픽이 아니지만 하단에서 상단으로의 이동을 통해 동영상이 될 수 있다. 이것은 렌티큘러 뒤를 지나가는 짧은 이미지 시퀀스를 유발하며 2초에서 3초 길이의 영화가 된다.

조각내기

좋은 3D 효과를 얻기 위해 인쇄된 이미지는 스테레오스코픽 쌍의 왼쪽과 오른쪽 이미지에서 번갈아 자른 수직 조각으로 구성되어야 한다. 조각은 분명히 시트의 렌티큘러와 동일한 피치에서 잘려야 한다. 일반적으로 선택된 렌티큘러 시트 피치에 상응하는 조각으로 소스 이미지를 절단하기 위해 적절한 소프트웨어를 사용한다. 아주 좁은 조각(폭이 1밀리미터 이하)을 자를 때는 극도의 정밀성이 요구되기 때문에, 600 dpi(dots per inch) 또는 그 이상의 해상도로 된 품질 높은 파일을 제공하는 것이 좋다.

포맷

다양한 크기가 가능하다. 최대 크기는 사용 가능한 시트 크기와 인쇄 과정에 따라 다르다. 일반적으로 제작 판은 120 x240 cm (3 x 6 피트)의 최대 크기를 갖기 때문에 약 1 제곱미터의 크기가 일반적이다. 하지만 큰 포스터를 만들기 위해서는 여러 개의 판을 나란히 놓아 제작한다. 기네스북에 등재된 세계에서 가장 큰 렌티큘러 포스터는 미국 네바다주 라스베가스의 Mandalay Bay 카지노에 있다. 이것은 2007년 Big3D(www.big3d.com)가 만든 것으로 길이가 33미터이다.

인쇄 방법

석판 인쇄의 경우 투명한 렌티큘러 필름 후면에 직접 인쇄하는 것이 가능하다. 전 세계의 거의 모든 렌티큘러 디스플레이는 이 공정으로 인쇄된다. 원칙적으로 6색 오프셋 압축기가 사용되며, 대비가 뛰어난 배경 이미지를 제공하기 위해 매우 불투명한 흰색 막이 1겹 또는 2겹 있는 4색 인쇄를 한다. 시트의 후면은 폴리에스터르나 종이 필름을 사용하거나 스크린 인쇄 니스를 가지고 코팅하여 보호한다.

석판 인쇄 공정의 건조 단계를 가볍게 여겨서는 안 된다. 운송을 위해 패널을 포장할 수 있기 전까지 3일을 꼬박 기다려야 하는 것이 일반적이다.

렌티큘라 인쇄

LPI	시거리	용도	수량
15-30	2m에서 8m	벽보, 전시	소수
40	1m에서 5m	포스트, 상품 진열대	소량 연속 출판
60	〈 3m	리플렛, A3 또는 A4 포스터	대량 연속 출판
70-80	〈 1m(휴대용)	엽서, 광고	대량 배포
100	〈 1m(휴대용)	고급 엽서	대량 배포

피치: 렌티큘러 피치는 ℓpi(인치당 렌티큘의 수)로 측정된다. 피치 선택은 3D 이미지가 식별되는 조건을 결정하는 중요한 단계이다. 위의 표는 피치 선택의 지표이다.

소프트웨어

렌티큘러 이미지를 만들기 위해 필요한 정밀도 모두를 제작할 수 없지만, 많은 소프트웨어 애플리케이션은 3D 이미지를 전처리하고 조각 처리를 지원한다. 그러한 소프트웨어에는 Triaxes(www.3dmasterkit.com)와 Imagiam(www.imagiam.com)이 개발한 것이 있다. 또한 SourceForge(http://lentikit.sourceforge.net)의 흥미로운 오픈 소스 프로그램도 있다.

애너글리프 인쇄

스테레오스코픽 이미지의 대량 인쇄는 가능한 한 비용 감소가 필요하며, 검증된 기술을 사용해야 한다. 잡지 또는 심지어 일간지를 3D로 인쇄하는 유일한 방법은 애너글리프 공정을 사용하는 것이다. 역사적으로 애너글리프는 영화에도 사용되었지만, 종이 인쇄 이외에 컴퓨터와 웹 페이지에서 스크린 확인용으로 여전히 사용된다. 아래의 내용들은 인쇄용 뿐 아니라 화면 디스플레이용 애너글리프 생성 부분을 다룬다. 스틸 이미지와 비디오에 동일한 방법이 적용된다.

애너글리프 원칙

이미지가 서로 다른 색인 경우 두 개의 서로 다른 이미지가 동일한 종이 (또는 스크린) 위에서 중첩되더라도 우리의 눈에 전달될 수 있다는 개념이다. 각각의 눈앞에 위치한 색상 필터는 해당 색상의 이미지만을 드러낸다. 양쪽 이미지가 스테레오스코픽 쌍의 일부인 경우 장면은 3D로 나타난다. 분명, 효과적인 필터링은 고스팅을 최소화한다. 서로에 대해 완벽하게 보색을 갖는 2개의 색상을 사용한다. 인간의 뇌는 매우 우수하여 3D로 장면을 재구성할 수 있을 뿐 아니라 각각의 눈에 부분적이 색상 정보만이 주어지더라도 모든 색상을 장면에 부여할 수 있다.

마지막 원칙은 비슷한 밝기 수준을 유지하면서 스펙트럼의 일부가 한 쪽 눈으로 통과하고 정확하게 스펙트럼의 나머지 부분이 다른 쪽 눈을 통과하게 하는 필터를 찾는 일이다. 다행히도 많은 솔루션이 가능하다.

두 이미지에서 밝기를 유사하게 유지하는 것은 과도한 눈의 피로를 피하기 위해 필수적이다. 두 눈 간의 밝기 차이는 현실 세계를 관찰하는데 있어 우리의 뇌가 익숙하지 않은 망막 경합을 초래한다.

다양한 솔루션

이상적인 솔루션은 여전히 두 시야를 차별화할 수 있으면서, 각각의 눈에 모든 색상이 지나가게 하는 것이다. 복잡한 다중스펙트럼 방법은 그러한 결과를 얻을 수 있지만, 매우 특정한 스펙트럼선을 포함하는 광원이 필요하다. 이것은 몇몇 영화관에서 사용된 Dolby(이전에는 Infitec) 시스템의 경우이다. Dolby 필터는 한쪽 렌즈에서 스펙트럼의 빨간 부분의 절반만을 통과하게 하고 다른 한쪽 렌즈에서 나머지를 통과하게 한다. 필터는 스펙트럼의 파랑과 녹색 부분에서도 동일한 역할을 한다. 따라서 각각의 눈은 적색, 녹색, 청색을 얻지만 확실히 동일한 적색, 녹색, 청색이 아니다! 불행히도 이 방법은 영화 영사기에서처럼 광원 자체가 통제되는 경우에만 효과가 있다. 컴퓨터 스크린이나 종이 인쇄의 경우 비용상 불가능하며 세 가지 기본 구성 요소, 즉 적색, 녹색, 청색을 가진 유색 이미지를 사용한 필터링으로 임시변통해야 한다.

몇몇 색상 조합이 수년간 시도되었지만, 적색-청색 결합이 거의 보편화되었다. 아래 표는 일반적으로 사용되는 필터의 장점과 단점을 보여준다

주

이 분야는 표준화되지 않았기 때문에 왼쪽에서 오른쪽으로 뒤집어진 색상을 가지고 만들어지기도 한다. 아래의 표는 일반적인 구성을 보여준다.

애너글리프 방법의 장점

- 사시 눈과 같이 맨 눈으로 자발적 경합하여 3D를 보는 것보다 더 사용하기 쉬움

- 정상적인 색지각(color vision)을 가진 사람은 누구나 사용 가능
- 2개의 이미지를 나란히 표시하는 스테레오스코프와는 달리 회로기판의 전체 표면은 단일 이미지에 사용됨
- 안경 특히 카드보드 모델은 저렴함
- 적-청 안경은 쉽게 구할 수 있음. 종종 잡지나 홍보 전단지에 사용됨
- 애너글리프는 모든 종이와 투명한 시트에 인쇄될 수 있으며, 영사기, TV 세트, 컴퓨터 스크린에서 사용할 수 있음

애너글리프 방법의 단점

- 고스트: 왼쪽 이미지의 일부가 오른쪽 렌즈를 통해 보이며 그 반대의 경우도 마찬가지이다. 이것은 안경과 관찰된 이미지 매체 간의 불일치 때문이다. 인쇄(또는 스크린)와 안경 모두가 동일한 소스에서 오는 경우 이미지 색 측정을 통해 미세 조정하는 것이 가능하다. 그러나 대부분의 경우 이미지의 제작자는 매체 선택, 인쇄 과정, 안경 선택을 포함하는 전체 과정을 통제하지 않는다. 시차가 낮게 유지되는 경우 고스트 현상은 줄어들 수 있다. 그러나 이 방식은 3D 효과가 줄어들지만 사용자에게 편암함을 준다.
- 망막 경합: 각각의 눈은 서로 다른 이미지를 받아들이고, 이미지의 밝기는 매우 다를 수 있다. 차이가 너무 크면 뇌는 2개의 이미지를 결합하는데 어려움을 느끼며 두통이 뒤따른다. 이것은 빨간색 차나 광대한 담청색 하늘을 볼 때 적-청 애너글리프 이미지에서 발생한다. 또한 일부 불쾌감은 애너글리프의 유형에 따라 다르다. 자홍색-녹색 또는 ColorCode 같은 몇몇 방법은 매우 어두운 유리를 갖고 있다. 그러한 경우 눈의 피로를 피하려면 어두운 유리에 해당하는 스펙트럼의 부분에 대상이 아주 밝아야 한다.

참조

스크린에서 움직이는 이미지의 경우 망막 불균형이 너무 크면 풀프리히 효과(2장 참조)가 첨가되어 스테레오스코피를 방해할 수 있다.

- 부자연스러운 색상: 다양한 애너글리프 방법의 장점에도 불구하고 색상은 결코 정확하지 않다. 1세기 전의 애너글리프에 비하여 일부 진화는 이루어졌지만, 인지되는 색과 유색 필터 시스템과는 완벽한 조화를 이루지 못한다. Dolby 안경은 어느 정도 완벽한 조화를 이루는데 가장 가깝지만, 용도는 영화관에 한정되어 사용된다.

애너글리프 인쇄 방법과 특징

애너글리프 유형	왼쪽 필터	오른쪽 필터	부정확하게 인식된 이미지 요소	정확하게 인식된 이미지 요소
적색-청록색	적색: Wratten 26	청록색: Wratten 44	하늘, 밝은 빨간색 사물	피부 색깔, 땅, 식물
황색-청색	황색: Lee 179 Chrome Orange, 그리고 Lee 211 중싱 회색	Tokyo Blue: Lee 071	어두운 이미지	피부 색깔, 하늘, 조명이 밝은 빌딩
적색-청색 (거의 사용되지 않음)	적색: Wratten 26	청색; Wratten 38A	녹색 색상은 안보이며, 이미지는 흑백의 느낌을 줌	건축물
적색-녹색 (거의 사용되지 않음)	적색: Wratten 26	녹색: Wratten 58	파란 색상이 안보이며, 이미지는 흑백의 느낌을 줌	잔디에서 하는 스포츠
자홍색-녹색 (거의 사용되지 않음)	자홍색: Wratten 32	녹색: Wratten 58	화면 디스플레이에서는 회피	인쇄종이용
ColorCode	황색 (특허)	청색(특허)	파란색이 대부분인 장면	피부 색깔, 하늘, 조명이 밝은 빌딩
Dolby	다중스펙트럼 특허	다중스펙트럼 특허	인쇄, TV, 컴퓨터 스크린에는 효과가 없음	모든 색상, 영화관에서만 사용됨

왜 애너글리프를 사용하는가?

위에서 언급한 단점을 고려할 때 애너글리프의 유용성은 매우 한정되어 있다고 생각할 수 있다. 그러나 인쇄 대량 배포의 경우에 애너글리프는 유일하게 저렴한 솔루션이다. 애너글리프의 단점은 매우 신중한 절차와 색상 균형을 수정하기 위해 교정쇄를 확인하고, 과도한 시차를 피함으로써 최소화할 수 있다. 작은 축간격으로 촬영해 얻은 작은 시차는 일반적으로 좋은 결과를 낳는다. 깊이 효과는 더 얕지만 결과 이미지는 덜 피곤하며 안경 없이 문서를 검토하는 독자들에게 더 즐거울 수 있다.

적-청록 애너글리프

가장 인기 있는 방법은 적-청 애너글리프이다. 종종 과도한 망막 경합 같은 단점에도 불구하고 큰 붉은색 물체를 제외하고 일반적인 대상에 아주 적합하다.

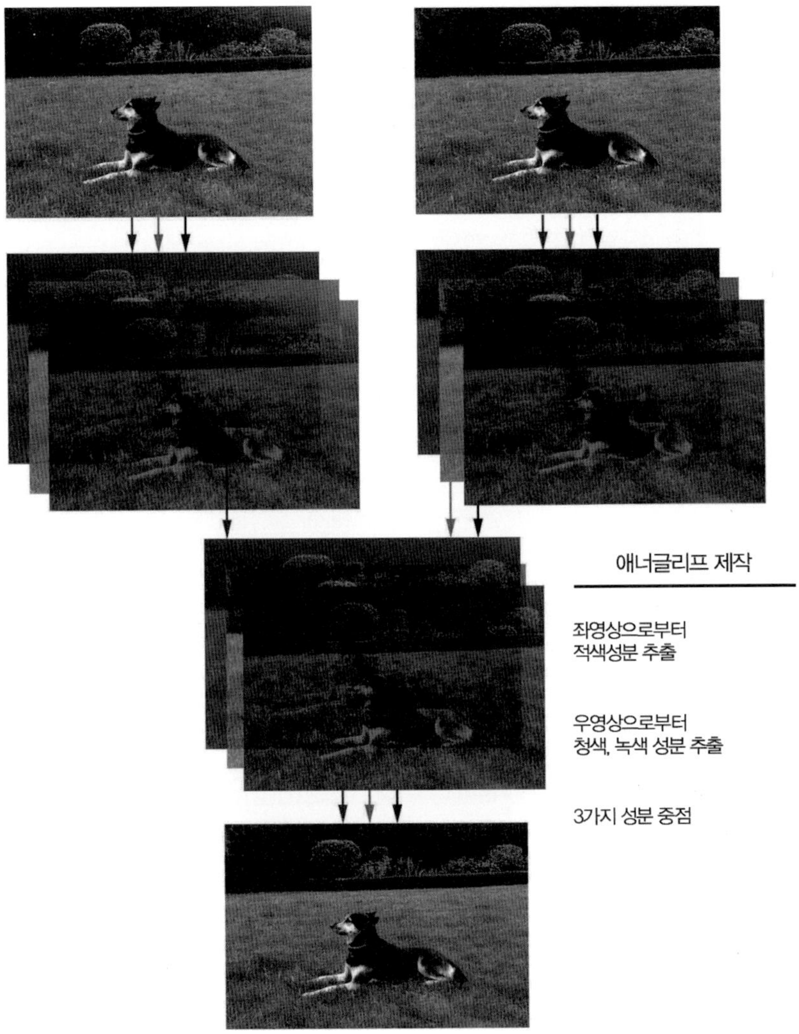

그림 08-47 왼쪽 적색 요소, 오른쪽 녹색 요소, 오른쪽 청색 요소를 중첩하여 애너글리프 제작

컬러 사진의 스테레오스코픽 쌍에서 적-청 애너글리프를 제작하기 위한 공식은 다음과 같다.

```
RedCyan.R = Left.R
RedCyan.G = Right.G
RedCyan.B = Right.B
```

위의 공식에서 Left와 Right는 원래 왼쪽과 오른쪽 이미지의 픽셀을 나타낸다. RedCyan은 결과 이미지의 픽셀을 나타낸다. 그리고 각 픽셀의 R, G, B 접미사는 적색, 녹색, 청색 구성 요소를 나타낸다.

하프 컬러 애너글리프

적-청 애너글리프가 장면에 있는 너무 많은 붉은 색의 존재로 인해 사용할 수 없게 되면, 최선의 솔루션은 흔히 흑백까지는 내리지 않고 이미지의 색상 범위를 줄이는 것이다. 이 솔루션은 "하프 컬러(half color)"라고 한다. 대비를 줄여 망막경합을 줄일 수 있다.

컬러 사진의 스테레오스코픽 쌍에서 하프 컬러 애너글리프를 제작하기 위한 공식은 다음과 같다.

```
Halfcolor.R = (0.299 × Left.R) + (0.587 × Left.G)+(0.114 × Left.B)
Halfcolor.G = Right.G
Halfcolor.B = Right.B
```

위의 공식에서 Left와 Right는 원래 왼쪽과 오른쪽 이미지의 픽셀을 나타낸다. Halfcolor는 결과 이미지의 픽셀을 나타낸다. 그리고 각 픽셀의 R, G, B 접미사는 적색, 녹색, 청색 구성 요소를 나타낸다.

Dubois 최적화 애너글리프

색상 렌더링을 최적화하고 애너글리프의 망막 경합을 줄이기 위한 많은 경험적인 규칙이 있다. 가장 일반적으로 사용되는 방법은 Dubois라고 한다. 2001년 에릭 뒤부아가 개발한 이 방법은 각 이미지에서 맞은편 이미지 부분을 뺌으로써 (오른쪽 이미지의 일부가 왼쪽 눈에 의해 보일 때, 그리고 그 반대도 마찬가지로 관찰되는 경우) 고스팅 효과를 감소시킨다. 사용되는 매개 변수는 CRT 디스플레이와 이 유형의 제품 중 가장 큰 메이커 중의 하나인 American Paper Optics가 제조한 적-청 안경에 맞게 조정되는 것이다. LCD 평면 스크린과 다른 유형의 안경에 대한 결과 또한 종종 매우 만족스럽다.

Dubois 방법의 경우 색상은 조금 덜 스며들며 산뜻한 색조는 노랑-녹색이다. Dubois 방법의 장점은 빨간색 또는 진한 파란색 사물을 상세히 구별할 수 있다는 점이다.

```
Dubois.R = (0.456 × Left.R) + (0.500 × Left.G) + (0,176 × Left.B) - (0.043 ×
           Right.R) - (0.088 × Right.G) - (0.02 × Right.B)
Dubois.V = (-0.040 × Left.R) - (0.038 × Left.G) - (0.016 × Left.B) + (0.378 ×
           Right.R + (0.734 × Right.G) - (0.18 × Right.B)
Dubois.B = (-0.015 × Left.R) - (0.021 × Left.G) - (0.005 × Left.B) - (0.072 ×
           Right.R) - (0.113 × Right.G) + (1.226 × Right.B)
```

위의 공식에서 Left와 Right는 원래 왼쪽과 오른쪽 이미지의 픽셀을 나타낸다. Dubois는 결과 이미지의 픽셀을 나타낸다. 그리고 각 픽셀의 R, G, B 접미사는 적색, 녹색, 청색 구성 요소를 나타낸다.

음의 계수 또는 1보다 큰 계수를 고려할 때 일부 값이 [0, 1] 범위를 벗어날수도 있다. 그리고 그들 값은 0과 1 사이로 다시 가져오기 위해 값을 잘라낼 필요가 있다.

흑백 애너글리프

강한 청록색 또는 빨간색 색조가 있는 일부 애너글리프 이미지는 모든 최적화에도 불구하고 눈의 피로 없이 감상하기가 어렵다. 이 경우 간단한 솔루션은 애너글리프 전환 전에 두 개의 사진을 흑백으로 전환하는 것이다. 주의하자! 흑백 애너글리프 이미지는 깊이 감각에 절대적으로 필요한 색상 구성 요소를 포함하고 있다. 따라서 항상 흑백이 아닌 컬러로 인쇄하는 것이 필수이다.

컬러 사진의 스테레오스코픽 쌍에서 흑백 애너글리프를 제작하기 위한 공식은 다음과 같다.

```
BlackAndWhite.R = (0.299 × Left.R) + (0.587 × Left.G) + (0.114 × Left.B)
BlackAndWhite.V = (0.299 × Right.R) + (0.587 × Right.G) + (0.114 × Right.B)
BlackAndWhite.B = (0.299 × Right.R) + (0.587 × Right.G) + (0.114 × Right.B)
```

위의 공식에서 Left와 Right는 원래 왼쪽과 오른쪽 이미지의 픽셀을 나타낸다. BlackAndWhite는 결과 이미지의 픽셀을 나타낸다. 그리고 각 픽셀의 R, G, B 접미사는 적색, 녹색, 청색 구성 요소를 나타낸다.

ColorCode

ColorCode는 황색-청색 애너글리프 전매 특허의 변형이다. ColorCode 방법은 스벤 쇠렌센이 특허를 냈다. 영국의 TV 방송국 Channel 4는 2009년 11월 일련의 ColorCode 프로그램을 방송했다. 시스템은 또한 역사적으로 2009년 Super Bowl 하프타임의 광고(SoBe, *Monsters vs. Aliens*)를 위해 미국에서 사용되었고, 광고는 미국 대중으로부터 3D로 많은 호응을 받았다. 덴마크 회사 ColorCode는 방송에서 자사 시스템을 홍보하고 웹 애플리케이션에 사용하도록 권장하고 있다. 특허를 받은 방법은 ColorCode 3-D 필터뿐 아니라, 각각 "ColorCode CX Pro Encoding"과 "ColorCode Viewer"라고 하는 부수적인 인코딩 방법과 PC에서 사용되는 송출 프로그램을 포함한다. ColorCode 이미지는 인쇄 버전도 사용할 수 있으며 (3D 없이) 볼 수 있고 상대적으로 성가신 부작용이 적다는 장점이 있다.

특허

해당 미국 특허는 #6,687,003으로 제출되었다. 더 자세한 정보는 ColorCode 웹사이트 (www.colorcode3d.com)에서 구할 수 있다.

NTSC 코딩 시스템이 붉은 색 색조에 대해 매우 부정확하여 적-청록 안경의 효과를 크게 감소시키기 때문에 ColorCode 시스템은 원래 미국 컬러 텔레비전의 렌더링을 향상시키기 위해 설계되었다. 청색 이미지가 흔히 너무 어둡기 때문에 한쪽의 적색과 녹색 그리고 다른 쪽 청색 간의 밝기 차이는 황색-청색 애너글리프가 직면한 가장 큰 문제이다.

ColorCode 인코딩 프로세스는 청색 이미지의 밝기를 크게 개선시키고 이 문제를 최소화한다. 게다가 ColorCode 인코더는 작은 시차가 필요하며, 이는 얕은 심도감으로 이어진다. 그러나 이러한 작은 불균형은 상당히 자연스러운 색상과 결합된 이미지를 제공한다. 사물의 측면 가장자리에 파란색과 주황색 줄무늬가 있지만 전체 인상은 전통적인 적-청 애너글리프보다 더 쾌적할 수 있다.

사실상 ColorCode 방법은 자세히 알려지지는 않았지만 ColorCode 쌍의 오른쪽(청색) 이미지는 대략 청색 요소의 66% 그리고 원래 오른쪽 이미지의 적색과 녹색의 17%를 포함하고 있는 것으로 추정되며, 따라서 청색을 아주 적게 포함하는 사물에 대해 과도한 망막 경합을 피할 수 있다. 결국 왼쪽 이미지는 원래 왼쪽 이미지의 청색 정보를 아무 것도 제공하지 않는다. 시스템은 아주 소수의 청색 사물이 깊이 차이를 매우 두드러지게 한다는 사실에 의존한다. 청색 사물은 흔히 하늘이나 수면이다. 이것은 시스템이 강한 파란색 색조를 띄는 장면에서 덜 정확한 이유를 설명한다. 다행히도 이러한 현상은 실제로 거의 드물다.

```
ColorCode.R = Left.R
ColorCode.G = Left.G
ColorCode.B = (Right.R × 0.17) + (Right.V × 0.17) + (Right.B × 0.66) (추정치)
```

ColorCode 방법의 결과를 어림잡기 위해 청색 구성 요소의 전체 밝기(감마〉1)를 비선형으로 증가시켜 이미지를 수정해야 한다.

(ColorCode가 아닌 저자가 제안한 대략적인 예상치인) 위의 공식에서 Left와 Right는 원래 왼쪽과 오른쪽 이미지의 픽셀을 나타낸다. ColorCode는 결과 이미지의 픽셀을 나타낸다. 그리고 각 픽셀의 R, G, B 접미사는 적색, 녹색, 청색 구성 요소를 나타낸다.

많은 프로그램들은 애너글리프 사진을 만들 수 있는 기회를 제공한다. 잘 알려진 StereoPhoto Maker는 프리웨어이다. 이 프로그램은 스테레오스코픽 이미지 쌍을 애너글리프로 변환시킬 뿐 아니라, 기하학적 불균형과 색상 불균형 같은 많은 결함을 수정할 수 있다.

애너글리프 안경

애너글리프 안경은 일반 사진 필름에서 자른 필터를 가지고 판지로 만들어지기 때문에 일반적으로 저렴하다. 수량이 적더라도 안경 하나의 가격은 흔히 1달러 미만이다.

정보

www.stereoscopyshop.com은 3D 관련 제품과 함께 여러 브랜드의 애너글리프 안경을 제공한다.

또한 아래 제공되는 견본을 사용하여 판지와 가위를 갖고 직접 자신만의 애너글리프 안경을 만들 수 있다. 가장 힘든 부분은 좋은 필터를 얻는 것이며 그것은 전문 사진점에서 구할 수 있다. Wratten 46(적색)과 44(청록색) 필터를 요청하고, 60 mm의 사각형을 36 mm까지 잘라낸다. 제도하기 위해 판지에 아래 패턴을 그리고 판지를 자른 다음 안쪽에 필터를 붙인다. 접는 부분을 표시하고 적-청 안경을 만들기 위해 다리를 뒤로 접는다. 스스로 안경을 만드는 것의 장점은 형태와 치수를 바꿈으로써 또는 다양한 패턴을 안경에 인쇄하기 때문에 마음대로 원하는 안경을 만들 수 있다는 점이다.

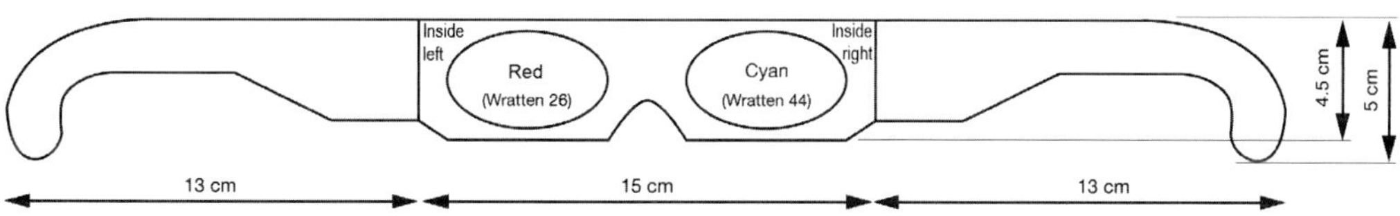

그림 08-48 가벼운 판지(300 g/m²)로 만든 애너글리프 안경의 재단 패턴

그림 08-49 플라스틱 테가 있는 적-청록 안경
© www.yt3d.com

견고한 플라스틱 테가 있고 다리를 접을 수 있는 고급 적-청록 안경도 사용할 수 있다. 좋은 측면은 크게 굽은 안경 덕분에 더 나은 시야각을 찾을 수 있다는 점이다. 그러나 이 종류의 안경은 판지 안경에서 사용되는 것과 같은 진짜 사진 필터를 사용하는 것보

다 더 형편없는 이미지 분리로 종종 비난을 받는다. 이 종류의 안경을 구입하기 전에 항상 애너글리프 인쇄물에서 안경을 시험해보자.

스테레오스코프를 위한 인쇄

스테레오스코프는 150년 이상이 됐으며, 아직도 판매되고 여전히 만들어지고 있다. 50년 이상 시장에 나와 있는 View-Master 이외에 쉽게 인쇄하고 배포할 수 있는 접는 종이 스테레오스코프가 있다. 전형적인 예는 네덜란드 인쇄회사의 Amazing Card이다(www.amazingcard.com). 제품은 가벼운 판지로 만들어진 육각형 튜브로 구성되어 있으며, 내부는 2장의 스테레오스코픽 이미지가 접착되어 있다. 반대편에는 눈을 무한대로 초점을 맞추면서 이미지를 볼 수 있는 2개의 소형 수렴 렌즈가 삽입되어 있다. 동일한 시스템으로 홀더에 다양한 스테레오스코픽 카드를 삽입하는 기능이 있다. 카드의 이미지 포맷은 약 32 × 52 mm(1.25 × 2 인치)이며 축간격은 65mm이다.

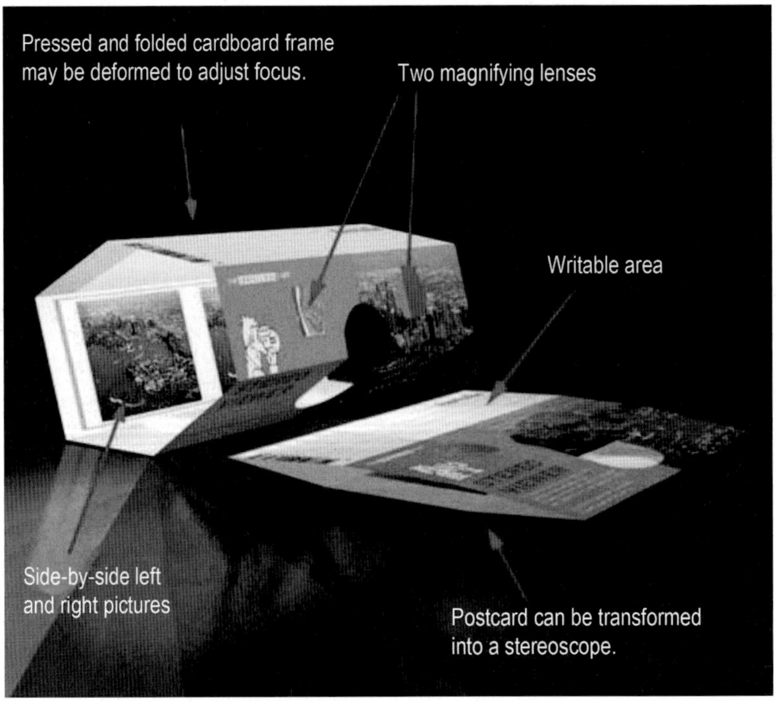

그림 08-50 Amazing Card의 접는 스테레오스코프

© Amazing card

접는 스테레오스코프는 주로 광고 매체로 사용된다. 외관은 가벼운 판지로 만들어지기 때문에, 로고나 기타 광고 슬로건을 가지고 마음대로 만드는 것이 용이하다. 이러한 유형의 제품은 소량으로 개당 3불에서 5불에 팔리며, 가격은 렌티큘러 솔루션과 일치한다. StereoMerger 소프트웨어는 Amazing Card 스테레오스코프에 대해 최적 거리에 의해 크기가 바뀌고 분리되는 JPG 이미지를 직접 생성하는 스크립트를 제공한다.

CHAPTER 9

인터넷 방송

- 3D 영화를 온라인으로 방송하기 위해 어떻게 인코딩해야 하는가?
- 온라인 사이트에서의 3D 영화는 어떻게 보여지는가?
- 3D 영화를 YouTube에 올리는 방법은?
- YouTube에서의 3D 영화는 어떻게 PC로 다운로드 하는가?
- 웹에는 3D 콘텐츠가 많은가?

인터넷 방송은 보편적인 의사소통 수단이 되었다. YouTube는 이미 일일 조회 수가 10억을 넘었으며, 동영상 부분에서는 핵심 방송 매체로 자리 잡았다. 이는 인터넷 방송이 3D 콘텐츠 배급에도 중요한 자리를 잡아가고 있다는 것을 증명한다. 3D 콘텐츠를 보여주는 온라인 사이트의 수가 증가하고 있는데 www.3dmovies.com, www.3df33d.tv 등의 사이트들을 예로 들 수 있다.

YouTube와 yt3d 모드

YouTube(www.youtube.com)는 3D 비디오를 친구들과 공유하거나 또는 마케팅 클립을 만드는 등에 사용하기 편리한 매체이다. YouTube는 듀얼 Full HD 포맷까지 모든 이미지 해상도를 지원한다. 재생시간이 10분으로 제한되었던 제약사항 또한 최근에 없어졌다. 최대 업로드 파일 크기는 표준 사용자의 경우 2 GB로 제한되지만, 최신 브라우저를 사용하는 경우나 구글 Chrome을 사용하는 경우는 20 GB까지 파일을 업로드할 수 있다.

검색어

YouTube에서 3D 비디오를 검색하는 쉬운 방법으로 검색창에 "yt3d:enable=true"를 추가하여 검색하면 만 개 이상의 3D 동영상을 볼 수 있다.

YouTube에서 3D 비디오 보기

YouTube에는 다양한 3D 디스플레이 모드가 있다. 디스플레이 옵션은 이미지 하단에 있는 3D 메뉴에서 선택할 수 있다. 우선 사용하고 있는 3D 디스플레이 시스템의 유형을 선택해야 한다. 기본적으로 YouTube는 적-청 안경을 사용하는 애너글리프 모드로 설정된다. 모드는 메뉴에 있는 "Other options..."를 클릭해서 쉽게 바꿀 수 있다. 유색 안경, 인터레이스, 사이드 바이 사이드, 안경 없음, HTML 5 스테레오 보기 같은 선택 화면이 나온다(아래 두 그림 참조).

애너글리프 안경의 경우 스크린의 사물이 적색이거나 청록색인 경우 발생하는 망막 경합을 최소화 하기 위해 색상을 좀 더 어둡게 하는 것을 선택할 수 있다. 애너글리프 모드의 경우 세 가지 옵션이 있는데 풀 컬러를 유지하는 "Color", 색상의 강도를 반으로 줄이는 "Optimized(Dubois)", 색상을 완전히 제거하고 흑백이지만 편안한 이미지를 제공하는 "Grayscale"이 있다.

그림 09-01 YouTube 플레이어와 3D 메뉴
© B. Michel

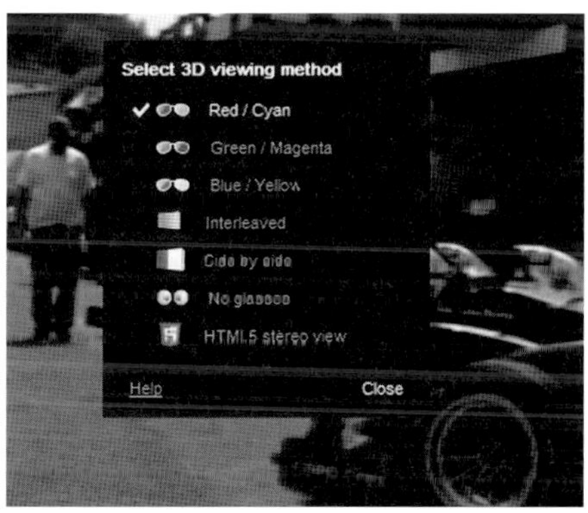

그림 09-02 YouTube 3D 옵션 메뉴. Nvidia 3D Vision 또는 가장 최신 브라우저에서만 사용가능하다.

YouTube 3D 로컬 복사(local copy)와 능동형 셔터 안경

Mozilla Firefox 6 같은 브라우저에서의 HTML5 YouTube 모드는 Nvidia 3D Vision 능

동형 셔터 안경과 호환 가능하다. 3D가 고화질에서 보여 지기를 원하는 경우 가장 적당한 방법은 다음의 두 단계로 진행한다. 우선, 로컬 하드 드라이브에 가능한 높은 해상도의 파일을 다운로드하고, Stereoscopic Player로 파일을 감상한다. 모든 기존의 디스플레이 모드가 사용가능하며 YouTube에 없는 모드도 사용 가능하다.

YouTube에서 파일을 다운로드하는 것은 특정 다운로드 페이지(예, www.keepvid.com)에 비디오 URL을 붙여넣기 하면 된다. 약간 더 편한 방법으로는 "Download to a YouTube page" 옵션을 제공하는 다운로드 스크립트를 브라우저에 추가하는 것이다. 그러나 YouTube는 이러한 유형의 스크립트를 지속적으로 지양하고 있어 정확한 검색을 어렵게 만든다. 스크립트를 찾는 가장 안전한 방법은 웹상에서 "YouTube download script" 검색어를 검색하는 것이다. 스크립트는 단순한 클릭으로 설치하기 쉽다. 스크립트가 브라우저에 설치되면 새로운 Download 메뉴가 모든 비디오 아래에 표시된다. 다운로드 메뉴는 원하는 버전으로 다운로드 할 수 있도록 선택할 수 있다. 일부 예외가 있지만 항상 가장 높은 품질을 선택하는 것이 좋다.

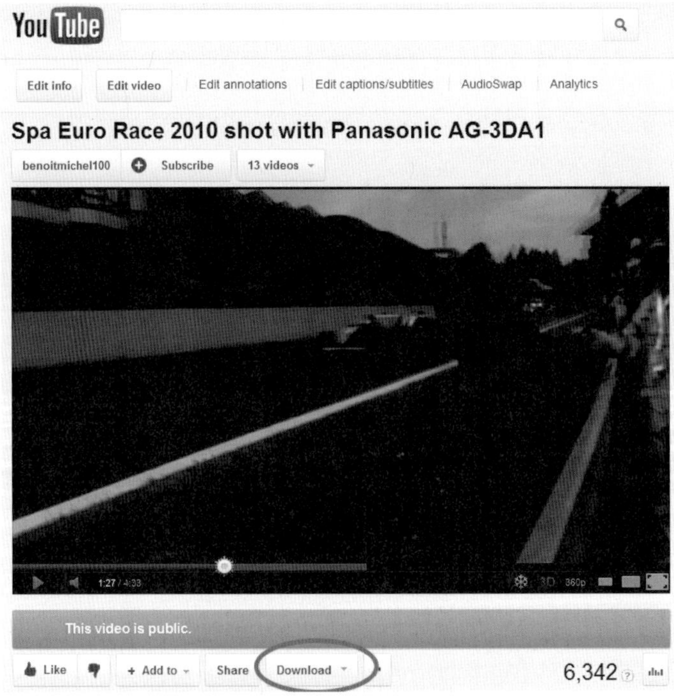

그림 09-03 다운로드 스크립트가 브라우저에 설치되자마자 새로운 Download 메뉴가 YouTube 페이지에 나타난다.
© B. Michel

YouTube에 3D 비디오 업로드하기

3D 비디오를 만들고 YouTube에 업로드하는 것은 간단하며 절차는 다음과 같다.

1. 좌,우 이미지가 나란히 놓이는 비디오를 만들기 위해서는 영상 편집 소프트웨어를 사용하여 사이드 바이 사이드 포맷으로 만들어라(가능한 하프 사이즈로 폭이 압축되어야 하지만 필수는 아니다). YouTube는 사시를 통해 이미지를 볼 수 있도록 왼쪽 이미지를 오른쪽에 그리고 오른쪽 이미지를 왼쪽에 위치시키는 것을 추천하지만 반대로도 가능하다. 가급적 최대 해상도를 사용하라. 이미지 품질을 인위적으로 줄일 필요는 없다. 상영 시간이 15분을 초과하는 경우 몇 개의 에피소드로 나누어 업로드 한다.

15분 이상의 비디오

15분 이상 되는 비디오는 (YouTube Community Guideline에 따라) 계정 사용 실적이 좋고 휴대폰으로 인증을 받은 YouTube 사용자에게 허용된다. 이 경우 비디오 재생시간은 12시간까지 가능하다.

2. 다음의 포맷 중 하나로 비디오를 압축하라: AVI (.avi), QuickTime(.mov), MPEG-4(.mp4), Windows Media (.wmv), HTML 5 (.webm). 2GB 이내로 파일 크기를 제한하고, 파일을 YouTube에 업로드하자. 업로드 인터페이스에서 범주를 선택하고, 제목, 설명, 태그에 몇몇 검색어를 추가하면 된다.

YouTube Tags

태그(Tag)는 가장 중요하며, 이는 어떤 방식으로 3D가 보일지 결정한다. 태그는 단순히 YouTube에서 비디오를 쉽게 검색하기 위한 검색 엔진을 허용하는 검색어 목록이다. 또한 YouTube 방송 엔진의 매개 변수 역할을 한다. 띄어쓰기를 통해 여러 개의 태그를 추가할 수 있다.

영화가 정확하게 3D로 보여 지고 3D 모드 선택 메뉴가 첨부되었는지 확인하기 위해서는 "yt3d:enable=true" 태그를 추가하는 것이 필수적이다. 이 태그는 YouTube에게 3D 모드를 활성화시킬 것을 요청하고 당신의 파일이 사이드 바이 사이드 포맷이라는 것을 표시한다. 영화의 왼쪽 이미지가 왼쪽에 있고 오른쪽 이미지가 오른쪽에 있는 상태로 인코딩된 경우, "yt3d:swap=true" 태그를 추가해야 한다. YouTube는 3D 비디오가 기본적으로 사시로, 즉 왼쪽 이미지가 오른쪽에 그리고 오른쪽 이미지가 왼쪽에 있는 상태에서 보내졌다고 가정한다. 일부 사람들은 유색 안경 같은 추가적인 장치 없이 스테레오스코픽 이미지를 인식하기 위해 일부러 눈을 가늘게 뜨고 사시로 스크린을 보기 때문이다. 따라서 영화가 논리적으로 왼쪽 이미지가 왼쪽에 있는 상태로 인코딩 되었다면 그것을 고려하도록 위의 태그가 추가되어야 한다. 다른 특정 태그도 필요할 수 있다. 기본적으로 YouTube는 모든 3D 비디오를 4:3으로 리샘플링하기 때문에 화변비율이 4:3과 다른 경우는 주의해야 한다. 만약 비디오가 와이드스크린인 경우라면 "yt3d:aspect=16:9" 태그를 추가하라.

3. 이제 해야 할 일은 관객들에게 새로 로드된 비디오의 URL을 제공하는 것이다. 온라인 파일이 완벽한지, 3D 메뉴가 보이는지, 화변비율과 음향이 정확한지, 그리고 가장 중요한 것으로 스테레오스코피가 뒤집히지 않았는지 확인하기 위해 사전 검토를 취하도록 하자.

주의하자

YouTube 영화에서 저작권이 있는 사운드트랙을 사용하면 이미지에 광고가 보여진다. 이는 3D 메뉴를 가리기 때문에 3D로 영화를 보는 것이 사실상 불가능한 부작용이 있다.

YouTube 3D 태그 요약

yt3d:enable=true	3D 영화인 경우
yt3d:swap=true	좌우 영상이 뒤집히지 않은 경우
yt3d:aspect=16:9	와이드스크린인 경우

YouTube 고급 업로딩

Google Chorme의 최신 버전, Firefox 5 이상의 버전, Silverlight가 내장된 Internet Exploer의 최근 버전을 사용한다면 더 안전한 업로드 기능이 제공된다. 파일 전송이 실수로 중단된 경우 전송 재개하는 기능을 포함하기 때문에 YouTube는 더 큰 파일을 업로드 할 수 있는 무료 옵션을 제공한다. 이는 사용자가 20 GB 파일까지 업로드 가능하다. Java 프로그램은 YouTube의 "my_videos_upload" 웹페이지에 통합되어 있으며, 각 파일 조각이 다른 파일 조각을 보내기 전에 받아질 수 있도록 파일을 조각 전송한다. 이 방법은 네트워크 연결이 전송 중 끊기면 처음부터 다시 시작하는 대신 현재 부분에서 자동으로 재개한다. 이 고급 전송을 사용하기 위해서는 컴퓨터에 Java(버전 1.5 이상)를 설치해야 한다. Java의 최신 버전을 www.java.com에서 다운로드 할 수 있다.

참조

업로드 절차에 대한 상세한 설명은 "youtube.com/my_videos_upload" 웹페이지의 "Help"를 참조하면 된다. 버튼은 일반적으로 페이지 하단 오른쪽 모서리에 있다.

YouTube는 허가 없이 사용되고 있는 저작권이 있는 음향 콘텐츠를 탐지하면 비디오에 배너를 덮어씌운다. 이 배너는 현재 3D 메뉴와 호환되지 않는다. 결론적으로 3D 비디오를 업로드하기 위해서 저작권이 없는 오리지널 사운드트랙을 사용하도록 해야 한다. 일례로 최근에 업로드 된 결혼식 비디오가 있는데 배경의 서라운드 사운드는 리셉션 방 앰프에서 나왔으며 CD는 잘 알려진 노래로 재생되었다. 결국 YouTube는 광고 배너를 유발할 만큼 최신 상업 음악을 감지했고 그 즉시 3D 메뉴는 사라졌다.

온라인 3D 비디오의 기타 소스

일반 사이트

아주 소수의 비디오 사이트가 자신의 영화를 국부적으로 관리한다. 대부분 가장 인기 있는 사이트(YouTube, Dialymotion, Vimeo) 중 하나로 보낸다. 따라서 이들 사이트의 시청 옵션은 비디오의 보고나 다름없나.

YouTube에서 3D 클립을 검색하기 위해서는 바로 "yt3d:enable=true" 검색어를 사용하라. 11,000개 이상의 조회 결과가 나온다. Vimeo에서 3D 클립은 2,000개 이상의 비디오가 있는 3D 스테레오스코피 채널에 모여 있으며, 단편 영화, 데모 필름, 사용 지침서, 뮤직 비디오가 포함되어 있다(vimoe.com/channels/stereoscopy 참조). Dailymotion에서 수천 개의 비디오가 "3D" 검색어 하에 올라가 있지만, 소수만이 진짜 3D이며 3D 보기 옵션은 YouTube보다 더 적다. Off, Side-by-Side, Red/Cyan, Interlaced가 유일한 옵션이다.

스톡 무비

영화 및 텔레비전용 범용 클립을 제공하는 스튜디오들 또한 자신의 카탈로그에 3D 영화를 추가하기 시작했다. Artbeats(www.artbeats.com), Mammoth(www.mammothhd-3d.com), 기타 스튜디오들은 도시와 강, 교차로, 비행기 이륙과 착륙, 풍경, 야생 동물 장면 등과 같은 수백편의 고품질 3D 클립을 제공한다. 일부 클립은 심지어 4K 해상도이다. 당연히 이들 3D 클립은 전문가용이며 그에 따라 가격이 붙는다.

유료 사이트

일부 사이트는 특정 규칙, 유료 콘텐츠 또는 적어도 일부분만 접근 가능하도록 특정화되어 있다. 3DMovies(3dmovies.com)가 한 예이다.

모바일 3D를 위한 사이트

3DeeCentral(3deecentral.com)은 유료 콘텐츠와 일부 무료 예고편을 제공하지만, Apple의 iPhone과 iPad 모바일 장치를 위한 3D 콘텐츠를 제공하기 때문에 흥미롭다. 3DeeCentral 플랫폼은 독점이며 Windows 7 PC에서 실행된다. 따라서 온라인 쇼핑, 다운로딩, 3D 시각화를 결합하는 애플리케이션을 설치해야 하다. 사용 가능한 모드는 Nvidia 3D Vision, 수동형 안경을 사용하는 스크린이나 영사기, 애너글리프이다. 모바일 장치에서 무료 3DeeCentral 애플리케이션을 설치해야 하고 3DeeCentral의 모회사인 Spatial View가 제공하는 소프트 렌티큘러 레이어(soft lenticular layer)를 설치한다.

이 소프트 렌즈는 스크린 보호기와 오토스테레오스코픽 렌티큘러 역할을 한다. 이는 안경 없이 깊이감 인식이 가능하다.

독립 사이트

3DTV에서 시청이 가능한 사이드 바이 사이드 포맷과 다양한 포맷의 콘텐츠를 제공하는 독립적인 사이트들도 있다. 반드시 제공되어져야 할 것은 브라우저 상에서 풀 스크린이 제공되어져야 한다. 한 예는 www.stereoscopic-3d.co.uk이다.

3D 웹

현재 표준 웹 페이지에서 3D를 이용할 수 있게 만드는 2개의 최첨단 기술이 있다. 레거시 HTML 4.0을 위한 Microsoft의 MPP 기술과 최신 HTML 5.0 표준이다. HTML 5.0 표준의 선구자는 Mozilla Firefox이다.

그림 09-04 HTML 5.0 로고
© W3C

Nvidia의 3D Vision Live

Nvidia 셔터 안경 사용자를 위해서 3D Vision Live 사이트는 Nvidia(GeForce 또는 Quadro) 그래픽 보드와 Nvidia 3D Vision 드라이브가 있는 Windows PC, Internet Explorere, Firefox 또는 Google Chrome 같은 HTML 4.0 (또는 이후 버전) 브라우저, Microsoft의 "Microsoft Media Platform Player Framework"(MMPPF)을 필요로 한다. 시장에 나와 있는 대부분의 3D 모니터와 3DTV 뿐 아니라 Nvidia 3D Vision 키트(www.3dvisionlive.com)와 호환되는 영사기 노트북을 포함하여 넓은 범위의 스크린이 지원된다. MPP는 2011년 이래 무료 공개 소스 소프트웨어이며, 개발자에게

Silverlight 기술을 바탕으로 한 요구에 따라 확장성을 제공하며 IIS Smooth Streaming과 Microsoft PlayReady DRM을 완벽 지원한다. Nvidia 플러그인의 경우 온라인으로 3D 비디오 스트리밍 플랫폼을 보낼 수 있는 모든 도구를 갖고 있다.

다양한 동영상 포탈들은 이 방법을 사용하여 웹에서 만들어지고 있다. 그리고 대부분의 포탈들은 3D Vision을 포함하는 공통된 포맷으로 3D 비디오를 제공한다. 대표적인 사이트는 www.studio3d.tv 사이트이다.

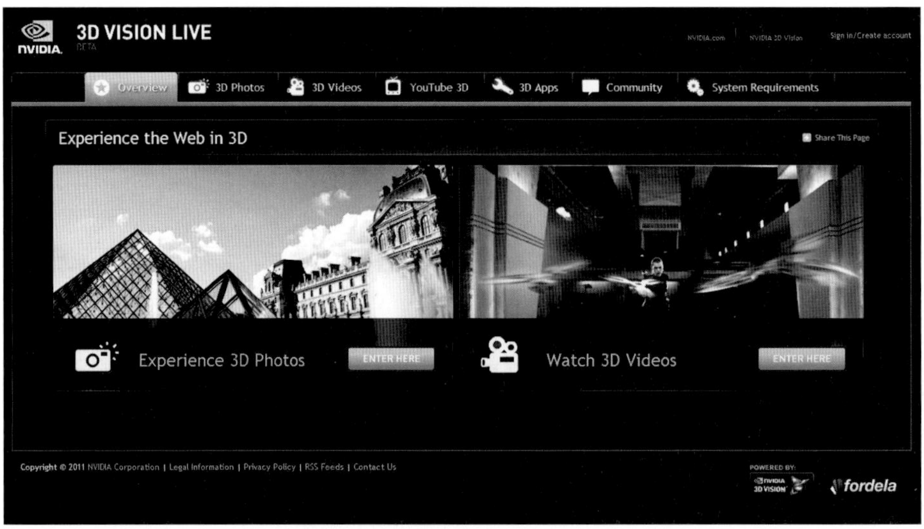

그림 09-05 Nvidia의 3D Vision Live 웹사이트

WebM

웹에서 비디오 인코딩의 미래 표준으로 "WebM"이 있다. WebM 공개 소스 개발 프로젝트는 Google이 보조하고 있다. 소스가 무료이고 로열티가 없다는 사실로 인해 Web 비디오에 대한 표준으로서 WebM은 탁월한 우위를 가지고 있다. WebM은 시작부터 HTML 5.0과 딱 들어맞도록 설계되었고 YouTube에 대한 단일 포맷으로 채택되려 하고 있다. YouTube는 점차적으로 이 포맷으로 전환하려고 한다.

WebM 포맷 비디오 재생하기

WebM 콘텐츠를 제공하는 웹사이트는 플러그인, 코덱, DirectShow 필터를 다운로드하기 위한 링크를 제공한다. 설치 과정은 다소 시간이 걸리지만 일회만 하면 완료된다. 일단 설치되면 WebM DirectShow 비디오 필터는 Microsoft의 Media Player 같은 애플리케이션과 통합되고, 자동적으로 당신의 컴퓨터가 새로운 포맷과 호환 가능하게 된다.

WebM 포맷 비디오 인코딩하기

WebM 포맷으로 스테레오스코픽 비디오를 인코딩하는 것은 적절한 옵션의 선택을 통해 다수의 비디오 코덱을 가지고 할 수 있다. WebM 프로젝트 웹사이트(www.webmproject.org)에서 목록을 찾을 수 있다. WebM으로 비디오를 관리하는 웹사이트는 모두 여러 포맷으로 비디오를 관리할 수 있으며 트랜스코딩(transcoding)도 자동으로 한다. HTML 5.0과 WebM 스테레오스코픽 포맷의 대표적 사이트 중 하나는 3DF33D(www.3df33d.tv)이다.

그림 09-06 WebM 로고

WebM 3D 표준에 많은 코딩 모드가 존재하지만, WebM 3D 비디오를 위해 선택된 포맷은 왼쪽과 오른쪽 이미지가 2배 높이의 프레임 안에서 배치되고 왼쪽 이미지가 상단에 가는 오버-언더이다. 따라서 1920 x 1080 픽셀의 3D HD 비디오는 1920 x 2160 픽셀(W x H) 프레임으로 코드화된다.

CHAPTER 10

오토스테레오스코피

- 오토스테레오스코피는 무엇인가?
- 왜 모든 TV 세트는 오토스테레오스코픽이 아닌가?
- 무안경 방식 3D TV를 위한 콘텐츠는 어떻게 만드는가?
- 오토스테레오스코픽 스크린 시장 현황은 어떠한가?

무안경 방식 3D

오토스테레오스코피는 안경 없이 또는 이미지와 관객 눈 사이에 여타의 인공적인 장치 없이 3D를 보는 것이다. 광고를 보기 위해 지나가는 행인에게 특수 안경을 쓰고 나중에 돌려달라고 요구하는 것은 매우 성가신 일이다. 사람들이 쉽게 지나치는 장소에서 성가신 안경을 쓰지 않고 3D를 볼 수 있는 것은 분명한 장점이다.

이상적인 오토스테레오스코픽 스크린은 깊이, 그림자, 모양이 적절히 제공되어 현실적인 장면처럼 보여줘야 한다. 완전한 현실적인 장면을 담아내기 위해서는 머리가 좌, 우, 앞, 뒤 움직임에 따라 원근감이 적절히 변화되어야 하며, 사물의 측면도 드러나야 한다. 이것은 "운동 시차"라고 불리는데 현재 몇몇의 오토스테레오스코픽 스크린은 운동 시차를 제공한다.

이상적인 오토스테레오스코픽 스크린

(그리스어 holos "whole"과 graphein "to write"에서 유래한) "홀로그래픽" 스크린이라고도 불리는 이상적인 오토스테레오스코픽 스크린은 아직 존재하지 않는다. 레이저 간섭을 통해 이미지를 만드는 홀로그램 기술은 아직 많은 연구가 진행 중이며, 여전히 색상, 밝기, 대비에 관한 한 일반 텔레비전 수준에 한참 못 미치는 실정이다.

오토스테레오스코픽 스크린은 관객의 눈에 서로 다른 시야를 생성해야 하고, 상호 간섭 없이 특정 방향으로 보내야 한다. 2개의 시야만 생성하거나 다수의 시야를 생성하는 2 가지 솔루션이 있다.

2개의 시야만 있는 경우, 오류 없이 모든 관객의 왼쪽과 오른쪽 눈에 적절히 이미지를 투영되게 하는 것은 결코 간단하지 않다. 능동형 시스템은 매 순간 스크린을 보고 있는 모든 눈의 수와 위치를 감지해야 하는데, 안경, 머리카락, 모자 테두리에 의해 가려지는 등이 있어 결코 쉬운 작업이 아니다. 이러한 시스템은 복잡성으로 인해 사실상 상용화하기 힘들다.

두 번째 솔루션은 다수의 시야를 획득하고 관객들의 시점들이 서로 다른 위치해 있는 방향으로 시야를 투영하는 것이다. 이 다수의 시야는 분명히 동일한 장면을 묘사해야 하지만 약간 다른 원근감으로 각각의 장면을 묘사한다.

렌티큘러 시트에 의해 인쇄된 오토스테레오스코픽 사진은 수십 년 부터 알려져 왔다. 오늘날 사용되고 있는 고해상도 인쇄는 다수의 시야들이 렌즈 뒤로 아주 작게 배치되어 거의 감지할 수 없다. 심지어 폭이 0.4 mm 밖에 안 되는 마이크로렌즈로 64개의 시아를 제공하는 이미지도 존재한다. 전자 스크린에서의 이러한 높은 픽셀 배열은 아직 가능하지 않다. 그러나 다양한 여타의 방법으로 이러한 한계를 해결하고 있다.

두 개의 시야를 갖는 오토스테레오스코피

두 개의 시야를 갖는 오토스테레오스코피 스크린은 일반적으로 한명의 관객을 위한 것이다. 2개의 이미지는 스크린으로부터 약 30 cm에서 50 cm 사이의 거리에 좌, 우 2개의 넓은 영역으로 투영된다. 이는 가까운 범위에서 사용되는 모든 소형 스크린(예를 들어, 전화기, 영화 카메라 뷰어 스크린, 게임 콘솔, 노트북 컴퓨터)에 잘 사용되어 지고 있다. 최적의 깊이 효과를 나타내기 위해 사용자는 스크린 방향을 잘 잡아야 하며, 적절한 거리에 스크린을 위치시켜야 한다. 입체허용공간은 실질적으로 매우 좁다.

시장에 나와 있는 소형 오토스테레오스코픽 디스플레이 방법에는 렌티큘러, 패럴랙스 베리어, 시간 다중화가 있다.

렌티큘러 스크린

렌티큘러 스크린은 2개 픽셀 크기의 수직 마이크로렌즈를 가지고 있는 플라스틱 시트이다. 각각의 마이크로렌즈는 2개의 픽셀을 좌,우 눈으로 분산시킴으로서, 절반 해상도

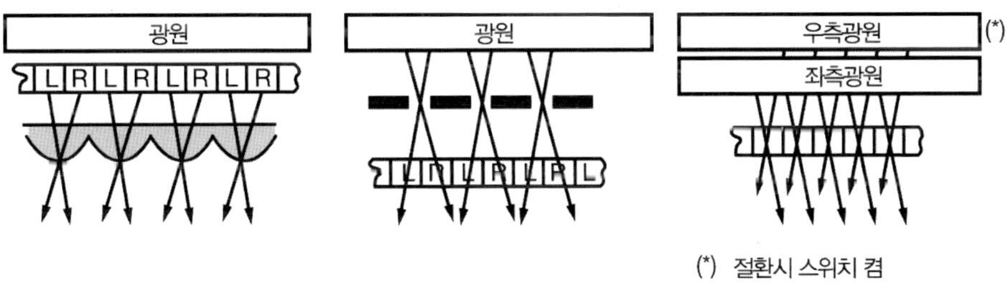

그림 10-01 2 개의 시야를 있는 오토스테레오스코픽 스크린의 3가지 유형

의 이미지가 각각의 눈에 투영된다. 짝수 픽셀들이 모두 왼쪽 시야에 속하고 홀수 픽셀들이 오른쪽 시야에 속하도록 두 이미지를 배열하는 데는 적절한 소프트웨어가 필요하다. 이 방법의 장점은 당초 3D용으로 만들어지지 않은 기존 장치에 적응시키기 쉽다는 점이다. 적절한 소프트웨어와 스크린 앞에 플라스틱 시트를 추가하는 것이다. 단점은 렌티큘러 시트가 이미지를 흐리게 하고 해상도가 절반으로 줄어든다는 것이다.

패럴랙스배리어 스크린

이 시스템은 디스플레이 패널 픽셀 뒤에 광학 레이어가 필요하기 때문에 다소 복잡하다. 이 레이어는 액정 패널과 광원의 중간에 위치하여, 투명하고 반투명한 구역으로 번갈아가며 구성되어 있다. 본 솔루션은 비용적인 측면에서 저렴하지만 디스플레이 패널이 약간 두꺼워진다. 장점과 단점은 렌티큘러 스크린과 동일하지만, 3D 모드가 아닌 상태에서의 이미지 모습은 덜 불쾌하다. 해상도와 밝기가 부족하기는 하지만 마이크로렌즈에 의해 발생하는 무아레(moiré) 무늬가 발생되지 않는다.

다중화 스크린

이것은 세 가지 시스템 중 가장 우수하다. 이 시스템은 패럴랙스배리어 방식과 비슷하지만 광원이 두 개이다. 한 광원은 왼쪽 이미지가 표시되는 동안 왼쪽을 향해 스크린을 밝히고, 오른쪽을 향한 다른 광원은 왼쪽 이미지가 표시되고 몇 분의 1초 후에 발생하여 오른쪽 스크린을 밝힌다. 재생률이 (100 Hz 이상으로) 충분히 빠르면, 깜박거림은 감지할 수 없다. 이 방법은 각각의 이미지에 디스플레이 타일의 모든 픽셀에 사용된다. 따라서 해상도는 다른 두 가지 방식의 해상도에 두 배이다. 이 시스템은 Fuji W1과 W3 카메라의 스크린에 사용되었다.

트래킹

스크린 위에 웹캠을 장착을 통해 사용자의 머리 위치를 감지하는 방법을 활용하는 것이다. 컴퓨터가 왼쪽 또는 오른쪽으로 약간 이동한 한 쌍의 스테레오스코픽 이미지를 생성하여 운동 시차 효과에 의해 깊이감이 표현된다. 그러나 한 쪽 눈의 이미지가 일시에 한 눈을 향해 영사되는 구역 간의 경계를 가로지르는 순간 이미지는 흩어진다. 머리가 왼쪽으로 너무 많이 이동하면 오른쪽 눈의 경우 왼쪽 눈과 동일한 디스플레이 영역에 있게 된다. 이 경우 장면은 모든 깊이를 잃게 된다. 이 문제에 대한 해결책으로서 머리의 움직임을 트래킹하여 항상 관객의 얼굴 중간에서 영사 구역 간의 경계를 유지하는 것이다. 이를 위해 패럴랙스배리어나 렌티큘러 배열을 움직여야 한다. 이러한 시스템은 실험실에서 많이 연구가 되어 지고 있지만, 기계적 변형을 포함하기 때문에 비용이 많이 들고 기계 시스템을 계속 조정해야 하는 문제가 생긴다. 따라서 사실상 트래킹(tracking) 시스템은 오토스테레오스코픽 스크린 분야에서는 보편화되어 있지 않다. 게다가 이미지는 관객이 머리를 움직일 때 생성되어야 하기 때문에 실사 촬영하는데 적용되는 것이 아니라 CGI에만 적용된다.

다시점 오토스테레오스코피

2 개의 시야를 갖는 시스템의 다양한 한계는 시야의 수를 늘림으로써 피할 수 있다. 8개의 인접한 각도 영역에서의 서로 다른 이미지를 영사하는 스크린을 생각해보자. 스크린에서 볼 수 있는 각도는 두 개의 시야만을 갖고 있는 경우보다 훨씬 더 넓다. 게다가 각각의 눈은 스크린 맞은편의 7개의 위치하여 각각으로부터 서로 다른 이미지를 인식하게 된다. 사실상 이것은 7개의 특정 위치가 아니며 오히려 관객이 안경 없이 심도를 인지하는 7개의 입체 허용 공간이다. 물론, 이것은 2개의 이미지보다 8개의 이미지가 스크린에 영사되어야 한다는 것을 의미하며, 따라서 촬영은 8대의 서로 다른 카메라나 동일한 장면에 대해 8개의 약간 이동된 시야를 생성하는 DP 프로세스를 가지고 이루어져야 한다.

49 인치 (104 cm) 폭에 47인치 8개 시야를 갖는 Alioscopy 스크린의 예를 들 수 있다. 입체 허용 공간의 수와 크기는 광학 시스템의 기하학적 구조와 시야의 수에 따라 다르다. 47인치 Alioscopy의 경우, 스크린 표면으로부터 3 M에서 9 M 사이에 50 cm 폭의 입체 허용 공간이 6개 있으며, 4.4미터에서 최적의 위치를 가지며, 40 명의 관객까지 수용 가능하다.

그림 10-02 3DTV Solution의 8개의 렌즈가 있는 Cambox

그림 10-03 Alioscopy 스크린은 8개의 시야를 보여준다.

8개의 이미지는 타일 앞에 정확하게 8개의 서브픽셀의 피치가 있는 렌티큘러 시트를 위치시킴으로써 생성된다. 각각의 서브픽셀은 8개의 이미지 중 하나를 위한 것이다. 이 연결에서 "서브픽셀"은 스크린에서의 각각의 광점을 말하고 있는 것이다. 광점은 적색, 청색, 녹색이며, 그들(R, G, B) 중 3 개는 컬러 픽셀 색상을 만드는데 필요하다. 결국 스크린의 광점을 언급하기 위해 "서브픽셀"이 개념이 필요하다. 1920 x 1080 픽셀의 표준 HD 타일의 경우, 5760 (1920 x3) 하위픽셀이 있고 720 마이크로렌즈를 갖는다. 각각의 마이크로렌즈 폭은 0.14 밀리미터이다.

각각의 마이크로렌즈는 8개의 연속 각도 영역으로 8개 하위픽셀 빛을 확산시킨다. 각 이미지가 동일한 광량의 R, G, B 정보를 포함하도록, 원통형 마이크로렌즈는 수직인 대신 약간 비스듬한 구조를 갖는다. 이런 방법으로 이미지의 각 라인은 하위픽셀의 또 다른 시퀀스에 일치한다(예를 들어, “R-G-B-R-G-B-R-V”, 그리고 ”G-B-R-G-B-R-B-G“ 등). 물론 시야가 한결같으려면 디스플레이의 드라이버는 각 이미지에 대한 각 하위픽셀의 링크를 고려해야 한다.

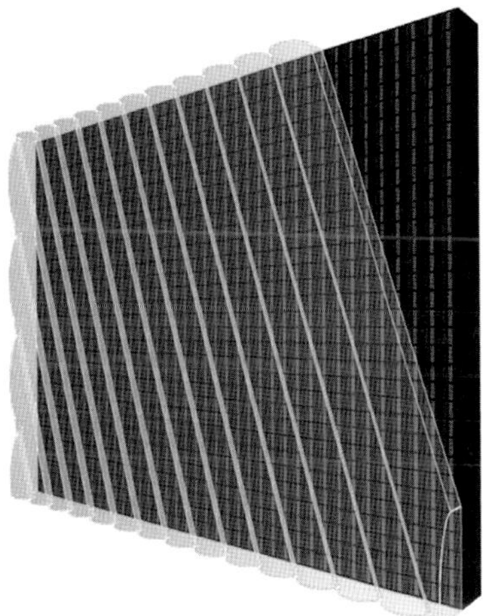

그림 10-04 Alioscopy 스크린 표면의 사선 렌티큘러 네트워크
© Alioscopy

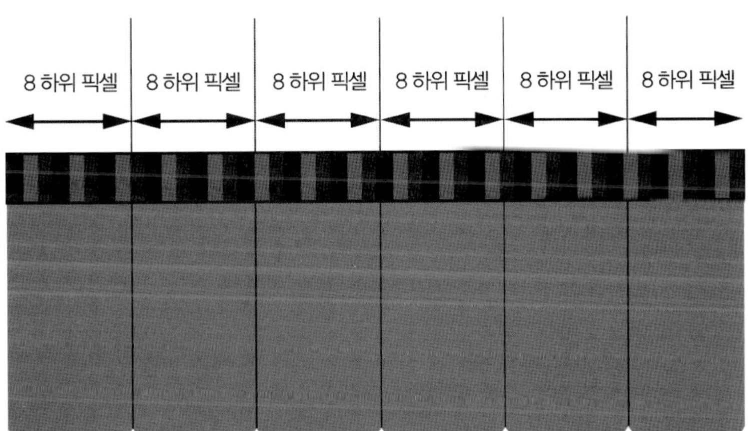

그림 10-05 오토스테레오스코픽 스크린의 수평 부분. 각 마이크로렌즈는 8개의 하위픽셀을 포함한다.
© Alioscopy

해상도 손실

디스플레이의 픽셀은 모든 시야 간에 공유되기 때문에 이미지의 수평 해상도는 일반적인 패널의 해상도보다 못하다. 8개의 시야를 갖는 스크린에서 인지된 해상도는 8 개로 나눈다고 생각 될 수 있다. 수학적인 측면에서는 당연한 말이지만 시 지각망의 주요 링크인 뇌는 장면의 내부 표상을 재구성하기 위해 두 눈에서 받은 정보를 활용한다. 따라서 두 눈으로 본 약간 다른 사물의 요소는 하나를 통해 얻을 수 있는 표상보다 더 나은 내적 표상을 만들어 낸다. 따라서 결과적으로 인지된 해상도는 시야의 수로 나눈만큼 나쁘지는 않다.

깊이감은 이미지 간의 수평 이동에 의해 주어지기 때문에 수평 해상도의 손실은 깊이 해상도의 손실을 야기한다. 많은 연구 결과 들은 현재 최대 스크린의 깊이 해상도가 인간 시각계 해상도 능력의 절반보다 크지 않다는 것을 보여줬다. 다행히도 오토스테레오스코픽 스크린은 주로 광고 분야에 사용되며 비교적 긴 시간 자리 잡고 있는 사람들보다는 지나가는 행인을 목표로 한다. 이러한 맥락에서 피사체는 종종 큰 콘트라스트와 깊이에 의해 관객의 얼굴까지 깊이감이 돌출되는 대담한 효과로 구성되어 깊이 해상도의 부족이 불편할 정도는 아니다.

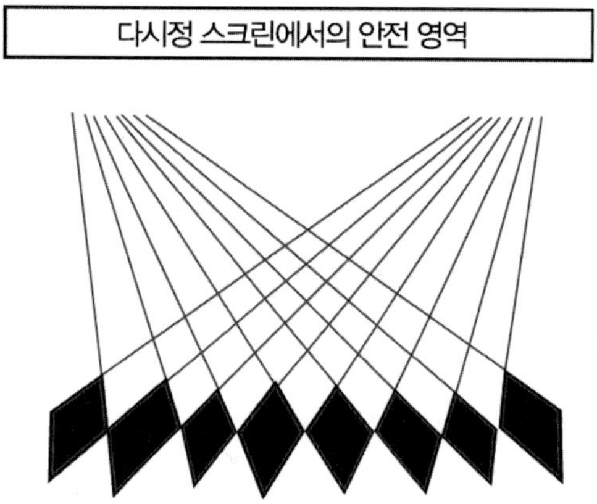

그림 10-06 다시점 스크린의 입체허용공간
다시점 스크린의 경우, 3D가 보이는 입체허용공간은 시야의 수와 마이크로렌즈의 곡률에 따라 다르다. 구역이 넓은 경우, 심도가 덜하다.

시야의 수

다시점 시스템의 기하학적 구조에 따라 한 입체허용공간에서 다른 공간으로의 전환은 두 눈이 동일한 이미지를 보는 모노스코픽 구역을 통과하게 된다. 또한 이미지가 흐리게 보일 수 있다. 현재 시상에 나와 있는 다시점 스크린은 제품과 크기에 따라 5개, 8개, 또는 9개의 시야를 갖는다.

미래

시야의 수를 증가시키는 것은 사진의 해상도와 입체허용공간의 크기와 수를 향상시켜야 한다. 2 가지 솔루션이 제시되고 있다. 하나는 디스플레이의 해상도를 늘리는 것이고 다른 하나는 시간 다중화이다 4096 x 2048 픽셀의 해상도를 가지는 4K 디스플레이는 다양한 회사들에 의해 발표되고 출시되고 있다. 그러나 시장에 나와 있는 4K 콘텐츠의 총체적인 부족은 그러한 솔루션의 전개를 상당히 느리게 할 가능성이 있다. 캐나다 회사 Zecotek (www.zecotec.com)은 HD 해상도 디스플레이의 다중화를 연구하고 있는 전 세계 회사 중 하나이다. 기본적인 개념은 다수 이미지를 연달아 표시하는 것이다. 해결해야 할 두 가지 문제점은 디스플레이의 속도와 광선의 방향 전환이다. 우리가 보아왔듯이 몇몇 업체는 120 Hz의 두 개 시야를 갖는 디스플레이 패널을 내놓았다. 120 Hz 재생률과 보조를 맞출 수 있는 LED 광원이 패널에 사용됨으로서 해결이 가능하지만 다시점 디스플레이 패널 밝기와 대비 요건은 LED 광원을 사용하기에는 아직 너무 높다

그림 10-07 Zecotek 회사 로고
© Zecotek

Zecotek 시스템은 10 인치에서 50 인치 (25 cm-130 cm)에 이르는 스크린과 함께 대략 50°의 시야각 안에서 90개의 Full HD 해상도 시야를 제공한다. 이는 초당 2,000개 이미

지 이상의 매우 빠른 이미지 재생률이 필요하다. 디지털 영화 영사기에 사용되는 것과 같은 마이크로미러(micromirror) DLP 영사기는 그러한 속도를 달성할 수 있는 유일한 디스플레이 기술이다. 따라서 Zecotek은 DLP 영사기를 스크린 뒤에 위치하여 사용한다. 많은 수의 이미지가 동일한 영사기에서 오기 때문에 각 이미지는 아주 짧은 시간만 볼 수 있다. 90개의 시야 스크린의 경우 간신히 시간의 1% 이상, 40개의 시야 버전의 경우 시간의 2%이다. 아주 강력한 램프를 사용함에도 불구하고, 스크린 밝기는 매우 낮다. 그러나 많은 수의 시야와 높은 해상도는 이러한 핸디캡을 보상한다.

Zecotek 시스템의 핵심은 분명 각 시야에 대해 서로 다른 각도에서 픽셀 빛을 투영 하는 광학 장치이다. 이 장치는 "dynamic lens"라고 하며 Zecotek의 스크린은 아직 시장에 나오지 않은 프로토타입이기 때문에 더 상세히 설명하기가 어렵다.

다시점 3D 제품과 편집

촬영

다시점 이미지는 일반적으로 After Effects 같은 애니메이션 소프트웨어와 다중 시점 촬영 플러그인을 가지고 있는 컴퓨터로 생성한다. 실제 사물은 다른 각도에서의 연속 촬영을 통해 사진을 찍을 수 있다. 또한 원하는 수의 카메라를 설치된 장소에서 촬영할 수 있다. 이 촬영 단계가 끝나면 스크린에 필요한 N 시점에 해당하는 다수의 사진과 비디오를 최종 콘텐츠로서 표시한다. 이러한 모든 파일들은 원하는 깊이 효과를 얻기 위해 수평 시차를 조정하고 손실 없이 정리되어야 한다. 따라서 해당 작업을 위한 전용 소프트웨어가 필요하다.

편집

시장에 나와 있는 소수의 소프트웨어 애플리케이션이 다양한 유형의 오토스테레오스코픽 스크린과 호환되는 다시점 비디오 파일을 생성할 수 있다. 그러나 모든 스크린에 대해 호환성이 부족하다. 결국 제조업체들은 모두 자신의 제품에 대한 적절한 편집 소프트웨어를 웹사이트에서 제공하고 있다.

3D-Tricks

이러한 모든 제약을 고려하고 있는 소프트웨어 패키지 중 하나는 3DTV Solution(프랑스 클리시, www.3dtvsolutions.com)이 내놓은 합성 소프트웨어인 3D-Tricks 이다. 3D-Tricks는 2D 이미지, 멀티-PoV 3D 이미지, 3D 사물, 텍스트, 이미지 시퀀스 같은 다양한 소스로부터 애니메이션을 만들 수 있게 해준다. 그러나 빠른 하드 디스크와 최신식 Nvidia 그래픽 카드를 갖춘 강력한 하드웨어 구성을 권장한다.

3D-Tricks는 표현 면에서 트림 빈(trim bin), 멀티트랙 타임 라인, 보기 창이 있는 상당히 평범한 편집 패키지이다. 그러나 스틸, 비디오, 텍스트 같은 다양한 요소가 3차원 공간에서 보인다. 관객, 3D 스크린의 프레임, 장면의 다양한 요소들을 이 공간에 배치한다. 그리고 프로그램은 최종 렌더링을 계산하고 연결된 오토스테레오스코픽 스크린에 표시한다.

내장형 텍스트 생성기는 외부 애니메이션 소프트웨어가 필요 없이 많은 양의 텍스트를 생성할 수 있게 해준다. 관련 3D-Play 소프트웨어는 대상이 되는 스크린에 시퀀스를 반복적으로 사운드 트랙과 함께 생성한다. 이는 몇몇 상영 클립을 루프(loop) 방식으로 반복적 재생을 가능케 한다.

파일 포맷

파일은 이미지 시퀀스를 위한 특정 파일 포맷, 즉 MultiView Sequence [*.mvs]로 모두 변환된다. 이 포맷은 파일의 위치를 포함하고 최적의 깊이 계산을 위한 정보(수렴지점까지의 거리, 축간격, 카메라의 초점 길이 등)를 생성하는 XML 문서의 형태를 취한다. 파일은 시점 당 하나씩, _cam01, _cam02, _cam03, 등의 접미사가 추가되어 동일한 이름으로 N 디렉토리에 생성된다.

오토스테레오스코픽 시스템 공급업체

여기 오토스테레오스코픽 모니터, 소프트웨어, 관련 서비스 공급업체의 일부 목록이 있다. 이 목록은 비상업 단계인 다수의 연구 프로젝트는 포함하지 않았다.

주요 오토스테레오스코픽 솔루션 비교

회사	오토스테레오스코픽 제품	시점	국가	웹사이트
3D Fusion	42" 스크린 8" 사진 프레임 3x3 42" 스크린의 비디오 멀티비전 3ds Max, Maya을 위한 플러그인 다시점 촬영 서비스, 콘텐츠 생성, 합성	9	미국	www.3dfusion.com
3D International	21", 40", 46", 65" 스크린 다시점 합성 및 방송 소프트웨어 3ds Max, Maya를 위한 플러그인 Active X 컨트롤 개발 도구 다시점 촬영 서비스	5-8	말레이시아	www.visumotion.com
Alioscopy	24", 42", 47" 스크린 압축, 비압축 다시점 믹싱 소프트웨어, 3ds Max, Maya, Softimage, Cinema 4D를 위한 플러그인 다시점 촬영 서비스	8	프랑스	www.alioscopy.fr
Dimenco	52"와 56" 스크린 3ds Max, Maya를 위한 플러그인 다시점 전환 서비스	15	네덜란드	www.dimenco.eu
Holografika	26", 32", 72", 140" 스크린 2D에서 다시점으로의 전환 소프트웨어 쌍방향 뷰잉 소프트웨어 3ds Max를 위한 플러그인 OpenGL과 OpenInvertor 드라이버	n.a	헝가리	www.holografika.com
Magnetic 3D	22", 26", 32", 42", 46", 57" 스크린 다시점 합성, 원격 전송, 방송 소프트웨어 Windows DirectX 3D 드라이버와 Active X 컨트롤	9	미국	www.magnetic3d.com
Tridelity	24", 26", 27", 42", 55", 65" 스크린 21" 세로 방향 포맷 스크린 다시점 합성과 방송용 소프트웨어 3ds Max, Maya, 수십 개의 기타 프로그램을 위한 플러그인 VRML와 생체의학적 뷰잉 도구	5	독일	www.tridelity.com
Zecotek	시장 출하 전 단계에 있는 10 "에서 50" 후방 영사 모니터	40-100	캐나다	www.zecotek.com
Zero Creative	24", 46", 55", 65" 스크린 다시점 촬영 서비스 2D에서 다시점으로의 전환 서비스	8	네덜란드	www.zerocreative.com

용어설명

1080p-24Hz: HDMI 호환 전송 포맷, 1920 x 1080 픽셀, 풀 프레임, 24 또는 23.98 images/s

2D + Delta: 처음 시야로부터 두 번째 시야를 재구성하는 메타데이터가 있는 단일 영상. Delta는 깊이 지도, 픽셀 차이의 압축된 버전, 예측 가능한 데이터 등일 수 있다.

3D: 3차원. 또한 "3D Cinema"라고도 함. 일부는 스테레오스코픽 3D 영상에 대해 "S3D" 또는 "S-3D"를 사용한다.

3D DVD: 스테레오스코픽 콘텐츠를 보여주기 위해 전통 포맷을 사용하는 DVD. 영상은 인터레이스 된다. 따라서 각각의 눈에 대해 절반의 해상도가 손실된다. 제임스 카메론의 영화 "Ghost of the Abyss"는 이 포맷이다.

720p-50Hz: HDMI 호환 전송 포맷, 1280 x 1080 픽셀, 풀 프레임, 50 images/s

720p-60Hz: HDMI 호환 전송 포맷, 1280 x 1080 픽셀, 풀 프레임, 60 또는 59.94 images/s

초점조절(accomodation): 눈의 렌즈 모양을 두껍게 혹은 얇게 조절하여 주어진 거리의 대상에 대한 선명한 이미지를 얻는 방법으로 시각적 능력을 바꾸는 생리학적 과정

약시(amblyopia): 이중으로 보이거나, 잘 안 보이거나, 흐리게 보이는 시야를 야기하는 한 쪽 눈의 약화된 시력. 억제 약시의 경우, 뇌는 이 눈으로부터 온 이미지의 시각적 처리를 "차단하여" 복시를 방지하지만 입체시를 방해하게 된다. 인구의 약 5%가 약시이다.

애너글리프(anaglyph): 각각의 눈이 서로 다른 이미지를 인식할 수 있도록 2개의 서로 겹치지 않는 부분으로 빛을 분리하는 컬러 필터. 많은 변형이 존재하며, 가장 일반적인 것은 적색-청록색 그리고 황색-청색이다.

알파(alpha): "알파 레이어"는 투명도를 결정하는 이미지 구성 요소이다. PCX, JPG, TIF, TGA 파일은 광학 알파 레이어를 포함할 수 있다. 이러한 이미지는 투명 레이어 없

이 이미지를 표시하는 "RGB"와 달리 "RGBA"로 표시된다.

인공잡음(artifact): 이미지의 원치 않는 방해되는 요소. 가장 방해되는 스테레오스코픽 인공잡음은 2 개의 이미지 중 하나에만 존재하며 망막 경합을 유발한다.

오토스테레오스코피(autostereoscopy): 안경을 사용하지 않는 3D 시각화. 스크린은 각 관객이 약간 다른 2 개의 이미지를 인지할 수 있도록 정확한 방향으로 관객에게 일련의 이미지(일반적으로 5개에서 9개)를 보낸다.

AVC(Advanced Video Coding): MPEG-4 표준의 일부인 비디오 이미지 압축 방법. "MPEG-4 AVC" 대신 "H.264"라고도 한다. AVC 표준은 ISO/IEC 14496-10으로 발표되어 있다. AVC는 블루 레이 디스크와 많은 HDTV 채널에서 이미지를 압축하는데 사용된다.

양안(binocular): 두 눈을 가지고 있음. 양안 시야를 이용하여 영상에 깊이감을 주기 위한 스테레오스코피를 사용할 수 있다. 10미터보다 가까운 곳에 위치한 대상에게 가장 유용하다.

블랙 바(Black Bars): 서로 다른 화면 비율을 가진 콘텐츠를 보여주는 디스플레이에 있는 검은색 띠. 레터박스, 필러박스, 윈도우박스 참조.

블러(blur): 이미지 블러(흐릿함)는 소규모의 세부 사항이 부족한 것이다(수학적으로 말하면, 이미지의 고주파 구성 요소가 부족하다). 블러는 시력의 결함이나 강력한 압축에 의해 야기될 수 있으며, 또는 세부 사항을 감추기 위해 후반 작업에서 의도적으로 추가될 수 있다.

카드보드(cardboarding) 효과: 깊이가 잘 분리된 각각의 다른 사물이 나타나지만 사물 자체는 평평해 보이는 스테레오스코픽 효과. 촬영 동안 과도한 초점 거리를 갖는 렌즈의 사용으로 종종 유발된다.

입체허용공간(Comfort Zone): 음의 시차와 양의 시차에 대한 범위. 스테레오스코픽 융합이 쉽게 발생한다.

수렴(convergence): 근처의 대상에 초점을 맞출 때 두 눈의 시선 간의 각도. 무한대에서 관찰되는 대상의 경우는 수렴 또한 무한대이다.

크로스토크(crosstalk): 스테레오스코픽 영상을 감상하는 동안 왼쪽 눈과 오른쪽 눈에 대한 영상의 불완전한 물리적 분리. "고스트" 또는 "고스팅"이라고도 한다.

CRT(Cathode Ray Tube): 한 줄씩 이미지를 표시하기 위해 전자 빔을 사용하는 구형 TV 브라운관의 명칭. 시산 측정 도구로서는 아직 흥미롭다.

고스트 제거(deghosting): 고스팅 제거. 프로젝션 시스템이 왼쪽 눈에 오른쪽 이미지의 일부를 보여준다는 것을 미리 아는 경우, 고스트 제거 프로세스는 이미지에서 앞으로 발생할 고스트의 부정적 요소를 빼낼 수 있다. 영사 시 두 개의 효과가 서로를 상쇄하며 인지된 이미지는 거의 완벽하다.

깊이 범위(depth budget): 장면에서 가장 가까운 대상과 가장 먼 대상 간의 거리. 깊이 범위는 종종 영상 깊이의 백분율로써 시차 측면에서 표현된다. 일반적인 값은 3%이다.

깊이 지도(depth map): 투명도를 위한 알파 레이어 같은 추가적인 영상의 구성 요소. 하지만 영상의 값은 관찰된 픽셀과 카메라 간의 거리에 해당한다.

깊이 스크립트(depth script): 시간에 따른 깊이 범위 전개 계획. 전체 영화 상영 동안 다양한 감정적 분위기에 해당하는 강렬한 순간과 조용한 순간이 있다.

복시(diplopia)(stereoblindness, 입체맹): 두 눈에 의해 인식된 영상의 융합이 발생하지 않는 시야 결함을 말한다. 복시를 유발한다.

시차(disparity): 스테레오스코픽 쌍의 두 영상 간의 차이. 색상 차이, 대상의 위치, 수평, 수직, 또는 회전 이동 등 많은 종류의 불균형이 존재한다.

발산(divergence): 각각의 눈이 양안 거리 보다 많이 분리된 쌍의 한 지점을 보아야하는, 인간에게 있어 부자연스러운, 심지어 불가능한 상황. 언제나 이러한 상황을 피해야 한다.

DLNA(Digital Living Network Alliance): 가정에서의 멀티미디어 콘텐츠 공유를 용이하게 하기 위해 회사 집단에 의해 결정된 표준. DLNA 서버는 호환 가능한 TV 세트에 2D 및 3D 이미지와 비디오를 보낼 수 있다.

DLP(Digital Light Processing): 영사기 내부의 마이크로 미러(micro-mirror)를 사용하는 광선 조절 방법. 컬러 휠(color wheel)이 있는 단일 DLP 영사기와 각각의 DLP가 일

련의 프리즘을 통해 스크린에 R, G, B, 색상 요소 중 하나는 보내는 3개의 DLP가 있는 영사기가 있다.

뒤부아(Dubois): 에릭 뒤부아(캐나다 오타와 대학교)가 발명한 애너글리프 생성 방법. 망막 결합을 줄이기 위해 이미지에서 순수 빨강과 청색의 양을 줄인다. www.site.uottawa.ca/ ~edubois/anaglyph/ 참조.

DVI: HDMI처럼 동일한 신호를 전송하는 디지털 모니터용 커넥터. 일반적으로 HDCP 보안 제공.

소인시(dwarfism): 하이퍼스테레오스코피 참조.

플로팅 윈도우(floating window): 스테레오스코픽 대상 앞에 위치한 가상 프레임. 프레임 자체는 스크린을 벗어난 것으로 보인다. 플로팅 윈도우는 윈도우 위반으로 인한 불편함을 감소시키거나 또는 억제한다.

Fource code: .avi 와 .wmf 파일의 가장 앞에 있으며 비디오를 인코딩하는데 사용된 코덱을 정의하는 네 자리 코드. 이 코드는 데이터를 적절하게 해독하기 위해 어떤 방법을 사용해야 하는지를 디코더에게 알려 준다.

젠록(genlock)(GENerator LOCK): 시간 축에 의해 전송된 신호. 젠록은 다양한 비디오 소스, 즉, 일반적으로 카메라와 기록장치/플레이어를 동기화하는데 사용된다. 3D 촬영 장치의 2대의 카메라를 동기화하는데 특히 유용하다.

거인시(gigantism): 하이포스테레오스코피 참조.

고스팅(ghosting): 크로스토크 참조.

HDCP(High-bandwidth Digital Content Protocol): HDCP 프로토콜은 HDMI와 DVI 커넥션이 사용하는 데이터 암호화 방법이다. HDCP는 보호된 콘텐츠만 코드화하고 무료 콘텐츠와 보호받지 않은 콘텐츠는 코드화하지 않는다.

HDMI: 비디오 소스와 TV 세트 간의 표준화된 통신 회선. 1.4 버전은 일반 스테레오스코픽 포맷을 지원한다. 더 자세한 정보는 www.hdmi.org를 참조하라.

HIT(Horizontal Image Translation): 스테레오스코픽 쌍에서 이미지의 수평 이동. 종종 "재수렴(reconvergence)"이라고 함.

호롭터(horopter): 이미지가 두 망막에서 해당 지점을 자극하고 따라서 단일 이미지, 즉 0점을 갖고 있는 모든 영상을 양산하는 공중 지점들의 궤적. 촬영 시, 호롭터(단시 궤적)는 카메라가 수렴하는 경우 평면이 아니다.

하이퍼스테레오스코피(hyperstereoscopy): 축 간격이 일반 양안 거리보다 크기 때문에 야기되는 과장된 스테레오스코픽 효과. 이것은 소인시를 유발하고 축적 모형을 보는듯한 인상을 준다.

하이포스테레오스코피(hypostereoscopy): 축 간격이 일반 양안 거리보다 작기 때문에 야기되는 최소화된 스테레오스코픽 효과. 거인시를 유발한다. 마이크로 숏(micro shot)의 경우, 축간격은 몇 밀리미터까지만 줄일 수 있다.

몰입(immersion): 스크린에 나오는 액션의 일부가 되는 느낌. 종종 "불신의 유예" 또는 "적극적인 불신의 유예"라는 표현으로 서술된다.

축간격(interaxial): 스테레오스코픽 카메라 쌍의 렌즈 간 거리. 축간격을 다양하게 함으로써, 3D 효과를 증폭시키거나 축소시킬 수 있다.

스테레오스코피 도치(stereoscopy inversion): 왼쪽과 오른쪽 이미지 교환. 장면의 모든 심도 느낌은 뒤바뀐다. 유사스테레오스코피라고도 함.

IOD(Interocular Distance, 양안 거리): 눈 간의 수평 거리. 스테레오스코픽 쌍의 2대의 카메라 간의 축간격을 설명하는데 빈번히 (그러나 잘못) 사용된다.

JPEG와 JPEG2000: 스틸 이미지를 위한 압축 방법. 가장 오래된 표준인 JPEG 표준은 "JPS"와 "MPO"라고 하는 두 가지 스테레오스코픽 변형에 사용할 수 있나. JPEG의 가장 최근 형태인 JPEG2000은 확장 · 축소하여도 낙조가 생기지 않는 멀티 레이어 코덱이며 다수의 이미지(스테레오 포함)와 다양한 해상도를 인코딩할 수 있다. 따라서 동일한 JPEG2000 파일은 4K나 2K, 컬러 또는 흑백...으로 인코딩할 수 있다.

JPS: JPS로 코딩된 이미지는 왼쪽 이미지가 오른쪽에 있고 반대도 가능한 2개의 사이드 바이 사이드 이미지로 구성된 전통적인 스테레오 쌍을 포함하는 JPEG 파일이다. 이미지를 있는 그대로 표시하기 위해 .JPS 이미지 파일을 .JPG로 이름을 변경한다.

키스톤(Keystone): 트래피즈 참조.

렌즈 플레어(Lens flare): 렌즈 내부의 점광원의 반사로 인해 생긴 광학적 수차 또는 후광. 종종 두 이미지 간의 불균형을 유발한다.

레터박스, 레터박싱(letterbox, letterboxing): 레터박싱은 16:9보다 넓은 화면 비율로 영화를 보여주기 위한 방법이다. 이미지 상단과 하단에 블랙 바가 표시되어야 한다.

LUT(Look-Up Table): 입력 값과 출력 값 간의 순람표. 일반적으로 픽셀 밝기에 적용되는 LUT는, 예를 들어 감마 곡선처럼 다양한 조명 조건 수정을 허용한다.

3D-LUT: 3차원 LUT는 3개의 입력과 3개의 출력이 있는 순람표이다. 픽셀의 세 가지 색상 값인 R, G, B에 적용되는 3D-LUT는 예를 들어 HD TV에서의 DLP-Cinema를 위해 준비된 이미지를 표시하기 위해 하나의 색측정 정의를 다른 것으로 바꿀 수 있다.

모노스코픽(monoscopic): 하나의 이미지만을 사용.

운동 시차(motion parallax): 두 이미지 간의 시간 지연으로 인한 두 이미지 간의 수평 불균형. 운동의 방향에 따라 잘못된 심도 변화 느낌을 유발한다.

MPEG-2: 1994년 이래 많은 디지털 TV 전송 및 DVD 인코딩에 사용되는 비디오 압축 표준. MPEG-2는 또한 HDTV 채널을 압축하는데 사용되며, 가장 최신 AVC 표준보다는 덜 효과적이다. MPEG-2 TS(Transport Stream)은 MPEG-2가 MPEG-4 AVC 스트림을 포함할 수 있게 하는 캡슐화 방법이다.

MPEG-4: AVC(고화질용, 또한 "H.264"라고 알려짐)과 MVC(스테레오스코피와 다시점용) 모드를 포함하는 최신 비디오 압축 표준.

MPO: MPO 파일 포맷은 2개의 스테레오스코픽 시야를 포함하는 2개의 JPEG 파일을 결부시킴으로써 생성된다. 왼쪽 시야를 표시하기 위해(오른쪽 시야는 무시됨) .MPO 이미지를 .JPG로 이름을 변경하자. MPO Toolbox 같은 특수 소프트웨어는 MPO 파일에서 두 번째 이미지를 추출하는데 필요하다.

다시점(multiview): 다시점 이미지는 동일한 장면의 몇몇 변형을 포함한다. 이미지들은 일반적으로 약간 다른 시점을 가지고 촬영된다. 스테레오스코픽 이미지를 위한 2개의 시점이 있거나, 오토스테레오스코픽 스크린에서 표시되는 이미지를 위한 8개 이상의 시점이 있다. MVS(Multi View Sequence)와 MVI(Multi View Image) 포맷은 확실한 다시점이다.

중첩(occlusion): 뒤에 다른 대상을 감추는 한 대상에 의해 주어진 깊이 단서.

오소스테레오스코피(orthostereoscopy): 평균 양안 거리(65 mm)와 동일한 축간격으로 촬영된 3D 숏. 하이포스테레오스코피와 하이퍼스테레오스코피 참조.

스크린 이탈(out-of-screen): 대상이 스크린 앞에서 인지될 때 관찰되는 깊이 효과. 음시차 값에 해당한다.

시차(parallax): 스테레오스코픽 쌍의 상응 지점 간의 수평 불균형. 시차는 대상의 거리를 결정한다. 양시차는 스크린 편명 뒤에 위치한 대상에 해당하고 음시차는 스크린 평면 앞에 위치한 대상에 해당한다.

필러박스, 필러박싱(pillarbox, pillarboxing): 화면 비율이 16:9 스크린보다 더 정사각형이기 때문에 블랙 바가 이미지 양 측면에 위치할 때 와이드스크린 비디오 디스플레이에서 나타는 효과.

편광화(polarization): 편광에 따른 빛의 여과. 원형(왼쪽 또는 오른쪽) 이나 선형(두 방향 간의 90°, 둘 다 일반적으로 수평에 대해 45° 기울어짐) 편광 되는 빛 편광 필터가 있다. 편광화는 저렴한 수동형 안경을 사용하는 왼쪽과 오른쪽 이미지의 분리를 고려한다. 영사를 위해 은막이 필요하다.

자기 수용 감각(proprioception): 자각. 중력에 비례하여 다양한 자기 신체 일부분의 위치를 인식한다. 입체시와 자기 수용 감각의 결합은 우리 뇌에 세계에 대한 정신적 표상을 구성한다.

유사스테레오스코피(pseudostereoscopy): 왼쪽과 오른쪽 시야는 스테레오스코픽 쌍의 시야를 전환한다. 도치된 스테레오스코피라고도 함.

플프리히(Pulfrich) 효과: 한쪽 시야가 어두울 때 얻어지는 스테레오스코픽 효과. 뇌로의 진달을 늦춘다. 입증이 되지 않았지만, 종종 스테레오스코픽 이미지의 불편함을 유발하는 요인이다.

RAID(Redundant Array of Independent (원래 Inexpensive) Disks): 동시에 작동하고 시스템에 의해 하나의 큰 대용량 디스크로 여겨지는 정합 디스크 집단. RAID 종류는

여러 가지가 있다. 가장 빠른 RAID 0은 모든 디스크에 걸쳐 동시에 데이터를 새겨 넣는다. RAID 1은 서로 비추는 2개의 드라이브에 데이터를 복사한다. RAID 5는 리던던시(redundancy)를 도입하기 위해 저장 공간의 일부(4개나 5개의 디스크 중 하나)를 사용하고, 그렇게 함으로써 RAID 0과 비교하여 사용 가능한 크기와 속도를 줄이는 대가로 데이터를 지킨다.

30분의 1 규칙(1/30e Rule): 항상 유효한 것은 아니지만 축간격 계산의 기본으로 사용되는 경험 법칙(IOD = 가장 가까이 있는 사물에 대해 1/30의 거리).

RGB: 적색(R), 녹색(G), 청색(B)의 세 가지 구성 요소를 가진 한 픽셀의 색상 코딩.

리그(rig): 3D 리그는 3D 촬영을 위해 2대의 카메라를 결합한 기계 조립 장치이다. 리그는 수평과 거울이라는 2 가지 방식이 있다. 거울 방식은 두 카메라의 시축을 더 가깝게 위치시킬 수 있게 해준다. 3D 리그의 핵심적 특징은 견고함, 조정의 용이성, 거울의 광학 품질, 전체 무게이다.

망막 경합(retinal rivalry): 두 이미지의 해당 지점이 정확하게 동일한 대상에 해당하지 않는 스테레오 쌍의 두 시야 간의 불일치. 예: 이미지 중 하나에서만 가시적인 반사, 두 이미지 간의 수직 상쇄.

S3D: stereoscopic 3D cinema. 종종 "3D" 또는 "S-3D"라고 줄여서 씀.

SAN(Storage Area Network): SAN은 수많은 하드 디스크를 모으기 위한 고속 네트워크이다. 각 워크스테이션은 SAN 디스크를 내부 드라이브로 간주하며, 물리적으로 근처에 존재하는 것처럼 빠르게 또는 더 빠르게 SAN 디스크에 접속한다. 접속 기술은 일반적으로 광섬유(광 채널)로 구성된다.

SbS(Side by Side): 왼쪽과 오른쪽 이미지가 단일 "용기" 이미지 안에 나란히 있는 프레임 호환 전송 모드.

SIP(Stereoscopic Image Processor): 3D 장치의 출력에서 실시간으로 가공 안 된 스테레오스코픽 3D 이미지를 수정하는 전자 장치.

SIRD(Single Image Random Dot Stereogram): 일반적으로 "스테레오그램"이라고 함. 이 2D 이미지는 맨 눈에 보이는 심도 효과를 가지고 있는 3D 패턴을 포함하며, 약간의 시초점 연습이 필요하다.

SSD(Solid State Disk): 움직이는 부품이 없는 저장 디스크. 일반적으로 2.5 인치 포맷으로 제공된다. 이 디스크는 사실 상당히 빠른 비휘발성 반도체 메모리이다.

입체시(stereopsis): 눈에 의해 제공되는 2개의 시각적 자극으로 인한 대상의 거리와 부피 인식.

스테레오스코픽(stereoscopic): 양안시를 통해 깊이감을 주기 위해 2 개의 이미지를 활용.

스테레오스코픽 결합(stereoscopic fusion): 뇌가 왼쪽과 오른쪽의 시야를 장면의 3차원 표상으로 전송하는 과정.

스테레오스코픽 윈도우(stereoscopic window): 이미지가 물리적 표면에 영사되는 프레임. 이 프레임은 언제나 스크린 평면에 있다.

TaB(Top and Bottom): 왼쪽과 오른쪽 이미지가 서로의 위에 중첩되는 프레임 호환 전송 모드. "Over-Under"라고도 함.

트래피즈(trapeze): 2개의 수렴 카메라로 촬영한 장면에서의 이미지 왜곡. 시점의 회전은 모서리의 수직 불균형으로 인해 눈의 피로를 야기한다.

비디오 프레임(video frame): 동영상 시퀀스의 하나의 이미지. 프레임은 이미지 자체를 (2D나 3D로) 포함할 뿐 아니라, 이미지를 특징짓는 다양한 메타데이터와 표시 방식을 포함한다.

뷰-마스터: 세계에서 가장 많이 팔리는 스테레오스코프. 판지 디스크에 저장된 7개의 3D 시야를 표시한다.

VfW(Video for Windows): 비디오를 보기 위한 Microsoft Window 구성요소. VfW는 Media Player 애플리케이션과 다양한 유틸리티를 포함한다. 이것은 .AVI 파일 포맷을 사용한다.

VPF(Virtual Print Fee): VPF는 스튜디오가 영화관의 디지털 전환을 협소융사하는 방식이다. 상영된 각 디지털 영화의 경우, 스튜디오는 박스 오피스 수입의 일부를 운영자나 장비 비용대는 것을 도운 제3의 회사에게 돌려준다.

윈도우 위반(window violation): 스크린 평면 앞의 대상이 스크린 가장자리에 의해 잘려져 보이는 스테레오스코픽 이미지. 이 상황은 부자연스러운 것이며 시각적 불편함을 야기한다. 플로팅 윈도우를 사용하여 수정된다.

윈도우박스, 윈도우박싱(windowbox, windowboxing): 동일한 화면 비율을 갖고 있지 않는 비디오 디스플레이에 표시되는 콘텐츠를 둘러싼 블랙 바.

YCbCr: YUV 색상 코딩의 또 다른 이름. Y는 밝기의 상징이며, Cb와 Cr은 2개의 색상 구성요소를 명시한다.

YUV: 밝기(Y)와 색차(U와 V)를 통한 픽셀 색상 코딩. U 신호는 Y-R 정보를 전달하며 V 신호는 Y-R 정보를 전달한다. 따라서 Y 신호의 재조합을 통해 해당 RGB 코딩의 R, G, B 값을 재구성하는 것이 가능하다.

0점(zero): 시차가 0일 때 대상은 "0점에" 위치해 있다. 이것은 스크린 평면에 있다. "Zero Parallax Setting(0점 설정)"의 약자인 "ZPA"라고도 한다.

유용한 정보

3D 서적

3D A-to-Z , an Encyclopedic Dictionary, Richard W. Kroon, McFarland.

3D Displays, Ernst Lueder, Wiley.

3D TV and 3D Cinema, Bernard Mendiburu (2011), Focal Press.

3D Movie Making, Bernard Mendiburu (2009), Focal Press.

Foundations of Stereoscopic Cinema, Lenny Lipton (1982), a period reference book available for free download.

EDCF guide to 3D Cinema, European Digital Cinema Forum.

3D 이벤트

Dimension3, International 3D Forum annual event in Paris, France (www.dimension3-expo.com).

3DStereoMedia, the European 3D Stereo Summit for Science, Technology, and Digital Art annual event in Liège, Belgium (www.3dstereomedia.eu).

SMPTE Annual Conference on Stereoscopic 3D, scientific conference on stereoscopy, annual event in the USA (www.smpte.org).

Toronto International Stereoscopic 3D Conference (3dflic.ca).

ISU Annual Congress *(International Stereoscopic Union)* dedicated to3D photography (www.world-of-3d.com).

3DKIFF, 3D Korea International Film Festival in Seoul, Korea (www.3dkiff.org)

3D 웹

클럽과 조직

Deutsche Gesellschaft für Stereoskopie (Germany): www.stereoskopie.org

International Stereoscopic Union: www.isu3d.org

National Stereoscopic Association (USA): www.stereoview.org

Nederlandse Vereniging voor Stereofotografie (the Nertherlands): www.stereo-fotografie.nl

Societa Stereoscopica Italiana (Italy): www.ssi-3d.it

Société suisse de stéréoscopie(Switzerland): www.stereoskopie.ch

Stereo Branch of the Photographic Society of Vienna (Austria): www.stereo-skopie.at

Stereo Club of Southern California (SCSC): www.la3dclub.com

Stereoscopic Society of America (USA): www.ssa3d

Sydney Stereo Camera Club (Australia): www.oz3d.info

The Stereoscopic Society (UK): www.stereoscopicsociety.org.uk

Union des professionnels de la 3D relief(France): www.up-3d.org

3DKISS: 3D Korea International Stereosopic Society in Seoul, Korea (www.3dkiss.org)

정보

Weekly 3D newsletter about stereoscopy by Benoît Michel: www.stereoscopy-news.com

소프트웨어

Free software by Masuji Suto (Muttyan): stereo.jpn.org

Scripts for Canon still pictures cameras: chdk.wikia.com

StereoDataMaker synchronizer: apn3d.stereoscopie.eu

MPO Toolbox, an .MPO file converter: www.stereoscopynews.com/mpo

촬영장비

Novoflex tracks: www.novoflex.com/en

LANC Shepherdsynchronizer: www.ledametrix.com

스테레오스코픽 프로세서 (SIP)

3Ality SIP2100: www.3alitydigital.com

Binocle Disparity Killer: www.binocle.com

JVC 2D3D1: www.pro.jvc.com

Miranda 3DX-3901: www.miranda.com/3DX-3901

Sony MPE-200: www.sony.fr

Stereographer's Wizard: www.advanced3dsystems.com

찾아보기

역자 소개

- **이승현**
  광운대학교 교수 shlee@kw.ac.kr

- **권순철**
  광운대학교 교수 ksc0226@kw.ac.kr

- **김지현**
  광운미디어콘텐츠센터 선임연구원 qssers@naver.com

디지털 스테레오스코피

발 행 일 | 2014년 2월 28일

저 자 | Benoit Michel
역 자 | 이승현 · 권순철 · 김지현
발 행 자 | 최봉조
발 행 처 | 진샘미디어
주 소 | 서울특별시 은평구 연서로3길 28
부호아파트 102동 상가 5호
전 화 | 02)353-4421
F A X | 02)353-4431
Home-page | www.jinsaem.co.kr

신고번호 | 제311-2005-000025호
I S B N | 978-89-92887-96-0 (93560)

정가 26,000원